できる®

Google
グーグル

スプレッドシート

今井タカシ & できるシリーズ編集部

インプレス

ご購入・ご利用の前に必ずお読みください

本書は、2024年8月現在の情報をもとに「Googleスプレッドシート」の操作方法について解説しています。本書の発行後に「Googleスプレッドシート」の機能や操作方法、画面などが変更された場合、本書の掲載内容通りに操作できなくなる可能性があります。本書発行後の情報については、弊社のWebページ（https://book.impress.co.jp/）などで可能な限りお知らせいたしますが、すべての情報の即時掲載ならびに、確実な解決をお約束することはできかねます。また本書の運用により生じる、直接的、または間接的な損害について、著者ならびに弊社では一切の責任を負いかねます。あらかじめご理解、ご了承ください。

本書で紹介している内容のご質問につきましては、巻末をご参照のうえ、メールまたは封書にてお問い合わせください。ただし、本書の発行後に発生した利用手順やサービスの変更に関しては、お答えしかねる場合があります。また、本書の奥付に記載されている初版発行日から1年が経過した場合、もしくは解説する製品やサービスの提供会社がサポートを終了した場合にも、ご質問にお答えしかねる場合があります。あらかじめご了承ください。

動画について

操作を確認できる動画をYouTube動画で参照できます。画面の動きがそのまま見られるので、より理解が深まります。二次元バーコードが読めるスマートフォンなどからはレッスンタイトル横にある二次元バーコードを読むことで直接動画を見ることができます。パソコンなど二次元バーコードが読めない場合は、以下の動画一覧ページからご覧ください。

▼動画一覧ページ
https://dekiru.net/ssheet

●用語の使い方

本文中で使用している用語は、基本的に実際の画面に表示される名称に則っています。

●本書の前提

本書では、「Google Chrome」がインストールされているパソコンで、インターネットに常時接続されている環境を前提に画面を再現しています。

まえがき

インターネットで情報を探すことを“ググる”と表現するようになって、随分と時が経ちました。この言葉は、Googleが提供する検索エンジンで情報を探すことに由来しています。今や、ググることは日常の一部であり、パソコンの操作に関する疑問もその例外ではありません。

Googleの提供する「Googleスプレッドシート」は、インターネットに接続して、Webブラウザーで操作するクラウド型のサービスです。疑問があればすぐに“ググる”ことができる環境が整っているわけです。しかし、検索結果の情報が古かったり、期待外れであったりすることも少なくありません。かえって時間を無駄にしてしまうこともあるでしょう。

本書は、そんな状況を解消し、初めての人でもGoogleスプレッドシートを効果的に仕事で使えるようになることを目指しています。内容はわかりやすく、かつ簡単すぎない実用的なテクニックを豊富に盛り込んでいます。

リモートワークも考慮し、共有ファイルの扱い方のほか、複数のユーザーが1つのファイルを同時に編集するための操作も解説しています。また、関数については、業務に必須の基本的なものから、利便性の高い応用的なものまで幅広く取り上げています。データ分析に必要な知識や基本操作、多角的な分析が可能なピボットテーブル、分析に使える関数も解説。さらにGoogleスプレッドシートとGoogleマップとの連携や、GoogleのAI「Gemini」の活用方法なども紹介しています。

すぐに操作を試せる練習用ファイルも用意しており、安心して読み進められます。知識ゼロから始めても、Googleスプレッドシートを実際の業務で活用できるレベルに到達できるでしょう。

最後に、本書の編集・制作にご協力いただいた方々に深く感謝申し上げます。読者の皆さまがスキルアップを果たせることを心から願っております。

2024年8月　今井タカシ

本書の読み方

練習用ファイル

レッスンで使用する練習用ファイル、またはシートの名前です。練習用ファイルの利用方法は6ページを参照してください

YouTube動画で見る

パソコンやスマートフォンなどで視聴できる無料の動画です。詳しくは2ページをご参照ください。

レッスンタイトル

やりたいことや知りたいことが探せるタイトルが付いています。

サブタイトル

機能名やサービス名などで調べやすくなっています。

操作手順

実際のパソコンの画面を撮影して、操作を丁寧に解説しています。

●手順見出し

1 SUM関数を入力する

操作の内容ごとに見出しが付いています。目次で参照して探すことができます。

●操作説明

1 セルB6をクリック

実際の操作を1つずつ説明しています。番号順に操作することで、一通りの手順を体験できます。

●解説

[L14] シートを開いておく　1～4月の売上を合計する

操作の前提や意味、操作結果について解説しています。

レッスン

14 関数を使って足し算するには

YouTube 動画で見る　詳細は2ページへ

関数／SUM　　練習用ファイル　[L14] シート

SUM（サム）関数を使って、指定したセル範囲に入力された数値を合計してみましょう。セルに直接「=SUM(」と入力して、セル範囲を指定しても構いません。

基本編 第 章

1 SUM関数を入力する

[L14] シートを開いておく　1～4月の売上を合計する

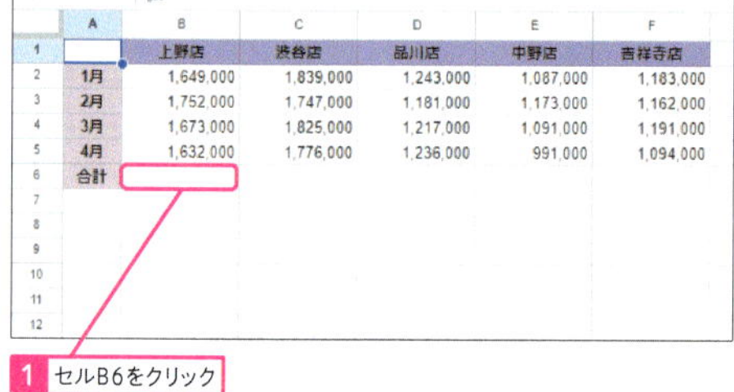

1 セルB6をクリック

2 [挿入] をクリック　3 [関数] にマウスポインターを合わせる　4 [SUM] をクリック

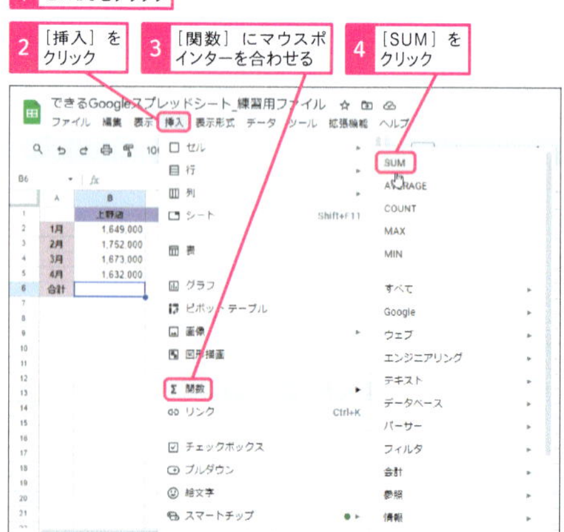

キーワード

関数 P.247
引数 P.249
フィルハンドル P.250

使いこなしのヒント

関数をセルに直接入力する方法も覚えておこう

関数はセルに直接入力しても構いません。「=」に続けて、関数名の頭文字を入力すると、関数の候補が表示されます。入力したい関数を選択して Tab キーを押せば、引数を指定できる状態になります。

1 「=su」と入力

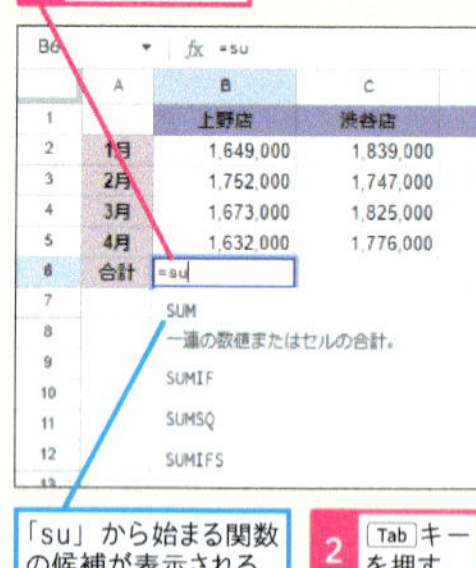

「su」から始まる関数の候補が表示される　2 Tab キーを押す

「=SUM(」と入力された

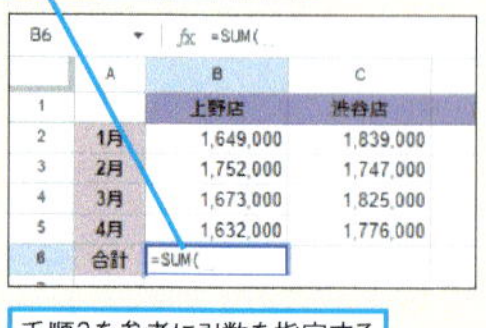

手順2を参考に引数を指定する

60 できる

キーワード

レッスンで重要な用語の一覧です。巻末の用語集のページも掲載しています。

ショートカットキー

キーの組み合わせだけで操作する方法を紹介しています。Macの場合、Enterはreturn、Ctrlは⌘、Altはoptionに読み替えてください。

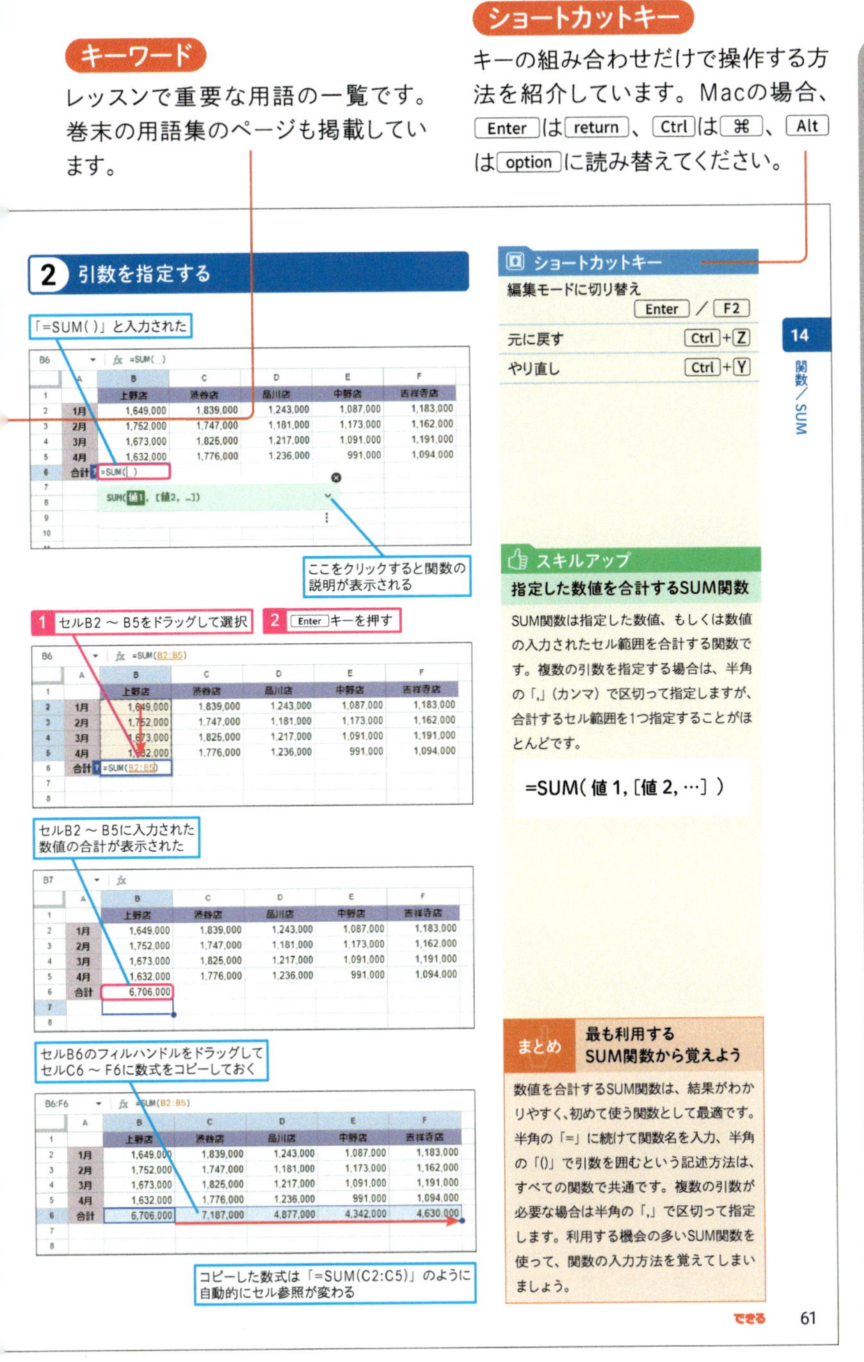

2 引数を指定する

「=SUM( )」と入力された

ここをクリックすると関数の説明が表示される

1 セルB2～B5をドラッグして選択　2 Enterキーを押す

セルB2～B5に入力された数値の合計が表示された

	A	B	C	D	E	F
1		上野店	渋谷店	品川店	中野店	吉祥寺店
2	1月	1,649,000	1,839,000	1,243,000	1,087,000	1,183,000
3	2月	1,752,000	1,747,000	1,181,000	1,173,000	1,162,000
4	3月	1,673,000	1,825,000	1,217,000	1,091,000	1,191,000
5	4月	1,632,000	1,776,000	1,236,000	991,000	1,094,000
6	合計	6,706,000	7,187,000	4,877,000	4,342,000	4,630,000

セルB6のフィルハンドルをドラッグしてセルC6～F6に数式をコピーしておく

コピーした数式は「=SUM(C2:C5)」のように自動的にセル参照が変わる

ショートカットキー

編集モードに切り替え	Enter / F2
元に戻す	Ctrl + Z
やり直し	Ctrl + Y

スキルアップ

指定した数値を合計するSUM関数

SUM関数は指定した数値、もしくは数値の入力されたセル範囲を合計する関数です。複数の引数を指定する場合は、半角の「,」（カンマ）で区切って指定しますが、合計するセル範囲を1つ指定することがほとんどです。

=SUM(値 1, [値 2, …])

まとめ　最も利用する SUM関数から覚えよう

数値を合計するSUM関数は、結果がわかりやすく、初めて使う関数として最適です。半角の「=」に続けて関数名を入力、半角の「()」で引数を囲むという記述方法は、すべての関数で共通です。複数の引数が必要な場合は半角の「,」で区切って指定します。利用する機会の多いSUM関数を使って、関数の入力方法を覚えてしまいましょう。

14 関数／SUM

できる 61

※ここに掲載している紙面はイメージです。実際のレッスンページとは異なります。

関連情報

レッスンの操作内容を補足する要素を種類ごとに色分けして掲載しています。

AIアシスタント活用

GeminiなどのAIを活用する方法を紹介しています。

使いこなしのヒント

操作を進める上で役に立つヒントを掲載しています。

時短ワザ

手順を短縮できる操作方法を紹介しています。

スキルアップ

一歩進んだテクニックを紹介しています。

用語解説

レッスンで覚えておきたい用語を解説しています。

ここに注意

間違えがちな操作について注意点を紹介しています。

まとめ　起動と終了を覚えよう

レッスンで重要なポイントを簡潔にまとめています。操作を終えてから読むことで理解が深まります。

練習用ファイルの使い方

本書では、レッスンの操作をすぐに試せる無料の練習用ファイルを用意しています。Google Chromeでダウンロードページにアクセスし、Googleスプレッドシートの練習用ファイルをコピーして使ってください。

▼練習用ファイルのダウンロードページ
https://book.impress.co.jp/books/1124101042

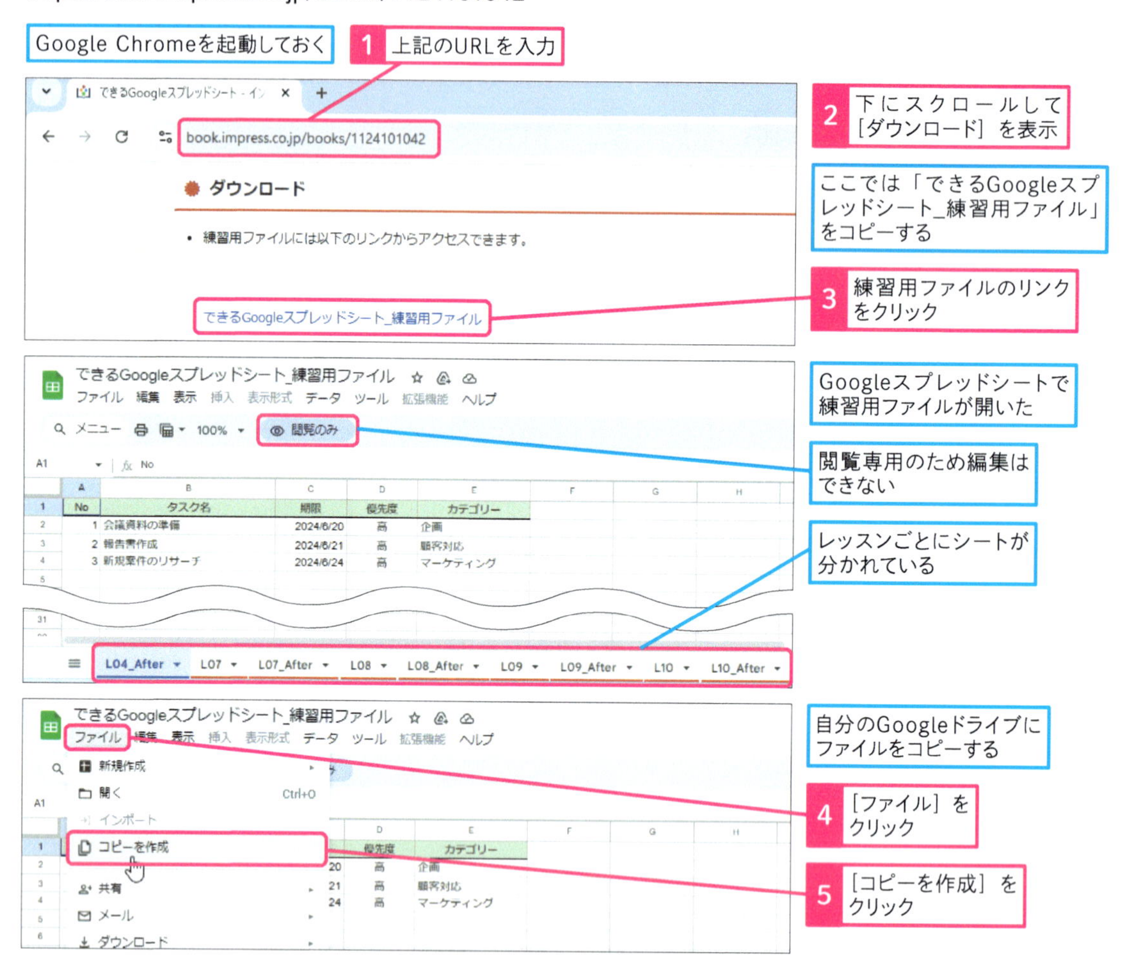

使いこなしのヒント

フォルダーを作成してコピーする

本書では「できるGoogleスプレッドシート_練習用ファイル」を使って解説を進めますが、レッスン31,45,70では、別のファイルを用意してあります。すべてのファイルをコピーしておきましょう。なお、コピー後にファイルを見失わないために、自分のGoogleドライブに練習用ファイルを保存するためのフォルダを作成し、そのフォルダにコピーすることをおすすめします。

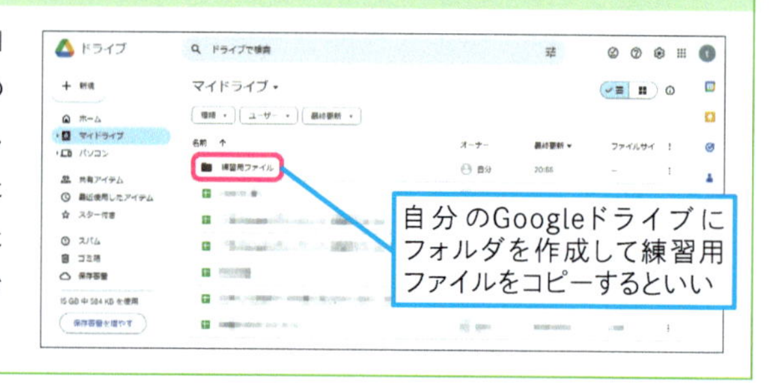

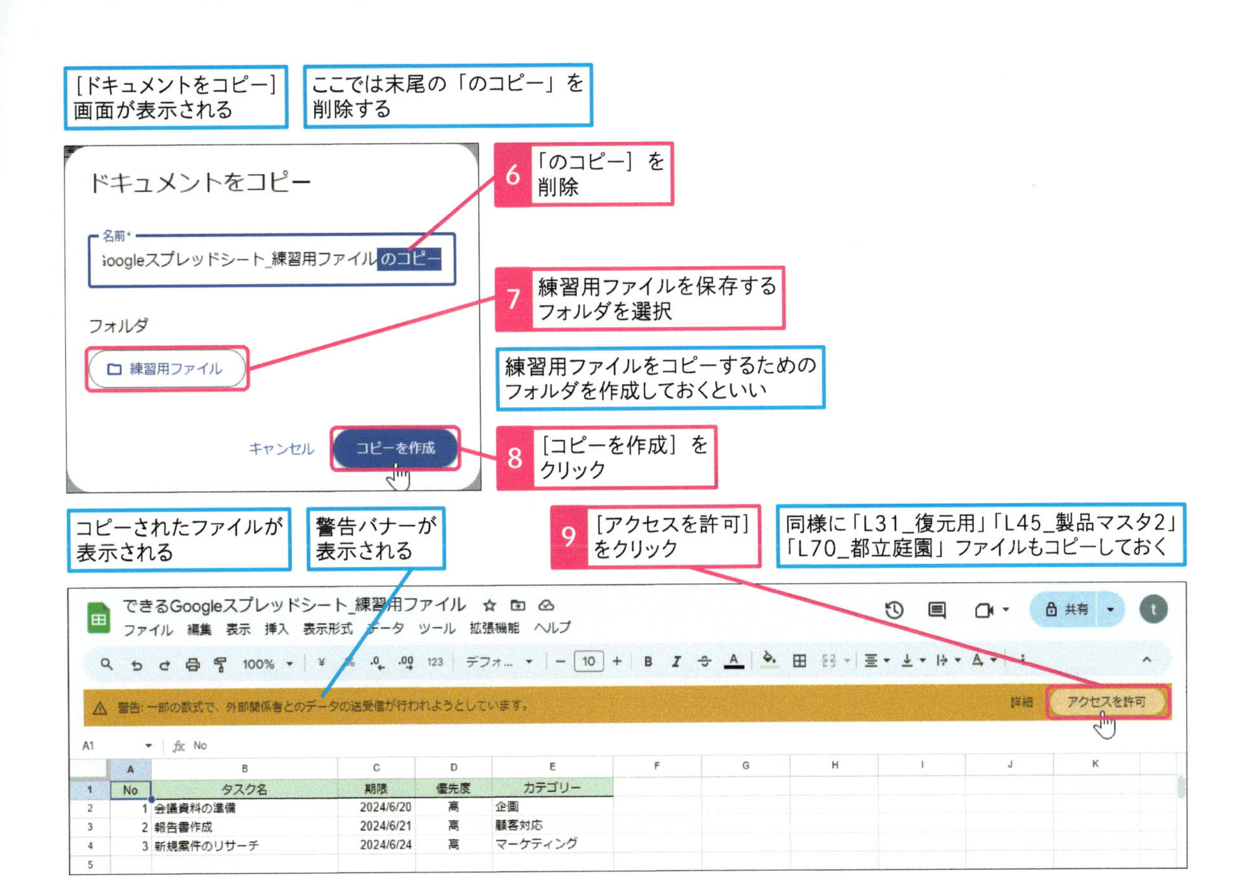

Googleドライブに保存した状態

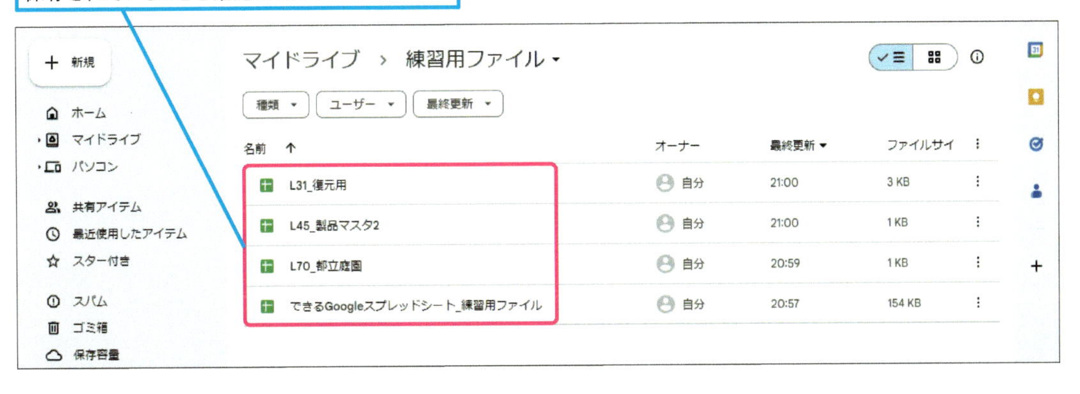

使いこなしのヒント

警告が表示されるのはなぜ?

外部と情報を送受信する機能を利用しているファイルを初めて開いときに警告バナーが表示されます。「できるGoogleスプレッドシート_練習用ファイル」では［L69_After］シートにIMPORTHTML関数が含まれているため、警告バナーが表示されますが、問題ありませんので安心して［アクセスを許可］してください。

目次

本書の前提 2
まえがき 3
本書の読み方 4
練習用ファイルの使い方 6
本書の構成 20

基本編

第1章 Googleスプレッドシートをはじめよう 21

01 基本操作を覚えておこう Introduction 22

Googleスプレッドシートは GoogleのWebサービスの1つ
「表計算」のためのツール
実際に操作してGoogleスプレッドシートに慣れよう

02 Googleスプレッドシートを使ってみよう 新規作成、画面構成 24

GoogleドライブのWebページを開く
スプレッドシートを新規作成する
Googleスプレッドシートの画面構成

03 ファイルに名前を付けよう 名前を変更 28

ファイルの名前を変更する
保存したファイルを確認する

04 セルの操作を覚えておこう データの入力、行列の挿入・削除 30

表の見出しを入力する
セル内の文字の配置を変更する
セルに色を付ける
セルに枠線を付ける
データを再利用する
列幅を調整する
連続データを入力する
列を挿入する

05 シートの操作を覚えておこう シートの操作 36

シート名を変更する
新しいシートを追加する
シートをコピーする
シートを削除する

この章のまとめ まずは操作に慣れよう 38

基本編
第2章 データ入力のコツを覚えよう 39

06 データを効率良く入力しよう カスタム数値形式 40
いつもの操作を見直す
セルの表示形式を自在に設定しよう
並べ替えや絞り込み、検索でデータ処理を効率的に

07 連続データを入力するには オートフィル 42
連続データを入力する
連番を確認する

08 日付を「○月○日」の形式で表示するには カスタム日付 44
日付の表示形式を変更する
日付を入力する

09 「0」から始まるデータを入力するには カスタム数値形式 46
数値の表示形式を変更する
「0」から始まる数字を入力する

10 データを抽出するには フィルタを作成／検索と置換 48
フィルタを作成する
データを並べ替える
複数の列で並べ替える
データを絞り込む
データを検索する

この章のまとめ 効率的なデータ入力が時短につながる 52

基本編
第3章 関数やグラフを使ってみよう 53

11 関数やグラフに慣れておこう Introduction 54
四則演算や関数を使って計算する
関数の結果を上手に利用する
グラフの基本形は3つ

12 数式を入力するには 四則演算 56
セルに計算式を入力して計算する
セルを参照して計算する
数式を自動入力でコピーする

13 セルの文字を連結するには 文字列の連結 58

セルに入力された文字を連結する
数式を自動入力でコピーする

14 関数を使って足し算するには 関数の入力方法／SUM 60

SUM関数を入力する
引数を指定する

15 関数の結果を値として貼り付けるには 値のみ貼り付け 62

通常の方法で貼り付ける
数式の結果を値として貼り付ける

16 グラフを作成するには グラフ 64

棒グラフを作成する
折れ線グラフを作成する
円グラフを作成する

この章のまとめ 数式とグラフでデータを活かす 70

活用編

第4章 見せることを意識してデータを整えよう 71

17 データを上手に見せよう Introduction 72

表を見やすく整える
スムーズにデータを入力する
複合グラフや図形を作成する

18 表をしましまに塗るには 交互の背景色 74

1行おきに色を付ける
表の背景色を交互に塗る

19 選択式のリストを作成するには プルダウン 76

プルダウンリストを作成する
プルダウンリストを作成する範囲を選択する
プルダウンリストを設定する

20 チェックボックスを挿入するには チェックボックス 78

確認用の列にチェックボックスを挿入する
チェックボックスを挿入する範囲を選択する
チェックボックスを挿入する

21 自動的にセルを塗り分けるには 条件付き書式 80

条件付き書式を設定する
条件付き書式を設定する範囲を指定する
条件を指定する
セルの書式を設定する
条件付き書式を確認する

22 入力できるデータを制限するには データの入力規則 84

規則以外のデータが入力されたときにメッセージを表示する
日付の入力規則を設定する
日付の入力規則を確認する
数値の入力規則を設定する
数値の入力規則を確認する

23 表をテーブルに変換するには テーブルに変換 88

表をデータベースとして扱えるようにする
表をテーブルに変換する
テーブルの名前を変更する
列の型を［プルダウン］に変更する
列の型を［チェックボックス］に変更する
グループビューに切り替える

24 複合グラフを作成するには 複合グラフ 92

左右に目盛りのある複合グラフを作成する
複合グラフを作成する
系列の設定を変更する
グラフのタイトルを変更する
凡例の位置を変更する
棒グラフの１本だけ色を変更する

25 図形を挿入するには 図形描画 96

任意の図形を挿入する
図形を作成する
挿入する図形を描く

この章のまとめ 表に設定を施すと相手にも自分にも役立つ 98

第5章 ファイルを共有して効率良く作業しよう 99

26 ファイル共有に使う機能を知ろう Introduction 100

複数人で共同作業する
データを保護する
ExcelファイルやPDFファイルとして保存する

27 ファイルを共有するには 他のユーザーと共有 102

共有リンクを取得する
相手を指定して共有する
共有されたファイルを開く
共有リンクを無効にする
特定の相手との共有を停止する

28 複数人で同時に編集するには 共同編集 106

共同作業中のGoogleスプレッドシートの画面
複数人で同時に編集する
共有相手を確認する

29 データを保護するには シートと範囲を保護 108

データの保護を開始する
保護の状態を確認する

30 コメントを挿入するには コメント 110

コメントを挿入する
特定の相手をコメントに割り当てる
コメントに割り当てたことを相手に通知する
コメントに返信する
コメントを完了する

31 以前のデータを復元するには 変更履歴 114

版に名前を付けて保存する
ファイルを編集する
変更履歴から復元する

32 Excelファイルとして保存するには ダウンロード 116

Excelファイルとして保存する
ダウンロードしたExcelファイルを開く

33 PDFファイルとして保存するには シートの移動・コピー 118

[印刷設定]画面を表示する
印刷範囲を指定する
用紙の向きを設定する
[印刷形式]を設定する
PDFファイルとして保存する

この章のまとめ 共同作業に必要な知識を身に付ける 122

活用編
第6章 必ず覚えたい！仕事でよく使う関数 123

34 よく使う関数から覚えよう Introduction 124

業務に必須の関数を覚える
条件を指定して集計する
参照方式の違いを理解する

35 データを数えたり、平均したりするには COUNTA／AVERAGE 126

データの個数と平均値を求める
COUNTA関数でデータを数える
AVERAGE関数で平均値を求める

36 最小値や最大値を求めるには MIN／MAX 128

データの最大値と最小値を求める
MAX関数で最大値を求める
MIN関数で最小値を求める

37 数値を丸めるには ROUND／ROUNDUP／ROUNDDOWN 130

数値を四捨五入する
ROUND関数で数値を丸める

38 条件に一致するデータを合計するには SUMIFS 132

条件に一致するデータを合計する
SUMIFS関数に1つの条件を指定する
SUMIFS関数に複数の条件を指定する
クロス集計表を作成する
SUMIFS関数でクロス集計表を作成する
横方向に数式をコピーする

39 条件に一致するデータを数えるには COUNTIFS 136
条件に一致するデータを数える
COUNTIFS関数に1つの条件を指定する
COUNTIFS関数に複数の条件を指定する

40 すばやく正確に集計するには SUBTOTAL 138
SUBTOTAL関数で正確に集計する
SUBTOTAL関数で小計を求める
SUBTOTAL関数で合計を求める

41 数式を再利用するには 相対参照／絶対参照 140
絶対参照を利用して参照のずれを防ぐ
相対参照の数式を入力する
相対参照の数式をコピーする
参照方式を絶対参照に切り替える
絶対参照の数式をコピーする
複合参照を利用して参照のずれを防ぐ
複合参照の数式を入力する
複合参照の数式をコピーする
コピーした数式を確認する

この章のまとめ 必須の関数と参照方式を覚える 144

活用編
第7章 VLOOKUPなどの便利な関数を利用しよう 145

42 関数で業務の課題を解決しよう Introduction 146
表引きに欠かせない関数を覚える
条件によって処理を振り分ける
日付を操作する関数をまとめて覚える
文字列操作関数は汎用的に使える

43 条件に一致するデータを探すには VLOOKUP 148
条件を指定してデータを抽出する
VLOOKUP関数の［検索キー］を指定する
引数［範囲］を指定する
引数［指数］と［並べ替え済み］を指定する
VLOOKUP関数の数式をコピーする

44 もっと便利なXLOOKUP関数を使うには XLOOKUP 152

XLOOKUP関数を利用してデータを抽出する
XLOOKUP関数でデータを抽出する

45 ほかのシートやファイルのデータを参照するには IMPORTRANGE 154

同じファイルのほかのシートからデータを抽出する
VLOOKUP関数でほかのシートを参照する
参照するセル範囲を指定する
数式を確定する
ほかのファイルのセル範囲を読み込む
IMPORTRANGE関数を入力する
VLOOKUP関数でデータを抽出する

46 条件を判定して結果を切り替えるには IF／IFS 158

IF関数で条件を判定する
IF関数で処理を分岐する
処理を3つに分岐する
IFS関数で条件を判定する
IFS関数で複数の条件を判定する

47 日付データを活用するには YEAR／MONTH／DAY／DATE 162

翌月10日を求める
DATE / MONTH関数で翌月10日を求める
日付を判定して当月末日または翌月末日を表示する
IF / EOMONTH関数で月末日を求める

48 営業日を数えるには WORKDAY／NETWORKDAYS 166

WORKDAY関数で○営業日後の日付を求める
○営業日後の日付を求める
NETWORKDAYS関数で土日祝日を除いた稼働日を求める
土日祝日を除いた稼働日を求める

49 文字列を分割するには SPLIT 170

区切り文字で文字列を分割する
SPLIT関数で文字列を分割する

50 文字列の一部を書き換えるには SUBSTITUTE 172

文字列の一部を書き換える
SUBSTITUTE関数で文字列を書き換える

51 文字列の一部を取り出すには LEFT／MID／RIGHT 174

LEFT / MID / RIGHT関数で文字列の一部を取り出す
LEFT関数を入力する
MID関数を入力する
RIGHT関数を入力する
住所を都道府県とそれ以外に分ける
都道府県を判断して処理を分ける

52 区切り文字を挟んで連結するには TEXTJOIN 178

区切り文字を挟んで文字列を連結する
TEXTJOIN関数で文字列を連結する

この章のまとめ 業務に直結する関数で効率アップ 180

活用編

第8章 データ分析で情報を見える化しよう 181

53 データ分析に使える機能を覚えよう Introduction 182

基本機能を使いこなす
必要な形式の表をすばやく取り出す
データ分析に使える関数

54 フィルタの機能を活用するには 条件でフィルタ／値でフィルタ 184

条件を指定してデータを絞り込む
特定の文字列を含むデータに絞り込む
特定の数値を基準にして絞り込む
リストを参照してデータを絞り込む
「または」の条件でフィルタを設定する

55 フィルタの結果をすばやく切り替えるには フィルタビュー 188

フィルタの結果をすぐに表示できるようにする
ビューを保存する
ビューを終了する
新しいビューを保存する
保存したビューを切り替える

56 表を見やすく整えるには グループ化／固定 192

グループ化や固定の機能で表を見やすくする
行をグループ化する
グループ化した行を折りたたむ
行を固定する

57 一意のデータを取り出すには UNIQUE 194

重複データを取り除いたリストを作成する
UNIQUE関数で一意のデータを取り出す

58 条件に一致するリストを取り出すには FILTER／SORT 196

FILTER関数で条件に一致するデータを取り出す
1つの条件に一致するデータを取り出す
条件を追加する
SORT関数でデータを並べ替える
実績を降順で並べ替える

59 ピボットテーブルを作成するには ピボットテーブル 200

ピボットテーブルを利用してデータを分析する
ピボットテーブルを作成する
ピボットテーブルで集計する項目を指定する
ピボットテーブルを並べ替える
全体に占める割合を表示する

60 グラフにフィルタを設定するには スライサー 204

スライサーを利用してグラフを変化させる
スライサーを追加する
スライサーに列を割り当てる
スライサーを利用する
スライサーを複製する
スライサーに割り当てた列を変更する
追加したスライサーで絞り込む

61 データの分析に使える関数とは 統計関数 208

データの中央値を求める
データの最頻値を求める
2つのデータの相関係数を調べる
1つのデータから将来の値を求める

この章のまとめ 機能を活用してデータを分析する 212

活用編

第9章 Googleスプレッドシートをもっと活用しよう 213

62 ひとつ上のテクニックを覚えよう Introduction 214

実務で必要な処理を自動化する
手間のかかる作業を関数で解決する
AIやGoogleマップを活用する

63 文章をほかの言語に翻訳するには GOOGLETRANSLATE 216

日本語をほかの言語に翻訳する
GOOGLETRANSLATE関数で翻訳する

64 行を追加・削除してもずれない連番を作るには ROW 218

ずれない連番を作成する
ROW関数で行番号を表示する
連番がずれないことを確認する

65 文字列中の日付や数値を自動的に更新するには TEXT 220

TEXT関数でセルの日付や数値を自動更新する
TEXT関数を入力する
＆演算子で文字列を連結する
合計を求めて＆演算子で連結する

66 土日祝日を塗り分けたカレンダーを作るには 条件付き書式／WEEKDAY／COUNTIF 222

カレンダーの土日祝日のセルの背景色を塗り分ける
条件付き書式を設定する範囲を指定する
WEEKDAY関数で日曜日を判定する
セルの書式を設定する
WEEKDAY関数で土曜日を判定する
COUNTIF関数で祝日を判定する

67 正規表現を利用して文字列を取り出すには REGEXEXTRACT 226

REGEXEXTRACT関数で住所から都道府県名を取り出す
住所から都道府県名を取り出す

68 クロス表から値を取り出すには MATCH / INDEX / XLOOKUP 228

MATCH / INDEX 関数でクロス表から値を取り出す
2つの条件でクロス表から値を取り出す
XLOOKUP関数でクロス表から値を取り出す
2つのXLOOKUP関数で値を取り出す

69 Webページの表を取り込むには IMPORTHTML 232

IMPORTHTML関数でWebページから表を取り込む
Webページの表を取り込む

70 リストからGoogleマップにピン留めするには マイマップ 234

リストにまとめた施設をGoogleマップにピン留めする
マイマップを作成する
リストをインポートする
ピンの場所とタイトルを指定する

71 AIの回答からファイルを作成するには Gemini 238

GeminiのWebページを開く
Geminiに質問する
回答をファイルに保存する
作成したスプレッドシートを確認する

72 セルに表示されたエラーをAIで解決するには Geminiに質問 240

セルに表示されたエラーについて質問する
表形式で回答してもらう

73 GoogleスプレッドシートにAIを組み込むには Gemini AI for Sheets 242

アドオンを追加する
アドオンを有効化する
GEMINI関数を入力する

この章のまとめ 積極的にAIサービスも活用する 244

付録　ショートカットキー一覧 245
用語集 247
索引 251
本書を読み終えた方へ 254

本書の構成

本書は手順を1つずつ学べる「基本編」、便利な操作をバリエーション豊かに揃えた「活用編」の2部で、Googleスプレッドシートの基礎から応用まで無理なく身に付くように構成されています。

基本編
第1章～第3章

Googleスプレッドシートの基本的な機能や使い方を中心に解説します。セルやシートの基本操作、数式の入力、簡単なグラフの作成方法などを解説します。

活用編
第4章～第9章

実務で役立つさまざまな知識が身に付きます。データ共有、共同編集の方法や仕事を効率化する関数、表を見やすくするさまざまなテクニックを紹介。さらに生成AIの活用法などGoogleスプレッドシートのひとつ上の使い方を解説します。

用語集・索引

重要なキーワードを解説した用語集、知りたいことから調べられる索引などを収録。基本編、活用編と連動させることで、Googleスプレッドシートについての理解がさらに深まります。

登場人物紹介

Googleスプレッドシートを皆さんと一緒に学ぶ生徒と先生を紹介します。各章の冒頭にある「この章で学ぶこと」、最後にある「この章のまとめ」で登場します。それぞれの章で学ぶ内容や、重要なポイントを説明していますので、ぜひご参照ください。

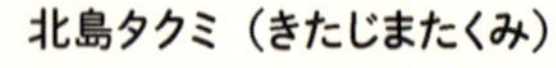

北島タクミ（きたじまたくみ）

元気が取り柄の若手社会人。うっかりミスが多いが、憎めない性格で周りの人がフォローしてくれる。好きな食べ物はカレーライス。

南マヤ（みなみまや）

タクミの同期。しっかり者で周囲の信頼も厚い。 タクミがミスをしたときは、おやつを条件にフォローする。好きなコーヒー豆はマンデリン。

スプシ先生

Googleスプレッドシートの基本からビジネスで役立つテクニックまで幅広く教えてくれる先生。好きな関数はIMPORTHTML。

基本編

第1章

Googleスプレッドシートをはじめよう

Googleスプレッドシートを実際に使ってみましょう。新しいファイルを作成して、簡単な表を作りながら基本的な操作を覚えます。作成したファイルは、自分のGoogleドライブに保存されます。

01	基本操作を覚えておこう	22
02	Googleスプレッドシートを使ってみよう	24
03	ファイルに名前を付けよう	28
04	セルの操作を覚えておこう	30
05	シートの操作を覚えておこう	36

レッスン 01

Introduction この章で学ぶこと

基本操作を覚えておこう

Googleスプレッドシートは、シートに並ぶセル（マス目）に数値や数式、文字列などのデータを入力して「表計算」を行うためのツールです。セルやシートの操作に慣れることが最初の一歩。ファイルに名前を付けて、実際にデータを入力してみましょう。

GoogleスプレッドシートはGoogleのWebサービスの1つ

Excelのファイルはパソコンに保存されるけど、Googleスプレッドシートのファイルはどこにあるのかしら?

それはクラウドだよ。雲の上にあるんだ!

雲の上とは面白いねタクミ君。Googleスプレッドシートは、インターネット検索でお馴染みのGoogleが提供するWebサービスの1つだよ。ファイルはクラウドストレージの「Googleドライブ」に保存されるから、パソコンの故障などでデータが消えてしまう心配もないんだ。

それは安心ですね。誰でも使えるんですか?

Googleアカウントがあれば、誰でも無料で使えるよ。Googleの規約の範囲内なら商用利用もできる。Excelを使わないで、Googleスプレッドシートだけを利用する企業もあるね。

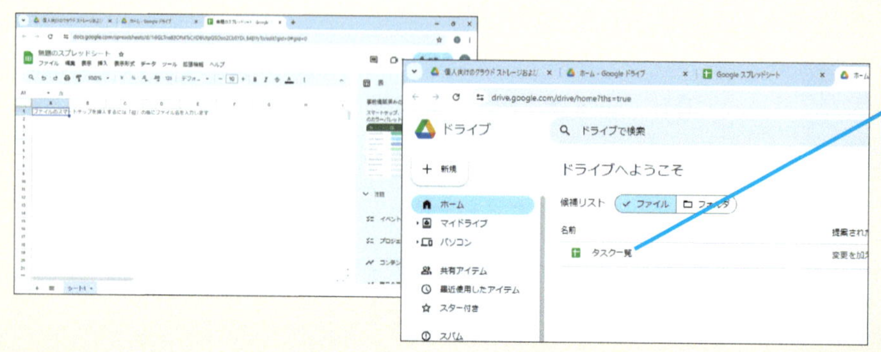

作成したファイルはGoogleドライブに保存される

「表計算」のためのツール

Googleスプレッドシートは、Excelと何が違うんですか？

Excelと同じ「表計算」ツールだから、共通する機能は多いね。あとの章でGoogleスプレッドシート独自の機能をたくさん紹介するから、まずは基本操作を覚えておいてほしいな。

マヤさん、Excelとだいたい同じだろうから、心配しなくてもいいんじゃないかな？

実際に操作してGoogleスプレッドシートに慣れよう

Googleスプレッドシートならではの動作があるんだよ、タクミ君……。まぁ、習うより慣れよ、かな。この章では新しいファイルを作って、簡単な表を完成させよう！

よし！ Excel使いの僕はサクッとマスターしちゃいますよ。よろしくお願いします。

よろしくお願いします。

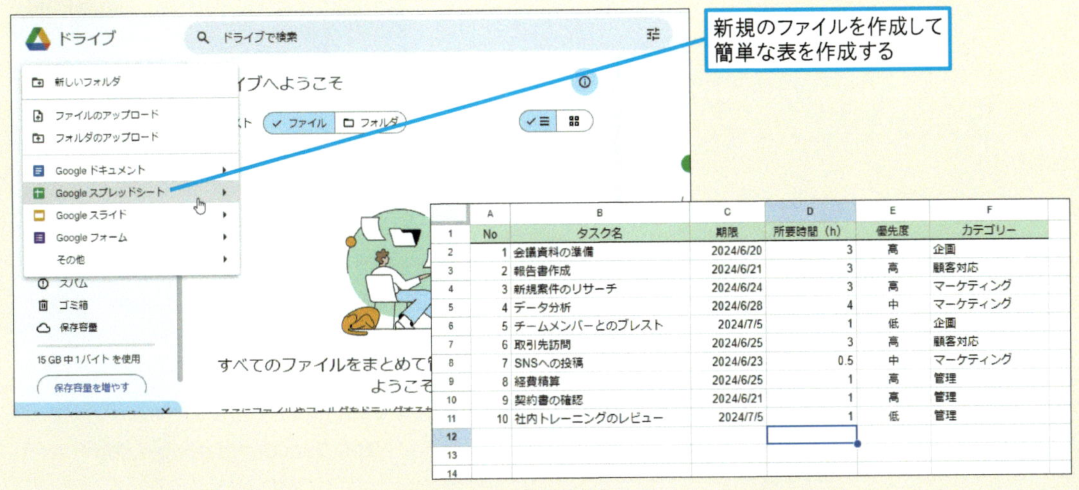

No	タスク名	期限	所要時間（h）	優先度	カテゴリー
1	会議資料の準備	2024/6/20	3	高	企画
2	報告書作成	2024/6/21	3	高	顧客対応
3	新規案件のリサーチ	2024/6/24	3	高	マーケティング
4	データ分析	2024/6/28	4	中	マーケティング
5	チームメンバーとのブレスト	2024/7/5	1	低	企画
6	取引先訪問	2024/6/25	3	高	顧客対応
7	SNSへの投稿	2024/6/23	0.5	中	マーケティング
8	経費精算	2024/6/25	1	高	管理
9	契約書の確認	2024/6/21	1	高	管理
10	社内トレーニングのレビュー	2024/7/5	1	低	管理

レッスン
02 Googleスプレッドシートを使ってみよう

新規作成、画面構成

練習用ファイル　なし

新しいファイルを作成してみましょう。任意のフォルダにファイルを作成しても構いません。Googleスプレッドシートの画面構成もあわせて確認します。ここでは機能の名称と役割を知っておいてください。

1 GoogleドライブのWebページを開く

▼GoogleドライブのWebページ
https://drive.google.com/

ログインの画面が表示された場合は、Googleアカウントとパスワードを入力する

GoogleドライブのWebページが表示された

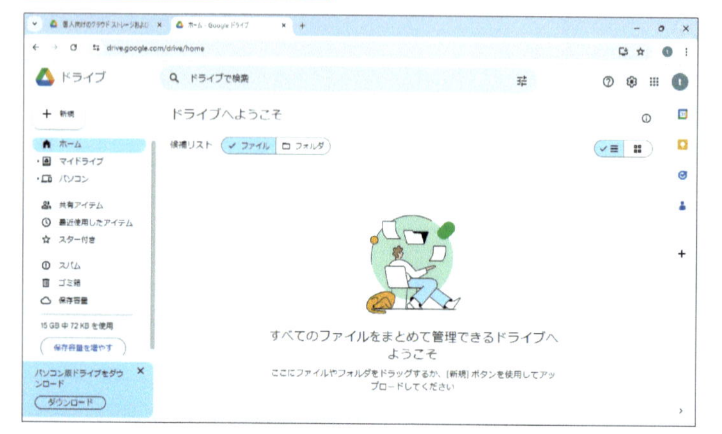

キーワード

Googleアカウント　P.247
Googleドライブ　P.247

使いこなしのヒント
Googleアカウントでログインしておく

GoogleドライブのWebページを開いたときにログインを求められることがあります。自分のGoogleアカウントでログインしておきましょう。

使いこなしのヒント
Googleアカウントがない場合は

GoogleドライブやGoogleスプレッドシートを利用するには、Googleアカウントが必要です。以下のURLを開いて［アカウントを作成］から画面の指示に従って作成してください。なお、Androidスマートフォンを利用している人は、Googleアカウントを持っています。そのアカウントでログイン可能です。

▼Googleアカウント
https://accounts.google.com/

2 スプレッドシートを新規作成する

手順1を参考に、GoogleドライブのWebページを開いておく

1 ［新規］をクリック

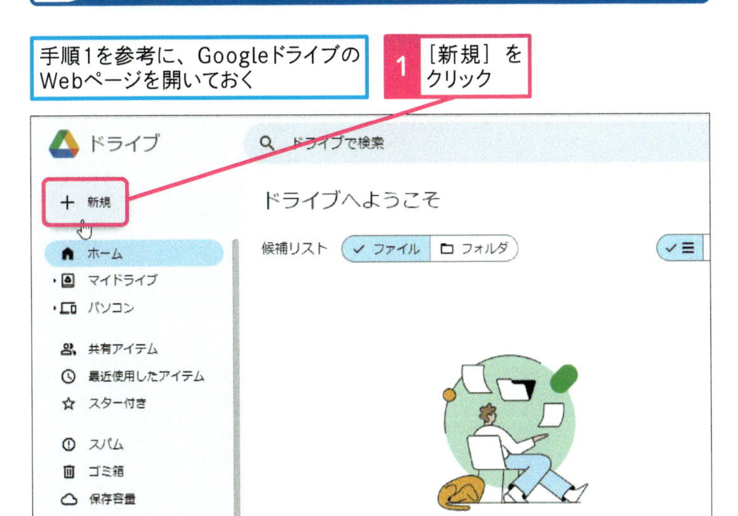

2 ［Googleスプレッドシート］をクリック

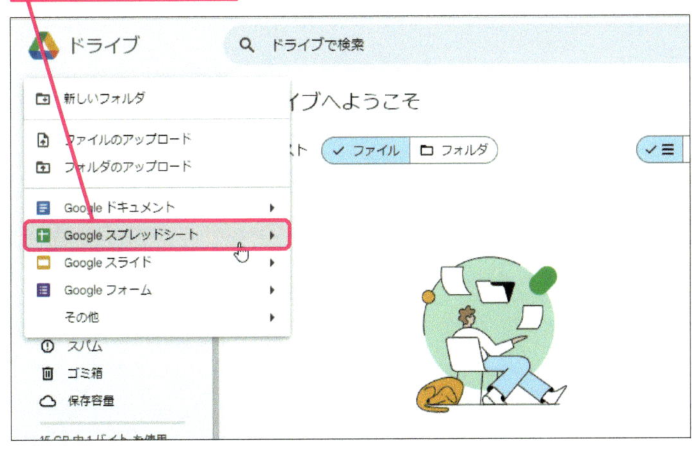

［無題のスプレッドシート］という名前でスプレッドシートが新規に作成された

3 ［閉じる］をクリック

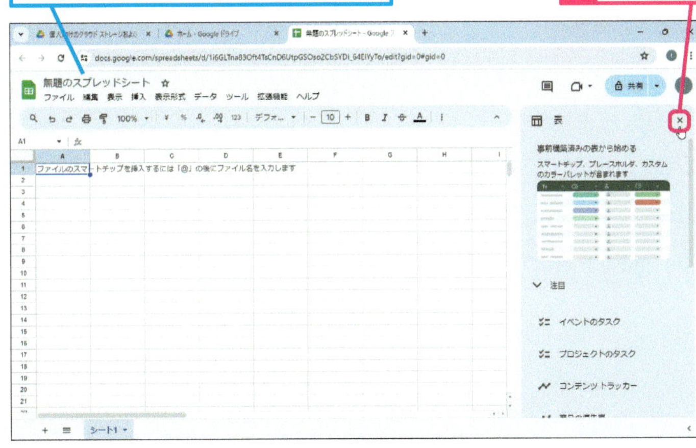

使いこなしのヒント

Googleドライブの容量はどれくらいあるの？

Googleドライブは、無料でも15GBまで利用できます。容量はGoogleドライブとGmail、Googleフォトで共有されますが、大容量の画像や動画ファイルを保存しなければ、容量不足の心配はありません。必要に応じて容量を追加することもできます。

使いこなしのヒント

Excelファイルもアップロードできる

Googleドライブは「クラウドストレージ」の1つです。Excelファイルのほか、テキストファイル、画像ファイルなどもアップロードして保存できます。アップロードしたExcelファイルの扱い方についてはレッスン32で紹介しています。

使いこなしのヒント

フォルダを用意してから操作しても構わない

ここでは、Googleドライブの［マイドライブ］にファイルを作成していますが、［新規］-［新しいフォルダ］とクリックして、先にフォルダを作成してから、そこにファイルを保存しても構いません。

使いこなしのヒント

閉じている画面は何？

手順2の操作3で閉じている画面は、簡単にテーブル（レッスン23参照）を作成するためのナビゲーションです。本章では1から表を作成するため、閉じています。

次のページに続く

Googleスプレッドシートの画面構成

Googleスプレッドシートを操作するために、画面上の基本的な機能を覚えておきましょう。パソコンの画面サイズによって表示方法が異なることがありますが、機能は同じです。

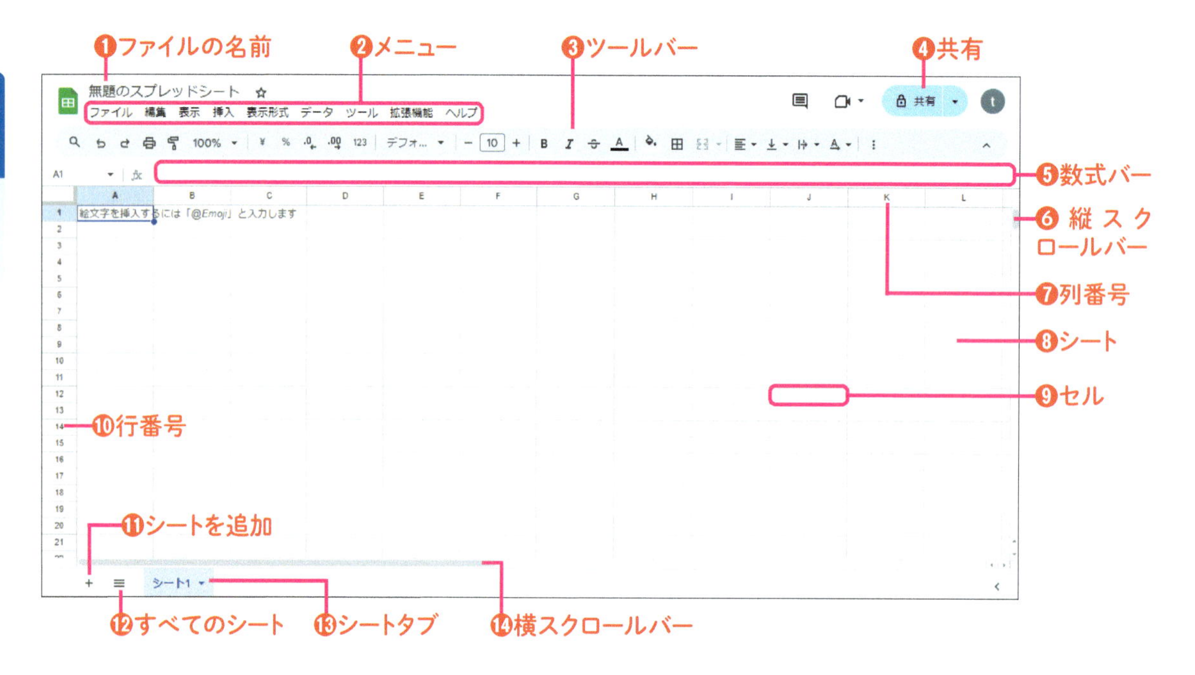

❶ファイルの名前

ファイル名が表示されます。新規ファイルには「無題のスプレッドシート」という名前が付きますが、任意の名前に変更できます（レッスン03参照）。

❷メニュー

Googleスプレッドシートの機能を呼び出すためのメニューです。ツールバーにない機能はメニューに含まれています。

❸ツールバー

よく使われる機能がまとめられています。操作中のWebブラウザーのサイズが小さい場合は、右端の［⋮］に折りたたまれます。

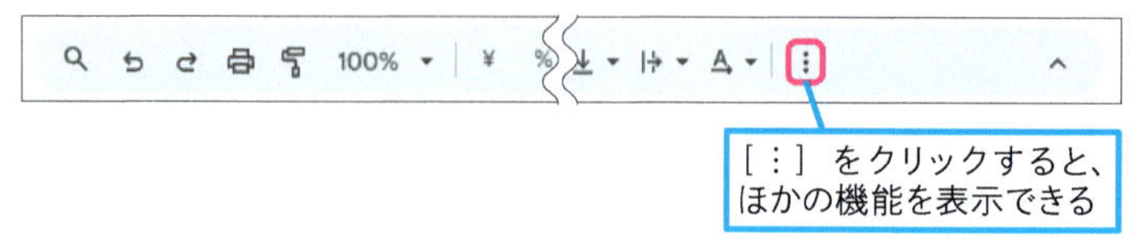

❹共有

ファイルを共有するときに利用します（レッスン27参照）。共有していないファイルは鍵のアイコンが表示されています。

使いこなしのヒント

セル範囲の選択中は集計結果が表示される

データの入力されているセルを複数選択した場合、画面の右下に集計結果が表示されます。［▼］をクリックして、集計方法を切り替えることもできます。

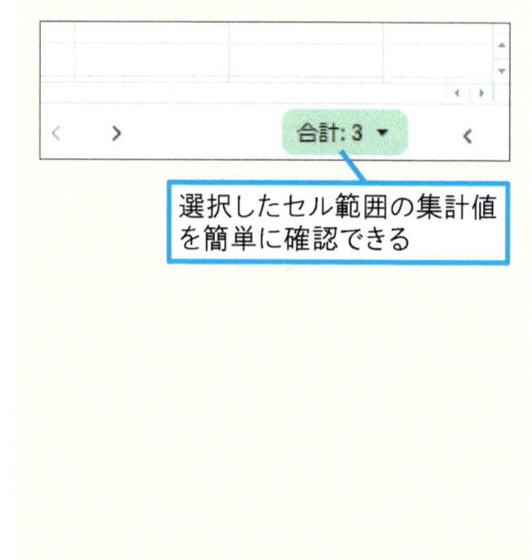

❺数式バー

操作中のセル（アクティブセル）の内容が表示されます。セルを選択して、数式バーにデータや数式を入力することもできます。

❻縦スクロールバー

上下にスライドして、シートの表示範囲を変更できます。マウスのホイールを前後に回して上下にスクロールすることもできます。

❼列番号

列を表す番号です。初期状態では、A〜Z列が用意されています。列の追加・削除（レッスン04参照）によって増減します。

❽シート

作業領域のことです。1つのファイルに複数のシートを作成でき、シートタブをクリックして切り替えられます（レッスン05参照）。

❾セル

シートに含まれるマス目を「セル」と呼びます。列番号と行番号を組み合わせて「セルA2」のように表現します。

❿行番号

行を表す番号です。初期状態では、1〜1000行が用意されています。行の追加・削除（レッスン04参照）によって増減します。

⓫シートを追加

新しいシートを追加できます。新しいシートは、操作中のシートの右側に追加されます。

⓬すべてのシート

ファイルに含まれるシートを一覧表示できます。複数のシートがあるファイルではインデックスとして利用できます。

⓭シートタブ

ファイルに含まれるシートを切り替えるタブです。操作中のシートは薄い青色に変わります。シートタブが画面の横幅に収まらないときは、シート見出しをスクロールできる［左へスクロール］/［右へスクロール］ボタンが表示されます。

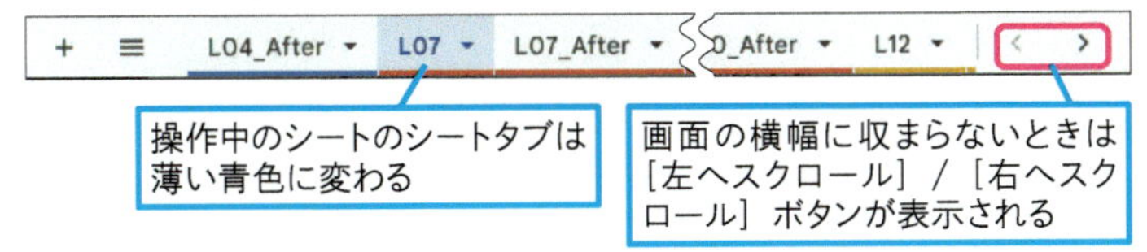

⓮横スクロールバー

左右にスライドして、シートの表示範囲を変更できます。Shift キーを押しながらマウスのホイールを回すと左右にスクロールできます。

使いこなしのヒント

ツールバーからすばやく操作できる

利用頻度の高い機能はツールバーにまとめられています。本書ではメニューからの操作を中心に解説していますが、ツールバーに慣れておくと、すばやく操作できるようになります。

使いこなしのヒント

Googleスプレッドシートはオフラインでも利用できる

Googleスプレッドシートはインターネット接続のないオフラインの環境でも利用できます。［ファイル］メニューから［オフラインで使用可能にする］を選択します。オフライン時に作業した内容は、次回オンラインになった時点で同期されます。

まとめ 新しいファイルを作って画面を確認してみよう

Googleスプレッドシートのファイルは、手順2の操作をするときに開いているフォルダに保存されます。あらかじめフォルダを用意しておくのもスマートな使い方です。Googleスプレッドシートの画面構成をすべて暗記する必要はありませんが、名称と役割を知っておくことで、機能を探しやすくなります。

レッスン

03 ファイルに名前を付けよう

名前を変更

練習用ファイル なし

レッスン02で作成したファイルに名前を付けます。名前を付けたファイルがGoogleドライブに保存されていることも確認しておきましょう。

1 ファイルの名前を変更する

レッスン02を参考に、新規のスプレッドシートを作成しておく

1 ファイルの名前をクリック

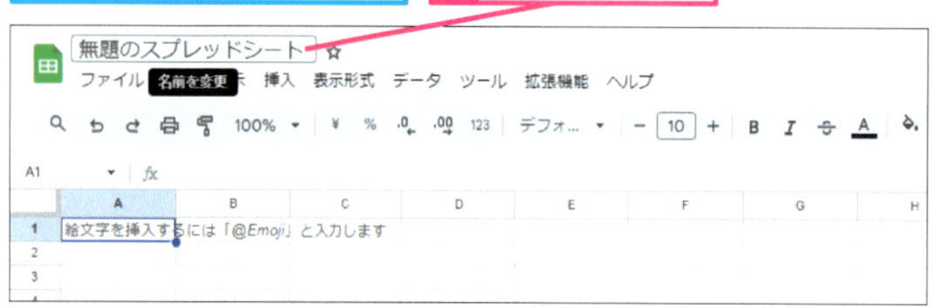

ファイルの名前が選択された

カーソルが表示された場合はドラッグして選択する

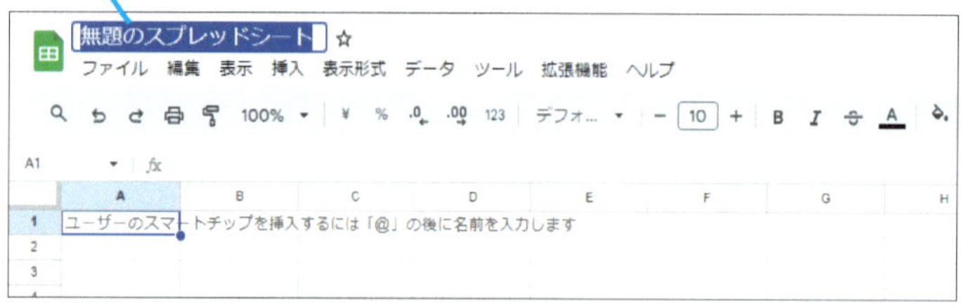

2 ファイルの名前を入力

3 Enter キーを押す

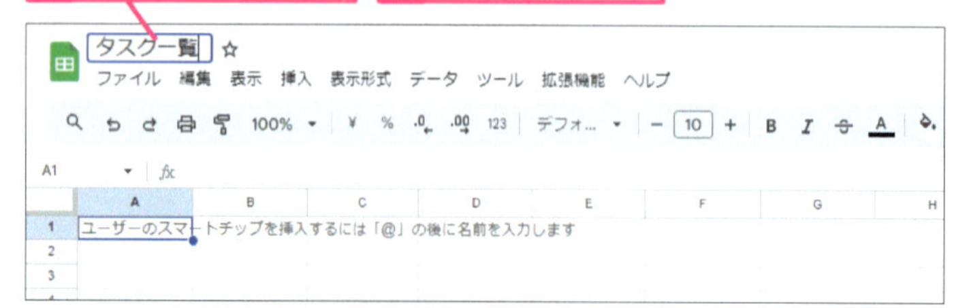

入力したファイルの名前に変更された

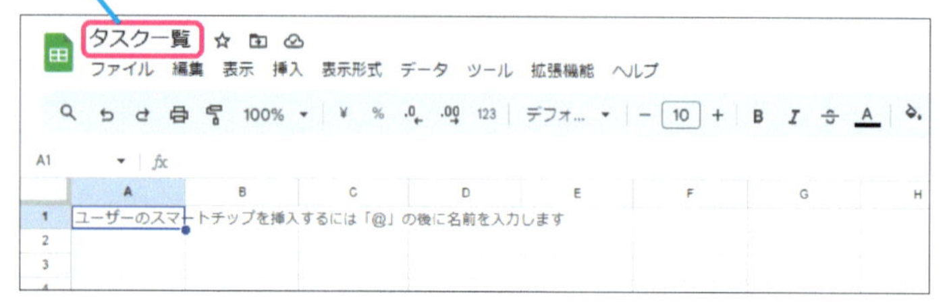

キーワード

Googleドライブ P.247

使いこなしのヒント

ファイルは自動的に保存される

Googleスプレッドシートのファイルは自動的に保存されるため、データを入力してそのまま閉じると、「無題のスプレッドシート」というファイルが複数作成されてしまいます。

使いこなしのヒント

スマートフォンで操作するには

Googleスプレッドシートはスマートフォンで表示・編集することもできます。[スプレッドシート] アプリをインストールして、自分Googleアカウントでログインして利用します。あわせて [ドライブ] アプリもインストールしておくと便利です。

●Android ●iPhone

使いこなしのヒント

Excelファイルとしてダウンロードすることもできる

Googleスプレッドシートで作成したファイルは [ファイル] メニューから [ダウンロード] を選択して、Excelファイルとして保存することもできます（レッスン32参照）。

2 保存したファイルを確認する

1 ［スプレッドシートホーム］をクリック

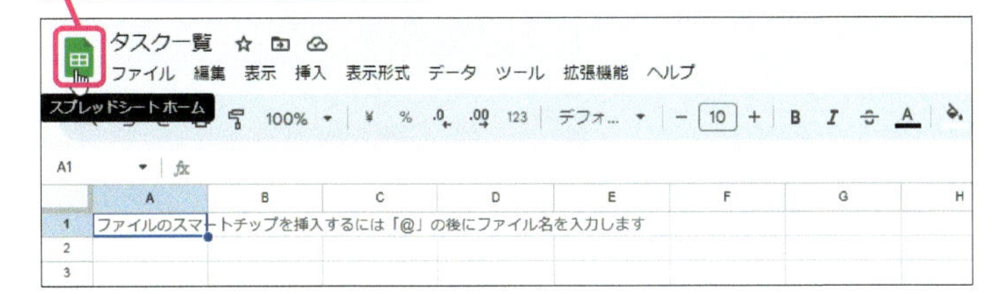

名前を付けたファイルが表示される

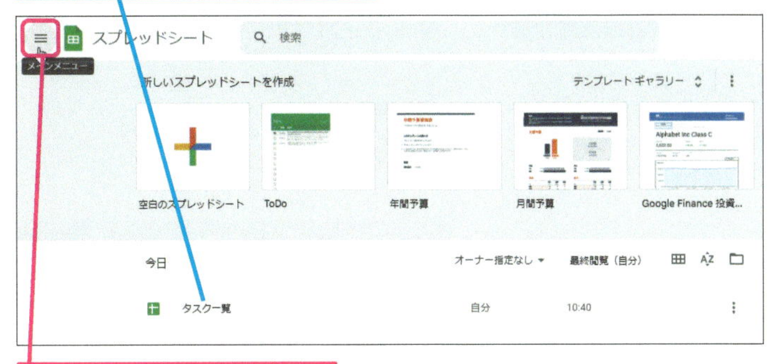

2 ［メインメニュー］をクリック

3 ［ドライブ］をクリック

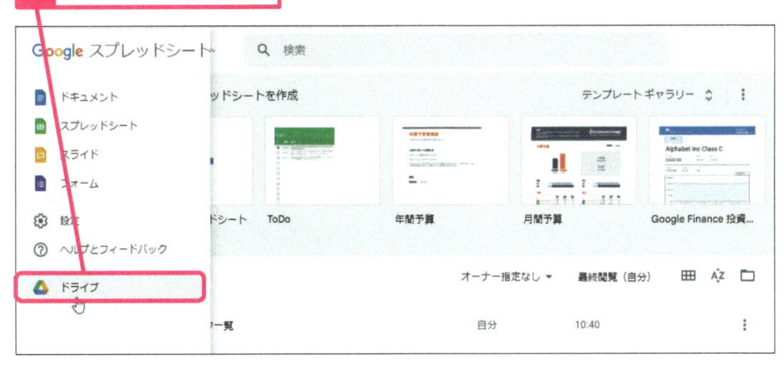

新しいタブでGoogleドライブのWebページが表示される

名前を付けたファイルが保存されている

使いこなしのヒント

［スプレッドシートホーム］って何？

Googleドライブの［マイドライブ］に保存されているスプレッドシートだけを一覧できる専用の画面です。Ctrlキーを押しながら、画面左上の［スプレッドシートホーム］をクリックして、別のファイルを開くといった使い方もできます。

使いこなしのヒント

ほかのフォルダにファイルを移動するには

操作中のファイルは、［ファイル］メニューから［移動］を選択して任意のフォルダに移動することもできます。

まとめ 名前を付けたファイルを確認しておこう

Googleスプレッドシートのファイルを作成したときは、すぐに名前を付けておきましょう。内容の異なるファイルは別ファイルとして扱われるため、名前を付けないままファイルを閉じると、フォルダ内に複数の「無題のスプレッドシート」というファイルがある状態になります。ファイルの内容を確認するために開閉をくり返すのは無駄な作業です。

レッスン

04 セルの操作を覚えておこう

データの入力、行列の挿入・削除

練習用ファイル なし

データの入力に加えて、書式の設定、行や列の操作をまとめて覚えておきましょう。効率の良いデータ入力や行列の挿入・削除の操作は、大幅な時短効果が期待できます。

1 表の見出しを入力する

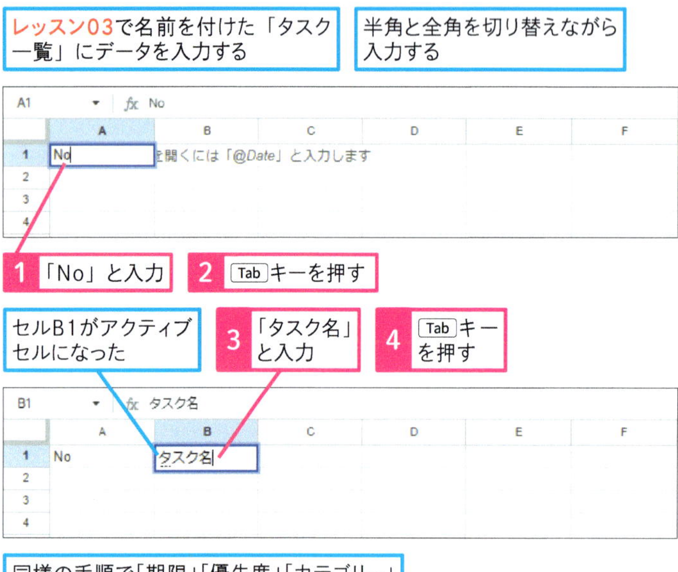

同様の手順で「期限」「優先度」「カテゴリー」と表の見出しを入力しておく

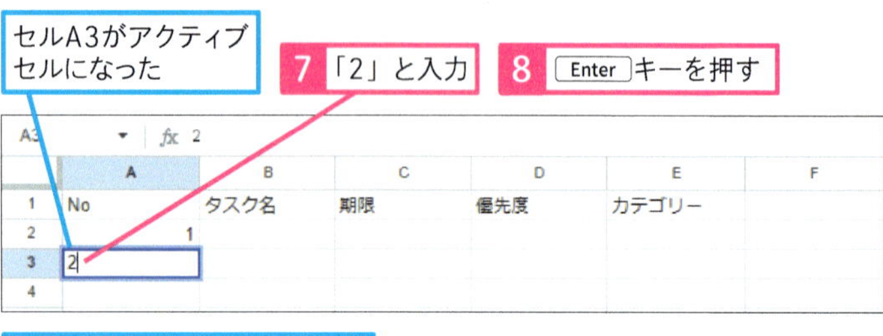

セルA4に「3」と入力しておく

キーワード

書式	P.248
背景色	P.249

ショートカットキー

編集モードに切り替え	Enter / F2
元に戻す	Ctrl + Z
やり直し	Ctrl + Y

時短ワザ

セルを編集モードに切り替えるには

セル内にカーソルが点滅していて、データを入力できる状態のことを「編集モード」と呼びます。Googleスプレッドシートでは、F2 キー、もしくは、Enter キーを押して編集モードに切り替えられます。

使いこなしのヒント

直前の操作を取り消すには

ツールバーにある［元に戻す］から直前の操作を取り消せます。

［元に戻す］で直前の操作を取り消せる

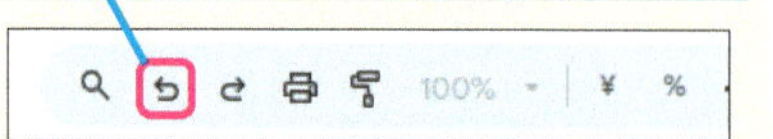

使いこなしのヒント

右移動は Tab キー、下移動は Enter キーが便利

入力を確定して、続けて右のセルにデータを入力したいときは、Enter キーではなく、Tab キーを押すと、アクティブセルをすばやく移動できます。

2 セル内の文字の配置を変更する

文字の配置を変更するセルを選択する

1 先頭のセルにマウスポインターを合わせる

2 ここまでドラッグ

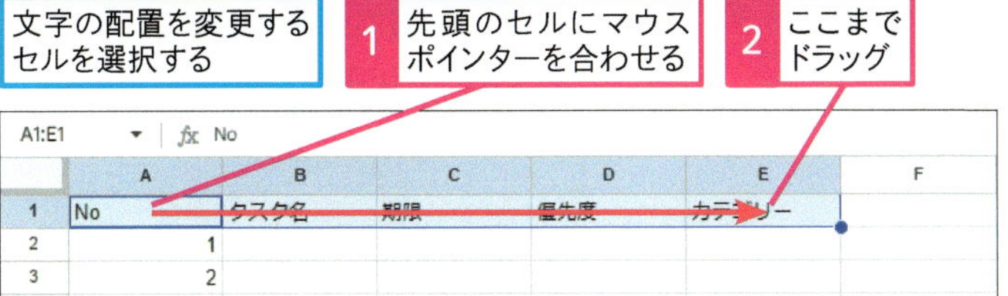

3 ［水平方向の配置］をクリック

4 ［中央］をクリック

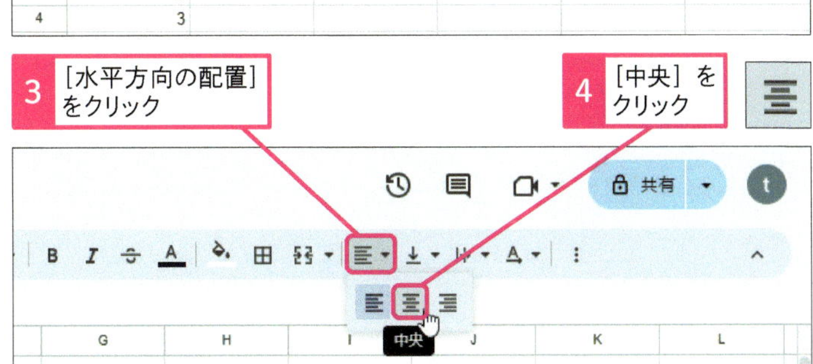

セル内の文字が中央に配置された

	A	B	C	D	E	F
1	No	タスク名	期限	優先度	カテゴリー	
2	1					
3	2					
4	3					

3 セルに色を付ける

手順2を参考に、色を付けるセルを選択しておく

1 ［塗りつぶしの色］をクリック

2 ［明るい緑3］をクリック

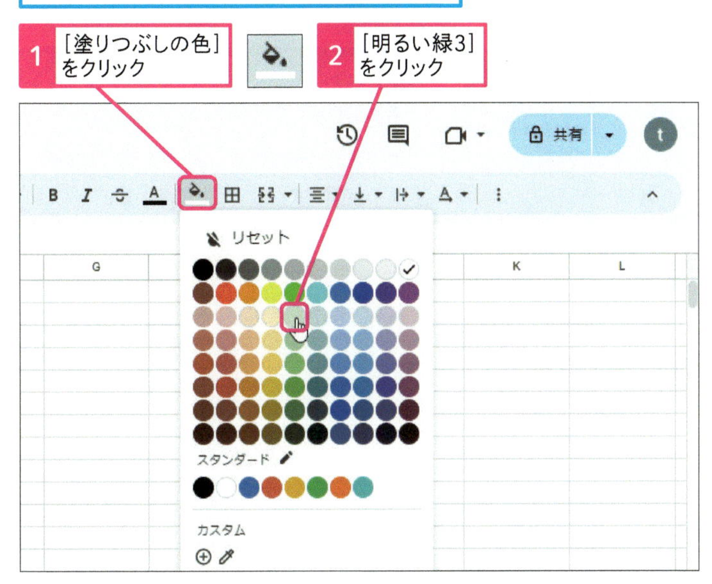

ショートカットキー

セル内で改行
Alt + Enter ／ Ctrl + Enter

スキルアップ

セル内で改行するには

セル内の文字列を意図する位置で折り返したいときは、Alt + Enter キー、もしくは、Ctrl + Enter キーを押して改行できます。

1 改行したい位置にカーソルを移動

2	1	会議資料の準備	2024/6/20
3	2	報告書作成	2024/6/21
4	3	新規案件のリサーチ	2024/6/24
5			

2 Alt + Enter キーを押す

改行できた

2	1	会議資料の準備	2024/6/20
3	2	報告書作成	2024/6/21
4	3	新規案件の リサーチ	2024/6/24

使いこなしのヒント

垂直方向の配置を変更するには

セル内の文字列の垂直方向の配置は、標準で［下］になっています。ツールバーの［垂直方向の配置］から変更可能です。

1 ［垂直方向の配置］をクリック

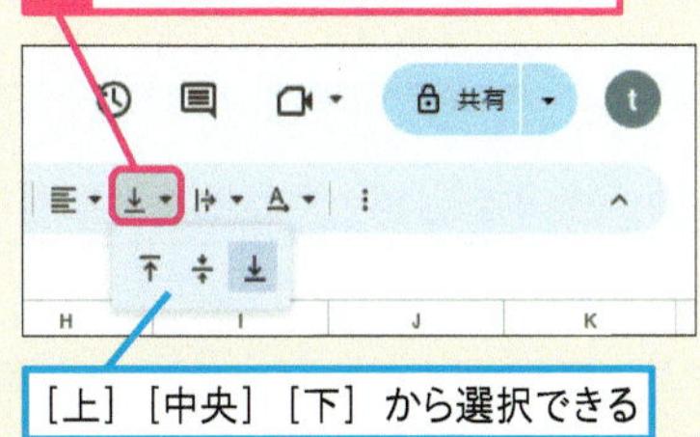

［上］［中央］［下］から選択できる

使いこなしのヒント

文字の色を変更するには

セルの文字の色を変更したいときは［塗りつぶしの色］の左側にある［テキストの色］から色を選択します。セル内の文字を選択して一部だけ色を変更することもできます。

次のページに続く

● セルに色が付いた

選択した色でセルが塗りつぶされた

A1:E1 fx No

	A	B	C	D	E	F
1	No	タスク名	期限	優先度	カテゴリー	
2	1					
3	2					
4	3					

4 セルに枠線を付ける

続けてセル範囲に枠線を設定する

1 ［枠線］をクリック

2 ［下の枠線］をクリック

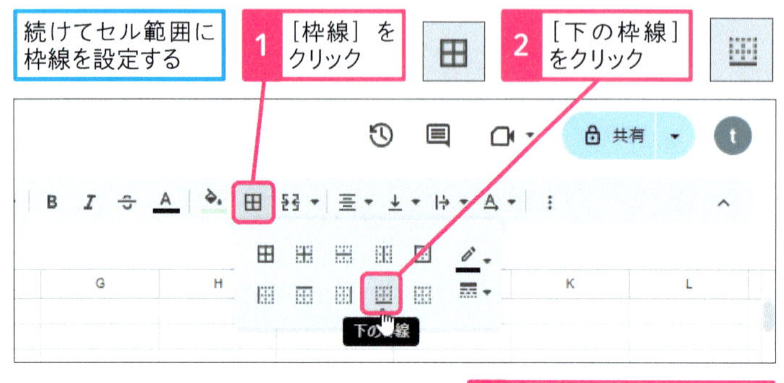

3 任意のセルをクリックしてセルの選択を解除

D2 fx

	A	B	C	D	E	F
1	No	タスク名	期限	優先度	カテゴリー	
2	1					
3	2					
4	3					

セル範囲に枠線を設定できた

スキルアップ

シート全体を選択して書式をまとめて設定する

ワークシートの左上をクリックして、シート内のすべてのセルを選択した状態で書式を設定できます。フォントの種類やサイズなど、書式を統一したいときに便利です。

1 ここをクリック

シート内のすべてのセルが選択される

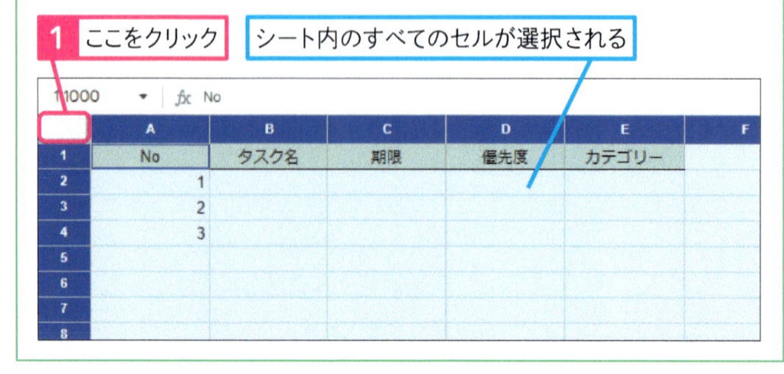

用語解説

書式

フォントの種類やサイズ、文字色、セルの背景色などの装飾のことです。

使いこなしのヒント

フォントの種類やサイズを変更するには

ツールバーの［フォント］と［フォントサイズ］からフォントの種類とサイズを変更できます。

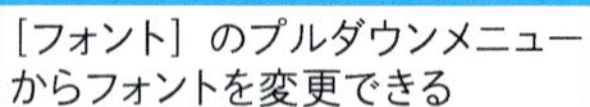

［フォント］のプルダウンメニューからフォントを変更できる

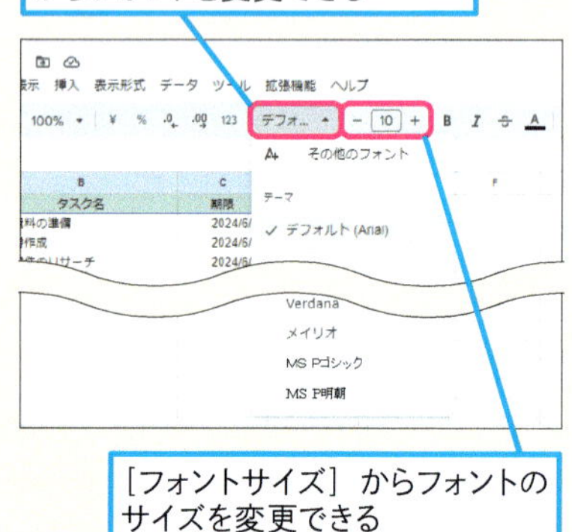

［フォントサイズ］からフォントのサイズを変更できる

ショートカットキー

書式のクリア Ctrl+¥

使いこなしのヒント

書式をクリアするには

セル範囲を選択して、以下のように操作すると書式をクリアできます。書式をすばやくクリアしたい場合は、ショートカットキーの Ctrl + ¥ キーがおすすめです。

1 ［表示形式］をクリック

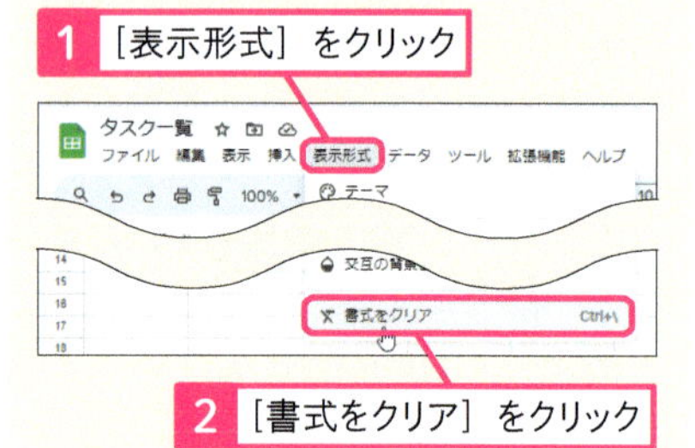

2 ［書式をクリア］をクリック

5 データを再利用する

表の内容を入力しておく

1 内容をコピーするセルをクリック

2 Ctrl + C キーを押す

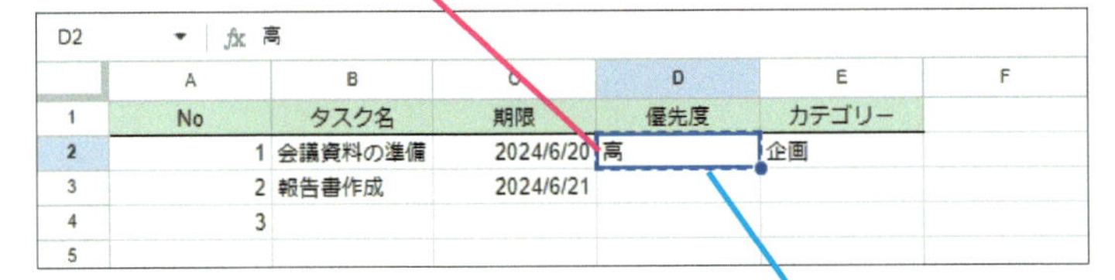

コピーしたセルには点線が表示される

3 貼り付け先のセルをクリック

4 Ctrl + V キーを押す

コピーしたセルの内容が貼り付けられた

6 列幅を調整する

セルに入力した文字が途中で切れているので、B列の列幅を広げる

1 ここにマウスポインターを合わせる

マウスポインターの形が変わった

2 ここまでドラッグ

左にドラッグすると列幅が狭くなる

列幅が広がった

ショートカットキー

コピー	Ctrl + C
切り取り	Ctrl + X
貼り付け	Ctrl + V
上のセルをコピー	Ctrl + D
左のセルをコピー	Ctrl + R

時短ワザ

上のセルや左のセルの内容をすばやくコピーするには

Ctrl + D キーを押すと、すぐ上のセルの内容がコピーされます。左隣のセルの内容をコピーするときは、Ctrl + R キーを押します。

使いこなしのヒント

行の高さを変更するには

行の高さは、列幅と同じ要領で変更できます。行番号の境にマウスポインターを合わせると、÷に形が変わるので、そのままドラッグします。

使いこなしのヒント

列幅や行の高さを自動調整するには

セルに入力されているデータの長さや高さに合わせて、列幅や行の高さを自動調整できます。列番号や行番号の境にマウスポインターを合わせてダブルクリックします。

次のページに続く

7 連続データを入力する

下の画面のように列幅を調整しておく

ここでは、[No]列に「4」～「10」の連番を挿入する

1 セルA4をクリック

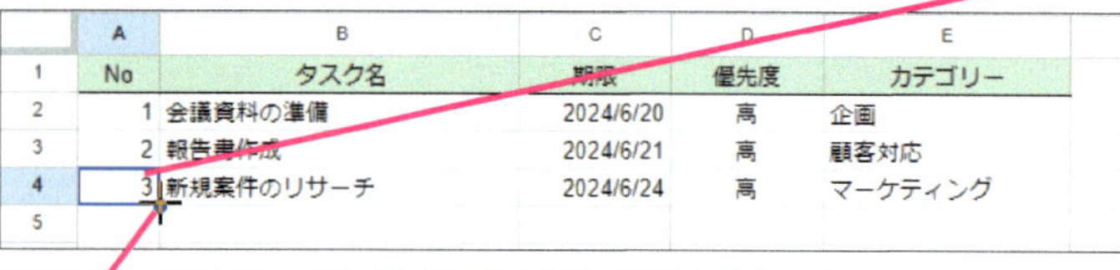

2 セルの右下にマウスポインターを合わせる

マウスポインターの形が変わった

3 Ctrlキーを押しながらセルA11までドラッグ

	A	B	C	D	E
1	No	タスク名	期限	優先度	カテゴリー
2	1	会議資料の準備	2024/6/20	高	企画
3	2	報告書作成	2024/6/21	高	顧客対応
4	3	新規案件のリサーチ	2024/6/24	高	マーケティング
5					
9					
10					
11					
12					

連続データが入力された

ほかの列にもデータを入力しておく

	A	B	C	D	E
1	No	タスク名	期限	優先度	カテゴリー
2	1	会議資料の準備	2024/6/20	高	企画
3	2	報告書作成	2024/6/21	高	顧客対応
4	3	新規案件のリサーチ	2024/6/24	高	マーケティング
5	4				
6	5				
7	6				
8	7				
9	8				
10	9				
11	10				
12					

使いこなしのヒント

Excelと同様の操作も可能

Ctrlキーを押したままドラッグせずに、セルA3～A4を選択して、フィルハンドルをドラッグしても構いません。増分が「1」の連続データを入力すると判断されます。Excelの操作に慣れている場合はおすすめです。

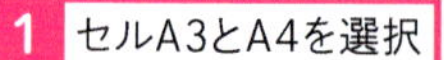

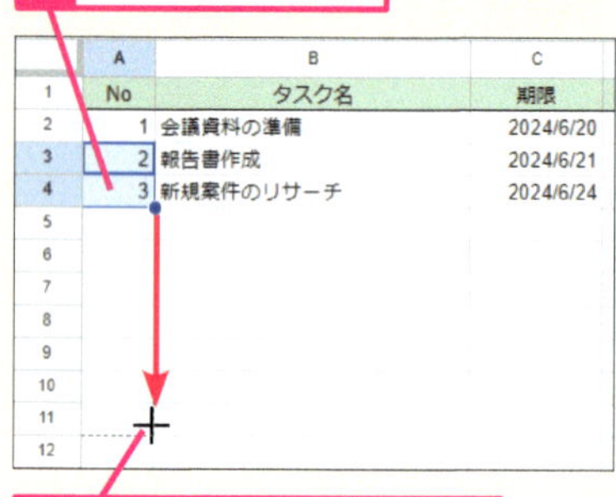

2 セルA4のフィルハンドルをセルA11までドラッグ

スキルアップ

列や行の順番を入れ替える

Googleスプレッドシートでは、切り取った行や列を任意の位置に挿入できません。行や列の順番を入れ替えたい場合は、行全体、もしくは列全体を選択して、入れ替えたい位置までドラッグします。例えば、B列とC列の間にF列を移動するには、右の手順のように操作します。

順番を入れ替えたい列を選択しておく

1 F列の列番号にマウスポインターを合わせる

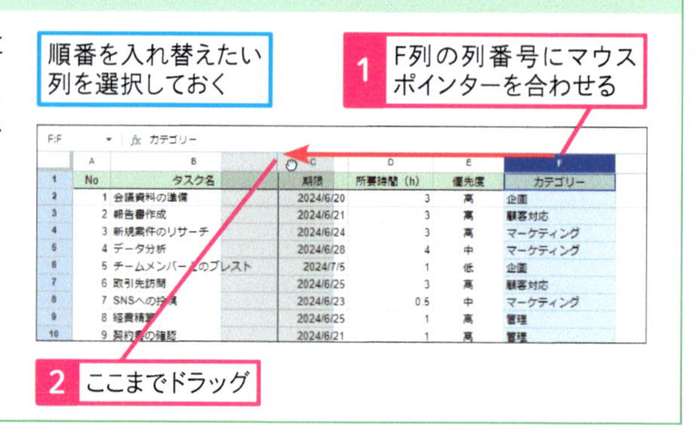

2 ここまでドラッグ

8 列を挿入する

［期限］列と［優先度］列の間に列を挿入する

1 D列の列番号を右クリック

2 ［左に1列挿入］をクリック

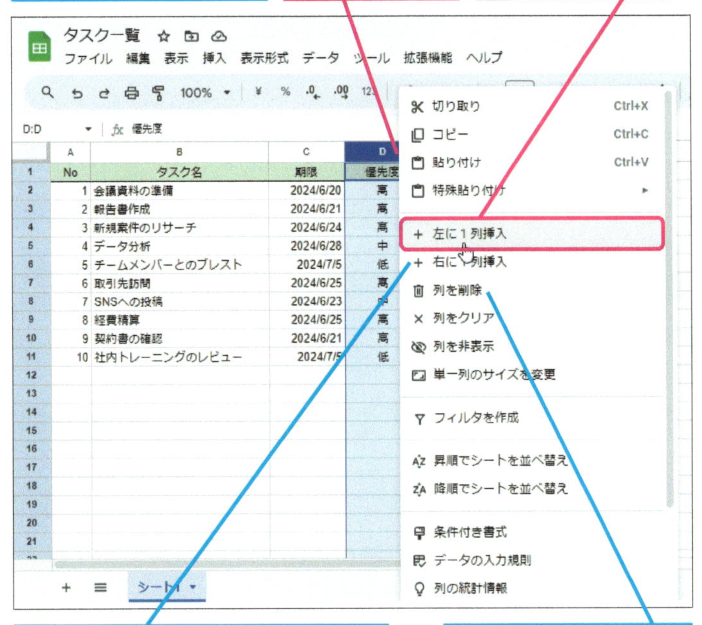

C列の列番号を右クリックして［右に1列挿入］を選択しても同じことができる

［列を削除］を選択すると列を削除できる

列が挿入された

	A	B	C	D	E	F	G
1	No	タスク名	期限		優先度	カテゴリー	
2	1	会議資料の準備	2024/6/20		高	企画	
3	2	報告書作成	2024/6/21		高	顧客対応	
4	3	新規案件のリサーチ	2024/6/24		高	マーケティング	
5	4	データ分析	2024/6/28		中	マーケティング	
6	5	チームメンバーとのブレスト	2024/7/5		低	企画	
7	6	取引先訪問	2024/6/25		高	顧客対応	
8	7	SNSへの投稿	2024/6/23		中	マーケティング	
9	8	経費精算	2024/6/25		高	管理	
10	9	契約書の確認	2024/6/21		高	管理	
11	10	社内トレーニングのレビュー	2024/7/5		低	管理	

データを入力しておく

	A	B	C	D	E	F	G
1	No	タスク名	期限	所要時間（h）	優先度	カテゴリー	
2	1	会議資料の準備	2024/6/20	3	高	企画	
3	2	報告書作成	2024/6/21	3	高	顧客対応	
4	3	新規案件のリサーチ	2024/6/24	3	高	マーケティング	
5	4	データ分析	2024/6/28	4	中	マーケティング	
6	5	チームメンバーとのブレスト	2024/7/5	1	低	企画	
7	6	取引先訪問	2024/6/25	3	高	顧客対応	
8	7	SNSへの投稿	2024/6/23	0.5	中	マーケティング	
9	8	経費精算	2024/6/25	1	高	管理	
10	9	契約書の確認	2024/6/21	1	高	管理	
11	10	社内トレーニングのレビュー	2024/7/5	1	低	管理	

ショートカットキー

挿入メニューの表示

Ctrl + Alt + +

削除メニューの表示

Ctrl + Alt + −

時短ワザ

右クリックの操作に慣れておこう

列や行の挿入や削除など、操作の対象が決まっている場合、右クリックから必要な機能をすばやく呼び出せます。右クリックに慣れておくと、効率良く操作できるでしょう。

使いこなしのヒント

行を挿入するには

列の挿入と同様に、行番号を右クリックして、［上に1行挿入］もしくは［下に1行挿入］を選択すると行を挿入できます。

使いこなしのヒント

複数の列や行をまとめて挿入できる

複数の列や行を選択し、列番号や行番号を右クリックして表示される［○列挿入］や［○行挿入］を選択すると、複数の列や行をまとめて挿入できます。

まとめ 基本操作をマスターして効率良く作業しよう

データの入力やコピー、セル内の文字の配置、書式設定などの操作に慣れておきましょう。また、表の作成には、行や列の操作が必要です。思い通りに挿入・削除できるようにしておきます。効率良く作業できる右クリックの操作もおすすめです。1回の操作にかかる時間の差はわずかかもしれませんが、積み重ねると大きな違いになります。

レッスン

05 シートの操作を覚えておこう

シートの操作　練習用ファイル　なし

ファイル名と同じように、わかりやすいシート名を付けておくと効率良く作業できます。特にシートの数が多い場合は必須といえます。シートの追加や削除、コピーの方法も覚えておきましょう。

シート名を変更する

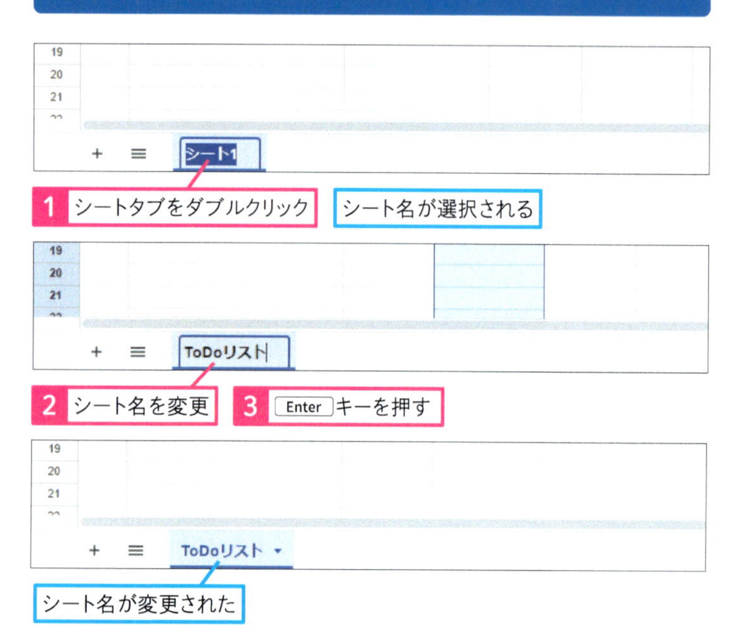

新しいシートを追加する

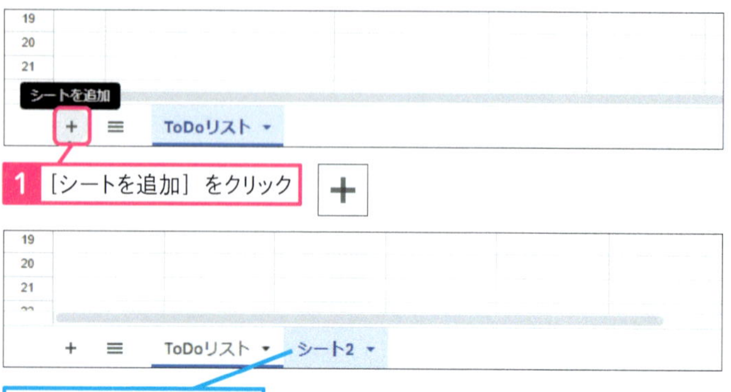

キーワード

シート　P.248

ショートカットキー

左のシートを表示
Ctrl + Shift + Page Up ／ Alt + ↑

右のシートを表示
Ctrl + Shift + Page Down ／ Alt + ↓

使いこなしのヒント

シートの順番を入れ替えるには

シートタブをクリックして、右または左にドラッグすると、シートの順番を入れ替えられます。

使いこなしのヒント

目的のシートに すばやく切り替えるには

［シートを追加］の右隣にある［すべてのシート］クリックすると、ファイルに含まれるシートの一覧が表示されます。目的のシート名を選択して切り替えられます。

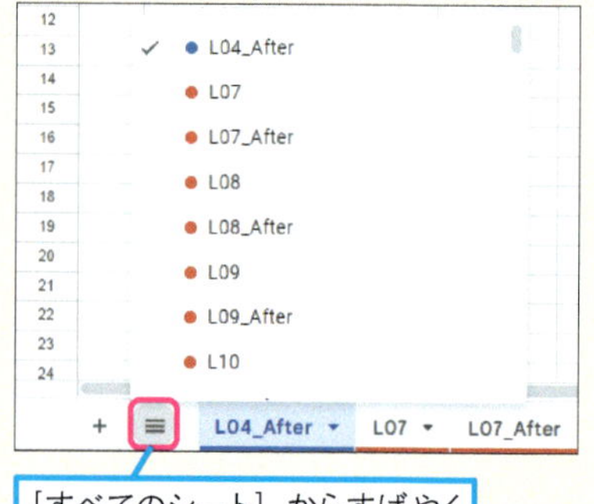

シートをコピーする

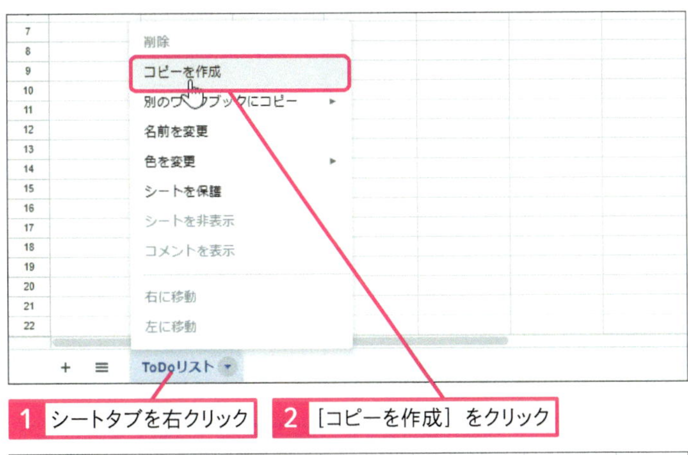

1 シートタブを右クリック　2［コピーを作成］をクリック

ToDoリスト　ToDoリスト のコピー

［（元のシートの名前）のコピー］という名前のシートが作成された

シートを削除する

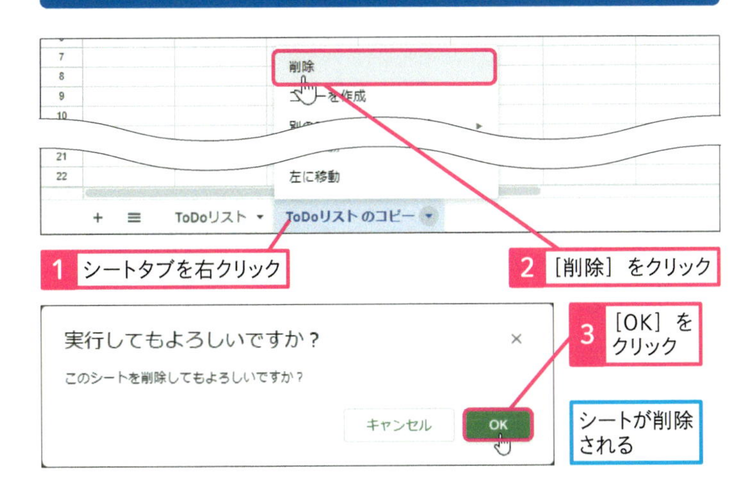

1 シートタブを右クリック　2［削除］をクリック

3［OK］をクリック

シートが削除される

スキルアップ
シート操作のそのほかのメニュー

シートタブを右クリックしたときに表示される［シートを保護］はシートの編集を制限する機能です（レッスン29参照）。［コメントを表示］はファイルに含まれるコメントを表示する機能です（レッスン30参照）。［シートを非表示］の多用はおすすめしません。シートを再表示するには［表示］メニューから［非表示のシート］を選択します。

使いこなしのヒント
別のファイルにコピーするには

シート操作のメニューから［別のワークブックにコピー］を選択して、表示中のシートを別のファイルにコピーすることもできます。

使いこなしのヒント
シートの色を変更するには

シートを色分けして整理する方法はおすすめです。内容によって色を分けておくといいでしょう。

［色を変更］から好みの色を選択できる

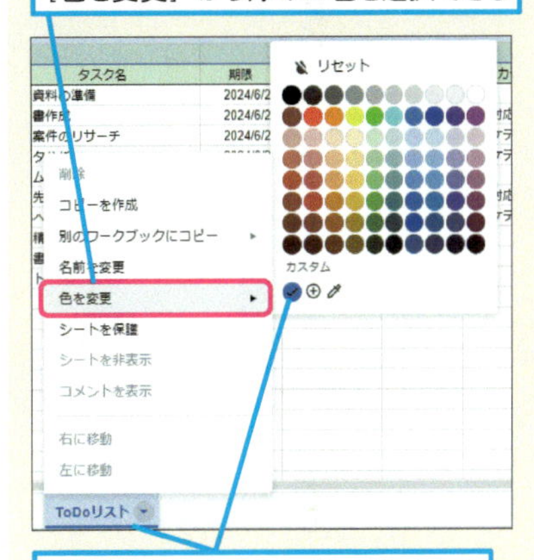

選択した色がシートタブに反映される

まとめ　自在に操作できるようにしておこう

「シート1」「シート2」のようなシート名では内容が判断できません。わかりやすい名前に変更しておきましょう。シートの追加やコピー、削除も必須の操作です。ひと工夫して、内容ごとにシートの色を変更しておくと扱いやすいファイルになるでしょう。なお、シートの数が多い場合は、ショートカットキーを使ったシートの切り替えがおすすめです。

この章のまとめ

まずは操作に慣れよう

この章では、新しいファイルを作成して、簡単な表を作りました。実際に操作してGoogleスプレッドシートに慣れておきましょう。ただし、基本的な操作方法はしっかりマスターしてください。データ入力のほか、セルや行列、シートの操作は、ほぼ毎回使います。例えば、ツールバーや右クリックからの操作が効率的なら、メニューをたどる必要はありません。思い通りに操作できる便利なツールとして、手に馴染ませられると理想的です。

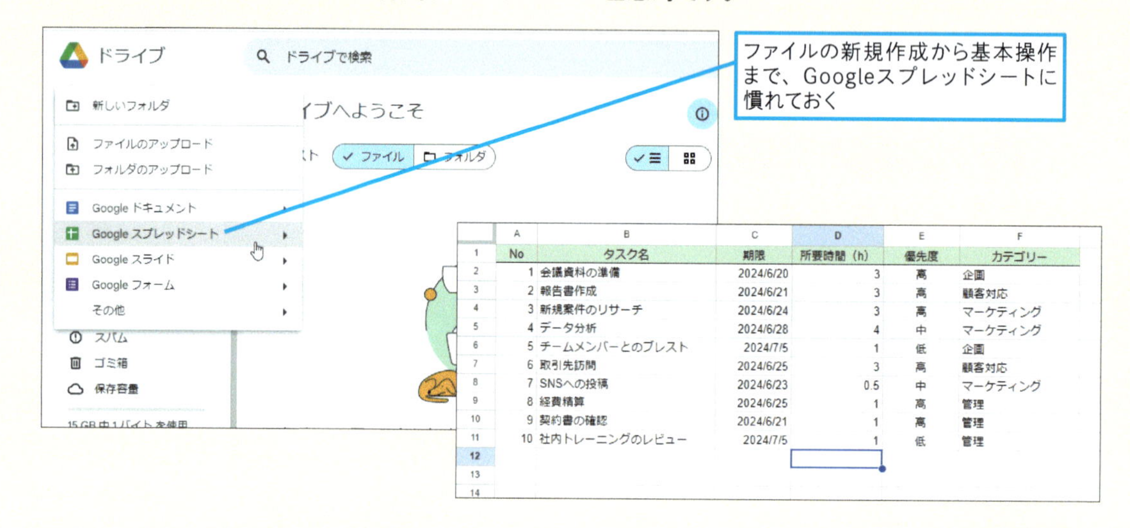

No	タスク名	期限	所要時間（h）	優先度	カテゴリー
1	会議資料の準備	2024/6/20	3	高	企画
2	報告書作成	2024/6/21	3	高	顧客対応
3	新規案件のリサーチ	2024/6/24	3	高	マーケティング
4	データ分析	2024/6/28	4	中	マーケティング
5	チームメンバーとのブレスト	2024/7/5	1	低	企画
6	取引先訪問	2024/6/25	3	高	顧客対応
7	SNSへの投稿	2024/6/23	0.5	中	マーケティング
8	経費精算	2024/6/25	1	高	管理
9	契約書の確認	2024/6/21	1	高	管理
10	社内トレーニングのレビュー	2024/7/5	1	低	管理

Googleスプレッドシートの基本操作を駆け足で紹介したけど、ついてこれたかな?

Googleスプレッドシートって、Excelと同じようなものだと思っていましたけど、実際に使ってみると操作に悩むところがありますね。

私はすぐに慣れました(笑)。

うんうん。ここで紹介した操作はExcelと共通しているものも多いから、簡単に感じたかもしれないね。次の章では効率良くデータを入力するテクニックを紹介するよ。

基本編

第2章

データ入力のコツを覚えよう

手間を省いてすばやくデータを入力するポイントを押さえましょう。セルの表示形式を思い通りに設定する方法、目的のデータを抽出する方法も紹介します。

06	データを効率良く入力しよう	40
07	連続データを入力するには	42
08	日付を「○月○日」の形式で表示するには	44
09	「0」から始まるデータを入力するには	46
10	データを抽出するには	48

レッスン
06 Introduction この章で学ぶこと
データを効率良く入力しよう

この章では、データを効率良く入力するためのポイントを押さえしましょう。また、思い通りにセルの表示形式を変更できれば、データを入力し直す手間が省けます。データを活用するために、フィルタと検索の機能も覚えます。

基本編 第2章 データ入力のコツを覚えよう

いつもの操作を見直す

データ入力は得意なんですよ。

ではタクミ君、Excelで「1、2、3……」と連番を振るとき、どのように操作しているかな?

セルの右下のマークを下にドラッグしますけど?

フィルハンドルをドラッグしているんだね。間違いではないけど、ダブルクリックで一瞬で連番を振れるテクニックもあるよ。

	A	B	C	D	E	F
1	会議室利用状況					
2	No	日付	会議室	時間帯	状況	
3	1	2024-05-01	会議室A	09:00-10:00	使用中	
4	2	2024-05-01	会議室A	10:00-11:00	使用中	
5		2024-05-01	会議室A	11:00-12:00	空室	
6		2024-05-01	会議室A	12:00-13:00	空室	

連番はフィルハンドルのダブルクリックで入力できる

え、ホントですか?

これはExcelでも使える操作だよ。慣れている操作が効率的かどうかはわからないよね。ここで見直してみるのはどうだろう?

改めて聞かれると、いつもの操作は自己流なのかもしれないわね。

セルの表示形式を自在に設定しよう

マヤさん、セルの表示形式は知ってるよね?

はい。日付の形式を整えたり、数字に桁区切り記号を追加したりするときに設定する機能ですよね。

その通り。ただ、Googleスプレッドシートの表示形式の設定方法はExcelと少し違うので、使いながら慣れていこう。

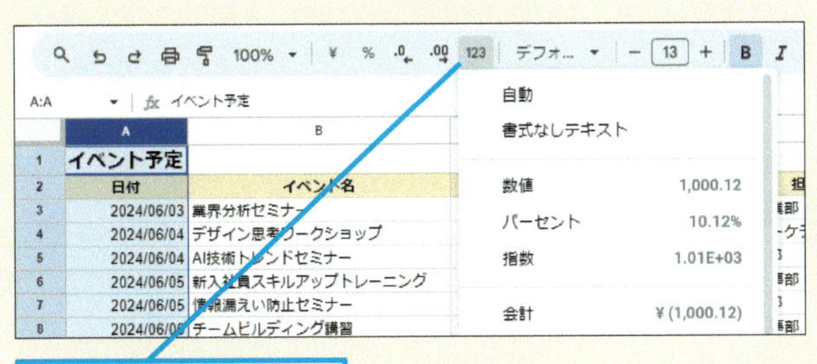

Googleスプレッドシート独自の操作に慣れる

並べ替えや絞り込み、検索でデータ処理を効率的に

並べ替えや絞り込み、検索といった機能は効率良くデータを処理するために必要だから、しっかり覚えてほしいな。

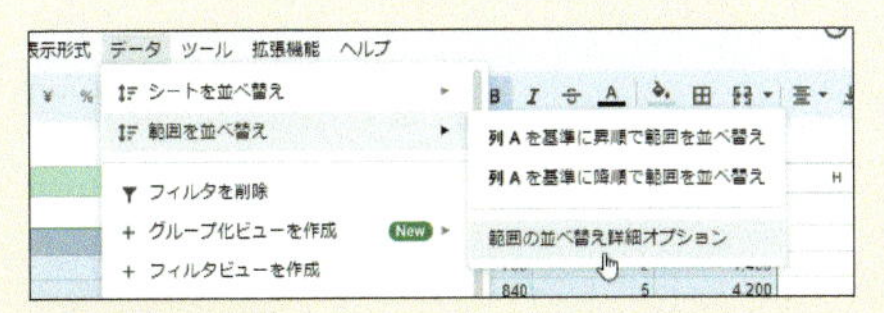

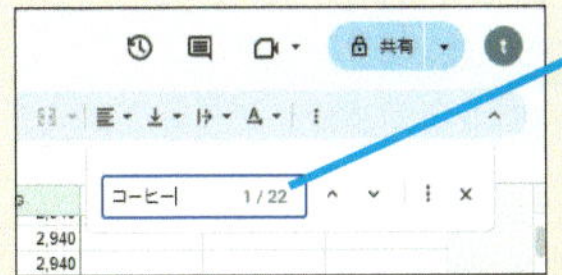

データの並べ替えや絞り込み、検索の機能を覚える

はい! しっかりマスターします。

知らない機能はどんどん覚えていきたいです。がんばるぞ!

レッスン

07 連続データを入力するには

オートフィル

練習用ファイル　[L07] シート

オートフィルの機能を使って、連続データを入力してみましょう。Ctrl+矢印キーを押して、連続するデータの端にジャンプする方法も覚えておくと便利です。

キーワード

オートフィル　P.247

フィルハンドル　P.250

1 連続データを入力する

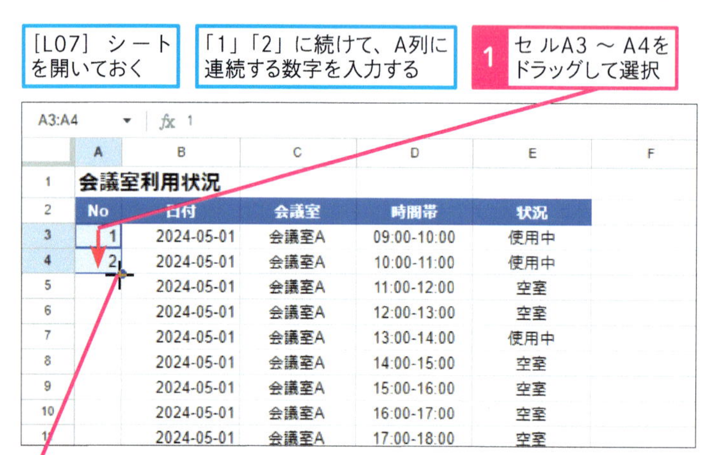

A3:A4　fx 1

	A	B	C	D	E	F
1	会議室利用状況					
2	No	日付	会議室	時間帯	状況	
3	1	2024-05-01	会議室A	09:00-10:00	使用中	
4	2	2024-05-01	会議室A	10:00-11:00	使用中	
5		2024-05-01	会議室A	11:00-12:00	空室	
6		2024-05-01	会議室A	12:00-13:00	空室	
7		2024-05-01	会議室A	13:00-14:00	使用中	
8		2024-05-01	会議室A	14:00-15:00	空室	
9		2024-05-01	会議室A	15:00-16:00	空室	
10		2024-05-01	会議室A	16:00-17:00	空室	
11		2024-05-01	会議室A	17:00-18:00	空室	

2 フィルハンドルにマウスポインターを合わせる

マウスポインターの形が変わった 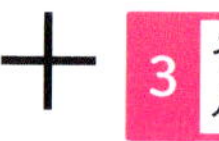

3 そのままダブルクリック

A列の下端まで連続データが入力される

A3:A4　fx 1

	A	B	C	D	E	F
1	会議室利用状況					
2	No	日付	会議室	時間帯	状況	
3	1	2024-05-01	会議室A	09:00-10:00	使用中	
4	2	2024-05-01	会議室A	10:00-11:00	使用中	
5	3	2024-05-01	会議室A	11:00-12:00	空室	
6	4	2024-05-01	会議室A	12:00-13:00	空室	
7	5	2024-05-01	会議室A	13:00-14:00	使用中	
8	6	2024-05-01	会議室A	14:00-15:00	空室	
9	7	2024-05-01	会議室A	15:00-16:00	空室	
10	8	2024-05-01	会議室A	16:00-17:00	空室	
11	9	2024-05-01	会議室A	17:00-18:00	空室	
12	10	2024-05-01	会議室A	18:00-19:00	空室	
13	11	2024-05-01	会議室A	19:00-20:00	空室	
14	12	2024-05-01	会議室A	20:00-21:00	使用中	
15	13	2024-05-01	会議室A	21:00-22:00	使用中	
16	14	2024-05-01	会議室B	09:00-10:00	使用中	
17	15	2024-05-01	会議室B	10:00-11:00	空室	
18	16	2024-05-01	会議室B	11:00-12:00	空室	

使いこなしのヒント

左右どちらかの列にデータが入力されていることが前提

手順1では、フィルハンドルをダブルクリックして、連続データを挿入していますが、この操作は、左右どちらかの列にデータが入力されている場合に有効です。データが入力されていないときは、フィルハンドルをドラッグしてください。

用語解説

フィルハンドル

選択しているセルの右下に表示されるハンドルのことです。

	A	B	C
1	会議室利用状況		
2	No	日付	会議室
3	1	2024-05-01	会議室A
4	2	2024-05-01	会議室A
5		2024-05-01	会議室A

◆フィルハンドル

使いこなしのヒント

Ctrlキーを押しながらダブルクリックしてもいい

手順1でセルA3～A4を選択せずに、セルA4を選択して、Ctrlキーを押しながら、フィルハンドルをダブルクリックしても連続データを入力できます。

使いこなしのヒント

日付や文字列+数字のデータをオートフィルするときは

日付や商品コードのような文字列と数字を組み合わせたデータは、末尾のセルを選択して、フィルハンドルをドラッグします。左右の列にデータが入力されている場合は、ダブルクリックしても構いません。

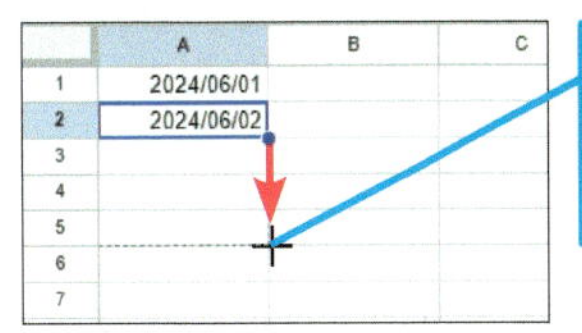

日付や文字列と数字を組み合わせたデータはフィルハンドルをそのままドラッグする

2 連番を確認する

A列の末尾のセルに移動して連番が振られたことを確認する

1 Ctrl+↓キーを押す

A3:A4 fx 1

	A	B	C	D	E	F
1	会議室利用状況					
2	No	日付	会議室	時間帯	状況	
3	1	2024-05-01	会議室A	09:00-10:00	使用中	
4	2	2024-05-01	会議室A	10:00-11:00	使用中	
5	3	2024-05-01	会議室A	11:00-12:00	空室	
6	4	2024-05-01	会議室A	12:00-13:00	空室	

A列の末尾のセルが選択された

817	815	2024-05-31	会議室C	17:00-18:00	使用中	
818	816	2024-05-31	会議室C	18:00-19:00	空室	
819	817	2024-05-31	会議室C	19:00-20:00	使用中	
820	818	2024-05-31	会議室C	20:00-21:00	使用中	
821	819	2024-05-31	会議室C	21:00-22:00	空室	

右端のセルに移動する

2 Ctrl+→キーを押す

右端のセルが選択された

Ctrlキーを押しながら←キーを押すと左端のセルに移動できる

817	815	2024-05-31	会議室C	17:00-18:00	使用中	
818	816	2024-05-31	会議室C	18:00-19:00	空室	
819	817	2024-05-31	会議室C	19:00-20:00	使用中	
820	818	2024-05-31	会議室C	20:00-21:00	使用中	
821	819	2024-05-31	会議室C	21:00-22:00	空室	

上端のセルに移動する

3 Ctrl+↑キーを押す

上端のセルが選択された

E2 fx 状況

	A	B	C	D	E	F
2	No	日付	会議室	時間帯	状況	
3	1	2024-05-01	会議室A	09:00-10:00	使用中	
4	2	2024-05-01	会議室A	10:00-11:00	使用中	
5	3	2024-05-01	会議室A	11:00-12:00	空室	
6	4	2024-05-01	会議室A	12:00-13:00	空室	
7	5	2024-05-01	会議室A	13:00-14:00	使用中	

使いこなしのヒント

連続するデータの端までジャンプできる

Ctrl+矢印キーを押すと、連続するデータの端にジャンプすることができます。大量のデータの末尾を表示したいときなどに便利です。さらに、Shiftキーを組み合わせると、連続するセル範囲を選択できます。

ショートカットキー

連続するデータの端までジャンプ
Ctrl+矢印キー

連続するデータの端まで選択
Ctrl+Shift+矢印キー

まとめ 大量に連番を振るときのテクニックを覚えよう

左右どちらかの列にデータが入力されている場合は、フィルハンドルをドラッグせずに、ダブルクリックして連続データを作成できます。簡単なうえにドラッグし過ぎてしまうミスを防げます。あわせてデータの端までジャンプする方法も覚えておきましょう。Ctrl+Shift+矢印キーを利用したセル範囲の選択も、利用することの多いテクニックです。

レッスン

08 日付を「○月○日」の形式で表示するには

カスタム日付

練習用ファイル [L08] シート

データの形式を整えて、セルに表示する機能を表示形式といいます。例えば「06/10」と入力した日付を「6月10日」のような形式に変更できます。[カスタム日付] を利用して整えてみましょう。

🔍 キーワード

シリアル値	P.248
数値	P.248
表示形式	P.250

用語解説

表示形式

セルに入力したデータを変更せずに表示上の形式を整える機能です。日付の形式や数値の桁区切り記号、パーセント表示などを変更できます。

1 日付の表示形式を変更する

[L08] シートを開いておく

A列の日付を「○月○日」の形式に変更する

1 A列の列番号をクリック

	A	B	C	D	E	
1	イベント予定					
2	日付	イベント名	開始時間	終了時間	場所	
3	2024/06/03	業界分析セミナー	14:00	16:00	会議室A	営業部
4	2024/06/04	デザイン思考ワークショップ	11:00	13:00	オンライン	マーケ
5	2024/06/04	AI技術トレンドセミナー	13:00	15:00	オンライン	IT部
6	2024/06/05	新入社員スキルアップトレーニング	12:00	13:00	ホール	人事部
7	2024/06/05	情報漏えい防止セミナー	15:00	17:00	会議室B	IT部
8	2024/06/06	チームビルディング講習	15:00	17:00	会議室A	人事部
9	2024/06/07	業界リーダー交流会	16:00	18:00	会議室B	マーケ

A列が選択された

2 [表示形式の詳細設定] をクリック 123

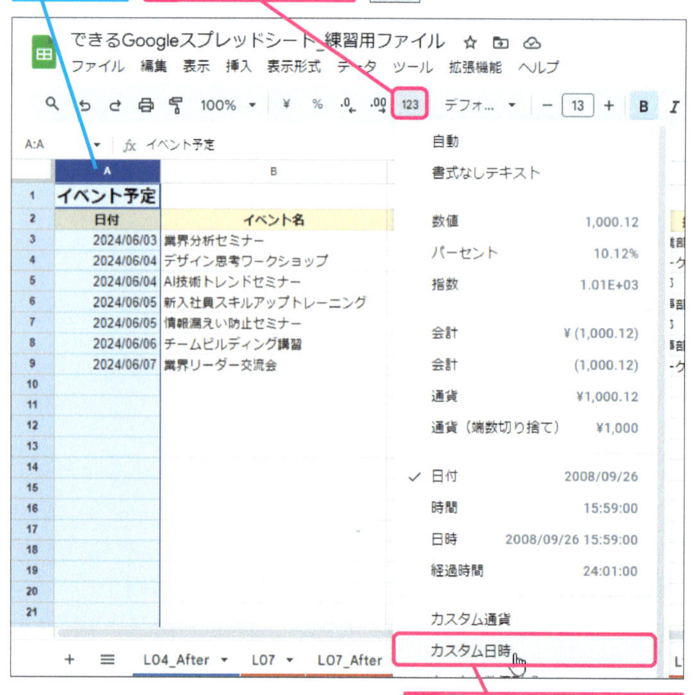

3 [カスタム日時] をクリック

使いこなしのヒント

本日の日付や現在の時刻をすばやく入力する

セルを選択して、Ctrl + ; キーを押すと、本日の日付を入力できます。ショートカットキーで入力後、月や日を変更してすばやく日付を入力するといった使い方もできます。なお、現在の時刻はCtrl + Shift + ; キーで入力可能です。

ショートカットキー

本日の日付を入力	Ctrl + ;
現在の時刻を入力	Ctrl + Shift + ;

● ［カスタムの日付と時刻の形式］ダイアログボックスが表示された

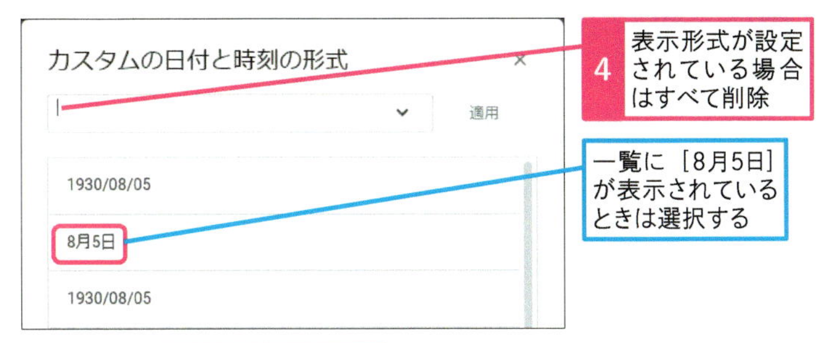

一覧に［8月5日］がない場合は以下の操作をする

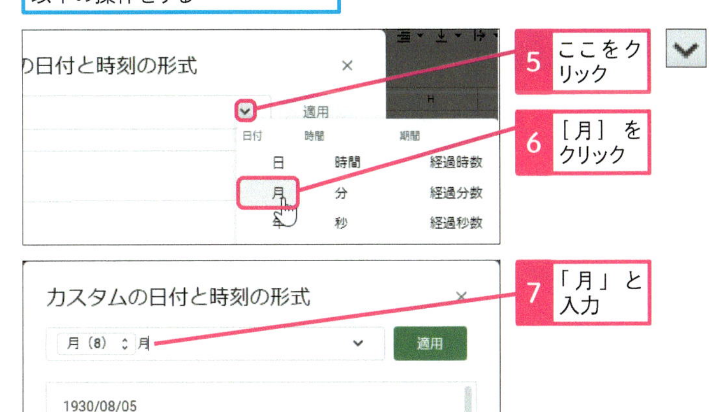

8 同様に［日］を選択して「日」と入力

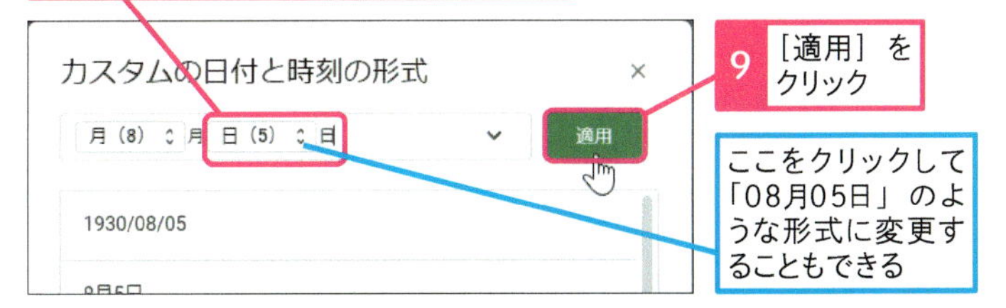

2 日付を入力する

日付が「○月○日」の形式で表示された

1 セルA10に「06/10」と入力

2 Enter キーを押す

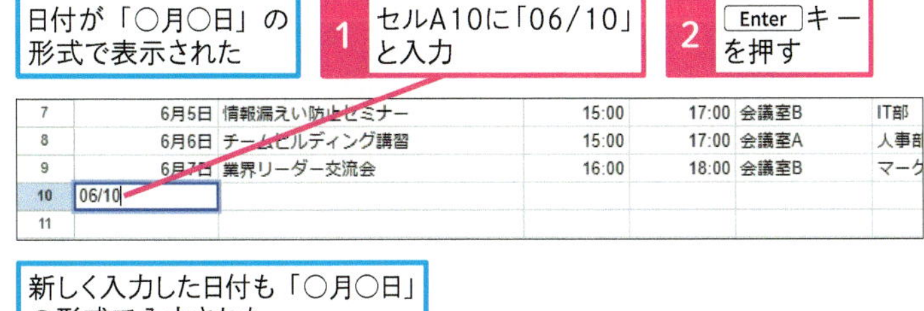

新しく入力した日付も「○月○日」の形式で入力された

使いこなしのヒント

指定した表示形式は一覧に登録される

［カスタム日付］で指定した表示形式はツールバーの［表示形式の詳細設定］をクリックして表示される一覧に自動的に登録されます。よく利用する表示形式があれば、一覧からの選択が簡単です。

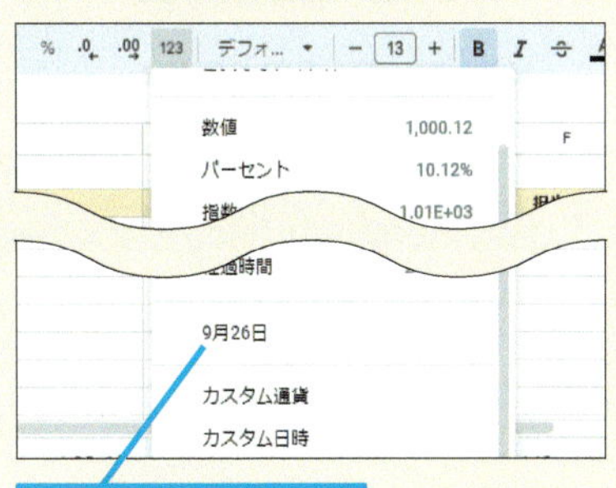

よく使う表示形式は一覧に登録される

使いこなしのヒント

日付は数値として記録されている

日付は「シリアル値」という数値で管理されているため、「/」や「-」で区切ったり、年月日の順番を変えたりすることもできます。シリアル値についてはレッスン48を参考にしてください。

まとめ 日付の形式に合わせて手入力しなくていい

「2024/6/10」「6月10日」「R6.6.10」など、同じ日付でもさまざまな形式があります。その都度、手入力する必要はありません。［カスタム日付］の機能で表示形式を指定しましょう。なお、手順のように「年」を省略して日付を入力した場合は、入力時の年の日付として認識されます。年をまたぐ日付を入力するときは、年月日を明確に入力するといいでしょう。

レッスン

09 「0」から始まるデータを入力するには

カスタム数値形式

練習用ファイル [L09] シート

電話番号や桁数の決まったコードなど、「0」から始まるデータを入力しようとすると、数値と認識されて、先頭の「0」が消去されてしまいます。その場合は、[カスタム数値形式] で制御しましょう。

キーワード

数値 P.248
表示形式 P.250
文字列 P.250

1 数値の表示形式を変更する

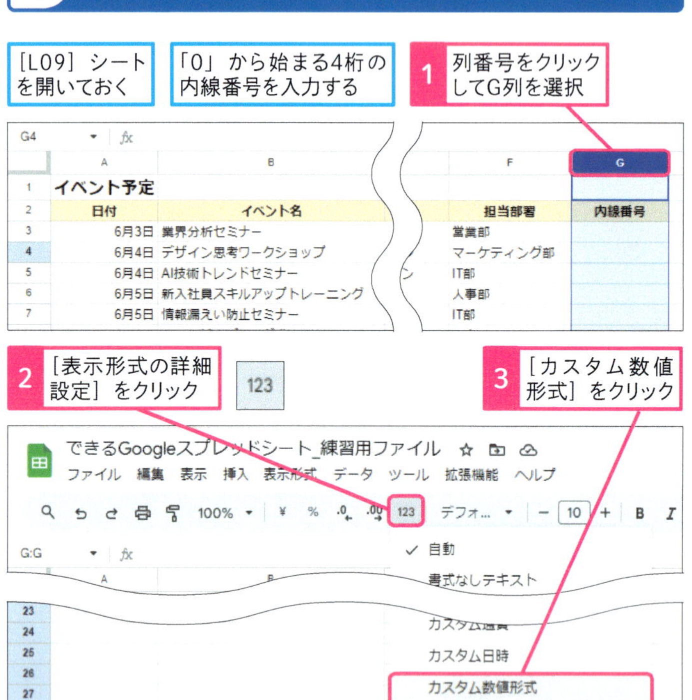

使いこなしのヒント

[自動] の表示形式では「0」埋めできない

表示形式を指定せずにデータを入力した場合、[自動] という表示形式が設定されます。例えば「0021」といったデータは自動的に「21」という数値として認識されます。

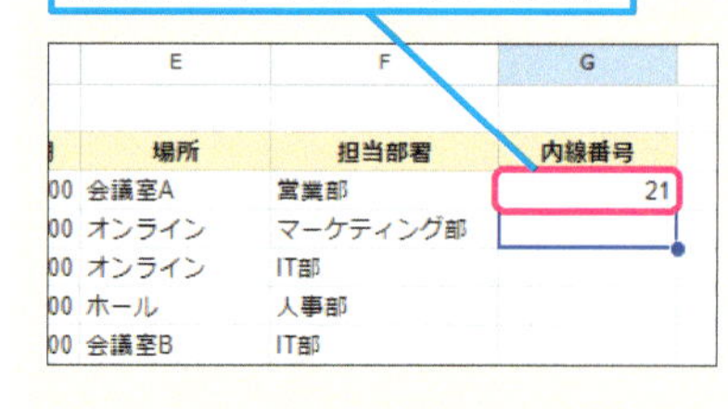

使いこなしのヒント

数値を文字列に変換するには

「0」から始まるデータをそのまま表示できる [書式なしテキスト] という表示形式もあります。メニューから選択するだけなので、表示形式を設定する手間がかかりません。ただし、文字列として扱われるため、該当のセルの数値は計算できなくなることを覚えておきましょう。電話番号など、計算する必要のないデータの場合は [書式なしテキスト] を設定しても問題ありません。

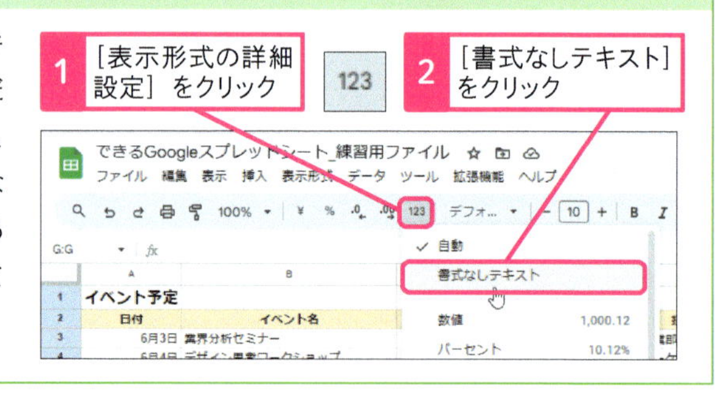

● [カスタム数値形式] ダイアログボックスが表示された

4 表示形式が設定されている場合はすべて削除

よく使われる数値形式が一覧表示される

ここでは4桁に固定するので「0」を4つ入力する

5 「0000」と入力

6 [適用] をクリック

2 「0」から始まる数字を入力する

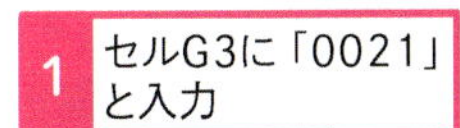

1 セルG3に「0021」と入力

2 Enter キーを押す

G3 fx 0021

	A	B	F	G
1	イベント予定			
2	日付	イベント名	担当部署	内線番号
3	6月3日	業界分析セミナー	営業部	0021
4	6月4日	デザイン思考ワークショップ	マーケティング部	
5	6月4日	AI技術トレンドセミナー	IT部	
6	6月5日	新入社員スキルアップトレーニング	人事部	
7	6月5日	情報漏えい防止セミナー	IT部	

「0」から始まる数字を入力できた

G4 fx

	A	B	F	G
1	イベント予定			
2	日付	イベント名	担当部署	内線番号
3	6月3日	業界分析セミナー	営業部	0021
4	6月4日	デザイン思考ワークショップ	マーケティング部	
5	6月4日	AI技術トレンドセミナー	IT部	
6	6月5日	新入社員スキルアップトレーニング	人事部	
7	6月5日	情報漏えい防止セミナー	IT部	

使いこなしのヒント

数値に単位を追加して表示する

金額や人数などのデータに「円」や「人」といった単位を表示したい場合は、セルに直接入力するのではなく [カスタム数値形式] を利用することをおすすめします。実際のデータは数値のままなので、集計も可能です。

1 「0円」と入力

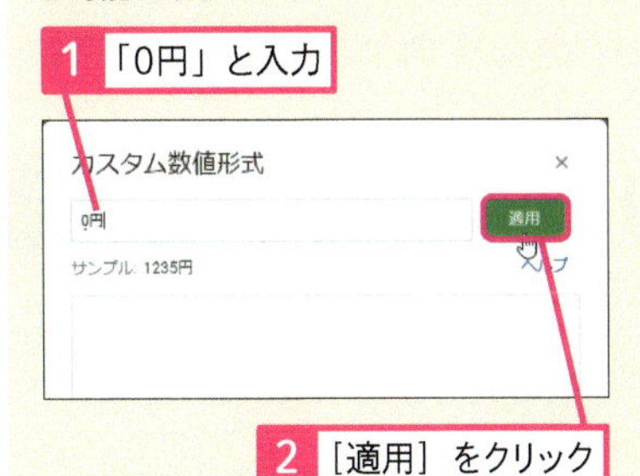

2 [適用] をクリック

数値のまま「円」が追加される

A1 fx 1234

	A	B	C
1	1234円		
2			
3			

使いこなしのヒント

通貨の表示形式に特化する [カスタム通貨]

[表示形式の詳細設定] の一覧にある [カスタム通貨] は、通貨の表示形式に特化しています。「¥」以外の通貨記号を表示するときなどに使います。

まとめ 表示形式をカスタマイズしよう

数値の表示を思い通りに変更するときは [カスタム数値形式] と覚えてください。ここでは「0」から始まる4桁のデータを入力するために「0000」という表示形式を指定しましたが、さまざまな形式に変更可能です。例えば、「,」(カンマ) での桁区切り、「¥」記号の追加、小数点以下の「.00」表示など、数値に関する表示形式は、これ1つで制御できます。

レッスン

10 データを抽出するには

フィルタを作成／検索と置換

練習用ファイル [L10] シート

データの処理には、並べ替えや絞り込みをする［フィルタ］と、目的のデータを探す［検索と置換］の機能が欠かせません。ここでは、それぞれの基本的な使い方を覚えておきましょう。

1 フィルタを作成する

［L10］シートを開いておく

1 フィルタを設定する表全体を選択

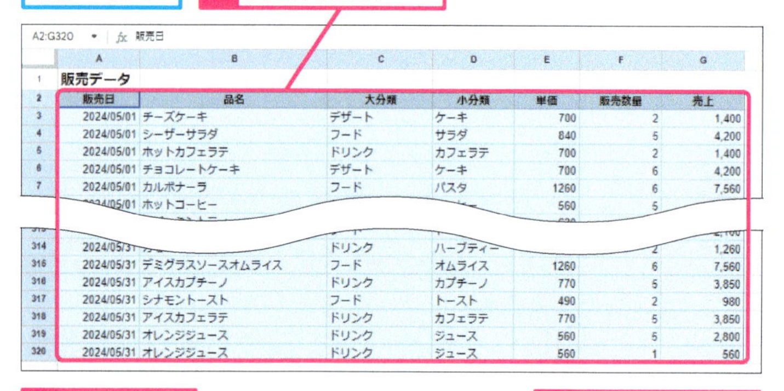

2 ［データ］をクリック

3 ［フィルタを作成］をクリック

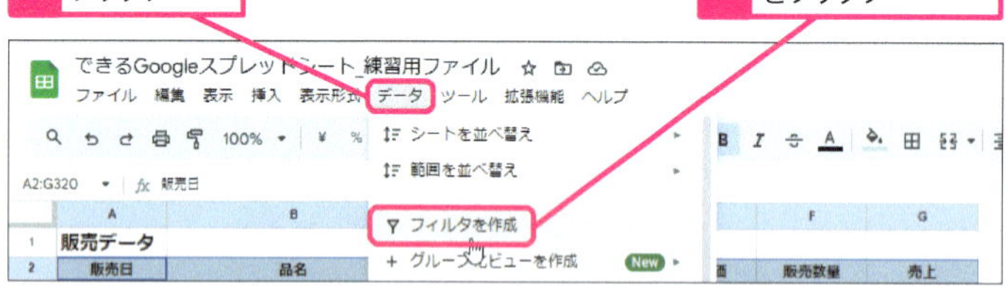

2 データを並べ替える

フィルタが設定された

［売上］列の数字が大きい順（降順）に並べ替える

1 ［売上］列のここをクリック

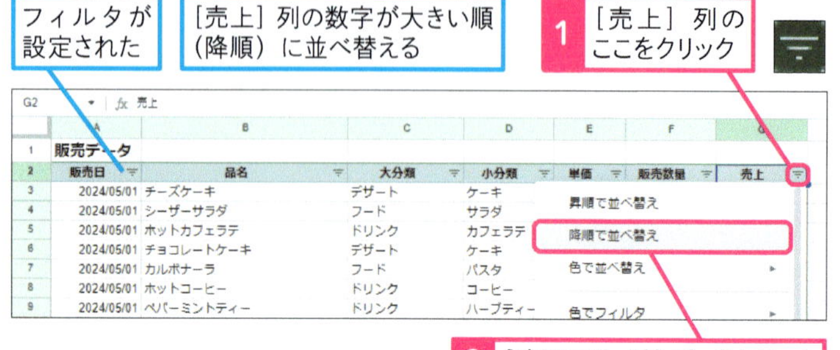

2 ［降順で並べ替え］をクリック

キーワード

条件	P.248
フィルタ	P.250

ショートカットキー

連続するデータの端まで選択
Ctrl + Shift +矢印キー

ここに注意

セル範囲に空白の行や列が含まれていると、意図通りにフィルタを設定できないことがあります。不要な行や列は削除しておきましょう。また、結合したセルが含まれている場合は、並べ替えや絞り込みが正しく動作しないことがあるため、セルの結合を解除しておきます。

使いこなしのヒント

フィルタを解除するには

フィルタを設定した表全体を選択、もしくは、表内の任意のセルを選択して、以下のように操作して解除できます。

1 ［データ］をクリック

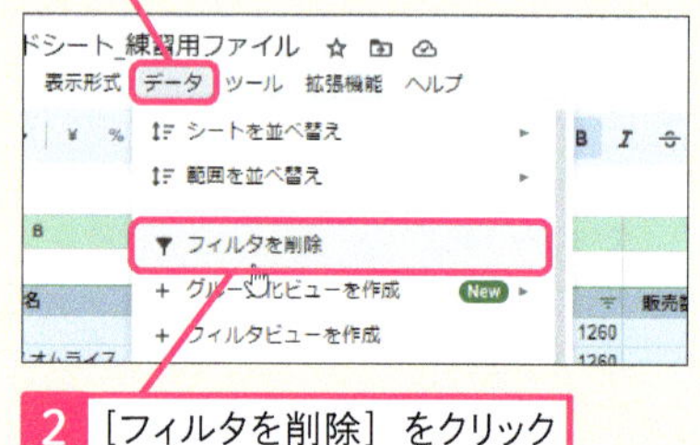

2 ［フィルタを削除］をクリック

基本編 第2章 データ入力のコツを覚えよう

● データが並べ替えられた

［売上］列の数字が大きい順（降順）に並べ替えられた

G2 fx 売上

	A	B	C	D	E	F	G
1	販売データ						
2	販売日	品名	大分類	小分類	単価	販売数量	売上
3	2024/05/05	ボロネーゼ	フード	パスタ	1260	9	11,340
4	2024/05/15	デミグラスソースオムライス	フード	オムライス	1260	9	11,340
5	2024/05/14	ケチャップオムライス	フード	オムライス	1190	9	10,710
6	2024/05/02	ボロネーゼ	フード	パスタ	1260	8	10,080
7	2024/05/15	ボロネーゼ	フード	パスタ	1260	8	10,080
8	2024/05/20	ボロネーゼ	フード	パスタ	1260	8	10,080
9	2024/05/13	ケチャップオムライス	フード	オムライス	1190	8	9,520
10	2024/05/18	ケチャップオムライス	フード	オムライス	1190	8	9,520
11	2024/05/03	ボロネーゼ	フード	パスタ	1260	7	8,820
12	2024/05/08	ハムチーズサンドイッチ	フード	サンドイッチ	980	9	8,820
13	2024/05/13	ボロネーゼ	フード	パスタ	1260	7	8,820
14	2024/05/19	カルボナーラ	フード	パスタ	1260	7	8,820
15	2024/05/21	ハムチーズサンドイッチ	フード	サンドイッチ	980	9	8,820
16	2024/05/25	ハムチーズサンドイッチ	フード	サンドイッチ	980	9	8,820
17	2024/05/25	ボロネーゼ	フード	パスタ	1260	7	8,820
18	2024/05/18	ケチャップオムライス	フード	オムライス	1190	7	8,330
19	2024/05/26	ケチャップオムライス	フード	オムライス	1190	7	8,330
20	2024/05/13	ベジタブルサンドイッチ	フード	サンドイッチ	910	9	8,190
21	2024/05/22	チョコレートワッフル	デザート	ワッフル	910	9	8,190

3 複数の列で並べ替える

［単価］列を昇順、［売上］列を降順に並べ替える

1 表全体を選択

2 ［データ］をクリック

3 ［範囲を並べ替え］にマウスポインターを合わせる

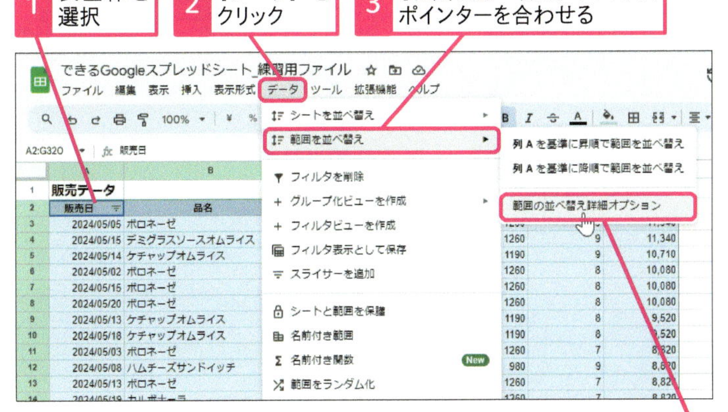

4 ［範囲の並べ替え詳細オプション］をクリック

5 ［データにヘッダー行が含まれている］のここをクリックしてチェックマークを付ける

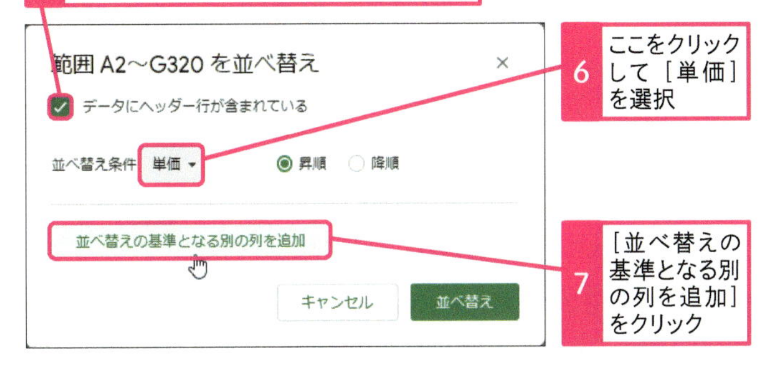

6 ここをクリックして［単価］を選択

7 ［並べ替えの基準となる別の列を追加］をクリック

スキルアップ

共有ファイルでフィルタを設定したいときは

共有中のファイルでフィルタを設定すると、共有相手の画面にもフィルタの結果が反映されます。急に表示が切り替わったことにより、共有相手は確認中の情報を見失ってしまうこともあります。相手に迷惑をかけないように「フィルタビュー」を使って、自分専用のフィルタを設定しましょう（レッスン55参照）。

1 ［データ］をクリック

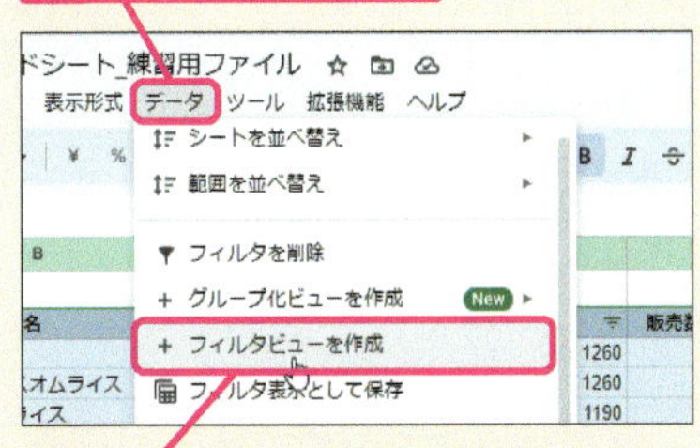

2 ［フィルタビューを作成］をクリック

自分だけ操作できるフィルタビューを作成できる

使いこなしのヒント

複数列での並べ替えでもフィルタは設定しておく

フィルタを設定しなくても、複数列で並べ替えることはできます。しかし、すぐに元の状態に戻せるように、フィルタを設定しておくことをおすすめします。

次のページに続く

● 並べ替えの条件を追加する

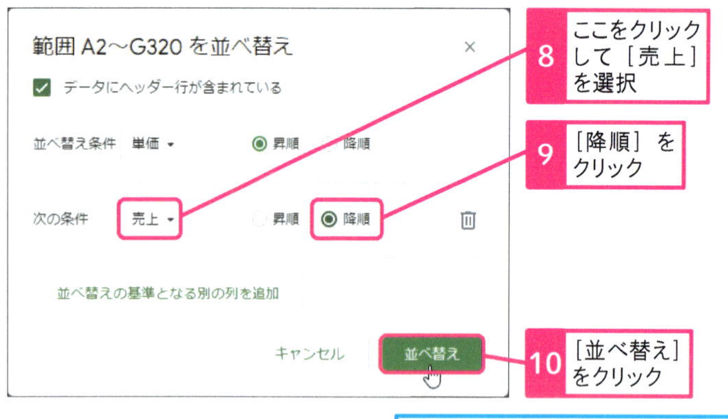

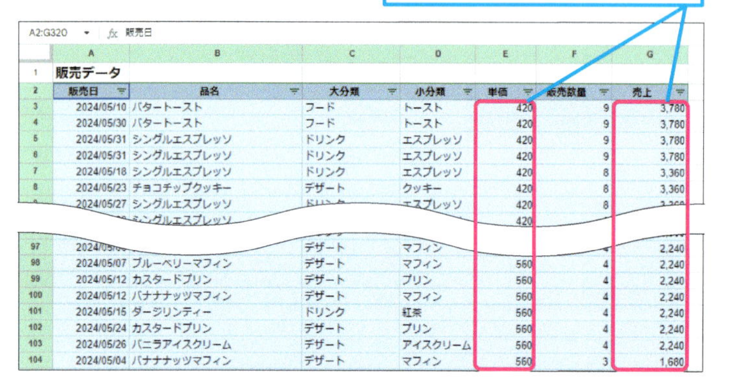

4 データを絞り込む

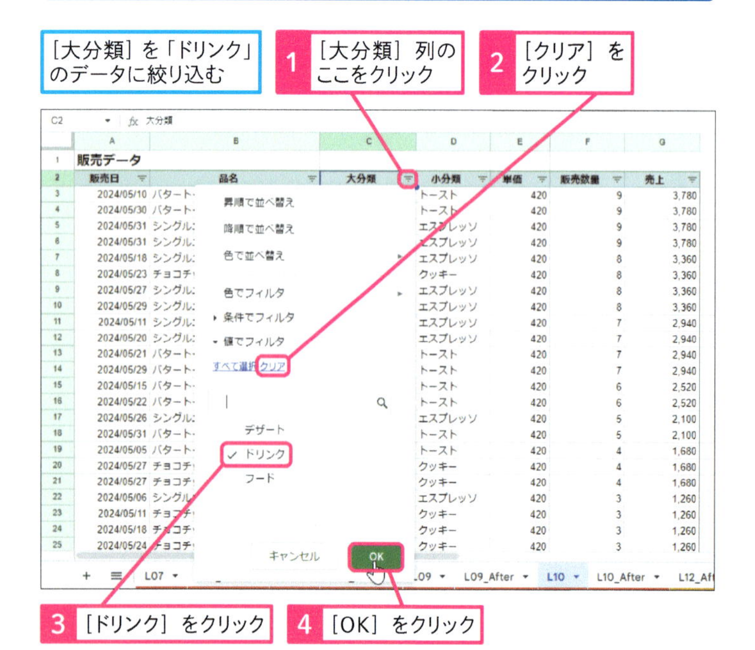

使いこなしのヒント

優先順位を考えて設定しよう

並べ替えの順序は、リストの上から優先されます。例えば、売上（降順）、単価（昇順）と指定すると、単純に売上列で並べ替えた結果と同じになってしまいます。並べ替えの順番を考えて設定しましょう。

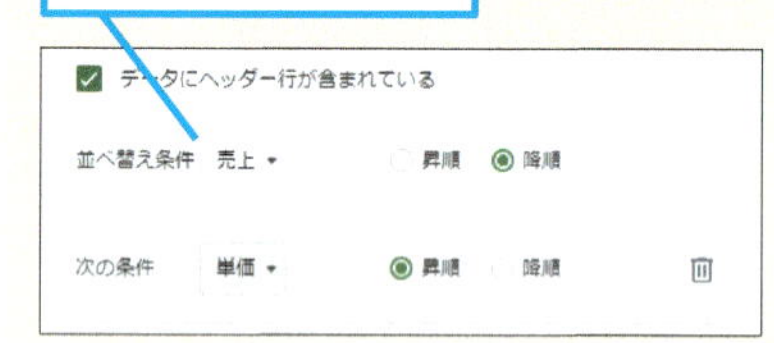

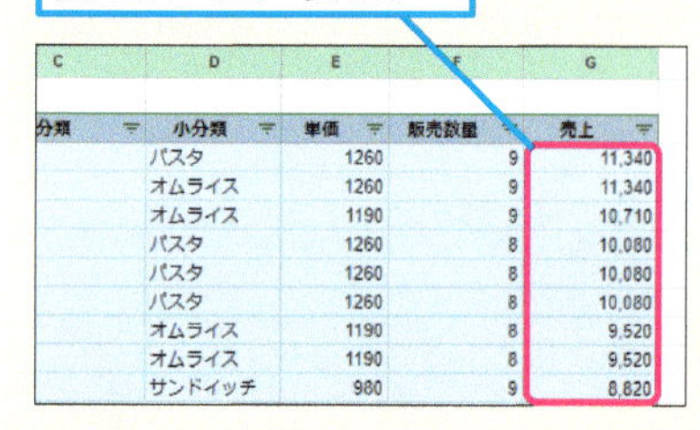

使いこなしのヒント

絞り込みを解除するには

データの絞り込みを解除するには、以下の手順のように列に存在するすべての項目を選択します。

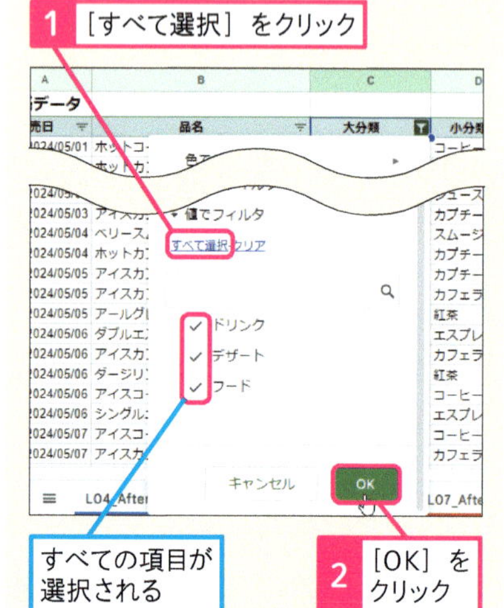

● データが絞り込まれた

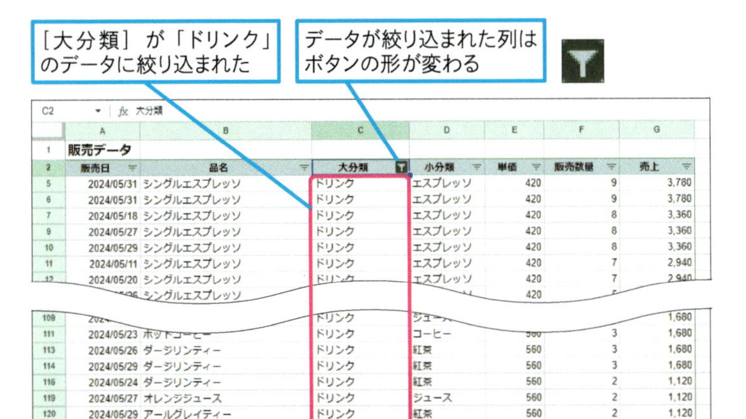

5 データを検索する

「コーヒー」という文字列を検索する

1 Ctrl＋Fキーを押す

画面右上に検索欄が表示される

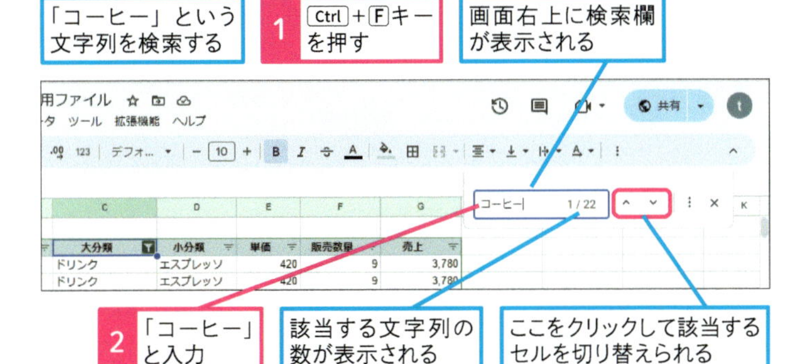

該当する文字列が入力された最初のセルが強調された

3 Enterキーを押す

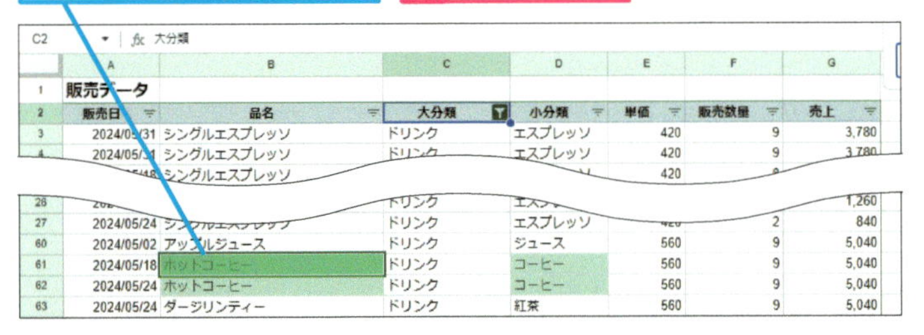

該当する次のセルが強調された

Shift＋Enterキーを押すと前のセルに戻れる

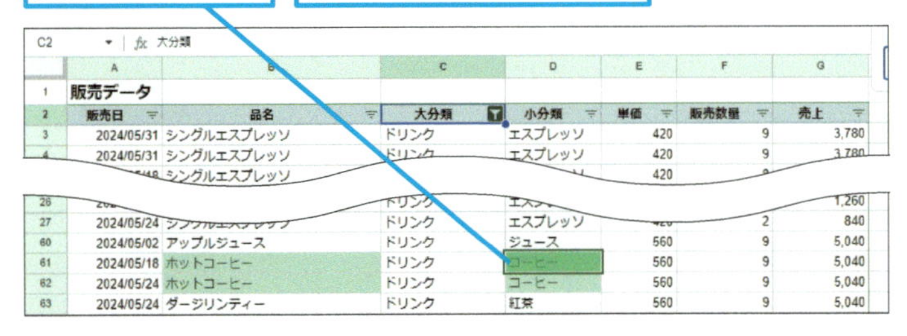

使いこなしのヒント

検索の条件を追加したり、置換したりするには

Ctrl＋Fキーを使った検索はシート内に限られます。ほかのシートの検索やキーワードと完全一致で検索したいときは。Ctrl＋H（Macの場合は⌘＋shift＋H）キーを押して［検索と置換］ダイアログボックスを呼び出してください。データの置換も可能です。

1 Ctrl＋Hキーを押す

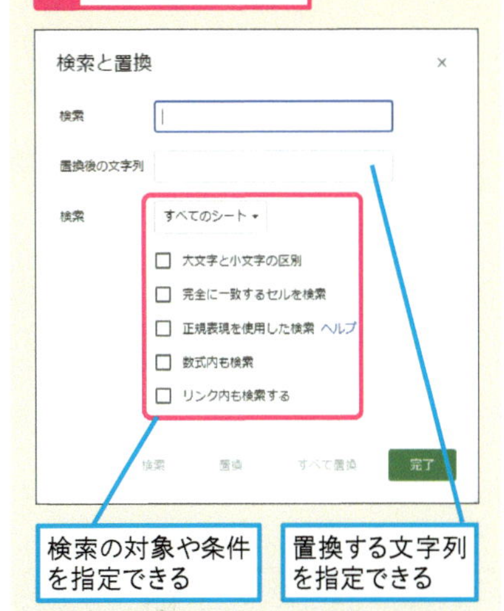

ショートカットキー

検索欄の表示	Ctrl＋F
［検索と置換］ダイアログボックスの表示	Ctrl＋H

まとめ 並べ替えと絞り込み、検索はデータ処理の基本

セルにデータを入力して活用するために、フィルタを設定して、データ処理の下準備をしておきましょう。並べ替えと絞り込みが自在にできるようになります。末尾にデータを追加した場合は、フィルタの範囲が広がるため、再設定する必要はありません。目的のデータの検索も重要なスキルです。特に大量のデータを扱うときに効率良く作業できるようになります。

この章のまとめ

効率的なデータ入力が時短につながる

連続データを入力する機会は多いものです。すばやく簡単に入力できる操作方法を覚えておいてください。入力した日付や数値の表示が思い通りにならないと悩んだときは［カスタム日付］と［カスタム数値形式］です。今後、Googleスプレッドシートを使っていくうえで重要な機能です。［フィルタ］と［検索と置換］も忘れてはいけません。データ処理に必須の機能といえるでしょう。用意された機能を活用して、効率良く作業を進めましょう。

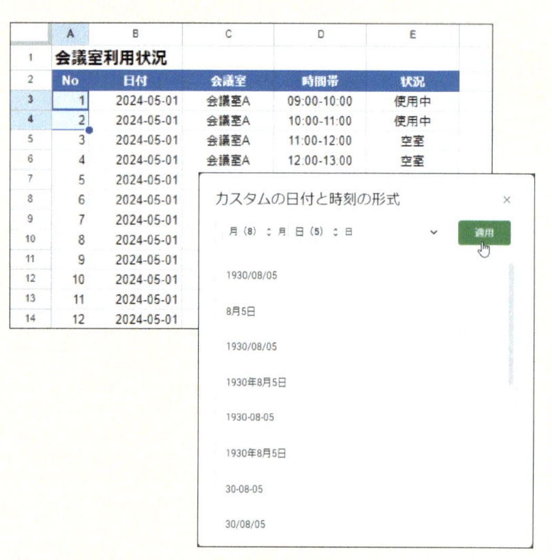

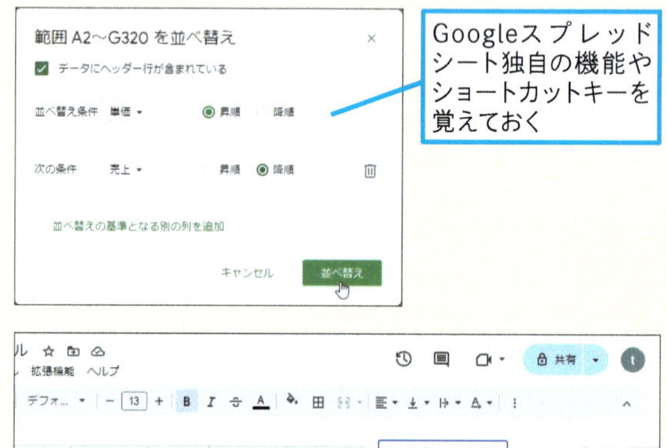

同じ機能でも、Excelと違うところが結構ありますね！

慣れないうちは機能を探すのに苦労するかもしれないね。効率良く作業できるショートカットキーもおすすめするよ。Excelと共通するものも多いんだ。

私、Ctrl+↓やCtrl+Fをよく使います！

さすがマヤさん。あとは表示形式の設定などのGoogleスプレッドシート独自の機能を覚えるだけだね。

基本編

第3章

関数やグラフを使ってみよう

簡単な計算式と関数を利用して、セルに入力された値を処理してみましょう。作業の効率化に数式の利用は欠かせません。また、まとめたデータからグラフを作成します。

11	関数やグラフに慣れておこう	54
12	数式を入力するには	56
13	セルの文字を連結するには	58
14	関数を使って足し算するには	60
15	関数の結果を値として貼り付けるには	62
16	グラフを作成するには	64

レッスン

11 Introduction この章で学ぶこと 関数やグラフに慣れておこう

簡単な数式を利用して、データを処理してみましょう。関数の基本的な使い方もマスターします。難しいといわれる関数でも記述方法は共通。入力した数式のコピーや結果も活用しましょう。まとめたデータをグラフにする方法も解説します。

四則演算や関数を使って計算する

この章では、値の四則演算と簡単な関数の使い方、グラフの作成方法を紹介するよ。

私、SUMなどの基本関数は使えていると思っていますが、Excelと何か違いますか?

基本的には同じだね。ただ、数式の自動入力の機能は便利だよ。これが使えるのは効率的じゃないかな?

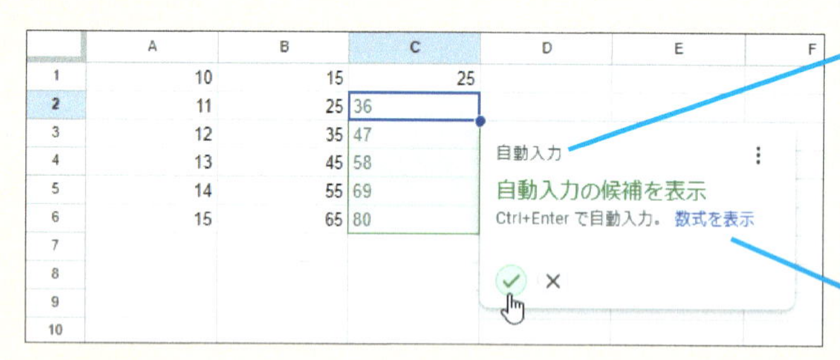

◆自動入力

数式を入力すると、以降のセルにも同じ数式を入力するかどうかを確認するメッセージが表示される

数式をオートフィルしなくてもいいなんて、便利ですね!

これ、僕も使ってみたいです。

Excelと動作が違うところもあるから、基本的な数式だからと油断しないで、実際に操作してみよう!

関数の結果を上手に利用する

関数って、コピー&ペーストすると結果が変わってしまうことがあって、困ることがあるんですよね……。

数式中のセル参照が変わってしまうことが原因だね。詳しくは第6章で解説するから、まずは「値」で貼り付けるテクニックを覚えておこう。

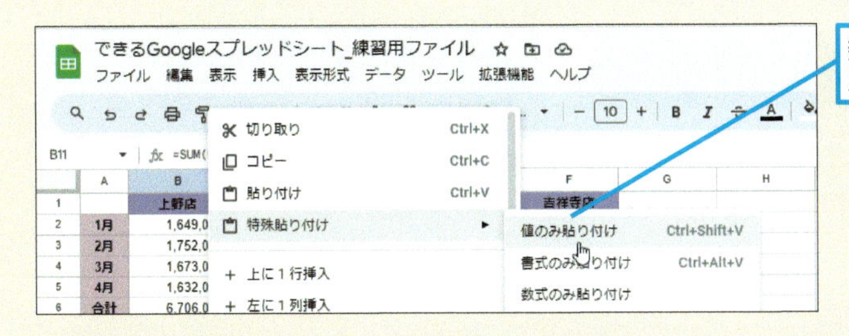

数式の結果を値として貼り付ける

グラフの基本形は3つ

グラフは作り始める前に「何グラフ」が適しているかを考えることが大切だよ。

えっ!? ほとんど棒グラフしか作ったことがないです。間違っていたんですかね?

グラフの種類は、タクミ君が表現したい内容に合わせて選ぶんだ。グラフの3つの基本形を知っておこう。

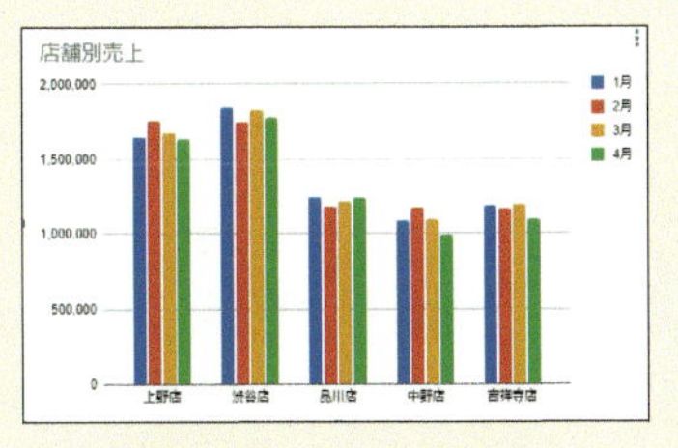

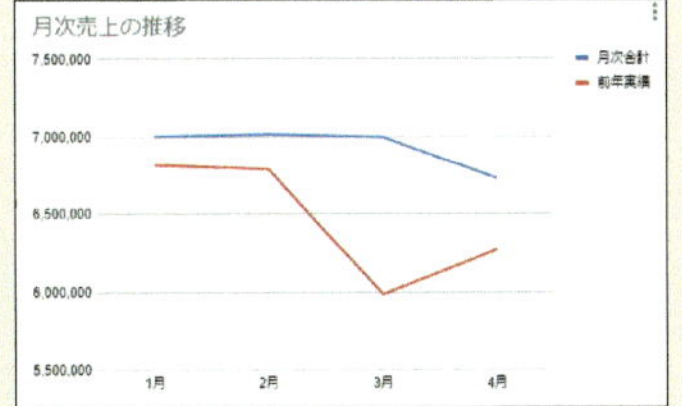

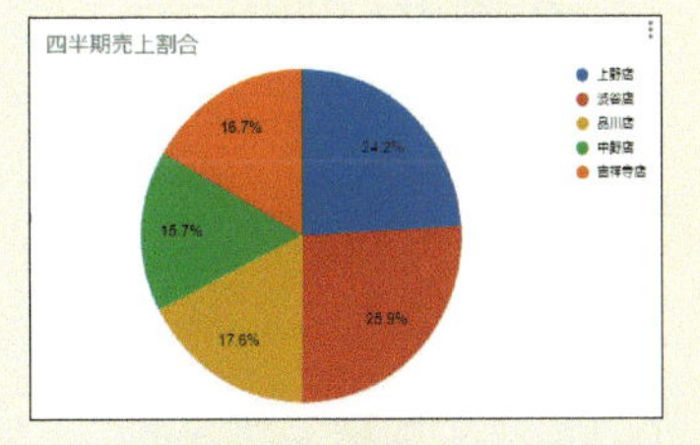

データの比較、推移、割合など、目的によってグラフを使い分ける

目的によってグラフを使い分けるんですね。

レッスン
12 数式を入力するには

四則演算

練習用ファイル [L12] シート

数式を入力して、「表計算」ツールらしい使い方を試してみましょう。「=10+15」のようにセル内で数値を計算する方法と、セルを参照して演算する方法があります。

セルに計算式を入力して計算する

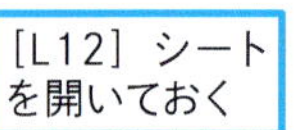

数式は半角で入力する

先頭に「=」と付けると計算式として扱われる

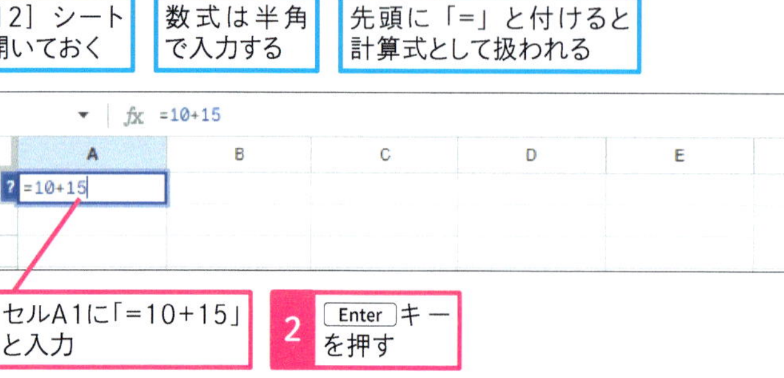

1 セルA1に「=10+15」と入力

2 Enter キーを押す

計算結果の「25」が表示された

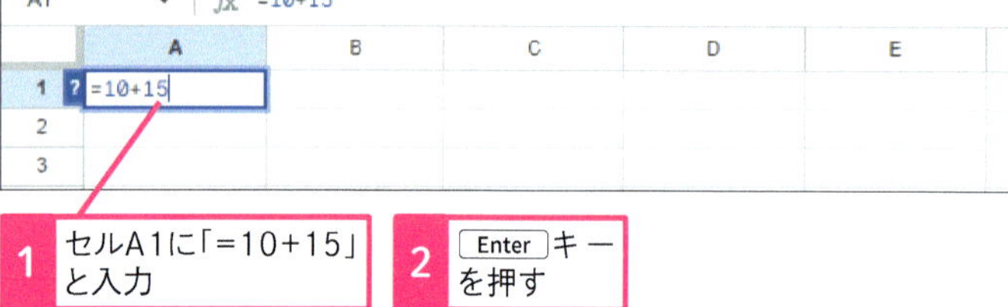
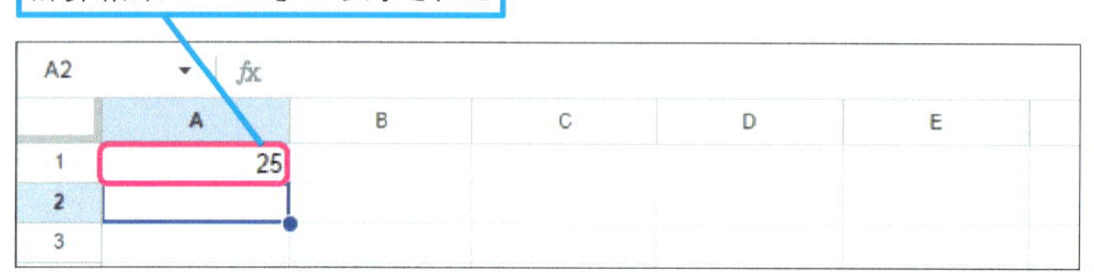

セルを参照して計算する

セルA1に「10」、セルB1に「15」と入力しておく

1 セルC1に「=」と入力

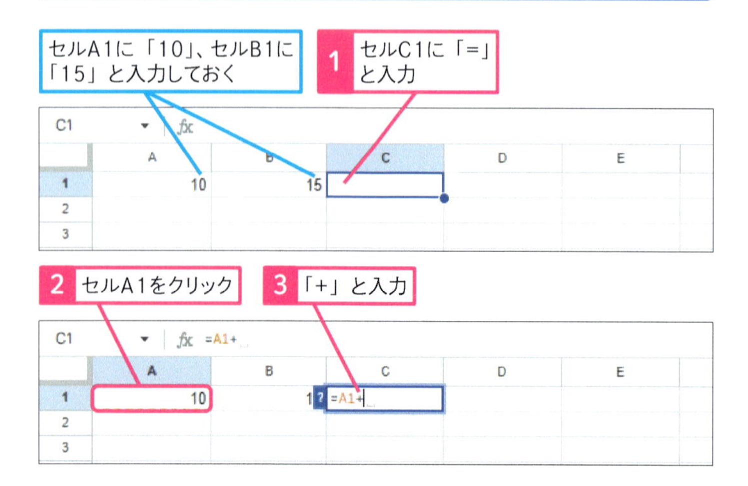

キーワード

エラー値 P.247
数式 P.248

使いこなしのヒント
数式は先頭に「=」を入力する

数式を入力するときは、先頭に半角の「=」を入力します。単に「10+15」と入力した場合は、数式ではなく文字列として認識されます。

「10+15」は文字列として扱われる

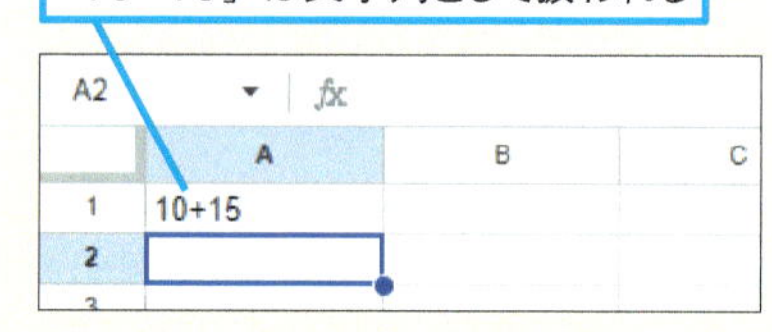

使いこなしのヒント
「=」や演算記号は半角で入力する

「=」のほか、「+」「-」「*」「/」といった演算記号は半角で入力してください。「=」が全角の場合は文字列として認識され、計算式に全角文字が含まれている場合はエラーになります。

用語解説
エラー値

計算できない場合などに表示される値のことです。参照先が見つからない「#REF!」エラーや「0」で割り算している「#DIV/0!」など、エラーの内容によって表示が異なります。

● 数式の続きを入力する

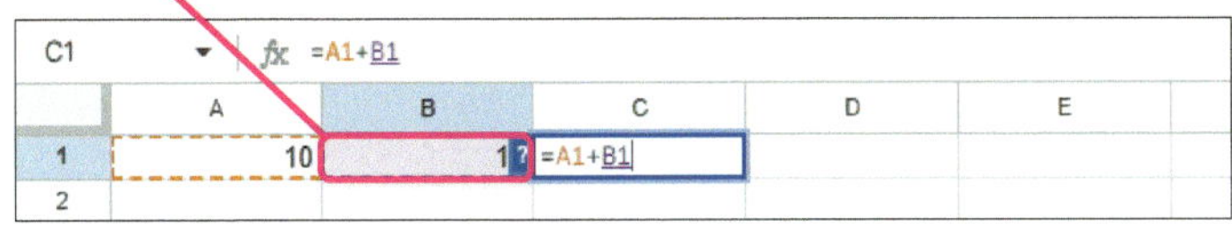

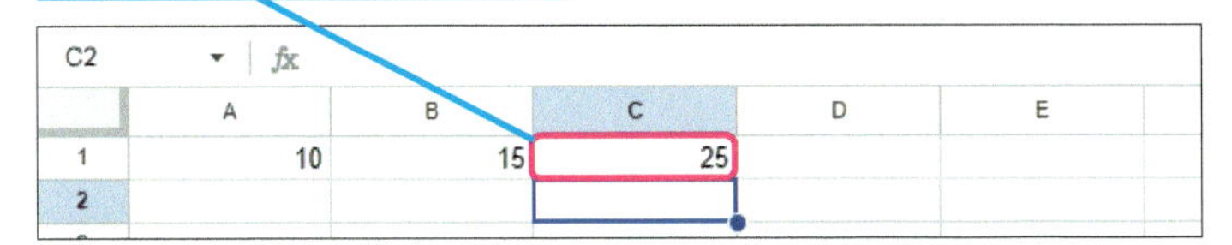

数式を自動入力でコピーする

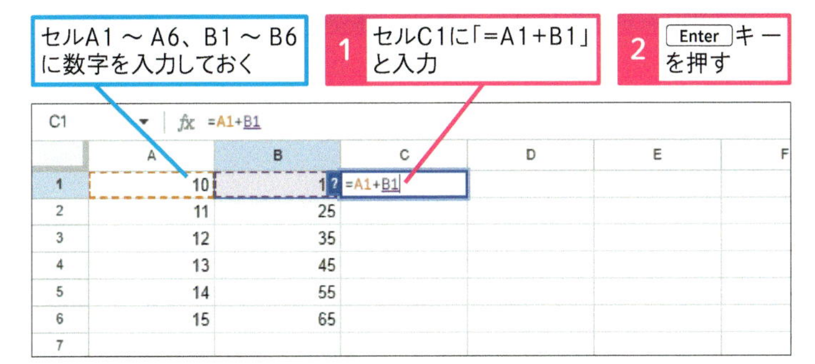

	A	B	C	D	E	F
1	10	1	=A1+B1			
2	11	25				
3	12	35				
4	13	45				
5	14	55				
6	15	65				
7						

自動入力の候補が表示された

3 ここをクリック

	A	B	C	D	E	F
1	10	15	25			
2	11	25	36			
3	12	35	47			
4	13	45	58			
5	14	55	69			
6	15	65	80			
7						
8						
9						

自動入力

自動入力の候補を表示

Ctrl+Enter で自動入力。 数式を表示

自動入力の候補が表示されない場合はフィルハンドルをドラッグしてコピーする

数式がコピーされ、複数のセルに計算結果が表示された

C2 fx =A2+B2

	A	B	C	D	E
1	10	15	25		
2	11	25	36		
3	12	35	47		
4	13	45	58		
5	14	55	69		
6	15	65	80		

時短ワザ

数式をすばやく入力するには

自動入力は、数式中のセル参照を変えて数式を入力できる補助機能です。あわせて数式を一括入力する方法も覚えておきましょう。数式を入力したセルを含めて、入力したいセル範囲を選択し、Ctrl + Enter キーを押します。同じデータを入力するときにも便利です。

1 数式の入力されたセルを含めて、セル範囲を選択

C1:C6 fx =A1+B1

	A	B	C
1	10	15	25
2	11	25	
3	12	35	
4	13	45	
5	14	55	
6	15	65	

2 Ctrl + Enter キーを押す

選択したセル範囲に数式が入力されて結果が表示された

C1:C6 fx =A1+B1

	A	B	C
1	10	15	25
2	11	25	36
3	12	35	47
4	13	45	58
5	14	55	69
6	15	65	80

まとめ セルの値は四則演算できることを覚えておこう

セルの先頭に半角の「=」を入力し、続けて計算式を入力する。これが数式の記述方法です。足し算（+）、引き算（-）、掛け算（*）、割り算（/）の演算記号や数値も半角で入力しましょう。数式の入力中にセルをクリックすると、セル参照として扱われます。「A1」「B1」のように直接入力しても構いませんが、クリックしてセルを参照するほうが確実です。

レッスン

13 セルの文字を連結するには

文字列の連結

練習用ファイル　[L13] シート

別々のセルに入力された文字を連結してみましょう。数式として扱うため、先頭に半角の「=」を入力します。連結するセルや文字列を「&」の両側に記述します。

1 セルに入力された文字を連結する

URLの末尾にパスをつなげる

1 セルD2に「=」と入力

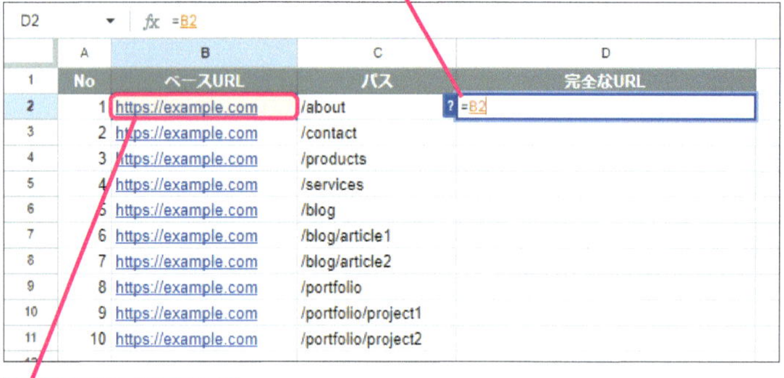

	A	B	C	D
1	No	ベースURL	パス	完全なURL
2	1	https://example.com	/about	=B2
3	2	https://example.com	/contact	
4	3	https://example.com	/products	
5	4	https://example.com	/services	
6	5	https://example.com	/blog	
7	6	https://example.com	/blog/article1	
8	7	https://example.com	/blog/article2	
9	8	https://example.com	/portfolio	
10	9	https://example.com	/portfolio/project1	
11	10	https://example.com	/portfolio/project2	

2 セルB2をクリック

セルや文字列の連結には半角の「&」を利用する

3 「&」と入力

D2　fx =B2&

	A	B	C	D
1	No	ベースURL	パス	完全なURL
2	1	https://example.com	/about	=B2&
3	2	https://example.com	/contact	
4	3	https://example.com	/products	
5	4	https://example.com	/services	
6	5	https://example.com	/blog	
7	6	https://example.com	/blog/article1	
8	7	https://example.com	/blog/article2	
9	8	https://example.com	/portfolio	

4 セルC2をクリック

5 Enter キーを押す

D2　fx =B2&C2

	A	B	C	D
1	No	ベースURL	パス	完全なURL
2	1	https://example.com	/about	=B2&C2
3	2	https://example.com	/contact	
4	3	https://example.com	/products	
5	4	https://example.com	/services	
6	5	https://example.com	/blog	
7	6	https://example.com	/blog/article1	
8	7	https://example.com	/blog/article2	
9	8	https://example.com	/portfolio	

キーワード

演算子	P.247
関数	P.247
文字列	P.250

用語解説

&（アンパサンド/アンド）

「&」は連結演算子と呼ばれる記号です。数式中で利用した場合は、任意の文字列を連結するために使われます。

使いこなしのヒント

区切り文字を挟んで連結するには

手順1では2つのセルを連結していますが、任意の文字を挟んで連結することもできます。例えば「/」を挟むときは「=B2 & "/" & C2」のように指定します。区切り文字を挟んで複数のセルを連結したいときは、レッスン52で解説するTEXTJOIN（テキストジョイン）関数もおすすめです。

使いこなしのヒント

3つ以上のセルを連結するなら関数が便利

くり返し「&」を挟んで複数のセル結合するのは手間がかかります。指定したセル範囲の文字列をまとめて連結するなら、CONCATENATE（コンカティネート）関数（レッスン52参照）が便利です。関数の入力方法はレッスン14を参照してください。

= CONCATENATE(文字列 1, [文字列 2, …])

●「&」を利用して連結する

「&」をくり返し入力する必要がある

D1 fx =A1&B1&C1

	A	B	C	D	E	F
1	https://example.com	/portfolio	/project1	https://example.com/portfolio/project1		
2						
3						

● CONCATENATE関数を利用して連結する

連結するセル範囲を指定できる

D1 fx =CONCATENATE(A1:C1)

	A	B	C	D	E	F
1	https://example.com	/portfolio	/project1	https://example.com/portfolio/project1		
2						
3						

2 数式を自動入力でコピーする

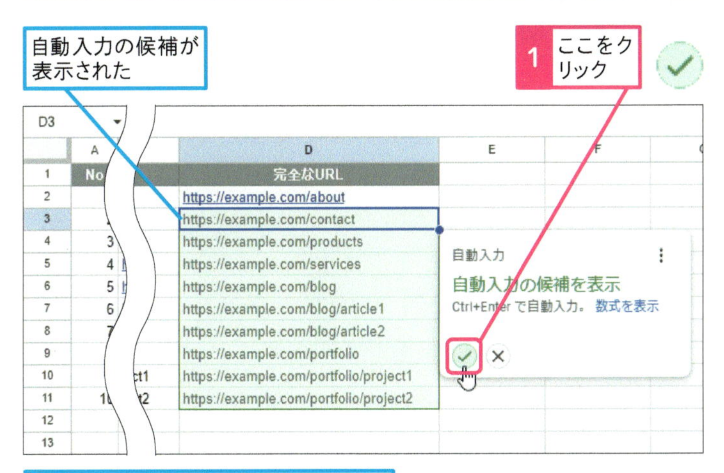

自動入力の候補が表示されない場合はフィルハンドルをドラッグしてコピーする

数式がコピーされ、複数のセルに計算結果が表示された

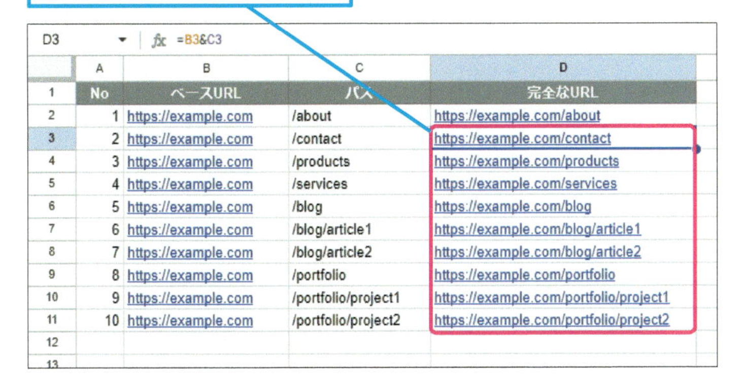

	A	B	C	D
1	No	ベースURL	パス	完全なURL
2	1	https://example.com	/about	https://example.com/about
3	2	https://example.com	/contact	https://example.com/contact
4	3	https://example.com	/products	https://example.com/products
5	4	https://example.com	/services	https://example.com/services
6	5	https://example.com	/blog	https://example.com/blog
7	6	https://example.com	/blog/article1	https://example.com/blog/article1
8	7	https://example.com	/blog/article2	https://example.com/blog/article2
9	8	https://example.com	/portfolio	https://example.com/portfolio
10	9	https://example.com	/portfolio/project1	https://example.com/portfolio/project1
11	10	https://example.com	/portfolio/project2	https://example.com/portfolio/project2
12				

使いこなしのヒント

任意の文字列と連結することもできる

セルの値と特定の文字列を連結することもできます。例えば、セルA2に入力された氏名に「様」を付けるなら、「=A2&"様"」といった数式をセルB2などに入力します。文字列は半角の「"」で囲んで指定します。

別のセルに「=A2&"様"」と入力する

B2 fx =A2&"様"

	A	B	C
1	名前	「様」付き	
2	河合 哲也	河合 哲也様	
3	岩間 洋祐	岩間 洋祐様	
4	蜂須賀 千尋	蜂須賀 千尋様	
5	宍戸 勝彦	宍戸 勝彦様	

まとめ　文字の連結には「&」演算子が手軽

文字列の連結には「&」を利用します。「+」では、「#VALUE!」エラーが表示されてしまいます。文字を連結する処理は意外と多いものです。セル同士の連結、任意の文字列を挟んだセルの連結、セルの末尾に任意の文字列を連結といった用途が考えられます。なお、任意の文字列を連結するときは、半角の「"」で囲んで指定することを忘れないようにしましょう。

レッスン

14 関数を使って足し算するには

関数／SUM

練習用ファイル [L14] シート

SUM（サム）関数を使って、指定したセル範囲に入力された数値を合計してみましょう。セルに直接「=SUM(」と入力して、セル範囲を指定しても構いません。

1 SUM関数を入力する

[L14] シートを開いておく

1～4月の売上を合計する

	A	B	C	D	E	F
1		上野店	渋谷店	品川店	中野店	吉祥寺店
2	1月	1,649,000	1,839,000	1,243,000	1,087,000	1,183,000
3	2月	1,752,000	1,747,000	1,181,000	1,173,000	1,162,000
4	3月	1,673,000	1,825,000	1,217,000	1,091,000	1,191,000
5	4月	1,632,000	1,776,000	1,236,000	991,000	1,094,000
6	合計					

1 セルB6をクリック

キーワード

関数	P.247
引数	P.249
フィルハンドル	P.250

使いこなしのヒント

関数をセルに直接入力する方法も覚えておこう

関数はセルに直接入力しても構いません。「=」に続けて、関数名の頭文字を入力すると、関数の候補が表示されます。入力したい関数を選択して Tab キーを押せば、引数を指定できる状態になります。

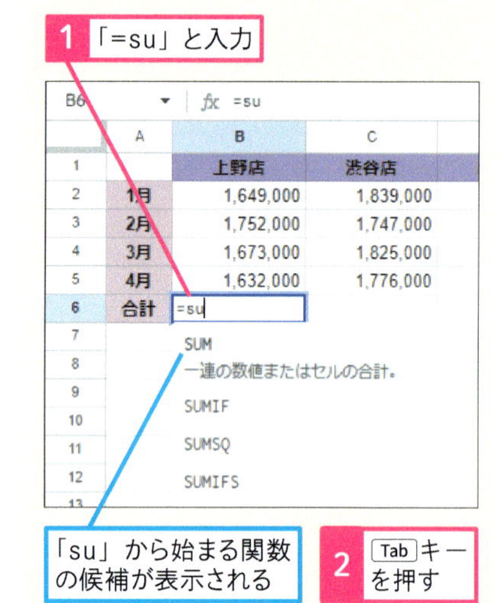

「=SUM(」と入力された

	A	B	C
1		上野店	渋谷店
2	1月	1,649,000	1,839,000
3	2月	1,752,000	1,747,000
4	3月	1,673,000	1,825,000
5	4月	1,632,000	1,776,000
6	合計	=SUM(	

手順2を参考に引数を指定する

2 引数を指定する

「=SUM( )」と入力された

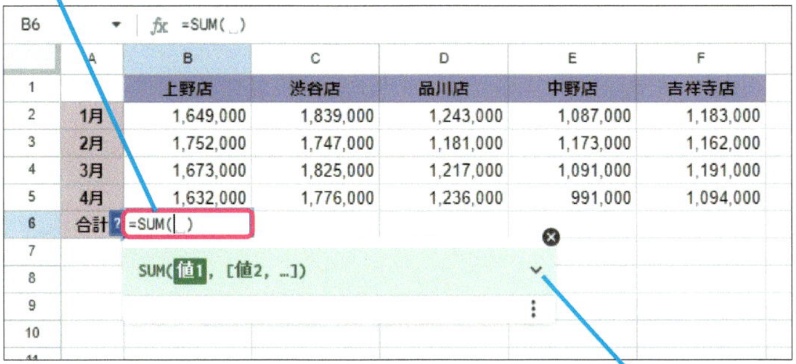

B6	fx =SUM( )				
	A	B	C	D	E	F

	A	B	C	D	E	F
1		上野店	渋谷店	品川店	中野店	吉祥寺店
2	1月	1,649,000	1,839,000	1,243,000	1,087,000	1,183,000
3	2月	1,752,000	1,747,000	1,181,000	1,173,000	1,162,000
4	3月	1,673,000	1,825,000	1,217,000	1,091,000	1,191,000
5	4月	1,632,000	1,776,000	1,236,000	991,000	1,094,000
6	合計	=SUM( )				

SUM(値1, [値2, …])

ここをクリックすると関数の説明が表示される

1 セルB2 ～ B5をドラッグして選択

2 Enter キーを押す

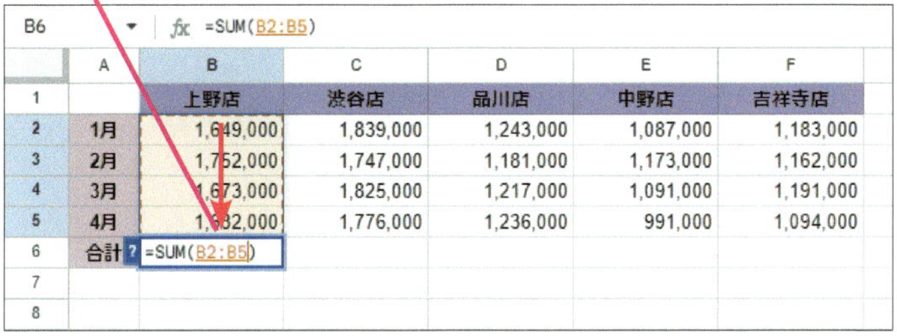

B6 fx =SUM(B2:B5)

	A	B	C	D	E	F
1		上野店	渋谷店	品川店	中野店	吉祥寺店
2	1月	1,649,000	1,839,000	1,243,000	1,087,000	1,183,000
3	2月	1,752,000	1,747,000	1,181,000	1,173,000	1,162,000
4	3月	1,673,000	1,825,000	1,217,000	1,091,000	1,191,000
5	4月	1,632,000	1,776,000	1,236,000	991,000	1,094,000
6	合計	=SUM(B2:B5)				

セルB2 ～ B5に入力された数値の合計が表示された

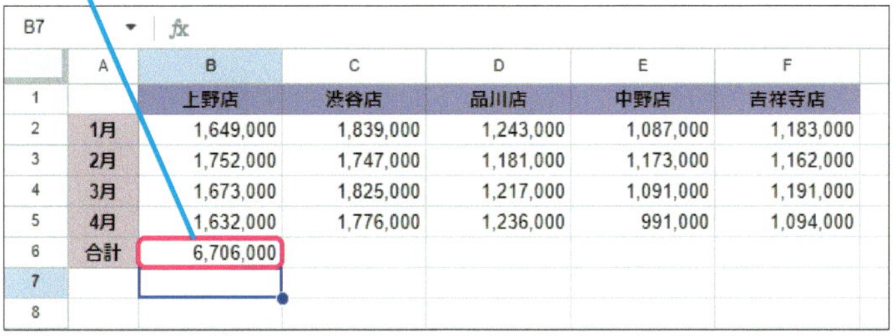

B7 fx

	A	B	C	D	E	F
1		上野店	渋谷店	品川店	中野店	吉祥寺店
2	1月	1,649,000	1,839,000	1,243,000	1,087,000	1,183,000
3	2月	1,752,000	1,747,000	1,181,000	1,173,000	1,162,000
4	3月	1,673,000	1,825,000	1,217,000	1,091,000	1,191,000
5	4月	1,632,000	1,776,000	1,236,000	991,000	1,094,000
6	合計	6,706,000				

セルB6のフィルハンドルをドラッグしてセルC6 ～ F6に数式をコピーしておく

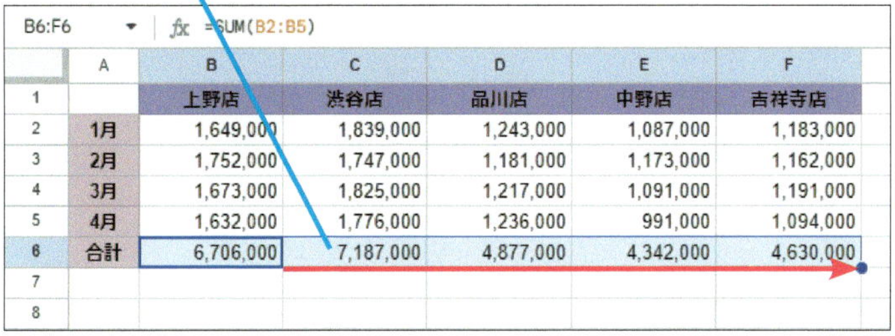

B6:F6 fx =SUM(B2:B5)

	A	B	C	D	E	F
1		上野店	渋谷店	品川店	中野店	吉祥寺店
2	1月	1,649,000	1,839,000	1,243,000	1,087,000	1,183,000
3	2月	1,752,000	1,747,000	1,181,000	1,173,000	1,162,000
4	3月	1,673,000	1,825,000	1,217,000	1,091,000	1,191,000
5	4月	1,632,000	1,776,000	1,236,000	991,000	1,094,000
6	合計	6,706,000	7,187,000	4,877,000	4,342,000	4,630,000

コピーした数式は「=SUM(C2:C5)」のように自動的にセル参照が変わる

用語解説

引数

引数（ひきすう）とは、関数が処理するためのデータのことです。値やセル範囲を指定します。

スキルアップ

指定した数値を合計するSUM関数

SUM関数は指定した数値、もしくは数値の入力されたセル範囲を合計する関数です。複数の引数を指定する場合は、半角の「,」（カンマ）で区切って指定しますが、合計するセル範囲を1つ指定することがほとんどです。

=SUM(値 1, [値 2, …])

まとめ 最も利用するSUM関数から覚えよう

数値を合計するSUM関数は、結果がわかりやすく、初めて使う関数として最適です。半角の「=」に続けて関数名を入力、半角の「()」で引数を囲むという記述方法は、すべての関数で共通です。複数の引数が必要な場合は半角の「,」で区切って指定します。利用する機会の多いSUM関数を使って、関数の入力方法を覚えてしまいましょう。

レッスン
15 関数の結果を値として貼り付けるには

値のみ貼り付け

練習用ファイル　[L15] シート

セル参照を含む数式が入力されたセルをコピーして、ほかのセルに貼り付けると、参照先が貼り付け先のセルを基点に変化します。数式の結果だけを貼り付けてみましょう。

キーワード

値のみ貼り付け	P.247
関数	P.247
数式	P.248

ショートカットキー

コピー	Ctrl + C
貼り付け	Ctrl + V
値のみ貼り付け	Ctrl + Shift + V

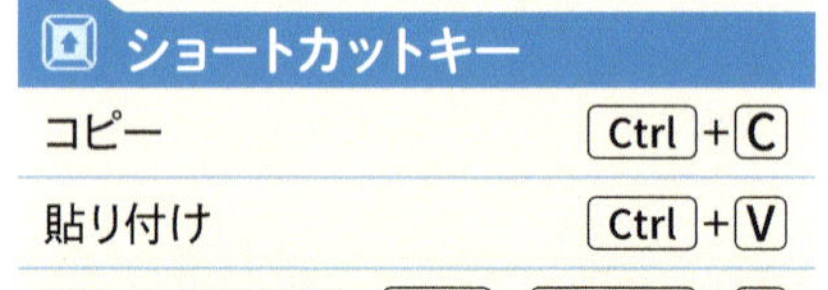

1 通常の方法で貼り付ける

[L15] シートを開いておく

SUM関数で求めた売上の合計をコピーしてほかのセル範囲に貼り付ける

B6:F6　fx =SUM(B2:B5)

	A	B	C	D	E	F
1		上野店	渋谷店	品川店	中野店	吉祥寺店
2	1月	1,649,000	1,839,000	1,243,000	1,087,000	1,183,000
3	2月	1,752,000	1,747,000	1,181,000	1,173,000	1,162,000
4	3月	1,673,000	1,825,000	1,217,000	1,091,000	1,191,000
5	4月	1,632,000	1,776,000	1,236,000	991,000	1,094,000
6	合計	6,706,000	7,187,000	4,877,000	4,342,000	4,630,000
7						
8						
9						

1 セルB6～F6を選択

2 Ctrl + C キーを押す

B11　fx

	A	B	C	D	E	F
1		上野店	渋谷店	品川店	中野店	吉祥寺店
2	1月	1,649,000	1,839,000	1,243,000	1,087,000	1,183,000
3	2月	1,752,000	1,747,000	1,181,000	1,173,000	1,162,000
4	3月	1,673,000	1,825,000	1,217,000	1,091,000	1,191,000
5	4月	1,632,000	1,776,000	1,236,000	991,000	1,094,000
6	合計	6,706,000	7,187,000	4,877,000	4,342,000	4,630,000
7						
8						
9						
10		上野店	渋谷店	品川店	中野店	吉祥寺店
11	合計					
12						

3 貼り付け先のセルをクリック

4 Ctrl + V キーを押す

コピーした数式を貼り付けたらすべて「0」になってしまった

	A	B	C	D	E	F
8						
9						
10		上野店	渋谷店	品川店	中野店	吉祥寺店
11	合計	0	0	0	0	0
12						
13						
14						

使いこなしのヒント

貼り付け後に［値のみ貼り付け］に切り替える

Ctrl + V キーを押して、通常の方法で貼り付けた後、📋をクリックして［値のみ貼り付け］を選択する方法もあります。ただし、このメニューは貼り付け後にほかの操作をすると非表示になります。貼り付け直後にのみ使える操作です。

1 ここをクリック

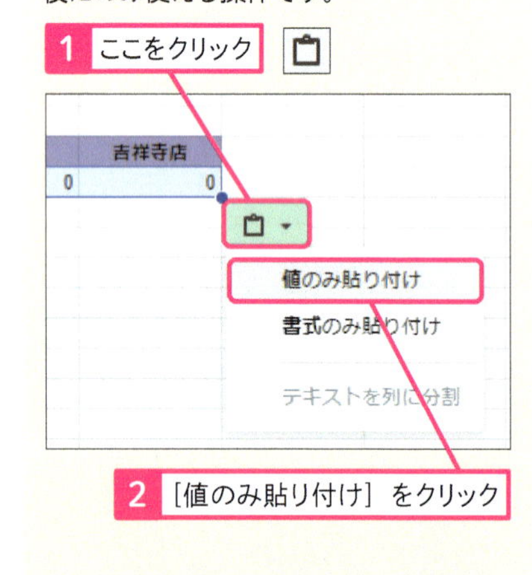

2 ［値のみ貼り付け］をクリック

● 貼り付け先の数式を確認する

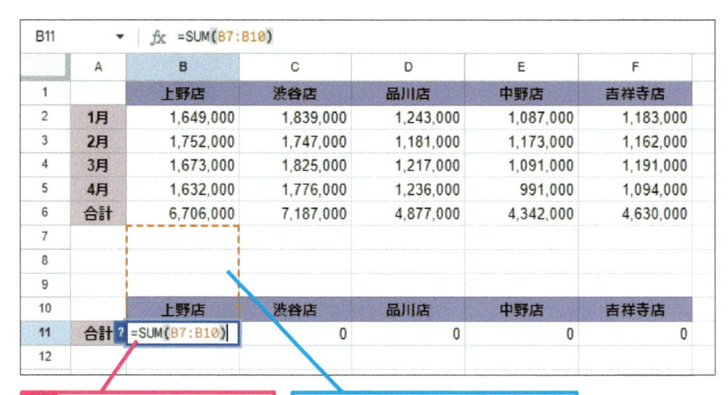

5 数式を貼り付けたセルをダブルクリック

SUM関数がセルB7 ～ B10を参照していることがわかる

2 数式の結果を値として貼り付ける

操作を元に戻して［値のみ貼り付け］を利用する

1 Ctrl + Z キーを押す

2 貼り付け先のセルを右クリック

3 ［特殊貼り付け］にマウスポインターを合わせる

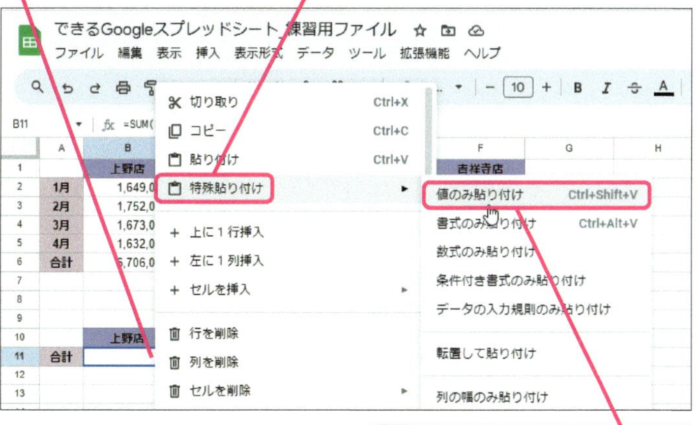

4 ［値のみ貼り付け］をクリック

数式の結果が値として貼り付けられた

数式バーを見ると値が入力されていることがわかる

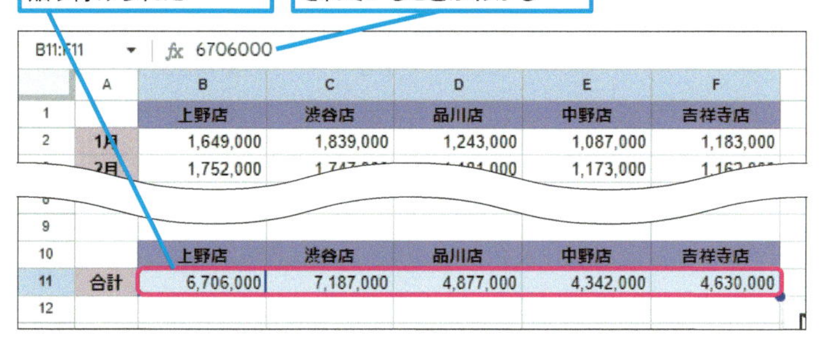

ショートカットキー

元に戻す Ctrl + Z

使いこなしのヒント

表の行と列を入れ替えて貼り付けるには

手順2で操作している［特殊貼り付け］に含まれる項目の中に、［転置して貼り付け］があります。コピーしたセル範囲の縦横を入れ替えて貼り付ける機能です。

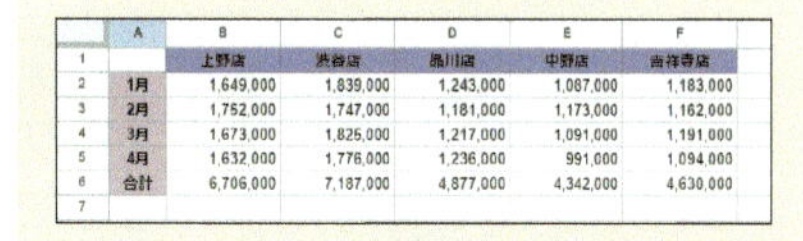

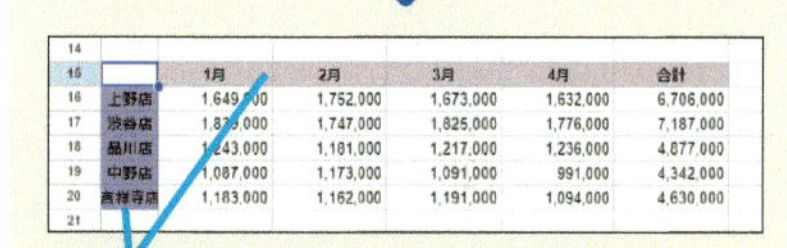

表の行と列を入れ替えて貼り付けられる

まとめ 貼り付け方の違いを知っておこう

計算式や関数式にセル参照を含む場合、そのセルをコピー＆ペーストすると、貼り付け先のセルを基点に参照先が変化します。便利な反面、手順1のように不都合なこともあるのです。ほかのファイルからコピーしたときも同じです。「値」として貼り付ける方法を覚えておきましょう。ショートカットキーの Ctrl + Shift + V もおすすめです。

レッスン
16 グラフを作成するには

グラフ

練習用ファイル [L16] シート

表にまとめたデータからグラフを作成してみましょう。同じデータでも切り口を変えれば、異なる種類のグラフになります。対象のセル範囲を選択してグラフを挿入し、グラフの種類を選択します。

1 棒グラフを作成する

[L16] シートを開いておく

店舗別に月ごとの売上をまとめた棒グラフを作成する

1 セルA1 ～ E6を選択

	A	B	C	D	E	F
1		1月	2月	3月	4月	四半期合計
2	上野店	1,649,000	1,752,000	1,673,000	1,632,000	6,706,000
3	渋谷店	1,839,000	1,747,000	1,825,000	1,776,000	7,187,000
4	品川店	1,243,000	1,181,000	1,217,000	1,236,000	4,877,000
5	中野店	1,087,000	1,173,000	1,091,000	991,000	4,342,000
6	吉祥寺店	1,183,000	1,162,000	1,191,000	1,094,000	4,630,000
7	月次合計	7,001,000	7,015,000	6,997,000	6,729,000	27,742,000
8	前年実績	6,819,000	6,791,000	5,985,000	6,273,000	25,868,000
9						

2 [挿入] をクリック

3 [グラフ] をクリック

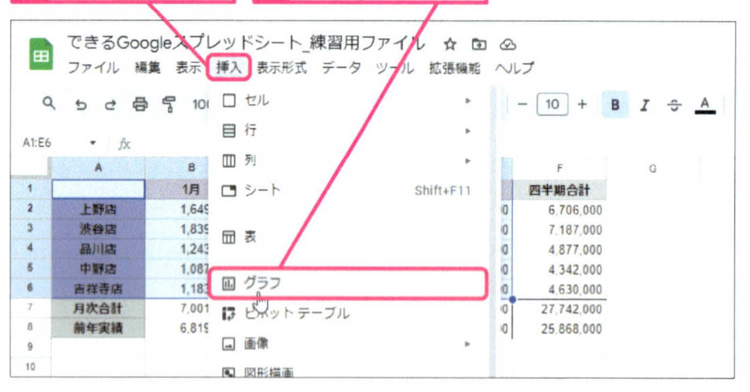

グラフが挿入されて [グラフエディタ] が表示された

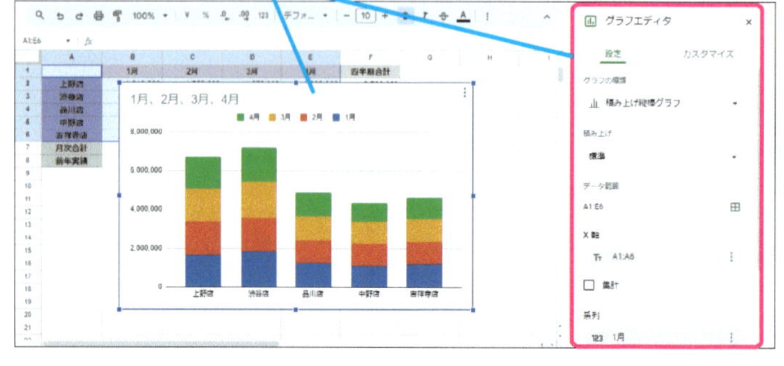

キーワード

系列 P.248
凡例 P.249

使いこなしのヒント

棒グラフの用途

棒グラフは、店舗やエリアの単位で数値の大小を並列で比較したいときに利用します。同時に要素の内訳も表現したいときは「積み上げ」棒グラフ、全体の割合を見せたいときは「100%積み上げ」棒グラフを使います。横棒グラフは、ランキングを示したいときに有用です。

時短ワザ

ツールバーも使おう

手順1では [挿入] - [グラフ] とメニューから操作していますが、広い画面で操作している場合は、セル範囲を選択後にツールバーにある [グラフを挿入] からすばやくグラフを作成できます。

◆グラフを挿入

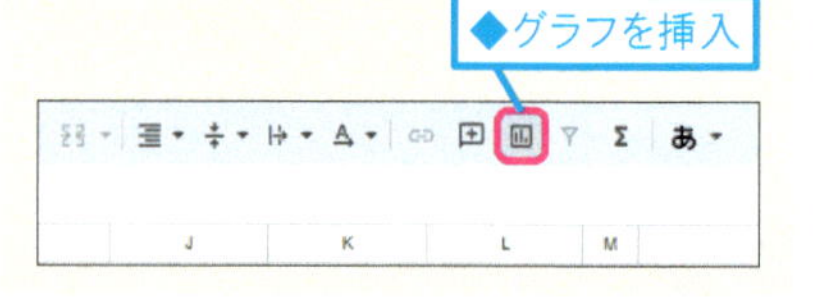

● [グラフエディタ] が表示された

グラフの種類を変更する

4 [グラフの種類] をクリック

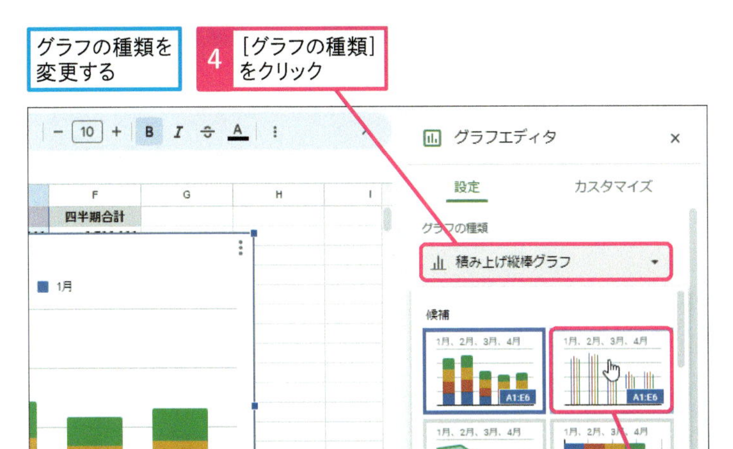

5 [縦棒グラフ] をクリック

グラフの種類が変更された

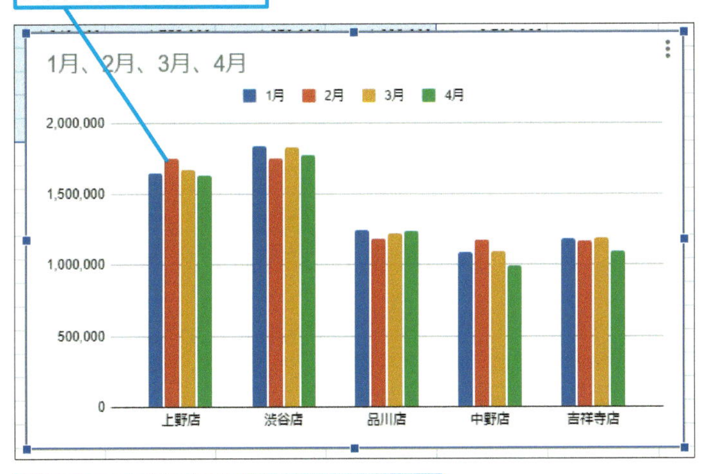

6 グラフのタイトルをダブルクリック

グラフのタイトルが編集可能になった

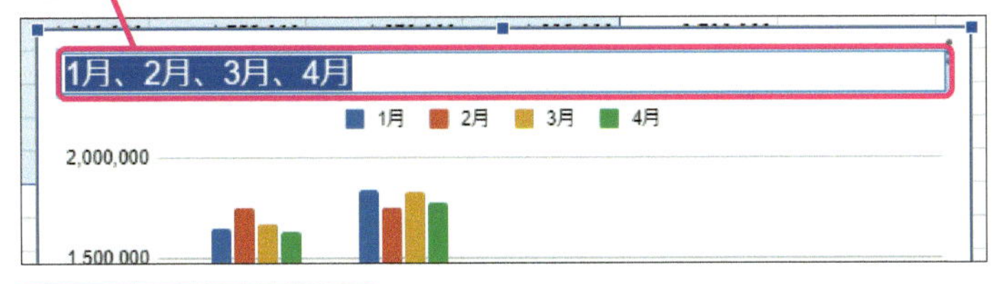

7 「店舗別売上」と入力

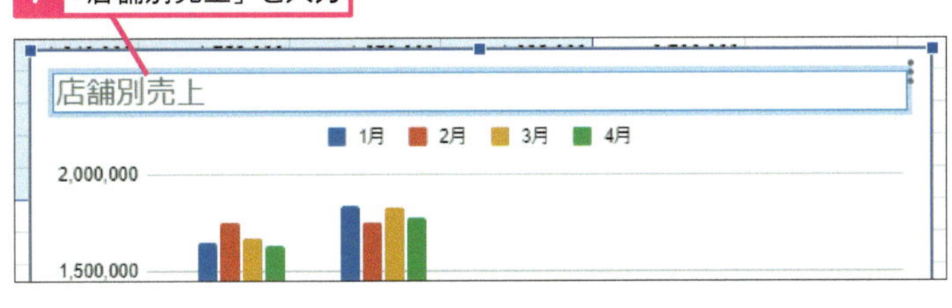

ここに注意

任意のセルをクリックすると、画面右側の［グラフエディタ］が閉じてしまいます。グラフの何もないところをダブルクリックして再表示できます。

使いこなしのヒント

データに合うグラフが提案される

グラフの挿入時に選択していたセル範囲のデータの内容に応じて、おすすめのグラフが［候補］に表示されます。画面をスクロールして、意図するグラフを選択することもできます。

ここをスクロールして任意のグラフを選択できる

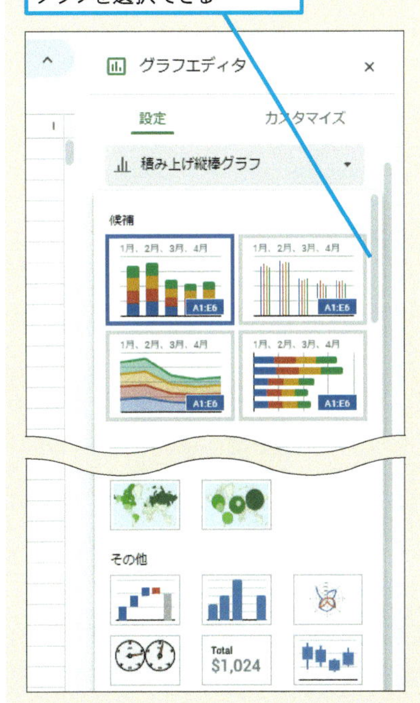

16 グラフ

次のページに続く

● 凡例の位置を変更する

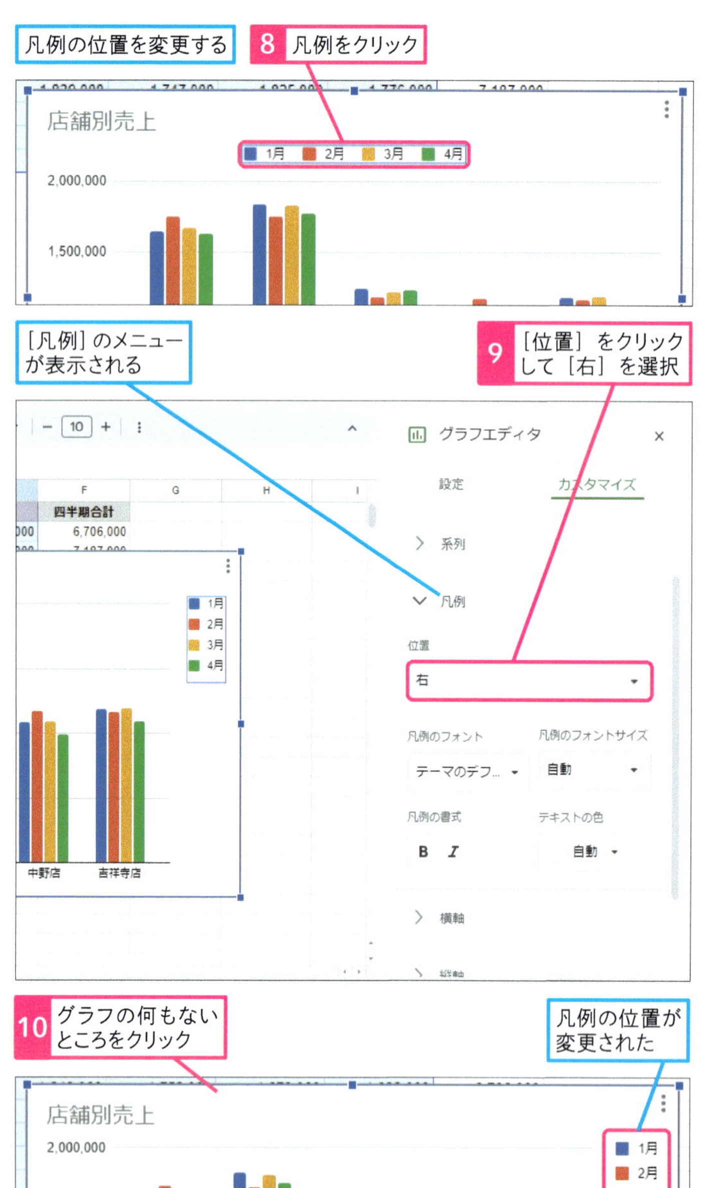

使いこなしのヒント

選択したグラフ要素の内容に切り替わる

[グラフエディタ] の表示は、縦軸や系列、凡例など、選択したグラフ要素の内容に切り替わります。例えば、縦軸の目盛りなどを設定したいときは、縦軸を選択します。

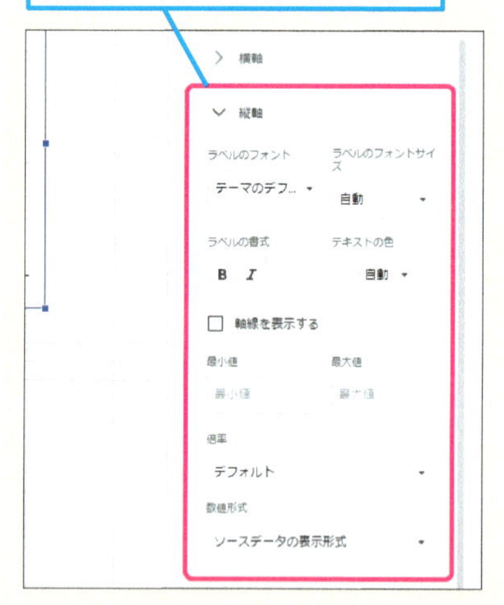

使いこなしのヒント

グラフの色を変更するには

棒グラフの「棒」はデータを表現しており、系列と呼ばれます。特定の棒（系列）の色を変更したいときは、該当の系列を選択して [グラフエディタ] から [塗りつぶしの色] や [線の色] を指定します。

2 折れ線グラフを作成する

今年と前年の月ごとの合計売上の推移を表す折れ線グラフを作成する

1 セルB1 ～ E1を選択

B7:E8 　fx =SUM(B2:B6)

	A	B	C	D	E	F
1		1月	2月	3月	4月	四半期合計
2	上野店	1,649,000	1,752,000	1,673,000	1,632,000	6,706,000
3	渋谷店	1,839,000	1,747,000	1,825,000	1,776,000	7,187,000
4	品川店	1,243,000	1,181,000	1,217,000	1,236,000	4,877,000
5	中野店	1,087,000	1,173,000	1,091,000	991,000	4,342,000
6	吉祥寺店	1,183,000	1,162,000	1,191,000	1,094,000	4,630,000
7	月次合計	7,001,000	7,015,000	6,997,000	6,729,000	27,742,000
8	前年実績	6,819,000	6,791,000	5,985,000	6,273,000	25,868,000
9						

2 Ctrl キーを押しながらセルB7 ～ E8を選択

3 手順1を参考に［挿入］-［グラフ］をクリック

グラフが挿入されて［グラフエディタ］が表示された

折れ線グラフに変更する

4 ［グラフの種類］をクリック

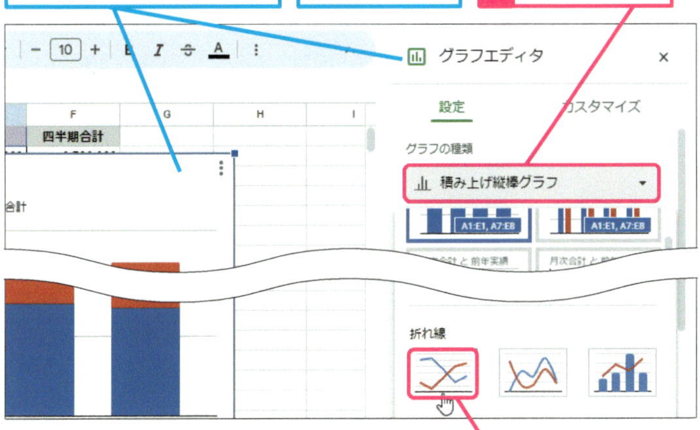

5 ［折れ線グラフ］をクリック

手順1を参考にグラフタイトルと凡例の位置を変更しておく

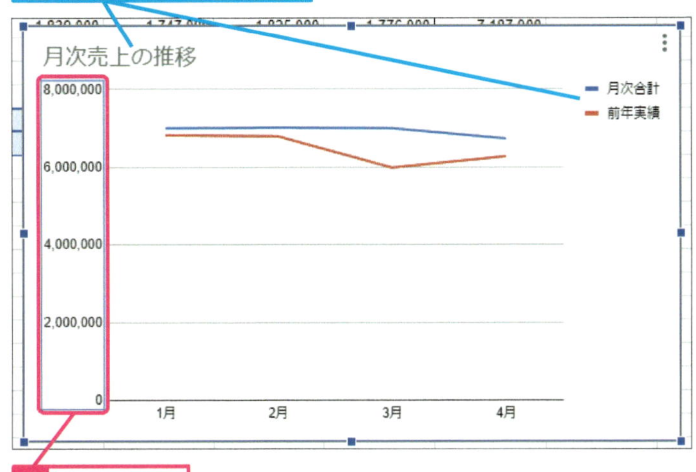

6 縦軸をクリック

使いこなしのヒント

折れ線グラフの用途

折れ線グラフは、月や年など、時間の経過に伴うデータの変化を見せたいときに適するグラフです。なお、単位の異なる2つのグラフを組み合わせる複合グラフの作り方は、レッスン24で解説します。

使いこなしのヒント

グラフ作成の手順は共通

セル範囲を選択してグラフを挿入する手順は共通です。意図するグラフが［候補］に表示されない場合は、目的のグラフを選択してください。

使いこなしのヒント

折れ線にマーカーを追加するには

折れ線グラフのポイントを強調したいときは［ポイントのサイズ］と［ポイントの形］を設定しましょう。系列を選択して［グラフエディタ］で設定します。

1 ［系列］を選択

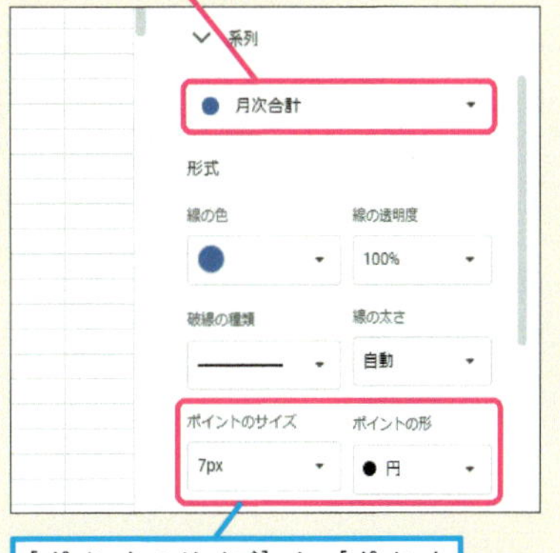

［ポイントのサイズ］と［ポイントの形］を指定する

次のページに続く

● 縦軸の目盛りを調整する

［縦軸］のメニューが表示される

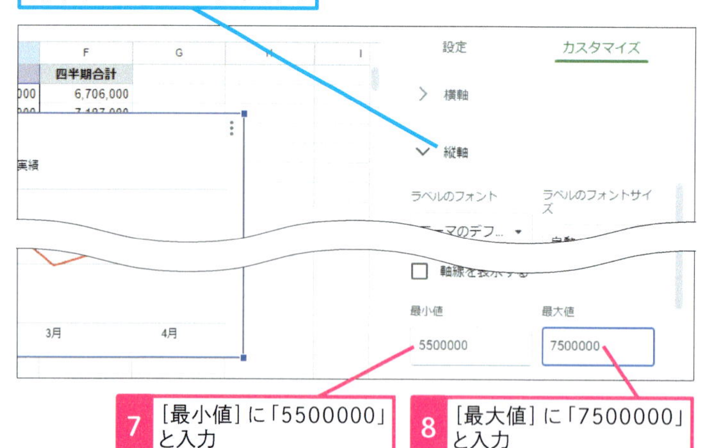

7 ［最小値］に「5500000」と入力

8 ［最大値］に「7500000」と入力

縦軸の目盛りが変更されて折れ線グラフの変化がはっきりした

3 円グラフを作成する

四半期合計の店舗ごとの割合を表す円グラフを作成する

1 セルA2 ～ A6を選択

F2:F6 fx =SUM(B2:E2)

	A	B	C	D	E	F
1		1月	2月	3月	4月	四半期合計
2	上野店	1,649,000	1,752,000	1,673,000	1,632,000	6,706,000
3	渋谷店	1,839,000	1,747,000	1,825,000	1,776,000	7,187,000
4	品川店	1,243,000	1,181,000	1,217,000	1,236,000	4,877,000
5	中野店	1,087,000	1,173,000	1,091,000	991,000	4,342,000
6	吉祥寺店	1,183,000	1,162,000	1,191,000	1,094,000	4,630,000
7	月次合計	7,001,000	7,015,000	6,997,000	6,729,000	27,742,000
8	前年実績	6,819,000	6,791,000	5,985,000	6,273,000	25,868,000
9						

2 Ctrl キーを押しながらセルF2 ～ F6を選択

3 手順1を参考に［挿入］-［グラフ］をクリック

使いこなしのヒント

データに合わせて目盛りを設定する

手順2では、データの最小値と最大値に合わせて縦軸の目盛りの範囲を設定しました。さらに、以下のように操作してグリッドラインを追加すると、グラフがより見やすくなります。

1 ［グリッドラインと目盛］をクリック

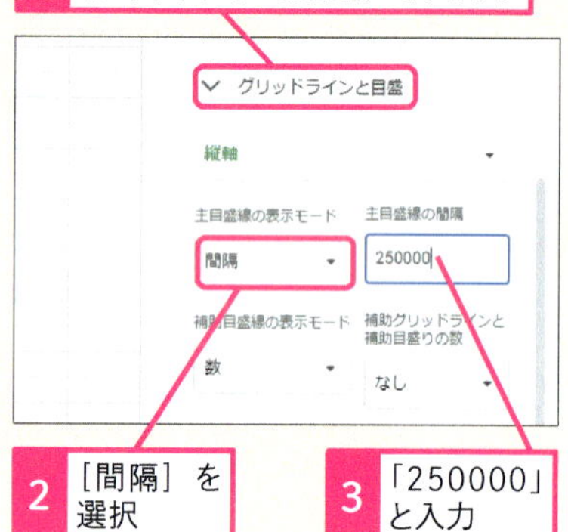

2 ［間隔］を選択

3 「250000」と入力

指定した間隔で目盛り線が引かれた

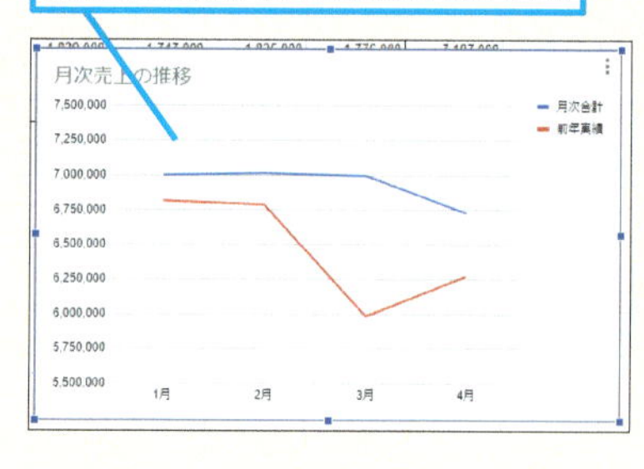

使いこなしのヒント

円グラフの用途

円グラフは全体に占める割合を表現したいときに利用します。なお、Googleスプレッドシートでは、中心に穴の空いたドーナツグラフは［円グラフ］から作成します。

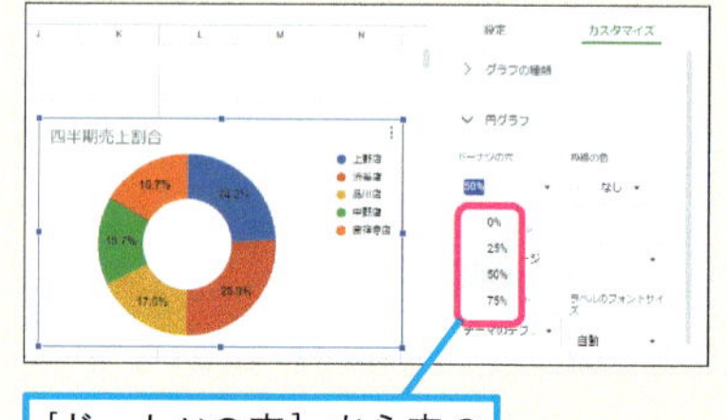

［ドーナツの穴］から穴のサイズを設定できる

● 円グラフを整える

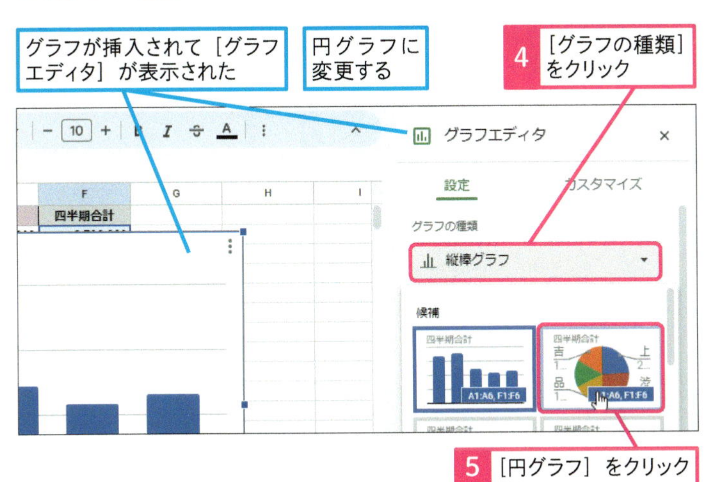

5 ［円グラフ］をクリック

6 ［カスタマイズ］をクリック

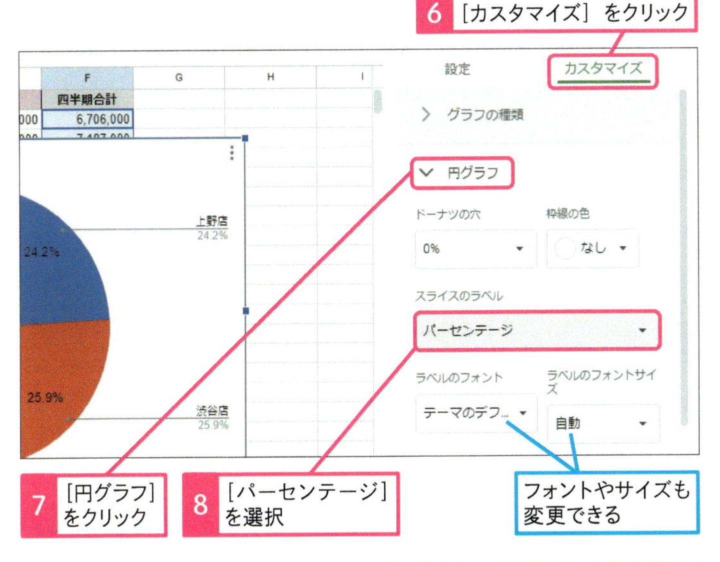

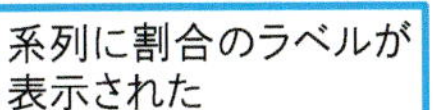

8 ［パーセンテージ］を選択

フォントやサイズも変更できる

系列に割合のラベルが表示された

手順1を参考にグラフタイトルと凡例の位置を変更しておく

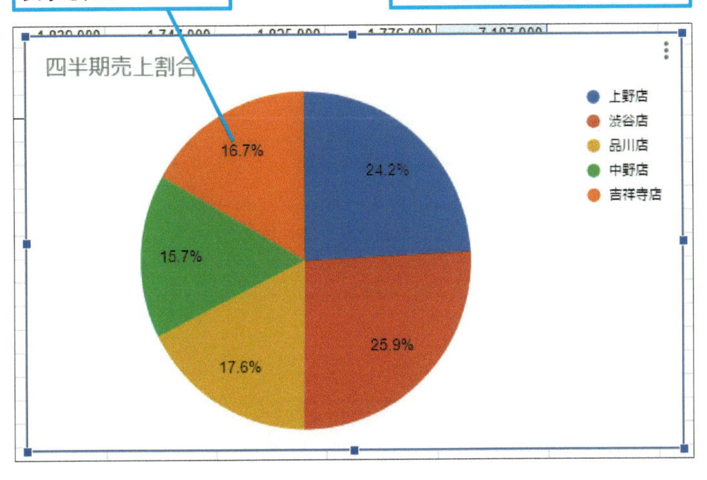

使いこなしのヒント

円グラフの一部を切り離すには

特定の系列を切り離して目立たせたいときは［グラフエディタ］の［中央からの距離］から設定できます。

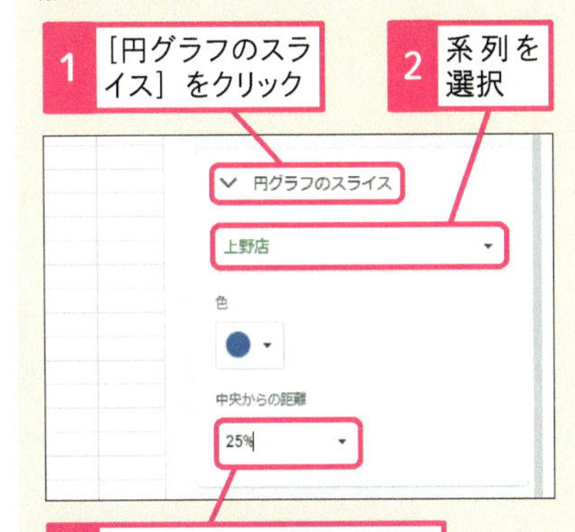

3 ［中央からの距離］を選択

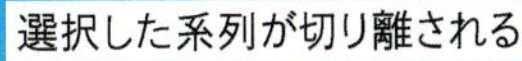

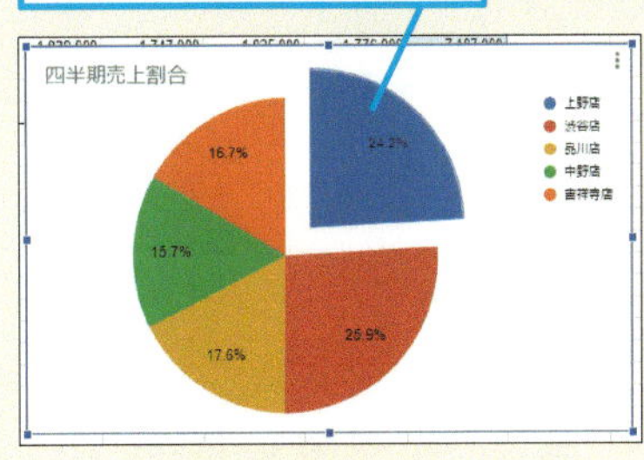

まとめ　目的に応じてグラフを使い分けよう

どの種類のグラフでも、作成方法は共通です。しかし、どのグラフが適切なのかは作成者が決める必要があります。データの大小比較、時系列での推移、全体に占める割合など、目的に合わせたグラフを選びましょう。なお、要素のないデータでは適切なグラフになりません。例えば、時間軸のないデータを折れ線グラフにする意味はありません。

この章のまとめ

数式とグラフでデータを活かす

四則演算や文字列の連結、SUM関数を使った数値の合計など、実用的な使い方を紹介しました。実際の業務では、入力した数式をコピーしたり、数式の結果を「値」として貼り付けたりすることがよくあります。効率的な操作方法を覚えておきましょう。グラフ作成の操作は簡単ですが、目的に応じた種類やグラフ要素を設定する最適解は自分で考える必要があります。Googleスプレッドシートの機能を利用して、手元にあるデータを活かしましょう。

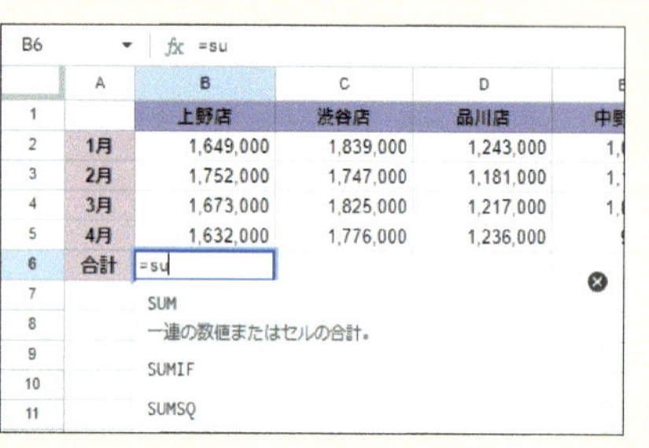

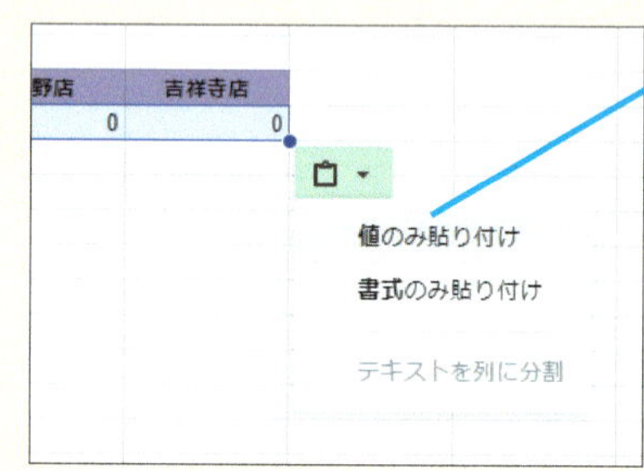

便利な操作方法を覚えておくと効率良く作業できる

Googleスプレッドシートの隠し機能（?）みたいなものが多くて楽しかったです。

それはよかった。今後の作業効率化につながる汎用的なテクニックだから、積極的にマスターしてほしいな。

僕、そろそろ「スプレッドシート使い」を名乗れそうです！

それはどうかな。操作に苦戦していたみたいだけど？

自信を持つことはいいことだよ。どんどん使ってみよう！次の章から、より実践的な使い方を紹介するよ。

活用編

第4章

見せることを意識してデータを整えよう

Googleスプレッドシートの実践的な使い方をマスターしましょう。便利な機能を使って、データを見やすく整えることで、自分でも扱いやすい表になります。

17	データに上手に見せよう	72
18	表をしましまに塗るには	74
19	選択式のリストを作成するには	76
20	チェックボックスを挿入するには	78
21	自動的にセルを塗り分けるには	80
22	入力できるデータを制限するには	84
23	表をテーブルに変換するには	88
24	複合グラフを作成するには	92
25	図形を挿入するには	96

レッスン

17 Introduction この章で学ぶこと データを上手に見せよう

表を整えてデータをわかりやすく、使いやすくしましょう。プルダウンリストやチェックボックスは、入力時の負荷を軽減できます。条件付き書式や入力規則、テーブルも覚えておきたい機能です。また、複合グラフや図形はデータの視覚化に役立ちます。

表を見やすく整える

マヤさん、人に見せる表を作るときに何か工夫をしているかな？

背景色や罫線を追加しています。

僕も設定するけど、手間がかかるよね。

それなら［交互の背景色］や［テーブルに変換］という機能をおすすめするよ。数クリックで見栄えの良い表が作れるんだ。

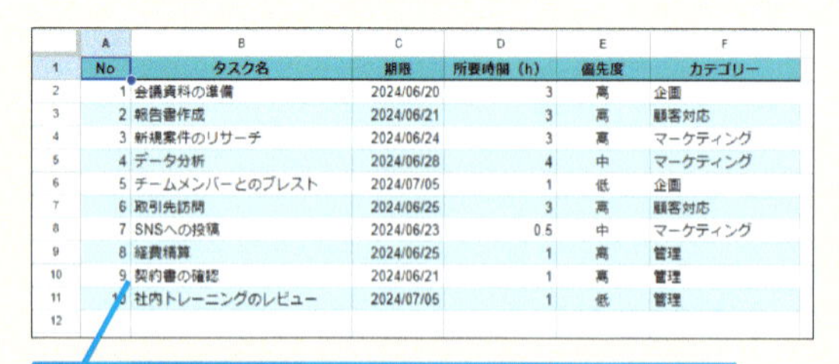

No	タスク名	期限	所要時間（h）	優先度	カテゴリー
1	会議資料の準備	2024/06/20	3	高	企画
2	報告書作成	2024/06/21	3	高	顧客対応
3	新規案件のリサーチ	2024/06/24	3	高	マーケティング
4	データ分析	2024/06/28	4	中	マーケティング
5	チームメンバーとのブレスト	2024/07/05	1	低	企画
6	取引先訪問	2024/06/25	3	高	顧客対応
7	SNSへの投稿	2024/06/23	0.5	中	マーケティング
8	経費精算	2024/06/25	1	高	管理
9	契約書の確認	2024/06/21	1	高	管理
10	社内トレーニングのレビュー	2024/07/05	1	低	管理

［交互の背景色］や［テーブルに変換］の機能を利用すると、すばやく見栄えの良い表を作成できる

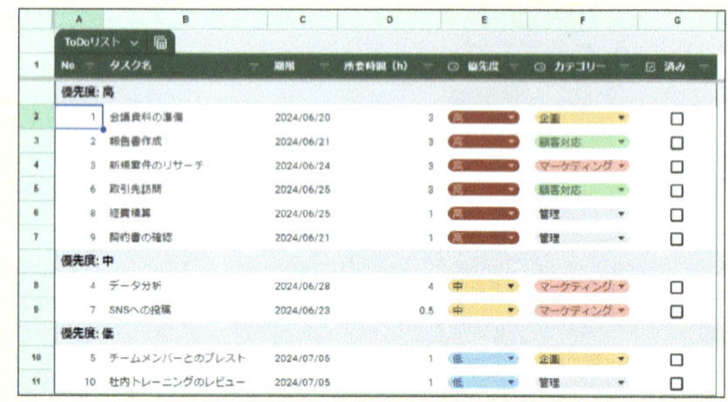

ToDoリスト

No	タスク名	期限	所要時間（h）	優先度	カテゴリー	済み
優先度: 高						
1	会議資料の準備	2024/06/20	3	高	企画	☐
2	報告書作成	2024/06/21	3	高	顧客対応	☐
3	新規案件のリサーチ	2024/06/24	3	高	マーケティング	☐
6	取引先訪問	2024/06/25	3	高	顧客対応	☐
8	経費精算	2024/06/25	1	高	管理	☐
9	契約書の確認	2024/06/21	1	高	管理	☐
優先度: 中						
4	データ分析	2024/06/28	4	中	マーケティング	☐
7	SNSへの投稿	2024/06/23	0.5	中	マーケティング	☐
優先度: 低						
5	チームメンバーとのブレスト	2024/07/05	1	低	企画	☐
10	社内トレーニングのレビュー	2024/07/05	1	低	管理	☐

このような表がすぐにできあがるのですか？

簡単に作れるなら、すぐにでも使いたい！

スムーズにデータを入力する

同じデータのコピー&ペーストに疲れました……。入力ミスに気づかないこともあるし、何とかならないですかね?

お困りのようだね、タクミ君。[データの入力規則] からプルダウンリストやチェックボックスが作れるよ。さらに [条件付き書式] を設定しておけば、自動的に行を塗り分けるような処理もできるんだ。

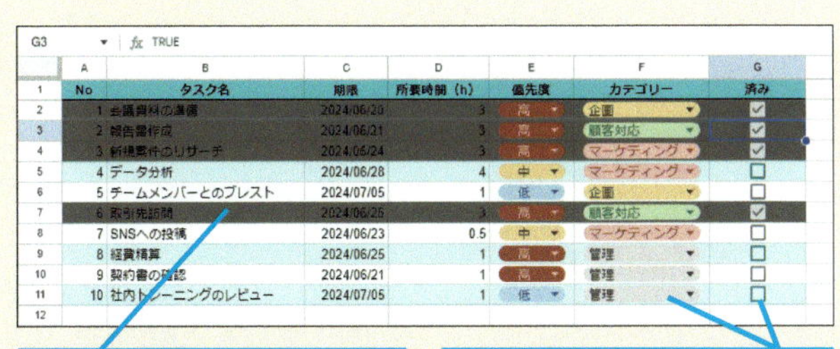

G3 fx TRUE

	A	B	C	D	E	F	G
1	No	タスク名	期限	所要時間(h)	優先度	カテゴリー	済み
2	1	会議資料の準備	2024/06/20	3	高	企画	☑
3	2	報告書作成	2024/06/21	3	高	顧客対応	☑
4	3	新規案件のリサーチ	2024/06/24	3	高	マーケティング	☑
5	4	データ分析	2024/06/28	4	中	マーケティング	☐
6	5	チームメンバーとのブレスト	2024/07/05	1	低	企画	☐
7	6	取引先訪問	2024/06/25	3	高	顧客対応	☑
8	7	SNSへの投稿	2024/06/23	0.5	中	マーケティング	☐
9	8	経費精算	2024/06/25	1	高	管理	☐
10	9	契約書の確認	2024/06/21	1	高	管理	☐
11	10	社内トレーニングのレビュー	2024/07/05	1	低	管理	☐
12							

条件を満たす行を塗り分けるといった処理ができる

プルダウンリストやチェックボックスも簡単に挿入できる

A4 fx 2024/0603

	A	B	C
1	日付	訪問者数(人)	売上(円)
2	2024/06/01	214	2,244,800
3	2024/06/02	253	3,470,750
4	2024/0603		

無効:
有効な日付を入力してください

問題のあるデータが入力されたときにメッセージを表示できる

複合グラフや図形を作成する

グラフは第3章でも紹介したけど、ひとつ上のテクニックも覚えておこう。単位の異なるデータをまとめて表現できる「複合グラフ」だ。あわせてワンポイントとして使える図形も挿入できると便利だよ。

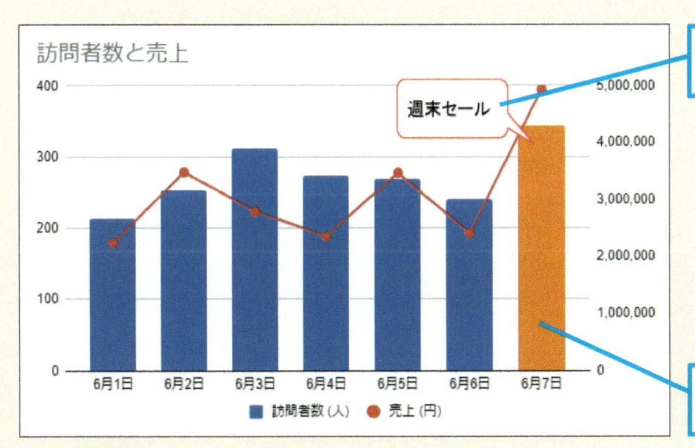

説明に使える図形の挿入方法も覚えておく

複合グラフでは単位の異なるデータをまとめて表現できる

これは!! ぜひマスターしたいですね。

レッスン

18 表をしましまに塗るには

交互の背景色

練習用ファイル [L18] シート

表全体を1行おきに塗って、見やすくしてみましょう。[交互の背景色] の機能を使えば、表のセル範囲が自動的に認識されて、あっという間にしましまに塗ることができます。背景色は好みで変更することもできます。

キーワード

セル範囲	P.249
背景色	P.249

1行おきに色を付ける

Before

行に色を付けて表を見やすくしたい

No	タスク名	期限	所要時間 (h)	優先度	カテゴリー
1	会議資料の準備	2024/06/20	3	高	企画
2	報告書作成	2024/06/21	3	高	顧客対応
3	新規案件のリサーチ	2024/06/24	3	高	マーケティング
4	データ分析	2024/06/28	4	中	マーケティング
5	チームメンバーとのブレスト	2024/07/05	1	低	企画
6	取引先訪問	2024/06/25	3	高	顧客対応
7	SNSへの投稿	2024/06/23	0.5	中	マーケティング
8	経費精算	2024/06/25	1	高	管理
9	契約書の確認	2024/06/21	1	高	管理
10	社内トレーニングのレビュー	2024/07/05	1	低	管理

After

1行おきに色が付いて見やすくなった

No	タスク名	期限	所要時間 (h)	優先度	カテゴリー
1	会議資料の準備	2024/06/20	3	高	企画
2	報告書作成	2024/06/21	3	高	顧客対応
3	新規案件のリサーチ	2024/06/24	3	高	マーケティング
4	データ分析	2024/06/28	4	中	マーケティング
5	チームメンバーとのブレスト	2024/07/05	1	低	企画
6	取引先訪問	2024/06/25	3	高	顧客対応
7	SNSへの投稿	2024/06/23	0.5	中	マーケティング
8	経費精算	2024/06/25	1	高	管理
9	契約書の確認	2024/06/21	1	高	管理
10	社内トレーニングのレビュー	2024/07/05	1	低	管理

1 表の背景色を交互に塗る

[L18] シートを開いておく

1 表内のセルをクリック

2 [表示形式] をクリック

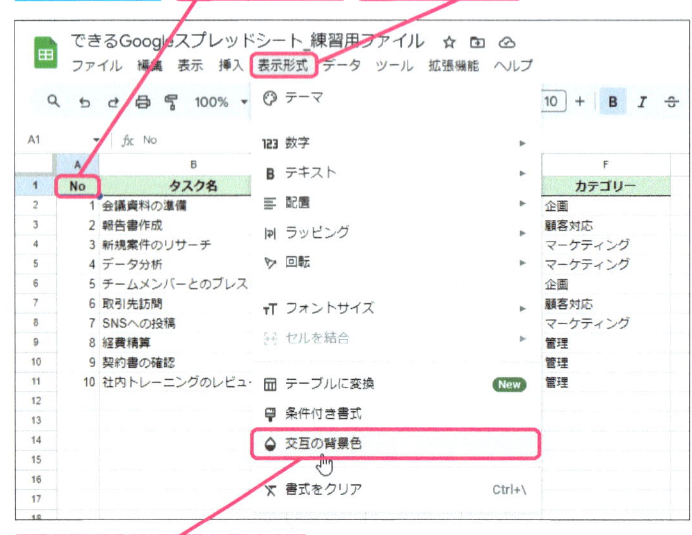

3 [交互の背景色] をクリック

使いこなしのヒント

背景色は新しい行にも適用される

[交互の背景色] の設定は、末尾に追加した行にも適用されます。ただし、表の末尾から空行を挟むと適用されません。

No	タスク名	期限
1	会議資料の準備	2024/06/20
2	報告書作成	2024/06/21
3	新規案件のリサーチ	2024/06/24
4	データ分析	2024/06/28
5	チームメンバーとのブレスト	2024/07/05
6	取引先訪問	2024/06/25
7	SNSへの投稿	2024/06/23
8	経費精算	2024/06/25
9	契約書の確認	2024/06/21
10	社内トレーニングのレビュー	2024/07/05
11		
12		

データを入力すると背景色も自動的に設定される

●［交互の背景色］が表示された

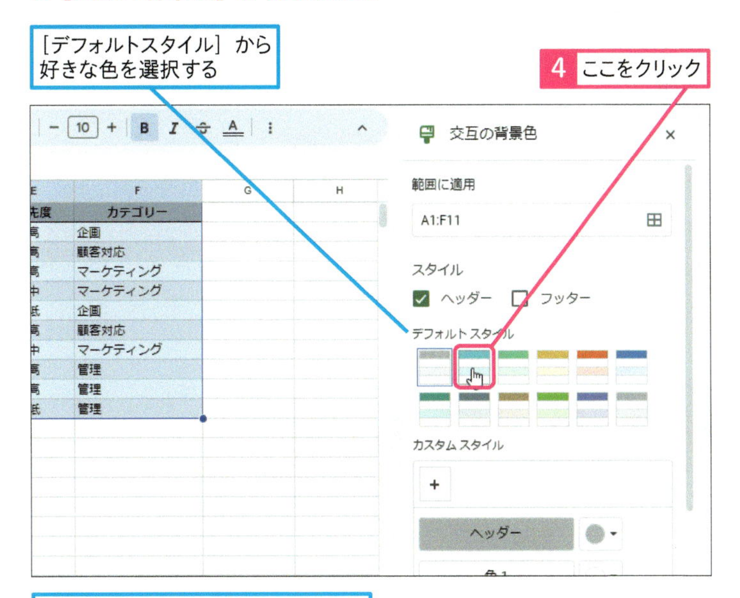

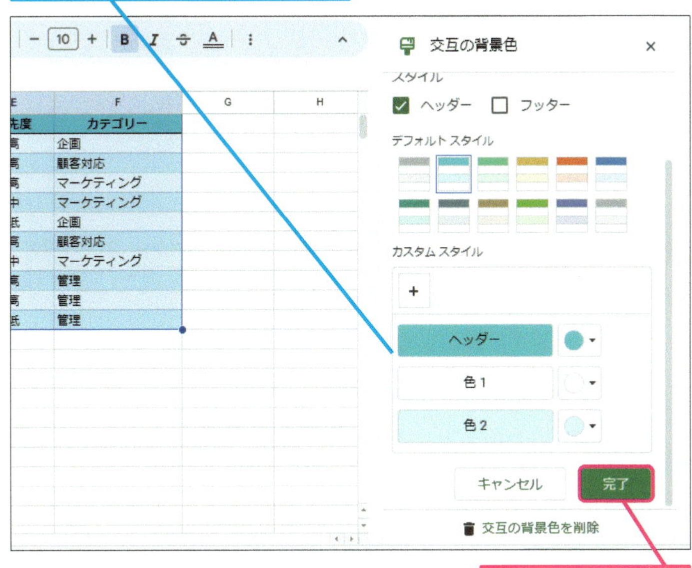

5 ［完了］をクリック

6 セルA1をクリック　表に交互の背景色が付いた

	A	B	C	D	E	F
1	No	タスク名	期限	所要時間（h）	優先度	カテゴリー
2	1	会議資料の準備	2024/06/20	3	高	企画
3	2	報告書作成	2024/06/21	3	高	顧客対応
4	3	新規案件のリサーチ	2024/06/24	3	高	マーケティング
5	4	データ分析	2024/06/28	4	中	マーケティング
6	5	チームメンバーとのブレスト	2024/07/05	1	低	企画
7	6	取引先訪問	2024/06/25	3	高	顧客対応
8	7	SNSへの投稿	2024/06/23	0.5	中	マーケティング
9	8	経費精算	2024/06/25	1	高	管理
10	9	契約書の確認	2024/06/21	1	高	管理
11	10	社内トレーニングのレビュー	2024/07/05	1	低	管理
12						

使いこなしのヒント

好みの色を設定するには

［デフォルトスタイル］の一覧にない色の組み合わせを設定できます。［+］をクリックして、［カスタムスタイル］として登録しておくこともできます。

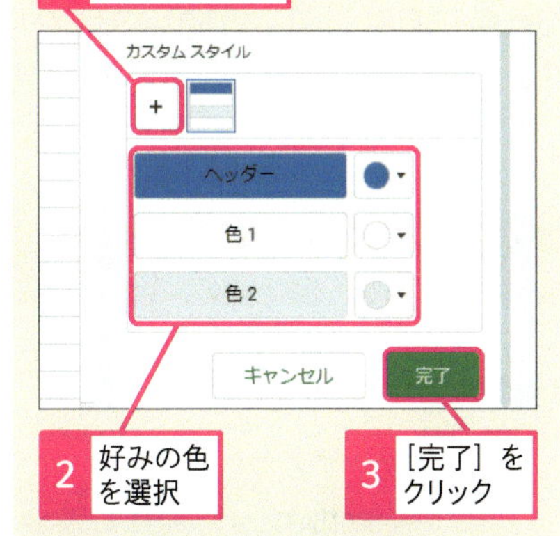

色の組み合わせが登録される

使いこなしのヒント

［交互の背景色］を削除するには

［交互の背景色］を設定した表内の任意のセルを選択しておきます。手順1と同様に操作して［交互の背景色］を表示し、［交互の背景色を削除］をクリックします。

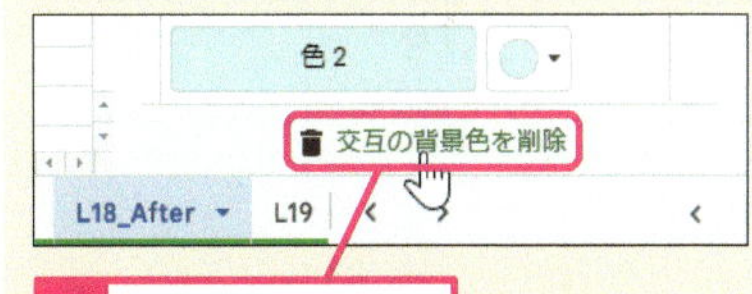

1 ［交互の背景色を削除］をクリック

まとめ　［交互の背景色］で表を見やすくしよう

1行おきに色を付けて表を見やすくする工夫は一般的なものです。しかし、1行ずつ塗りつぶすのは手間がかかります。専用の［交互の背景色］の機能を使いましょう。自動的に表が認識され、任意の色を設定することができます。行の追加や削除をしても、色の順番は崩れず、末尾に追加する行にも背景色が適用されます。

レッスン

19 選択式のリストを作成するには

プルダウン

練習用ファイル ［L19］シート

クリックして表示される項目から選択入力できる「プルダウンリスト」を作成してみましょう。設定後に新しい項目の追加もできます。また、リストの項目以外の値の入力を許可したり、セルに表示するボタンのスタイルを変更したりすることもできます。

キーワード

プルダウン P.250

プルダウンリストを作成する

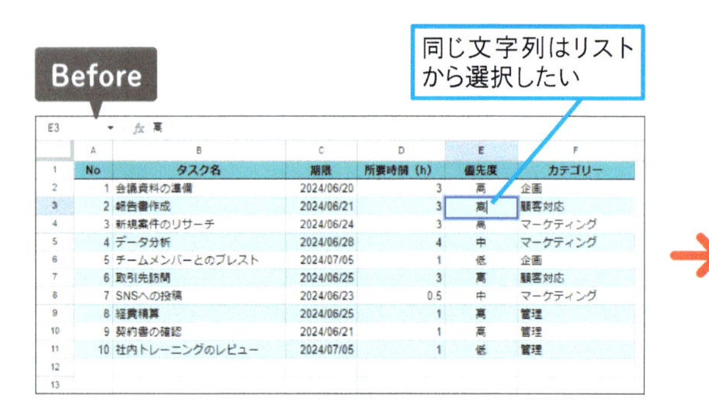

	A	B	C	D	E	F
1	No	タスク名	期限	所要時間（h）	優先度	カテゴリー
2	1	会議資料の準備	2024/06/20	3	高	企画
3	2	報告書作成	2024/06/21	3	高	顧客対応
4	3	新規案件のリサーチ	2024/06/24	3	高	マーケティング
5	4	データ分析	2024/06/28	4	中	マーケティング
6	5	チームメンバーとのブレスト	2024/07/05	1	低	企画
7	6	取引先訪問	2024/06/25	3	高	顧客対応
8	7	SNSへの投稿	2024/06/23	0.5	中	マーケティング
9	8	経費精算	2024/06/25	1	高	管理
10	9	契約書の確認	2024/06/21	1	高	管理
11	10	社内トレーニングのレビュー	2024/07/05	1	低	管理

1 プルダウンリストを作成する範囲を選択する

［L19］シートを開いておく

［優先度］列にプルダウンリストを設定する

1 セルE2～E11を選択

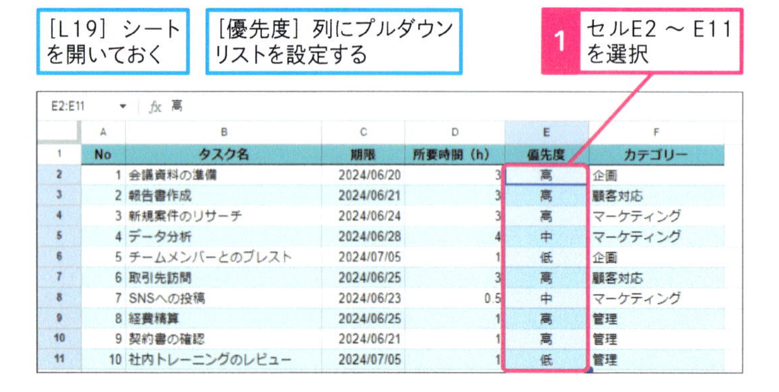

	A	B	C	D	E	F
1	No	タスク名	期限	所要時間（h）	優先度	カテゴリー
2	1	会議資料の準備	2024/06/20	3	高	企画
3	2	報告書作成	2024/06/21	3	高	顧客対応
4	3	新規案件のリサーチ	2024/06/24	3	高	マーケティング
5	4	データ分析	2024/06/28	4	中	マーケティング
6	5	チームメンバーとのブレスト	2024/07/05	1	低	企画
7	6	取引先訪問	2024/06/25	3	高	顧客対応
8	7	SNSへの投稿	2024/06/23	0.5	中	マーケティング
9	8	経費精算	2024/06/25	1	高	管理
10	9	契約書の確認	2024/06/21	1	高	管理
11	10	社内トレーニングのレビュー	2024/07/05	1	低	管理

使いこなしのヒント

複数の項目を選択することもできる

［プルダウン］の設定後はクリックして項目を選択できるようになります。2024年8月のアップデートにより、選択時に複数の項目にチェックマークを付けて、1つのセルに複数の項目を表示できるようになることが公表されています。

スキルアップ

セル範囲を参照してプルダウンリストを作成する

別表にまとめた項目を参照して、プルダウンリストに表示させることもできます。［条件］から［プルダウン（範囲内）］を選択して、プルダウンリストに表示する項目が入力してあるセル範囲を選択します。

［プルダウン（範囲内）］を選択して参照するセル範囲を指定する

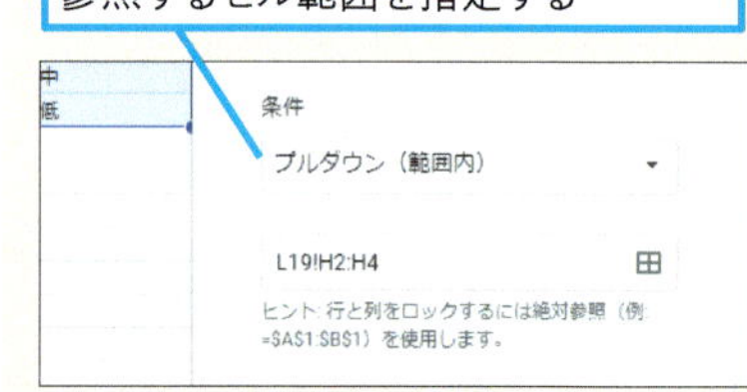

2 プルダウンリストを設定する

1 ［挿入］をクリック

2 ［プルダウン］をクリック

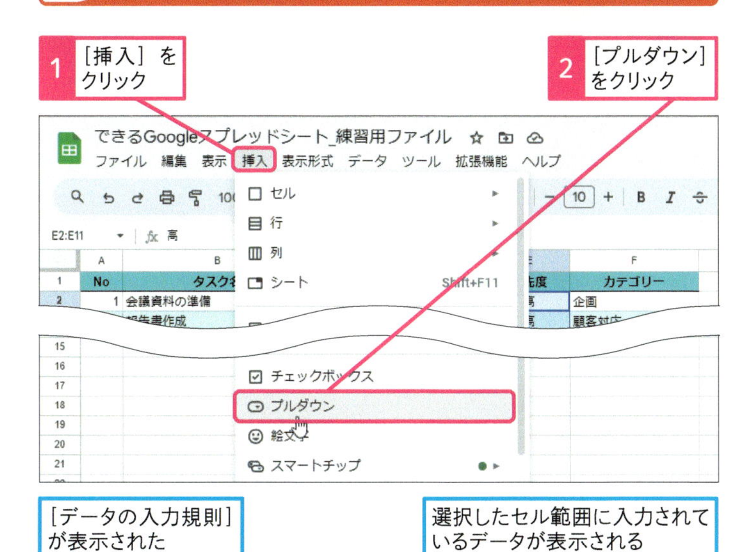

［データの入力規則］が表示された

選択したセル範囲に入力されているデータが表示される

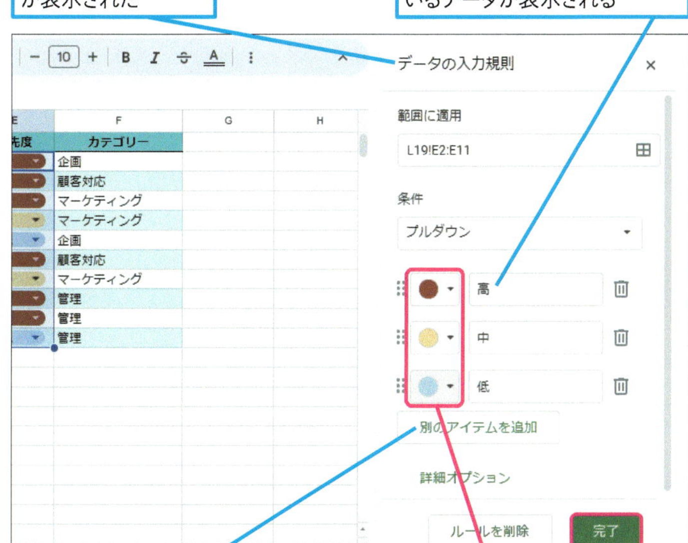

［別のアイテムを追加］をクリックして項目を追加できる

3 ここをクリックして色を選択

4 ［完了］をクリック

項目をプルダウンリストから選択できるようになった

E2:E11 fx 高

	A	B	C	D	E	F
1	No	タスク名	期限	所要時間（h）	優先度	カテゴリー
2	1	会議資料の準備	2024/06/20	3	高	企画
3	2	報告書作成	2024/06/21	3	高	顧客対応
4	3	新規案件のリサーチ	2024/06/24	3	高	マーケティング
5	4	データ分析	2024/06/28	4	中	マーケティング
6	5	チームメンバーとのブレスト	2024/07/05	1	低	企画
7	6	取引先訪問	2024/06/25	3	高	顧客対応
8	7	SNSへの投稿	2024/06/23	0.5	中	マーケティング
9	8	経費精算	2024/06/25	1	高	管理
10	9	契約書の確認	2024/06/21	1	高	管理
11	10	社内トレーニングのレビュー	2024/07/05	1	低	管理
12						

使いこなしのヒント

［詳細オプション］からカスタマイズできる

［プルダウン］の設定直後は、項目以外の入力が拒否され、ボタンのようなスタイルが適用されます。これらの設定は［詳細オプション］から変更可能です。

1 ［詳細オプション］をクリック

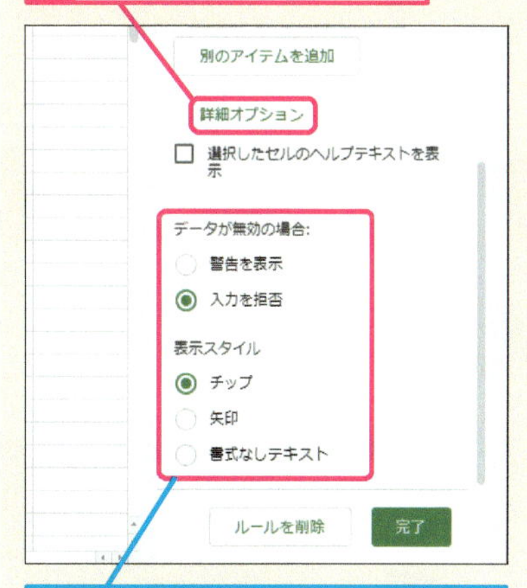

項目以外の値を入力したときの動作やリストの形式を設定できる

使いこなしのヒント

プルダウンリストを解除するには

［データ］-［データの入力規則］の順にクリックして［データの入力規則］を表示します。削除する入力規則にマウスポインターを合わせて［ルールを削除］をクリックします（レッスン20参照）。

まとめ プルダウンリストで簡単・正確に入力しよう

［プルダウン］を設定したセルは、リストから値を選択できるようになります。簡単に操作できるだけでなく、正確に入力できるため、ミスも減らすことができます。このレッスンでは、入力済みの値をプルダウンリストの項目としていますが、別表にまとめた項目を参照して、リストに表示させることもできます。また、［別のアイテムを追加］から項目の追加も可能です。

レッスン
20 チェックボックスを挿入するには

チェックボックス

練習用ファイル [L20] シート

確認用の列にクリックするだけでチェックマークのON/OFFができるチェックボックスを挿入してみましょう。挿入後はチェックマークの有無によって、セルには「TRUE」と「FALSE」のどちらかの値が入力されます。

キーワード

入力規則 P.249
論理値 P.250

確認用の列にチェックボックスを挿入する

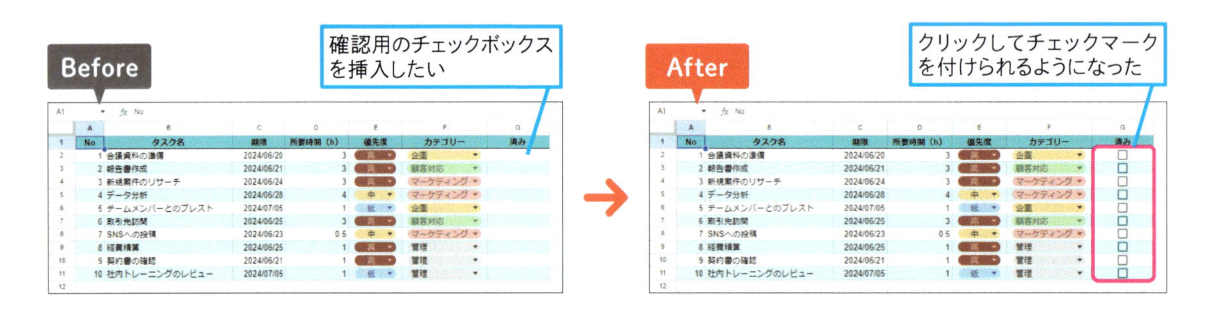

1 チェックボックスを挿入する範囲を選択する

[L20] シートを開いておく

[済み] 列にチェックボックスを挿入する

1 セルG2～G11を選択

用語解説

論理値

正しいことを示す「TRUE」(トゥルー)、または、正しくないことを示す「FALSE」(フォールス) が入っている値のことです。例えば「セルにチェックマークが付いているかどうか」という条件(論理式)の結果は、「TRUE」か「FALSE」のいずれかになります。

使いこなしのヒント

チェックボックスは入力規則の一種

セルに入力できる値を制限する「入力規則」(レッスン22参照)という機能があります。チェックボックスは入力規則の1つで、チェックマークのON/OFF以外の値が入力された場合は、規則違反であることを表すメッセージが表示されます。

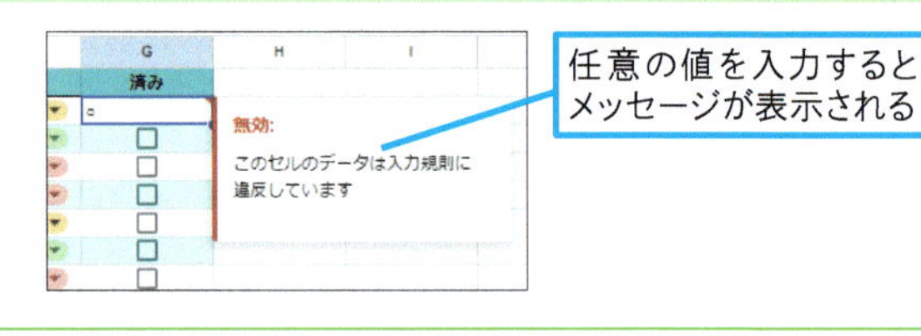

2 チェックボックスを挿入する

1 ［挿入］をクリック

2 ［チェックボックス］をクリック

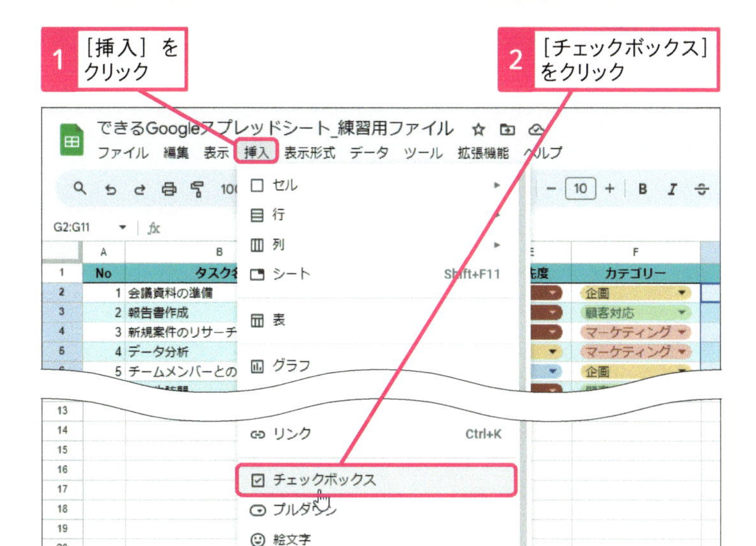

選択したセル範囲にチェックボックスが挿入された

3 セルG2のチェックボックスではない余白をクリック

チェックマークが付いていない状態のセルを選択すると数式バーに「FALSE」と表示される

4 セルG2のチェックボックスをクリック

セルG2のチェックボックスにチェックマークが付いた

チェックマークが付いた状態のセルを選択すると数式バーに「TRUE」と表示される

使いこなしのヒント

チェックボックスを削除するには

チェックボックスは［データの入力規則］から削除できます。以下のように操作して、チェックボックスの［ルールを削除］をクリックします。

1 ［データ］をクリック

2 ［データの入力規則］をクリック

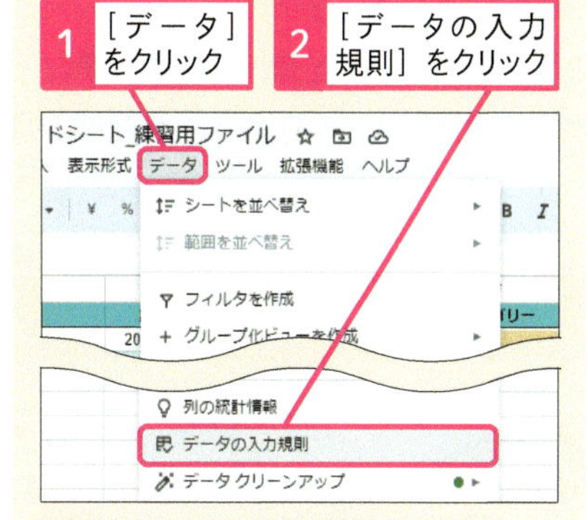

3 ［チェックボックス］にマウスポインターを合わせる

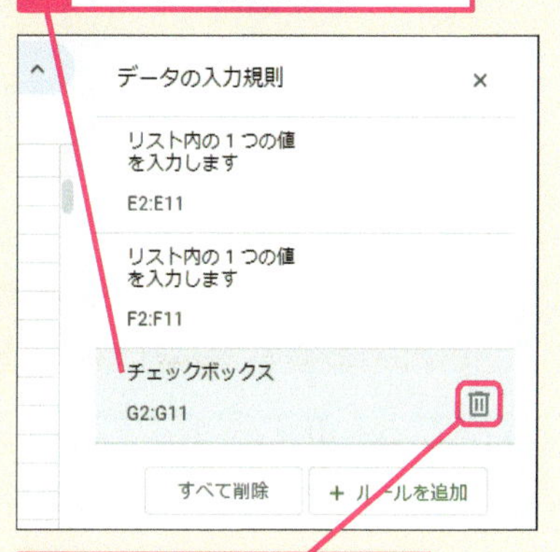

4 ［ルールを削除］をクリック

まとめ ON/OFFできるチェックボックスを用意しよう

チェック欄を用意した表に「○」や「×」などと入力することもあるでしょう。セルを［チェックボックス］に変更して、クリックしてON/OFFできるようにしておくと便利です。チェックマークを付けると「TRUE」、外すと「FALSE」という値が入力されるため、チェック目的だけでなく、チェックマークの有無による判定にも利用できます（レッスン21参照）。

レッスン 21

自動的にセルを塗り分けるには

条件付き書式

練習用ファイル [L21] シート

[条件付き書式] を利用して、[済み] 列にチェックマークを付けたときに表内の1行を塗りつぶす仕掛けを作ってみましょう。あらかじめセル範囲を選択してから [条件付き書式] を設定します。83ページのスキルアップでは活用例も紹介しています。

キーワード

条件付き書式	P.248
比較演算子	P.249

条件付き書式を設定する

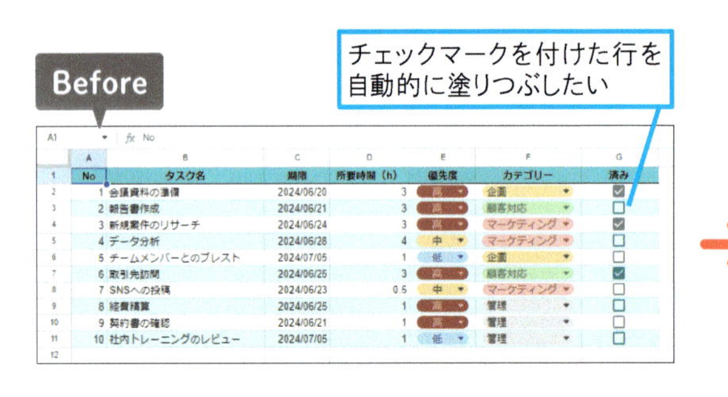

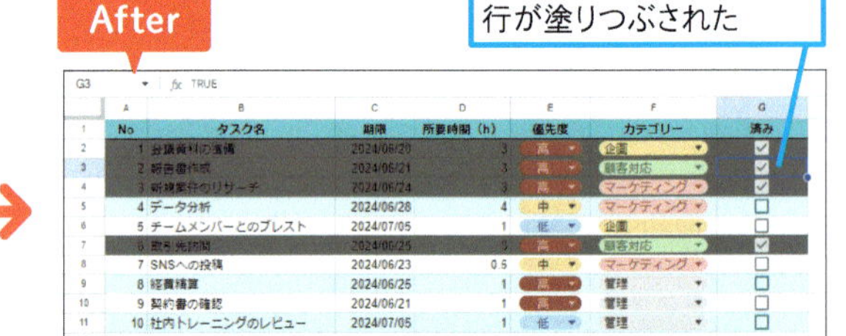

1 条件付き書式を設定する範囲を指定する

[L21] シートを開いておく

[済み] 列にチェックマークを付けたときに行全体が塗りつぶされるように設定する

No	タスク名	期限	所要時間（h）	優先度	カテゴリー	済み
1	会議資料の準備	2024/06/20	3	高	企画	☑
2	報告書作成	2024/06/21	3	高	顧客対応	☐
3	新規案件のリサーチ	2024/06/24	3	高	マーケティング	☑
4	データ分析	2024/06/28	4	中	マーケティング	☐
5	チームメンバーとのブレスト	2024/07/05	1	低	企画	☐
6	取引先訪問	2024/06/25	3	高	顧客対応	☑
7	SNSへの投稿	2024/06/23	0.5	中	マーケティング	☐
8	経費精算	2024/06/25	1	高	管理	☐
9	契約書の確認	2024/06/21	1	高	管理	☐
10	社内トレーニングのレビュー	2024/07/05	1	低	管理	☐

1 セルA2 ～ G11を選択

用語解説

条件付き書式

セルの値が条件を満たしたときに、セルやフォントの色、罫線などの書式を自動的に設定する機能です。

使いこなしのヒント

条件付き書式の適用範囲を変更するには

条件付き書式は、手順1のように選択したセル範囲に適用されます。適用範囲を変更する場合は [条件付き書式設定ルール] から、田をクリックして変更します。

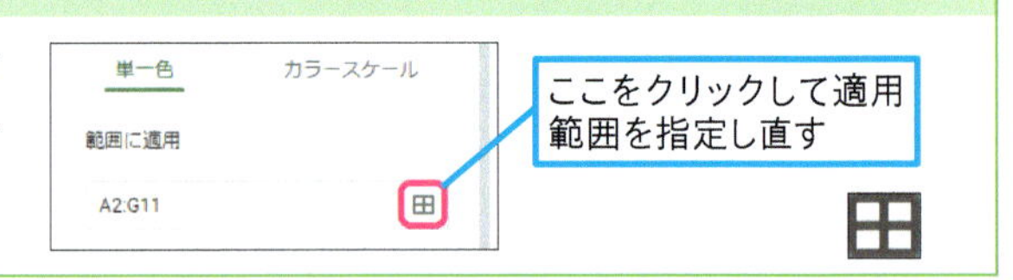

2 条件を指定する

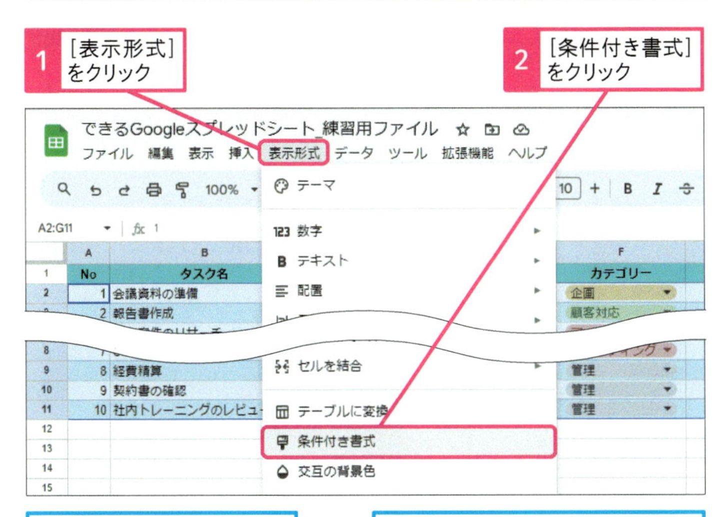

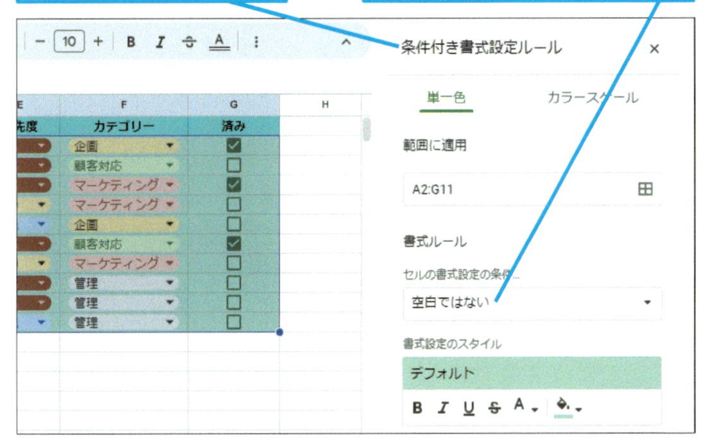

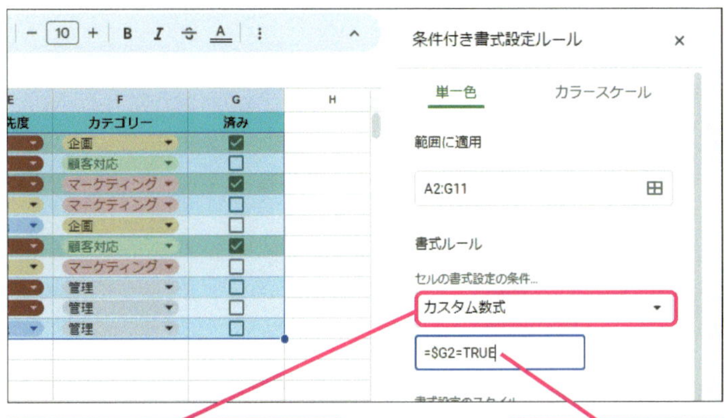

使いこなしのヒント

1つの列に条件付き書式を設定するときは

手順2では「[済み]列にチェックマークが付いていたら行全体を塗る」という条件付き書式を設定するために[カスタム数式]を選択しています。例えば「チェックマークを付けたら、チェックボックスの色を変える」といった、1列に対する条件付き書式なら[セルの書式設定の条件]から項目を選択するのが簡単です。

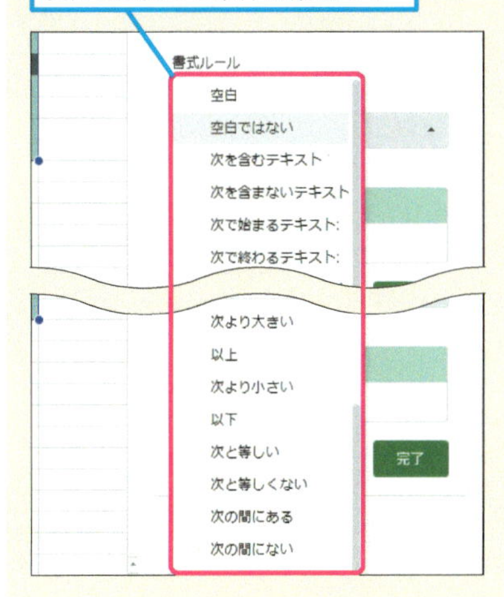

使いこなしのヒント

「=$G2=TRUE」の意味

手順2の操作4で入力している「=$G2=TRUE」は、『セルG2が「TRUE」であるかどうか』という条件を表します。「$G2=TRUE」であれば、つまり、セルG2にチェックマークが付いていれば条件が満たされます。「$G2」は、列のみを固定してセルを参照する複合参照（レッスン41参照）です。表の一行全体に書式を設定するときは、このように指定すると、3行目以降にも条件付き書式が適用されます。

次のページに続く ➡

3 セルの書式を設定する

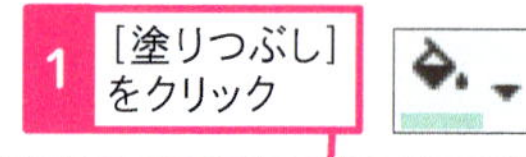

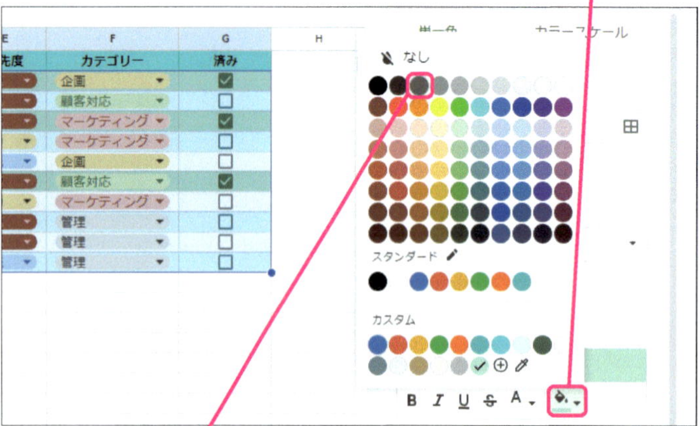

2 ［暗いグレー 3］ をクリック

セルを塗りつぶす色が選択された

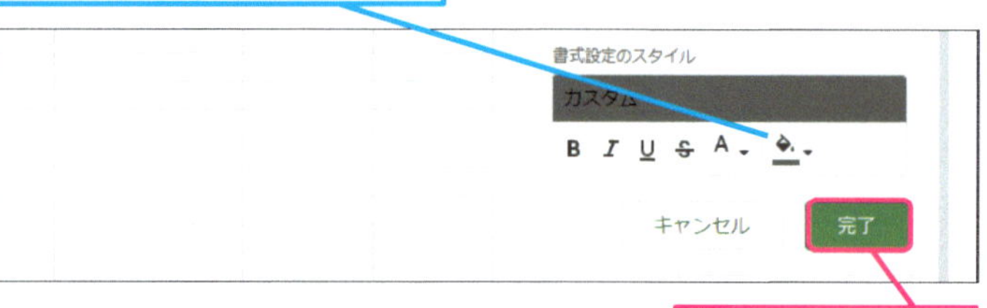

3 ［完了］ をクリック

4 条件付き書式を確認する

1 チェックボックスをクリック

	A	B	C	D	E	F	G
1	No	タスク名	期限	所要時間（h）	優先度	カテゴリー	済み
2	1	会議資料の準備	2024/06/20	3	高	企画	☑
3	2	報告書作成	2024/06/21	3	高	顧客対応	☐
4	3	新規案件のリサーチ	2024/06/24	3	高	マーケティング	☑
5	4	データ分析	2024/06/28	4	中	マーケティング	☐
6	5	チームメンバーとのブレスト	2024/07/05	1	低	企画	☐
7	6	取引先訪問	2024/06/25	3	高	顧客対応	☑
8	7	SNSへの投稿	2024/06/23	0.5	中	マーケティング	☐
9	8	経費精算	2024/06/25	1	高	管理	☐
10	9	契約書の確認	2024/06/21	1	高	管理	☐
11	10	社内トレーニングのレビュー	2024/07/05	1	低	管理	☐

チェックマークを付けた行が塗りつぶされた

	A	B	C	D	E	F	G
1	No	タスク名	期限	所要時間（h）	優先度	カテゴリー	済み
2	1	会議資料の準備	2024/06/20	3	高	企画	☑
3	2	報告書作成	2024/06/21	3	高	顧客対応	☑
4	3	新規案件のリサーチ	2024/06/24	3	高	マーケティング	☑
5	4	データ分析	2024/06/28	4	中	マーケティング	☐
6	5	チームメンバーとのブレスト	2024/07/05	1	低	企画	☐
7	6	取引先訪問	2024/06/25	3	高	顧客対応	☑
8	7	SNSへの投稿	2024/06/23	0.5	中	マーケティング	☐
9	8	経費精算	2024/06/25	1	高	管理	☐
10	9	契約書の確認	2024/06/21	1	高	管理	☐
11	10	社内トレーニングのレビュー	2024/07/05	1	低	管理	☐

使いこなしのヒント

条件付き書式を削除するには

見た目からは条件付き書式が設定されているセル範囲を判断できません。すべてのセルを選択し、［条件付き書式設定ルール］を表示して、シートに含まれる条件付き書式を確認して削除します。

1 ここをクリックしてすべてのセルを選択

	A	B	C	D
1	No	タスク名	期限	所要時間（
2	1	会議資料の準備	2024/06/20	
3	2	報告書作成	2024/06/21	
4	3	新規案件のリサーチ	2024/06/24	
5	4	データ分析	2024/06/28	
6	5	チームメンバーとのブレスト	2024/07/05	
7	6	取引先訪問	2024/06/25	
8	7	SNSへの投稿	2024/06/23	
9	8	経費精算	2024/06/25	

2 ［表示形式］-［条件付き書式］をクリック

3 条件付き書式にマウスポインターを合わせる

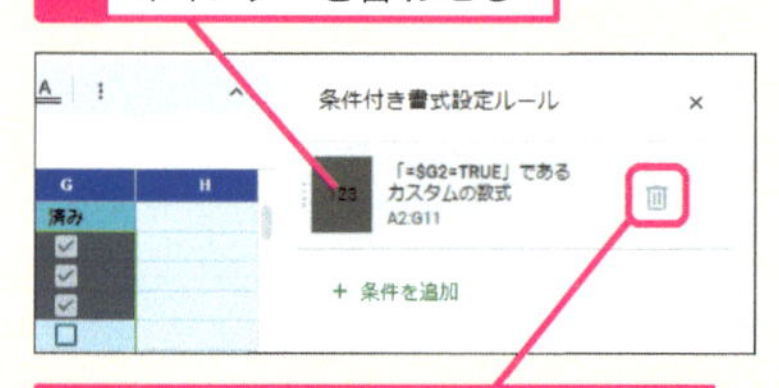

4 ［ルールを削除します］をクリック

まとめ 条件付き書式で書式を自動的に設定しよう

条件付き書式は、セルの値が条件を満たしたとき、自動的に書式を設定できます。ここでは「チェックマークが付いていたら」という条件を指定しました。レッスン20で解説したように、チェックマークが付いているセルには「TRUE」という値が入るので、これを利用しているわけです。条件に［カスタム数式］を利用する場合は、「=」に続けて条件式を記述します。

スキルアップ

複数のセルの値を判定する

『優先度が「高」かつ未処理』の条件を考えてみましょう。優先度が「高」は「$E2="高"」と表現します。未処理は［済み］列にチェックマークが付いていないので、「$G2=FALSE」となります。「かつ」を表すには、AND関数（レッスン46参照）を利用します。関数を利用すると、複数のセルの値を判定することができます。

1 ［カスタム数式］を選択

2 「=AND($E2="高",$G2=FALSE)」と入力

書式ルール
セルの書式設定の条件…
カスタム数式
ND($E2="高",$G2=FALSE)
書式設定のスタイル
カスタム
キャンセル　完了

3 塗りつぶす色を設定

4 ［完了］をクリック

優先度［高］かつ未処理の作業が強調された

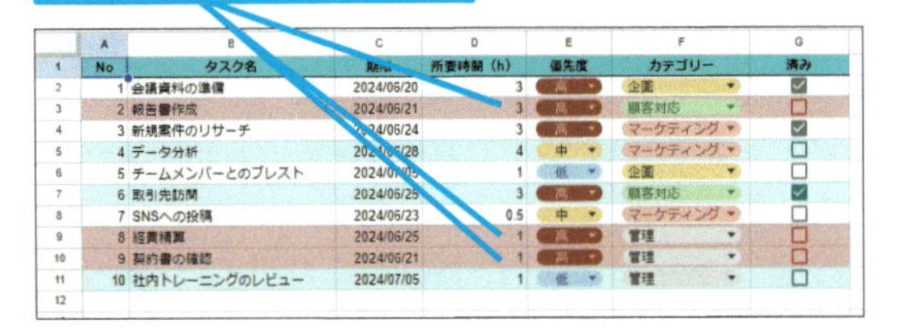

優先度［高］かつ未処理を判定する
=AND($E2 = "高", $G2 = FALSE)

スキルアップ

期日まで一週間以内の予定を目立たせる

日付を対象にした条件も指定できます。例えば「期日が1週間以内」という条件は、期日から今日の日付を引いて「7」以下ともいえます。今日の日付をTODAY関数（レッスン47参照）で取得して、期日から引きます。「以下」は比較演算子の「<=」を使います。なお、この条件付き書式の動作を確認する際は表に1週間以内の日付を入力しておきましょう。

1 ［カスタム数式］を選択

2 「=TODAY()-$C2<=7」と入力

書式ルール
セルの書式設定の条件…
カスタム数式
=TODAY()-$C2<=7
書式設定のスタイル
カスタム
キャンセル　完了

3 塗りつぶす色を設定

4 ［完了］をクリック

今日の日付と比較して7日以内の作業が強調された

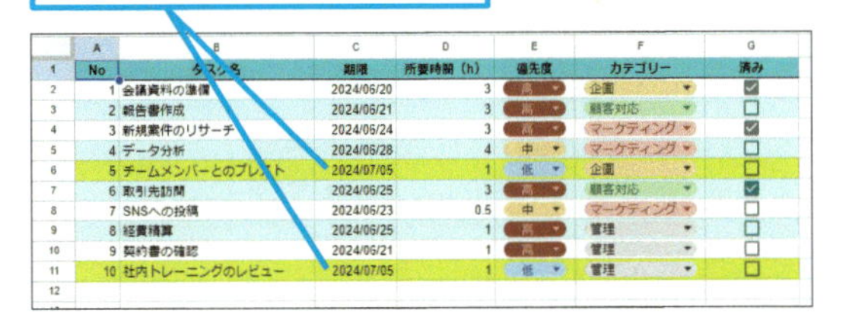

●比較演算子の種類

比較演算子	記述例	意味
=	A1=10	セルA1が10に等しい
<>	A1<>10	セルA1が10に等しくない
>	A1>10	セルA1が10より大きい
<	A1<10	セルA1が10より小さい
>=	A1>=10	セルA1が10以上
<=	A1<=10	セルA1が10以下

今日まで7日以内を判定する
=TODAY() - $C2 <= 7

レッスン
22 入力できるデータを制限するには

データの入力規則

練習用ファイル [L22] シート

セルには数値や文字列を自由に入力できますが、誤入力も含めて、望ましくないデータが入力されてしまうことがあります。例えば、[日付] 列には日付以外の値を入力したくないときなど、[データの入力規則] を利用すれば、入力できるデータを制限できます。

キーワード

数値 P.248
入力規則 P.249

規則以外のデータが入力されたときにメッセージを表示する

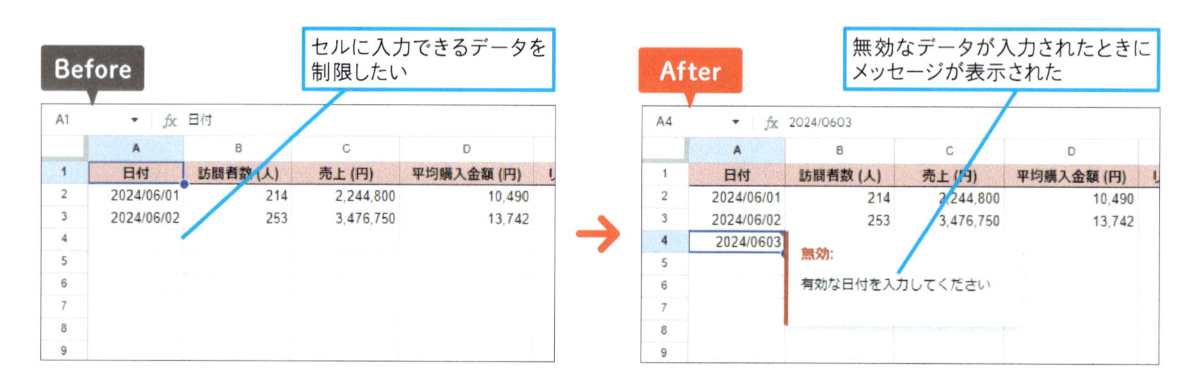

1 日付の入力規則を設定する

[L22] シートを開いておく

日付以外のデータが入力されたときにメッセージが表示されるように設定する

1 セルA2 ～ A8を選択
2 [データ] をクリック
3 [データの入力規則] をクリック

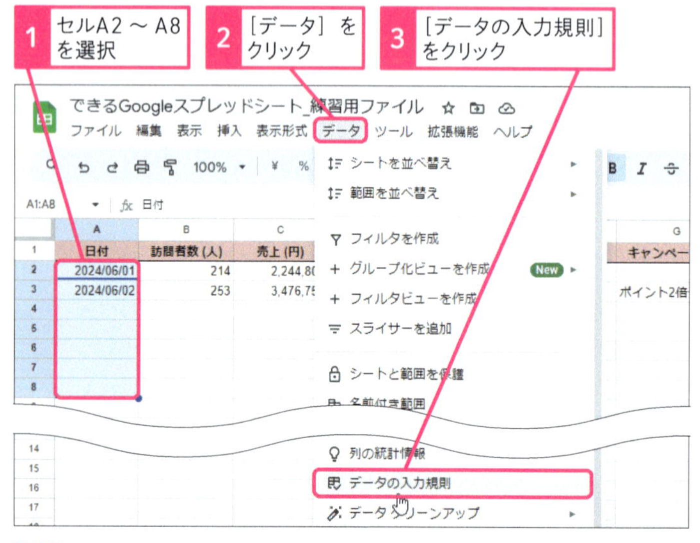

用語解説
入力規則

セルに入力できるデータの種類や範囲を制限する機能です。[プルダウン] や [チェックボックス] も入力規則の1つです。

使いこなしのヒント
セル範囲は広く選択しておく

入力規則を設定するセル範囲として、手順1ではセルA2 ～ A8を選択していますが、入力する予定行が多い場合は、広いセル範囲を選択しておきましょう。Ctrl + Shift + ↓キーを押して、シートの下端まで選択しておいてもいいでしょう。

● データの入力規則を追加する

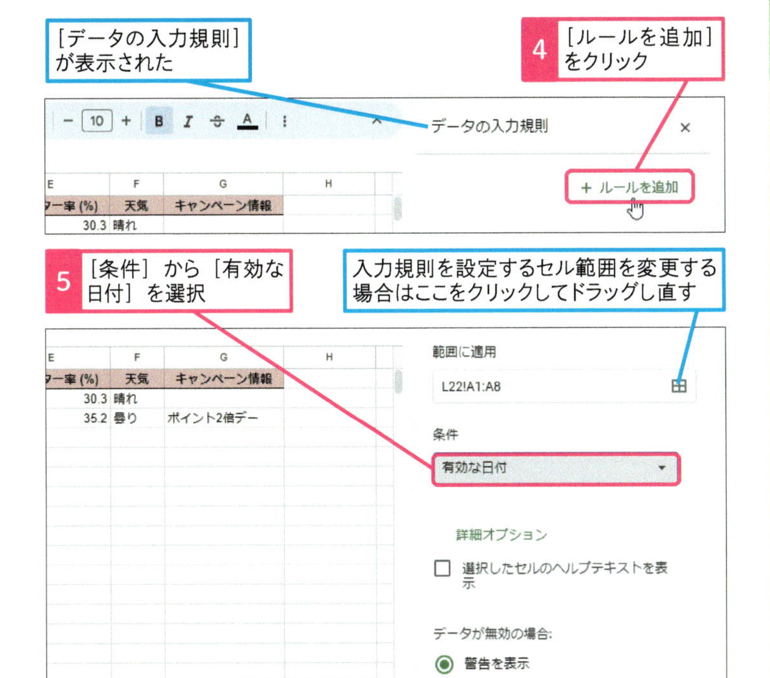

6 [完了] をクリック

2 日付の入力規則を確認する

1 日付として無効なデータを入力

セルの右上に赤い印が表示される

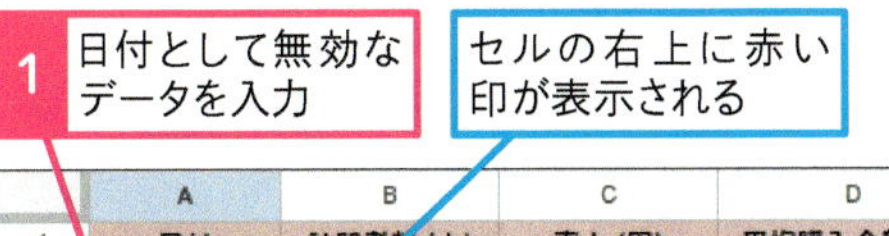

	A	B	C	D	E	F
1	日付	訪問者数 (人)	売上 (円)	平均購入金額 (円)	リピーター率 (%)	天気
2	2024/06/01	214	2,244,800	10,490	30.3	晴れ
3	2024/06/02	253	3,476,750	13,742	35.2	曇り
4	2024/0603					
5						
6						

2 赤い印の付いたセルを選択

メッセージが表示される

データを削除して有効な日付を入力しておく

	A	B	C	D	E	F
1	日付	訪問者数 (人)	売上 (円)	平均購入金額 (円)	リピーター率 (%)	天気
2	2024/06/01	214	2,244,800	10,490	30.3	晴れ
3	2024/06/02	253	3,476,750	13,742	35.2	曇り
4	2024/0603					
5						
6						
7						
8						
9						
10						

無効:
有効な日付を入力してください

使いこなしのヒント

規則以外のデータの入力を禁止するには

[データの入力規則] の初期設定では、規則以外のデータが入力されたときに、注意喚起のメッセージが表示されるだけです。完全に禁止するには [入力を拒否] と設定してください。

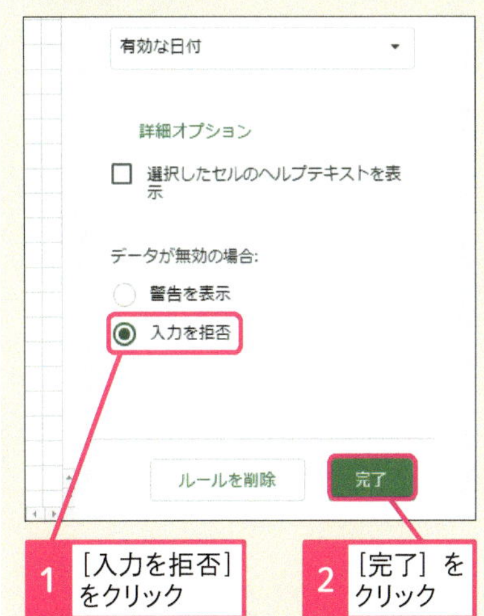

1 [入力を拒否] をクリック

2 [完了] をクリック

3 日付として無効なデータを入力

	A	B	C
1	日付	訪問者数 (人)	売上 (円)
2	2024/06/01	214	2,244,800
3	2024/06/02	253	3,476,750
4	2024/0603		
5			
6			

入力禁止のメッセージが表示される

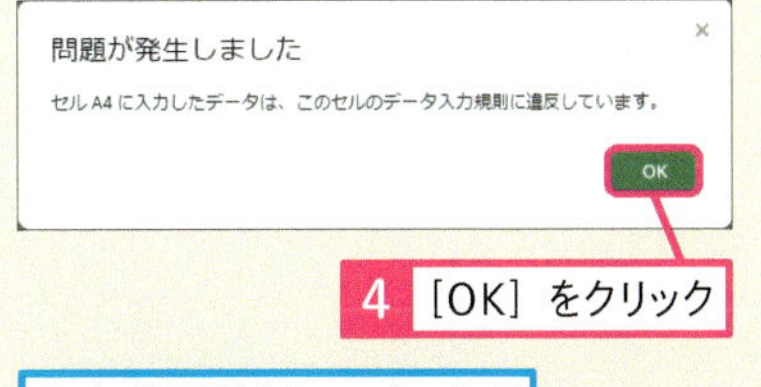

4 [OK] をクリック

入力が拒否されてデータが削除される

	A	B	C
1	日付	訪問者数 (人)	売上 (円)
2	2024/06/01	214	2,244,800
3	2024/06/02	253	3,476,750
4			
5			
6			

次のページに続く

3 数値の入力規則を設定する

数値以外のデータが入力されたときにメッセージが表示されるように設定する

1 セルB2 ～ E8を選択

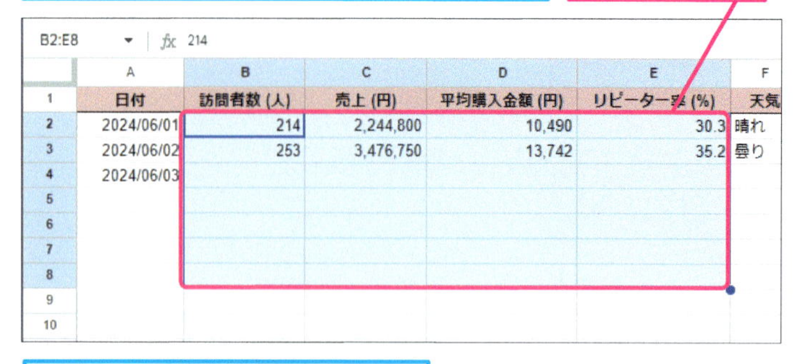

[データの入力規則] を閉じてしまったときは [データ] - [データの入力規則] をクリックして表示しておく

2 [ルールを追加] をクリック

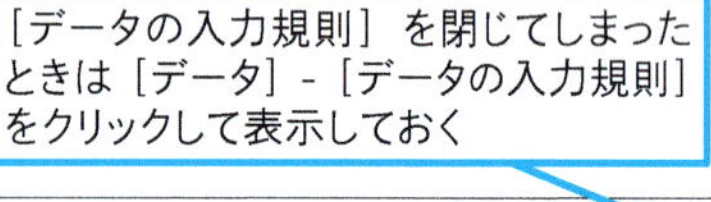

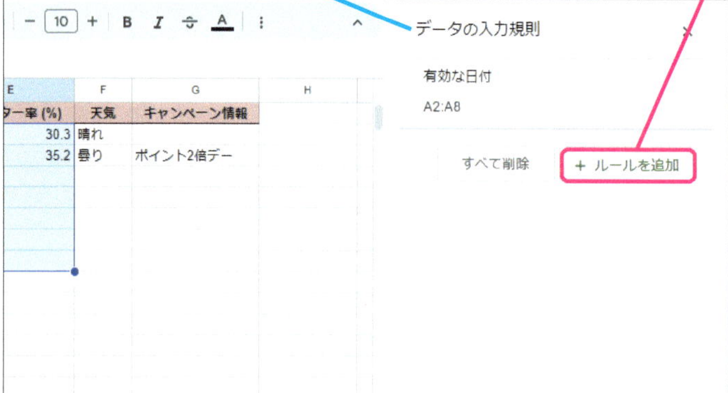

3 [条件] から [以上] を選択

入力規則を設定するセル範囲を変更する場合はここをクリックしてドラッグし直す

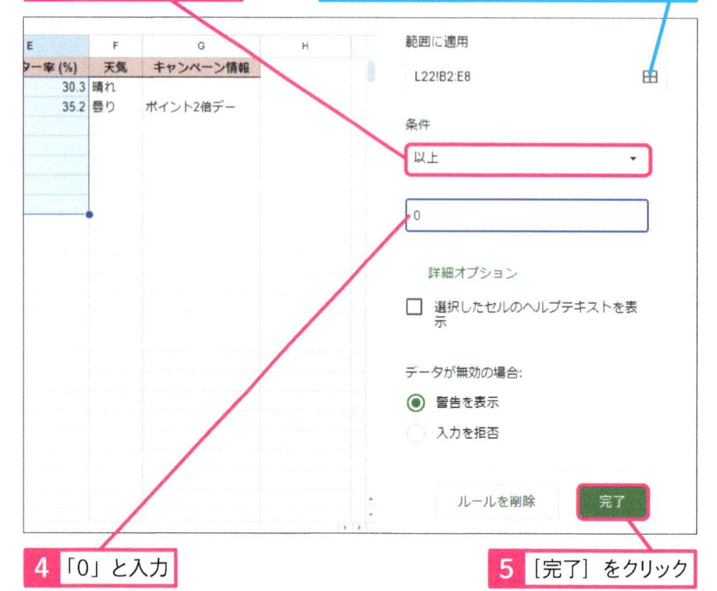

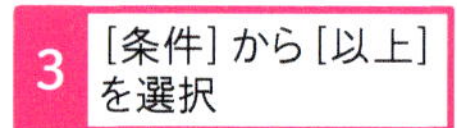

4 「0」と入力

5 [完了] をクリック

使いこなしのヒント

入力を拒否したときのメッセージを変更するには

85ページの使いこなしのヒントのように [入力を拒否] を設定すると、規則以外のデータを入力したときにダイアログボックスが表示されます。このダイアログボックスに表示するメッセージを任意に変更できます。

1 ここをクリックしてチェックマークを付ける

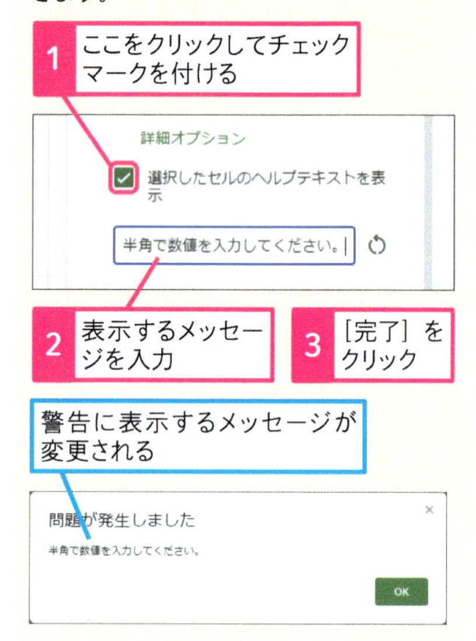

2 表示するメッセージを入力

3 [完了] をクリック

警告に表示するメッセージが変更される

使いこなしのヒント

表示形式も活用しよう

セルの表示形式に [カスタム数値形式] (レッスン09参照) を設定して、データの入力をサポートすることもできます。例えば、郵便番号を入力するセルの表示形式を「000-0000」と設定しておけば、「1010051」のように数字を連続して入力しても「101-0051」と表示されます。

セルの表示形式を設定しておくとスムーズに入力できる

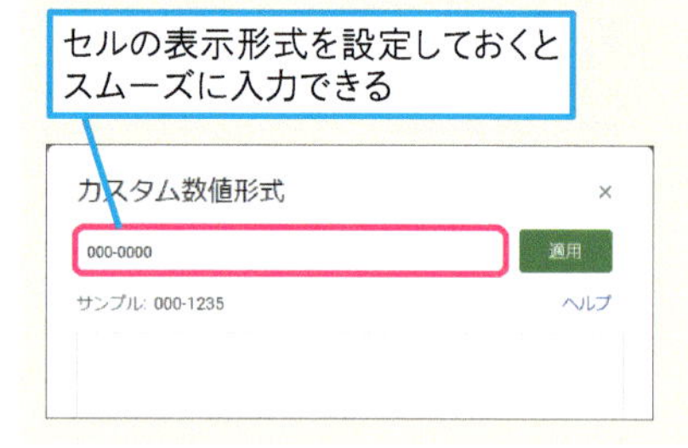

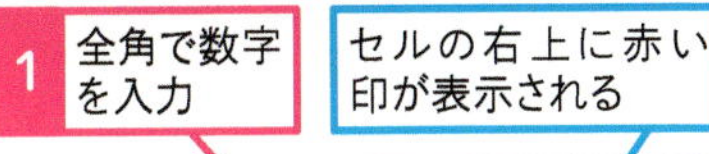

4 数値の入力規則を確認する

1 全角で数字を入力

セルの右上に赤い印が表示される

	A	B	C	D	E	F
1	日付	訪問者数 (人)	売上 (円)	平均購入金額 (円)	リピーター率 (%)	天気
2	2024/06/01	214	2,244,800	10,490	30.3	晴れ
3	2024/06/02	253	3,476,750	13,742	35.2	曇り
4	2024/06/03	３１２				
5						
6						

2 赤い印の付いたセルを選択

メッセージが表示される

削除して半角の数字を入力し直しておく

	A	B	C	D	E	F
1	日付	訪問者数 (人)	売上 (円)	平均購入金額 (円)	リピーター率 (%)	天気
2	2024/06/01	214	2,244,800	10,490	30.3	晴れ
3	2024/06/02	253	3,476,750	13,742	35.2	曇り
4	2024/06/03	３１２				
5						
6						
7						
8						

無効:

0 以上の値を入力してください

スキルアップ

半角英数字と半角記号に入力を制限するには

入力規則の条件として［カスタム数式］を利用すると、半角英数字と半角記号に入力を制限することもできます。REGEMATCH関数に正規表現を指定します。「^[!-~]*$」は半角英数字と半角記号を表す正規表現です（レッスン67参照）。正規表現と数値を比較した場合は不一致となるため、以下の入力例では、TO_TEXT（トゥテキスト）関数を使って文字列に変換しています。

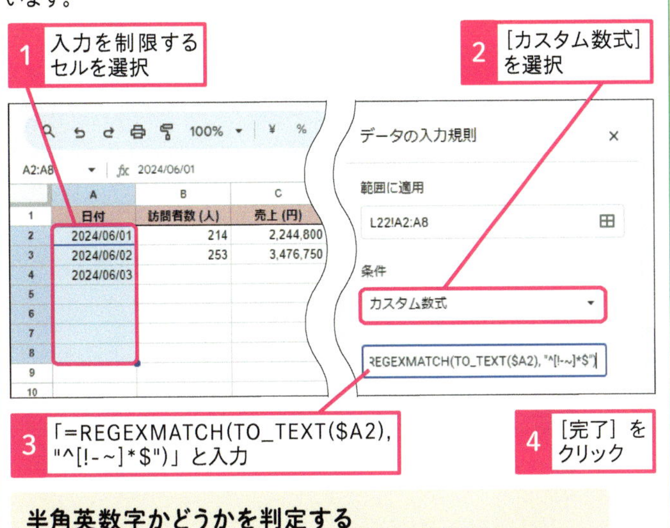

半角英数字かどうかを判定する

=REGEXMATCH(TO_TEXT($A2), "^[!-~]*$")

使いこなしのヒント

入力するデータの説明には［メモ］の機能が便利

セルに［メモ］（レッスン30参照）を挿入して、データ入力時の説明を残すこともできます。セルを選択して［挿入］-［メモ］と選択して挿入できます。

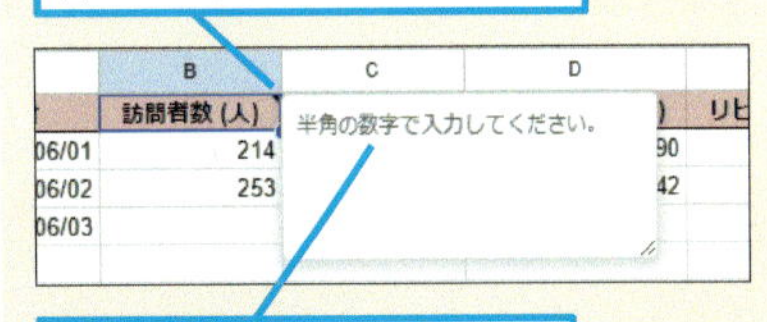

使いこなしのヒント

入力規則を削除するには

［データ］-［データの入力規則］の順にクリックすると、シートに設定済みの［データの入力規則］が表示されます。削除したい入力規則を選択して［ルールを削除］をクリックします（79ページ参照）。

まとめ データ入力時の間違いを減らそう

セルに入力できるデータを制限しておくと、入力時の間違いに気づきやすくなります。［メモ］を使った案内も便利です。なお、オプションから、規則以外のデータの入力を拒否できますが、多用はおすすめしません。入力ミスのたびにメッセージが表示されては、作業が滞ってしまいます。入力規則は入力をサポートする機能として利用しましょう。

レッスン
23 表をテーブルに変換するには

テーブルに変換

練習用ファイル ［L23］シート

表をテーブルに変換すると、データベースとして扱えるようになります。列単位でプルダウンやチェックボックスへ簡単に切り替えることもできます。優先度やカテゴリーごとなど、グループ化した並べ替えができるのもテーブルの特徴です。

キーワード

数値	P.248
テーブル	P.249

表をデータベースとして扱えるようにする

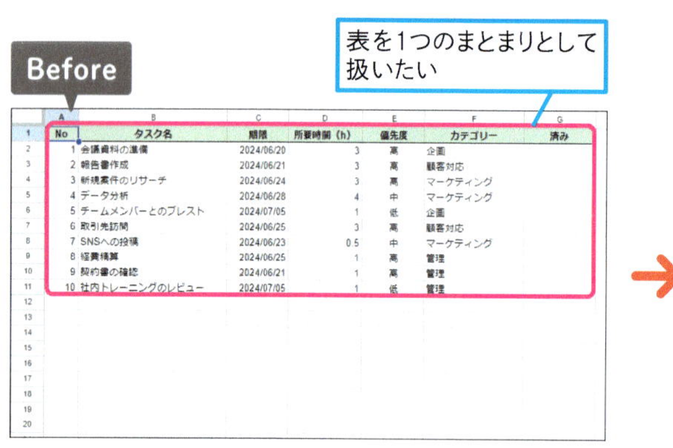

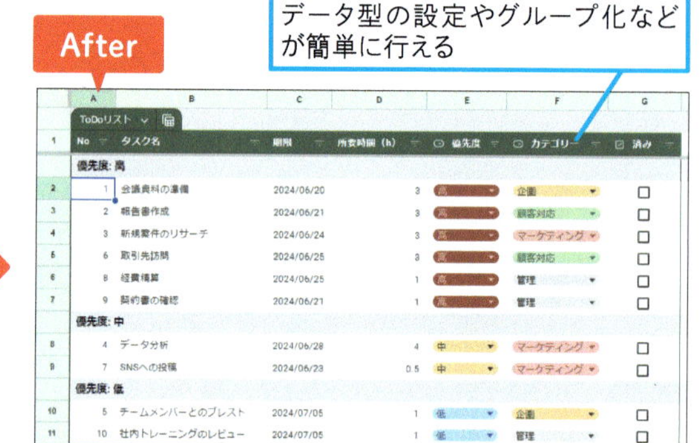

1 表をテーブルに変換する

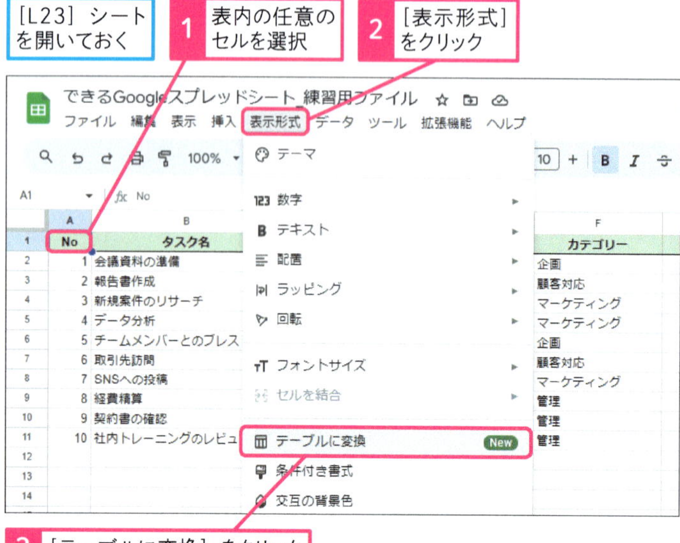

用語解説
テーブル

表をデータベースとして扱えるようにするための機能です。フィルターが自動的に設定されるほか、プルダウンやチェックボックスへの切り替えも簡単です。テーブル内のセルを参照するときは、テーブル名と列名を組み合わせた構造化参照が利用できるようになります。

● 表がテーブルに変換された

フィルターや背景色が自動的に設定される

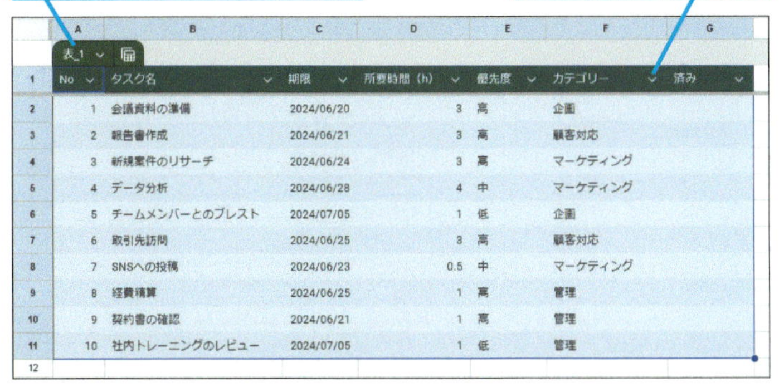

No	タスク名	期限	所要時間（h）	優先度	カテゴリー	済み
1	会議資料の準備	2024/06/20	3	高	企画	
2	報告書作成	2024/06/21	3	高	顧客対応	
3	新規案件のリサーチ	2024/06/24	3	高	マーケティング	
4	データ分析	2024/06/28	4	中	マーケティング	
5	チームメンバーとのブレスト	2024/07/05	1	低	企画	
6	取引先訪問	2024/06/25	3	高	顧客対応	
7	SNSへの投稿	2024/06/23	0.5	中	マーケティング	
8	経費精算	2024/06/25	1	高	管理	
9	契約書の確認	2024/06/21	1	高	管理	
10	社内トレーニングのレビュー	2024/07/05	1	低	管理	

2 テーブルの名前を変更する

1 タブのテーブル名をクリック　2 Back space キーを押して削除

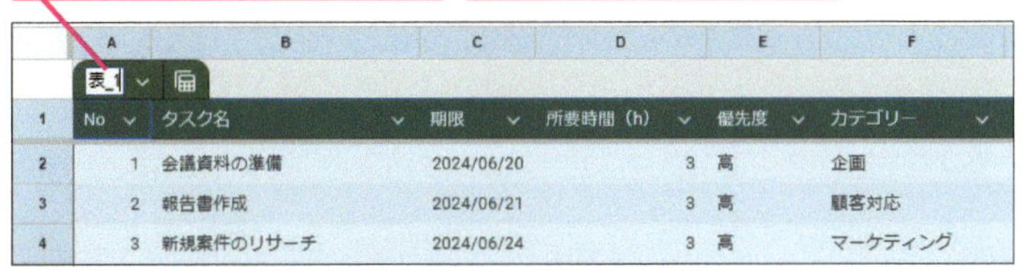

3 テーブル名を入力　4 Enter キーを押す

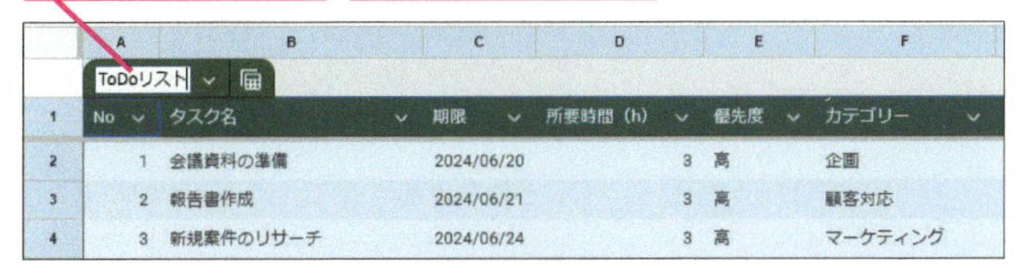

3 列の型を［プルダウン］に変更する

1 ［優先度］列のここをクリック

2 ［列の型を編集する］にマウスポインターを合わせる

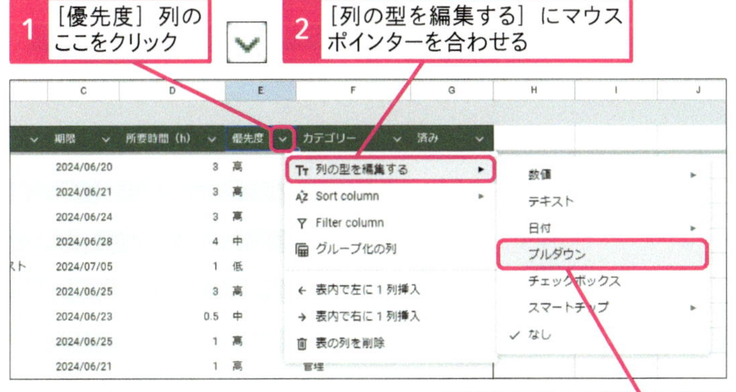

3 ［プルダウン］をクリック

使いこなしのヒント

1つのファイルに同じ名前のテーブルは作成できない

テーブルは、ファイル中における唯一のまとまりとして扱われるため、同じ名前は付けられません。名前を変更せずにテーブルを追加すると、自動的に「表_2」という名前が付きます。また、同一の名前に変更しようとするとエラーメッセージが表示されます。

自動的に「表_1」という名前が付く

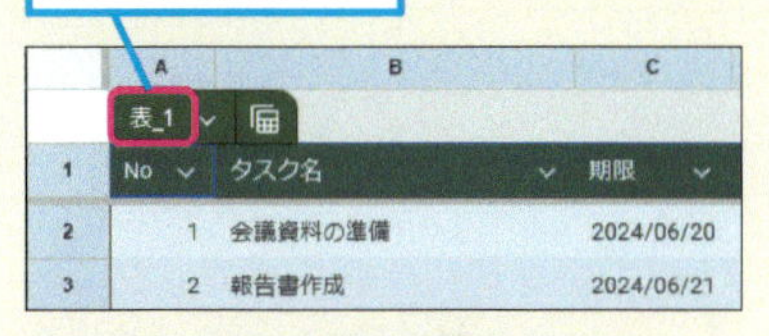

追加したテーブルには自動的に「表_2」という名前が付く

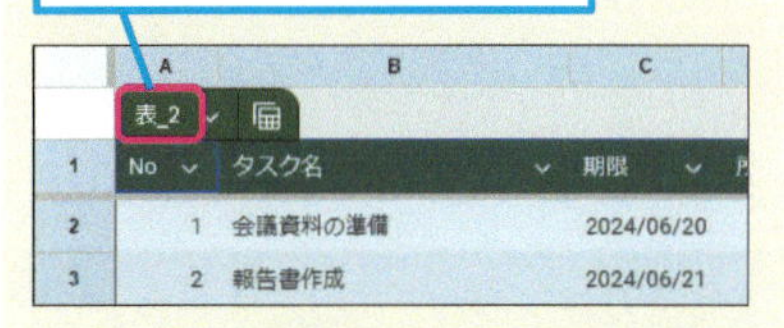

使いこなしのヒント

テーブル名を利用した数式の記述方法

数式からテーブル中のセル範囲を参照すると「=SUM(ToDoリスト[所要時間（h）])」のような表記に切り替わります。これは構造化参照と呼ばれる参照方式です。[ToDoリスト］テーブルの［所要時間（h)］列を指します。行が増減しても数式を変更する必要がなくなります。

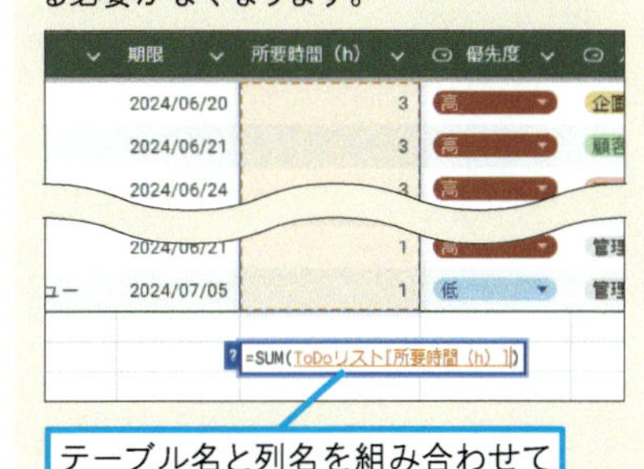

テーブル名と列名を組み合わせて引数に指定できる

次のページに続く

● 列の型が変更された

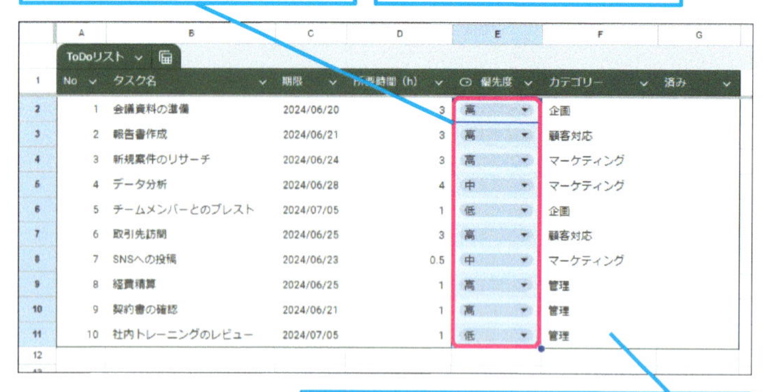

4 列の型を［チェックボックス］に変更する

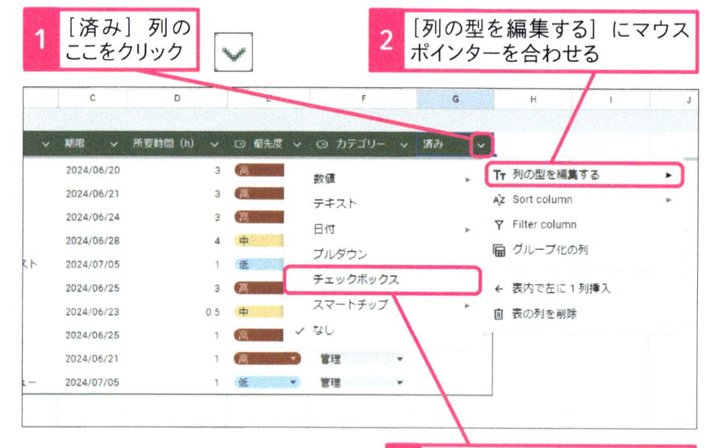

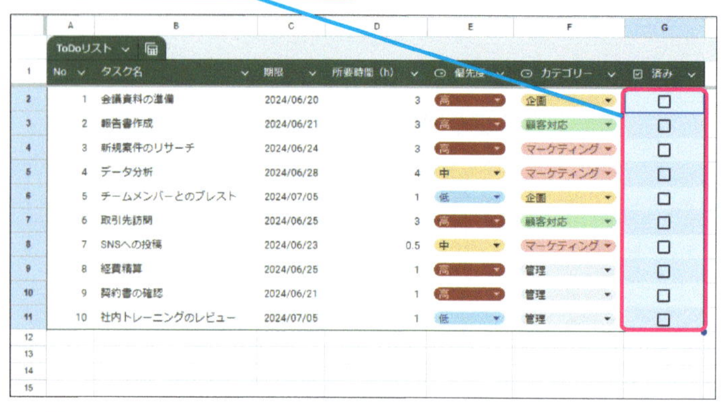

使いこなしのヒント

列の型を簡単に変更できる

テーブルに変換後は、列の型を簡単に変更することができます。例えば、［日付］や［数値］に設定しておくと、型に一致しないデータが入力されたときにメッセージが表示されます。

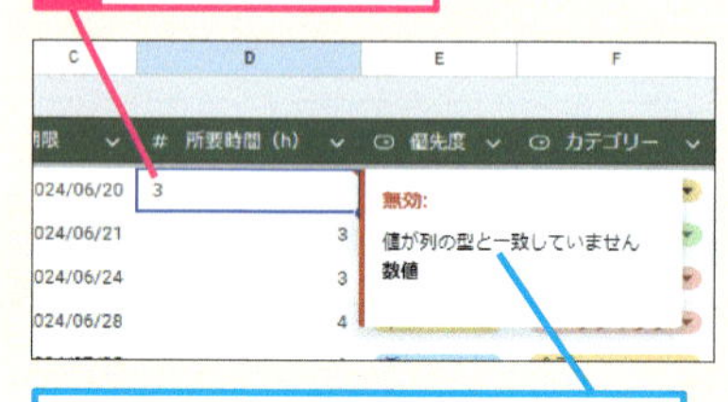

使いこなしのヒント

データを追加するとテーブルの範囲は広がる

データを追加すると、テーブルの範囲は自動的に広がり、削除すれば縮まります。数式では構造化参照も使えるため、テーブルは参照元になるマスタデータの管理などに向いています。

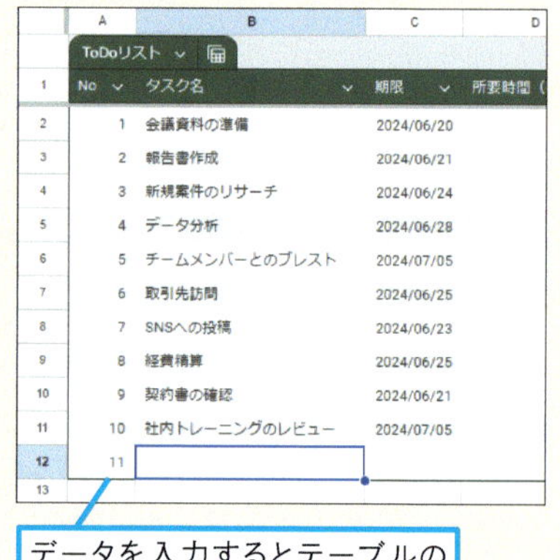

5 グループビューに切り替える

使いこなしのヒント

テーブルを解除するには

テーブル名の右側にある［表］メニューにある［表形式でないデータに戻す］からテーブルを解除できます。すぐ下の［表を削除］をクリックしないように注意してください。なお、セルの背景色もクリアされることを覚えておきましょう。

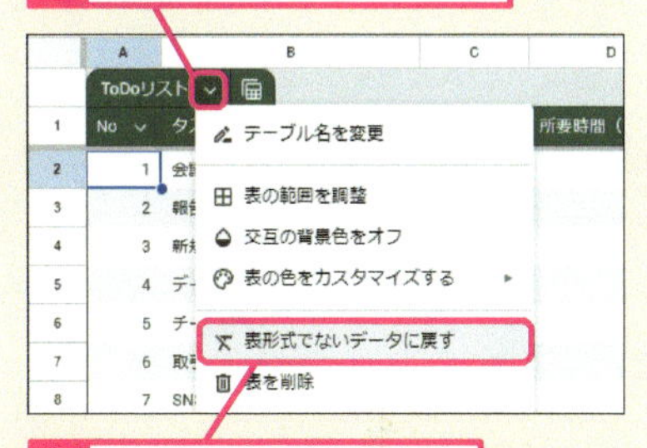

スキルアップ

ビューを保存してすばやく切り替える

テーブルのメリットの1つに、グループ単位での並べ替えがあります。操作5でビューに名前を付けて保存しておくと、［表示］（）をクリックして表示される一覧から表示をすばやく切り替えられます。

まとめ 見た目と機能の両方が手軽に整う

テーブルに変換後は、見出しや背景色が自動的に設定され、フィルターも追加されます。見た目だけでなく、テーブル内のセルを参照するときの「ToDoリスト[所要時間（h）]」のような構造化参照が利用できるようになります。列の型による入力制限のほか、優先度やカテゴリーごとなどでグループ化した並べ替えは、テーブルならではの機能です。

レッスン

24 複合グラフを作成するには

複合グラフ

練習用ファイル [L24] シート

単位や種類の異なる2つの情報を1つのグラフで表現したいときには、複合グラフを利用します。2つのデータの関連性を把握できるメリットもあります。ここでは、棒グラフと折れ線グラフを組み合わせた一般的な複合グラフを作成してみましょう。

キーワード

系列 P.248
凡例 P.249

左右に目盛りのある複合グラフを作成する

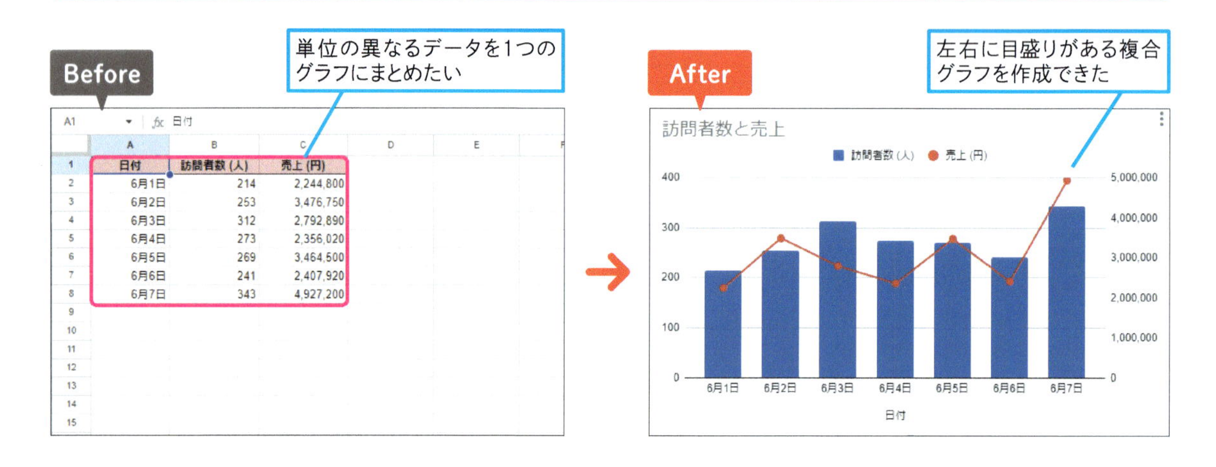

日付	訪問者数(人)	売上(円)
6月1日	214	2,244,800
6月2日	253	3,476,750
6月3日	312	2,792,890
6月4日	273	2,356,020
6月5日	269	3,464,500
6月6日	241	2,407,920
6月7日	343	4,927,200

1 複合グラフを作成する

[L24] シートを開いておく

日付ごとの訪問者数と売上を組み合わせたグラフを作成する

セルA1～C8をドラッグして選択しておく

1 [挿入] をクリック

2 [グラフ] をクリック

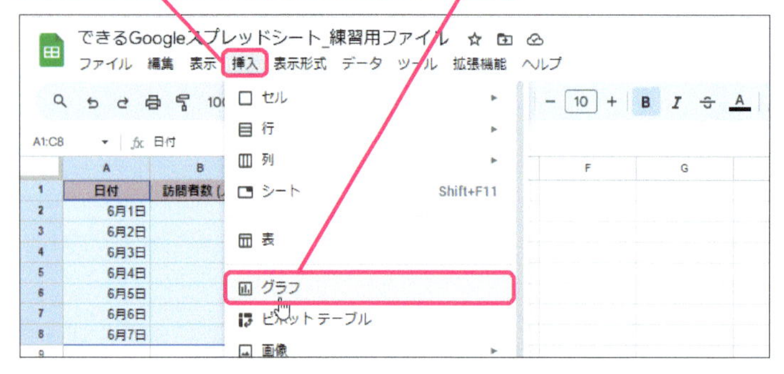

時短ワザ

ツールバーも使おう

手順1では［挿入］-［グラフ］とメニューから操作していますが、広い画面で操作している場合は、セル範囲を選択後にツールバーにある［グラフを挿入］からすばやくグラフを作成できます。

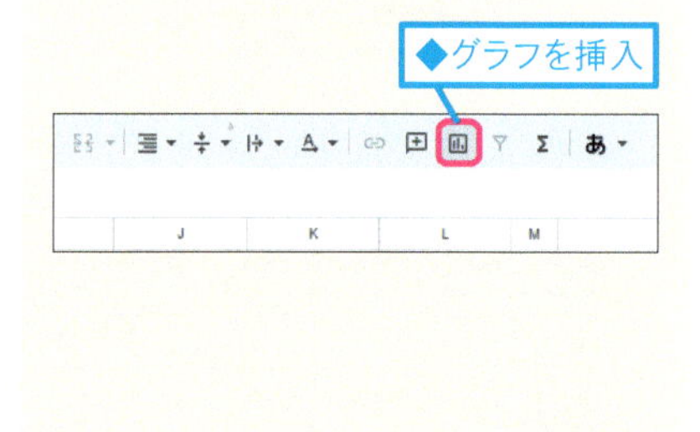

2 系列の設定を変更する

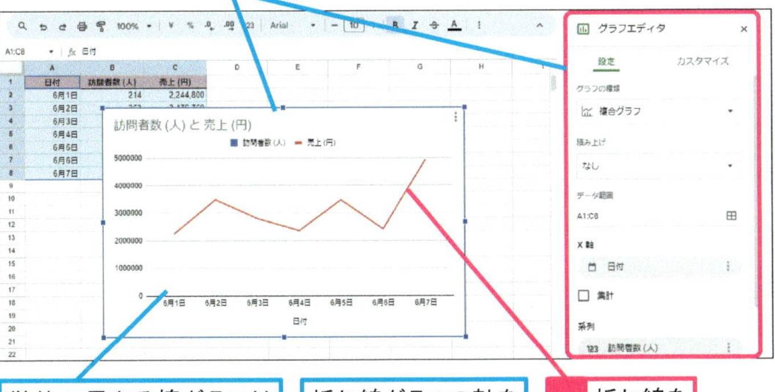

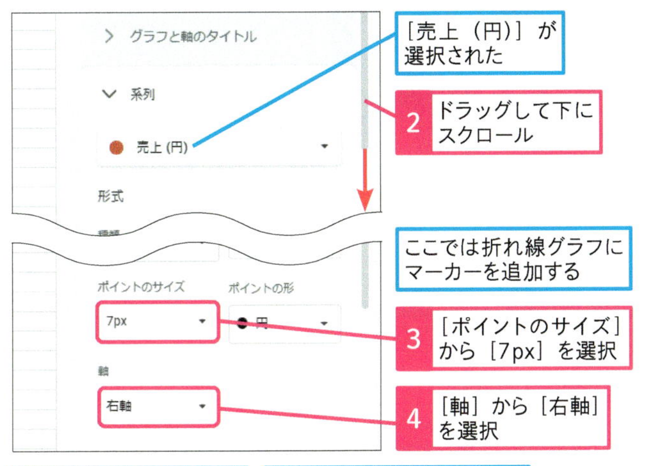

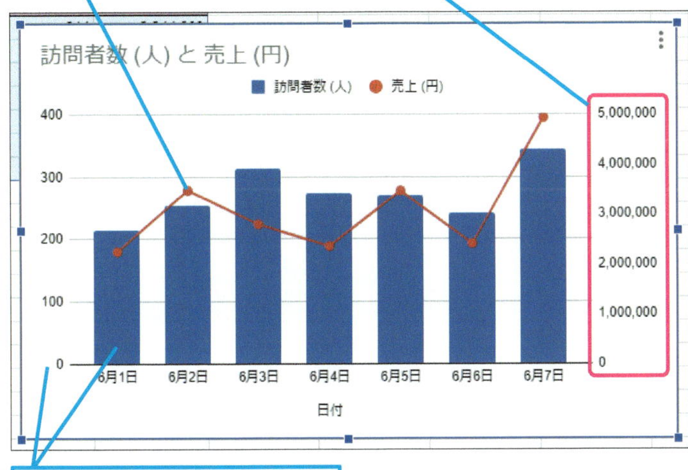

使いこなしのヒント

［複合グラフ］が選択されないときは

データによっては、手順1のように操作すると［縦棒グラフ］などが選択されることがあります。その場合は［グラフの種類］から［複合グラフ］を選択してください。

ここに注意

任意のセルをクリックすると、画面右側の［グラフエディタ］が閉じてしまいます。グラフの何もないところをダブルクリックして再表示できます。

使いこなしのヒント

グラフを削除するには

選択するセル範囲を間違えた場合などはグラフを削除して作成し直したほうが効率的です。グラフをクリックして、Delete キーを押して削除しましょう。

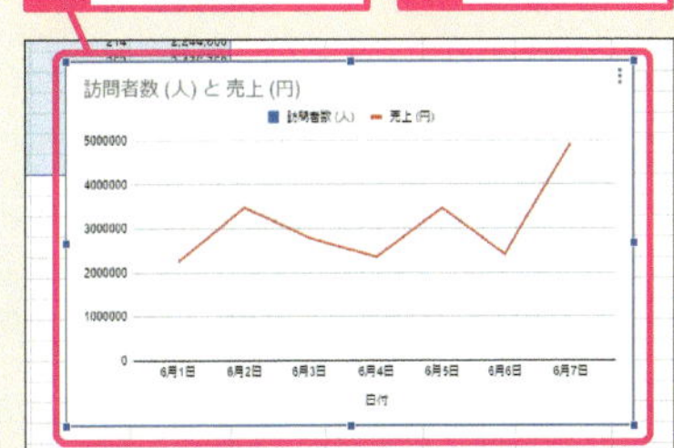

次のページに続く

3 グラフのタイトルを変更する

1 グラフのタイトルをクリック

2 グラフのタイトルを入力

4 凡例の位置を変更する

ここでは横軸のタイトルを削除して凡例をグラフの下に配置する

1 横軸のタイトルをクリック

2 Delete キーを押す

横軸のタイトルが削除される

3 凡例をクリック

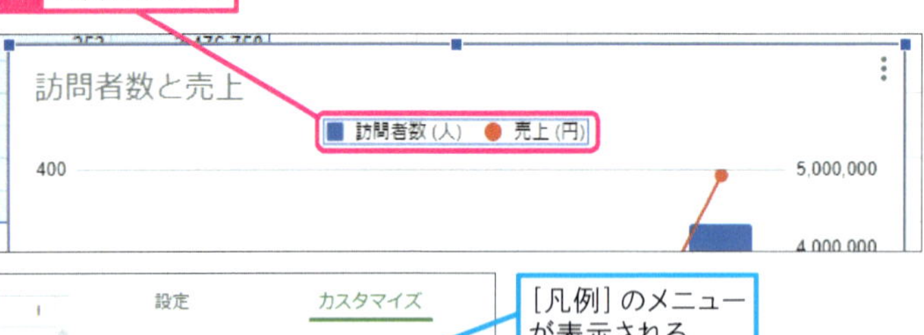

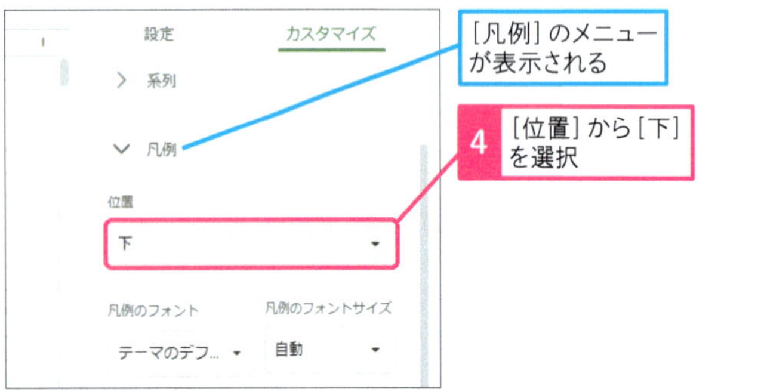

[凡例] のメニューが表示される

4 [位置] から [下] を選択

凡例がグラフの下に移動した

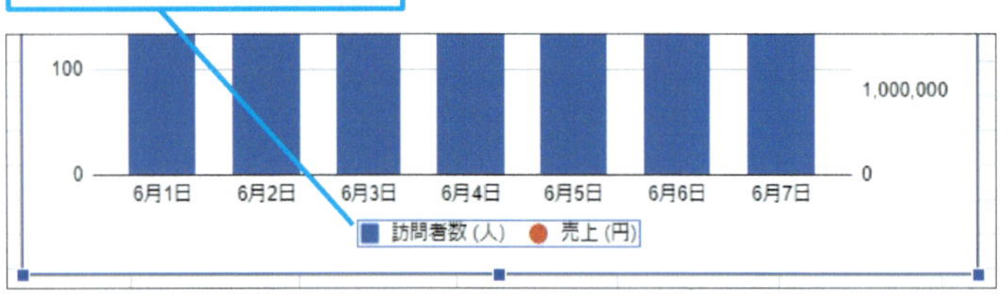

時短ワザ

グラフの右クリックからすばやく設定を変更できる

軸のタイトルや凡例などのグラフ要素は、グラフの何もないところをダブルクリックして、マウスポインターを合わせると選択できますが、グラフを右クリックして表示されるメニューからすばやく選択することもできます。

1 グラフを右クリック

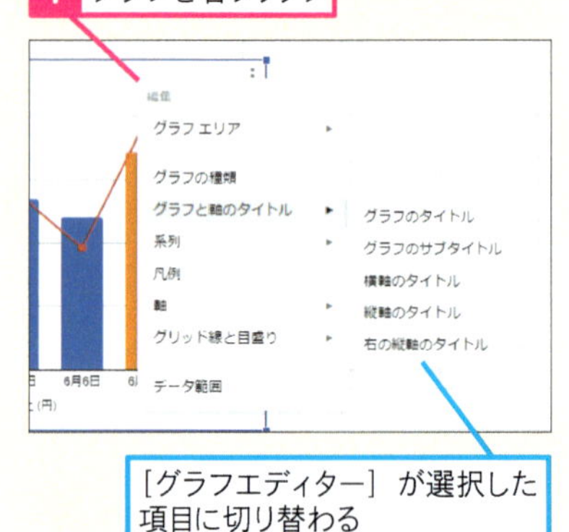

[グラフエディター] が選択した項目に切り替わる

使いこなしのヒント

グラフを画像として保存できる

作成したグラフを画像ファイルとしてダウンロードできます。グラフを選択して右上の [⋮] から操作します。

1 [⋮] をクリック

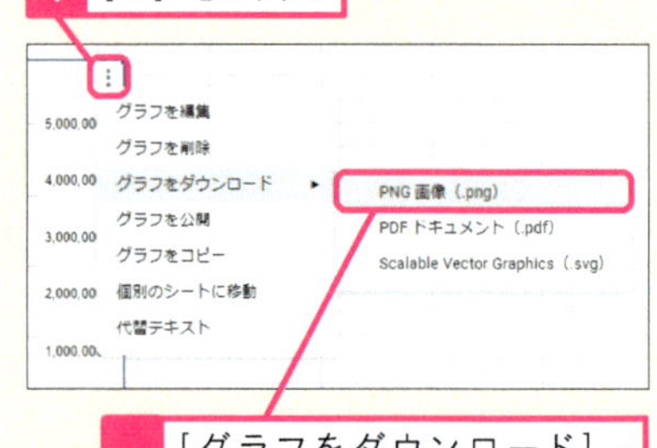

2 [グラフをダウンロード] - [PNG画像 (.png)] を選択

5 棒グラフの1本だけ色を変更する

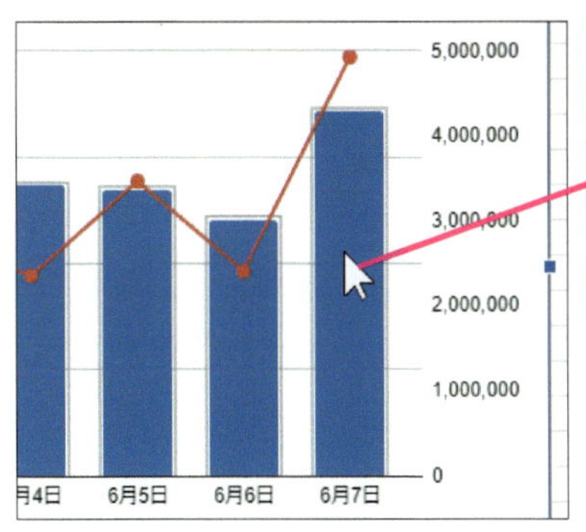

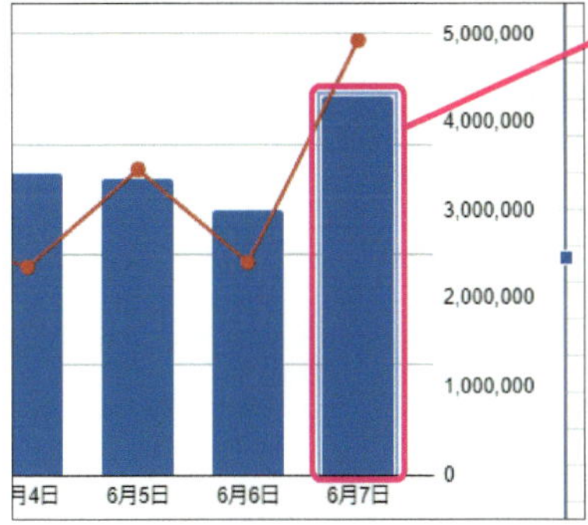

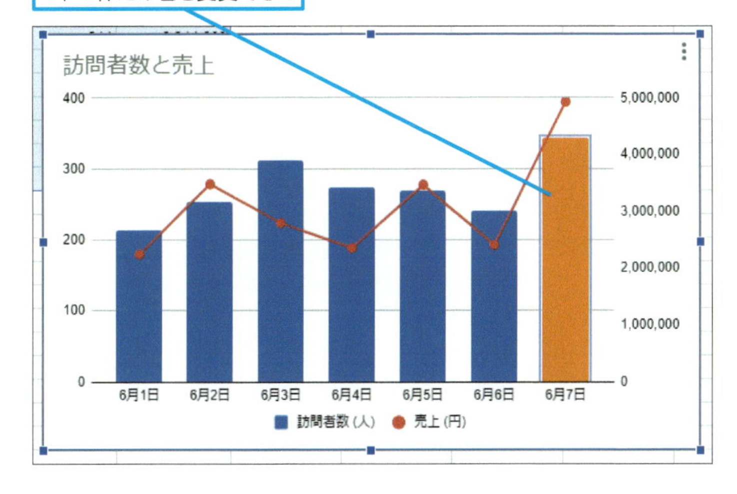

使いこなしのヒント

棒グラフの1本をうまく選択でないときは

グラフの選択を解除してしまったときなど、棒グラフの1本をうまく選択できないことがあります。右クリックから棒グラフの系列を選択して、棒をゆっくり2回クリックしてみましょう。

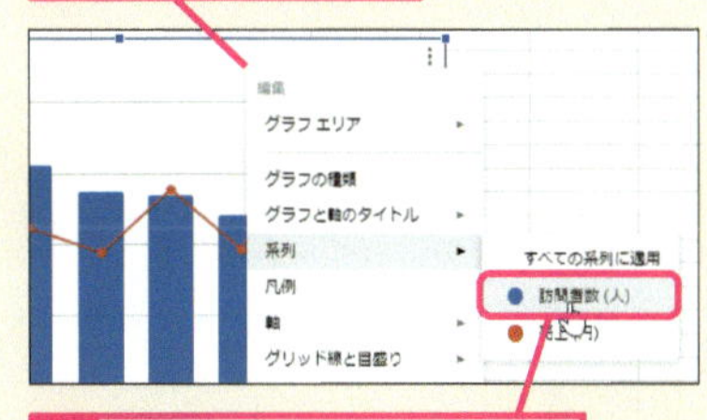

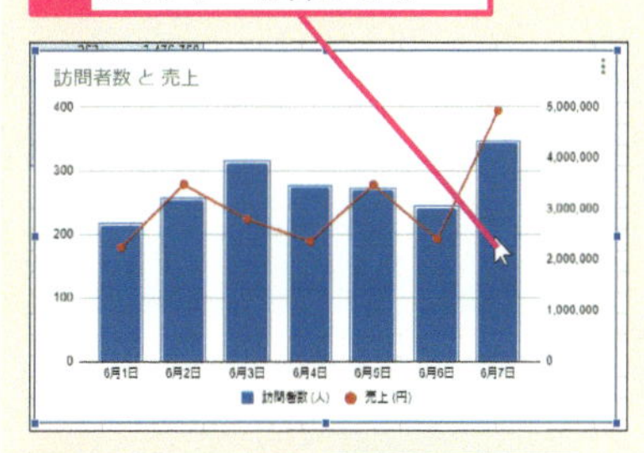

まとめ 系列の1つを右軸に変更する

単位の異なる2つのデータでグラフを作成するときに同じ軸でデータを表示すると、値の小さい系列は見えなくなってしまいます。そこで、系列の1つを右軸に変更するわけです。折れ線グラフのマーカーや棒グラフの1本を強調する工夫に加えて、目盛りの間隔を調整したり、補助目盛りを追加したりすると、グラフがより見やすくなります（レッスン16参照）。

レッスン

25 図形を挿入するには

図形描画

練習用ファイル [L25] シート

図形の挿入方法を覚えておきましょう。ここでは、強調した棒グラフの1本に説明用の「吹き出し」を重ねてみます。四角形や円、矢印、線などの一般的な図形のほか、テキストボックスも［図形描画］画面から挿入します。

キーワード

図形描画 P.248

任意の図形を挿入する

Before

ワンポイントとして吹き出しの図形を追加したい

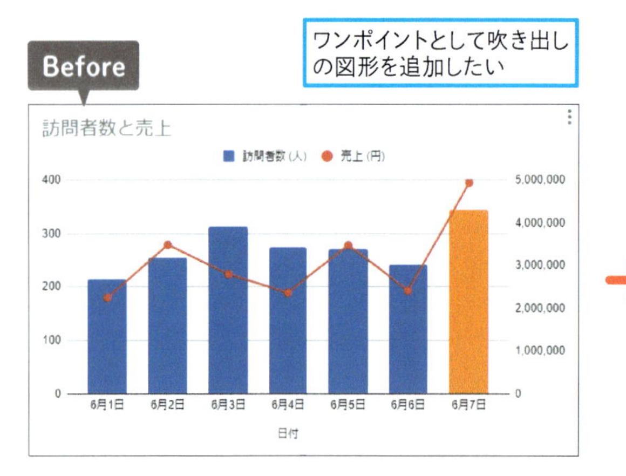

After

吹き出しの図形を追加できた

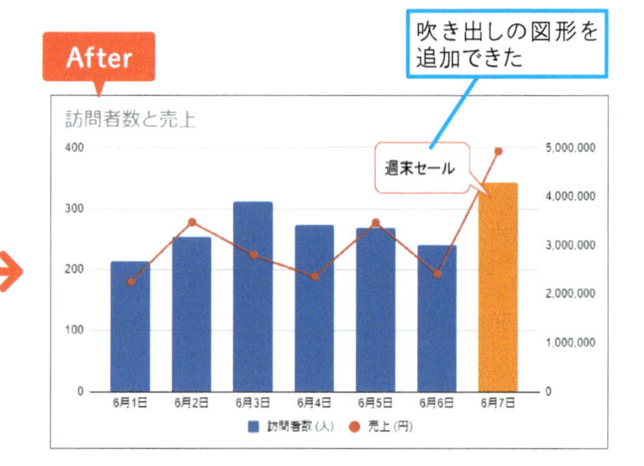

1 図形を作成する

［L25］シートを開いておく

ここでは色を付けたグラフの棒に吹き出しを付ける

1 ［挿入］をクリック

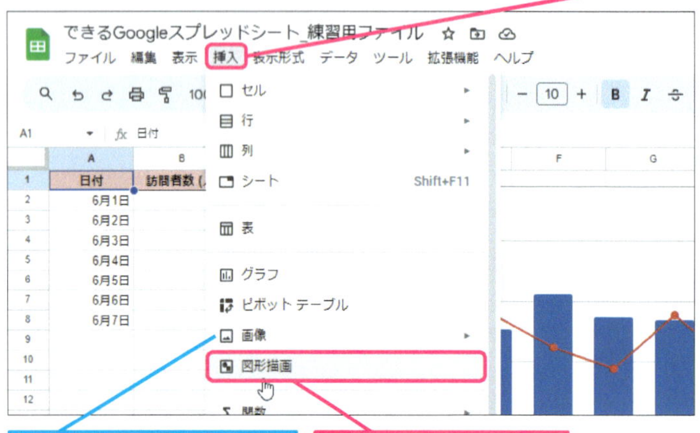

［画像］から画像を挿入できる

2 ［図形描画］をクリック

使いこなしのヒント

テキストボックスも［図形描画］から挿入する

テキストボックスも［図形描画］画面から挿入できます。セル以外の任意の位置に文字列を挿入したいときに便利です。

［テキストボックス］をクリックして挿入する

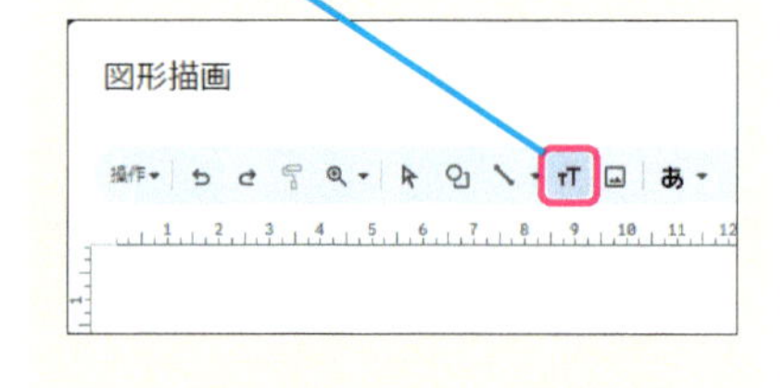

2 挿入する図形を描く

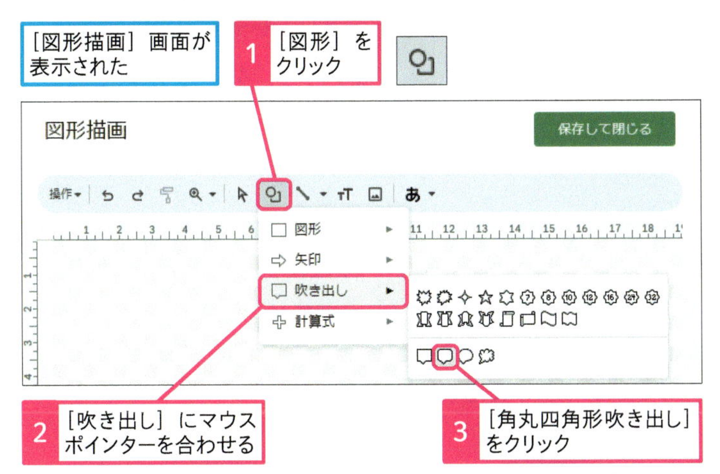

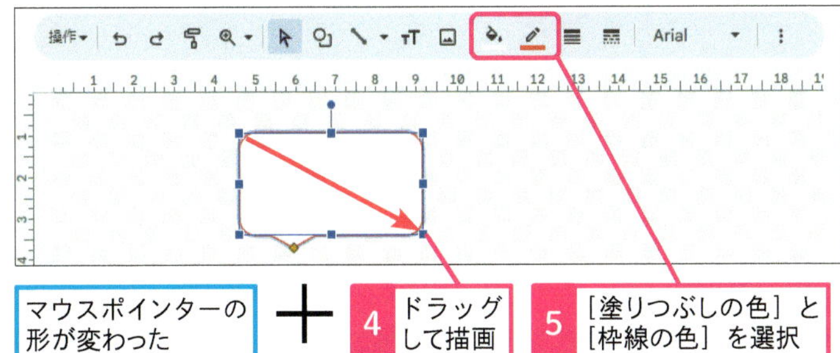

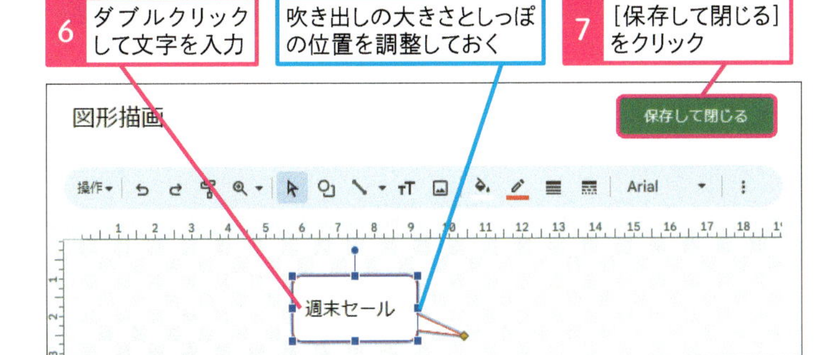

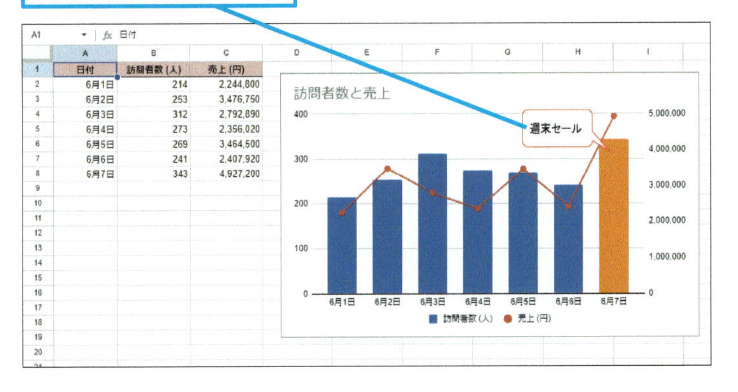

使いこなしのヒント

図形の大きさは［図形描画］画面で調整しておく

図形をシートに挿入した後に文字サイズは変更できないことを覚えておきましょう。シート上で図形の大きさの調整を優先すると文字が変形してしまいます。図形の大きさは［図形描画］画面で整えてから挿入し、シート上では微調整すると考えてください。

使いこなしのヒント

シートに挿入した図形を編集するには

図形を編集するには、挿入した図形をダブルクリックして［図形描画］画面を表示します。

まとめ 図形を描画する方法を覚えておこう

Googleスプレッドシートには、図形を直接挿入するためのメニューはありません。吹き出しのほか、四角形や円、矢印、線などの図形は［図形描画］画面から挿入します。テキストボックスも同様です。なお、手順2の操作6のように図形をダブルクリックして文字を入力しないで、図形とテキストボックスを別々に挿入して重ねると、よりバランス良く仕上がります。

この章のまとめ

表に設定を施すと相手にも自分にも役立つ

プルダウンリストやチェックボックスは、表を使いやすくする仕掛けの代表的なものでしょう。どちらもメニューから選択するだけで簡単に設定できます。条件付き書式に［カスタム数式］を組み合わせるテクニックは少し難しいですが、応用範囲は無限大です。自分がデータを入力するときにも重宝する入力規則やテーブルの機能も重要。データの視覚化を助ける図形の描画も必須です。それぞれ、データを活用する機能として覚えておきましょう。

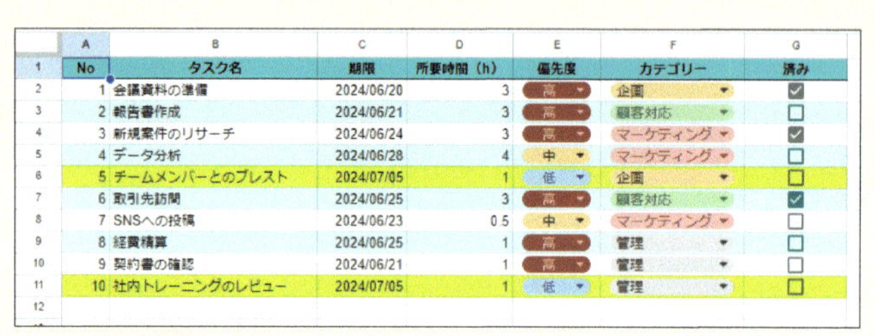

No	タスク名	期限	所要時間（h）	優先度	カテゴリー	済み
1	会議資料の準備	2024/06/20	3	高	企画	☑
2	報告書作成	2024/06/21	3	高	顧客対応	☐
3	新規案件のリサーチ	2024/06/24	3	高	マーケティング	☑
4	データ分析	2024/06/28	4	中	マーケティング	☐
5	チームメンバーとのブレスト	2024/07/05	1	低	企画	☐
6	取引先訪問	2024/06/25	3	高	顧客対応	☑
7	SNSへの投稿	2024/06/23	0.5	中	マーケティング	☐
8	経費精算	2024/06/25	1	高	管理	☐
9	契約書の確認	2024/06/21	1	高	管理	☐
10	社内トレーニングのレビュー	2024/07/05	1	低	管理	☐

データを見せるときに便利なテクニックを覚えておく

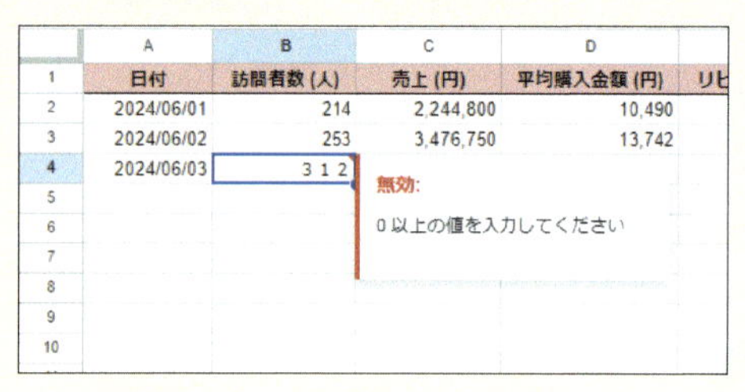

日付	訪問者数 (人)	売上 (円)	平均購入金額 (円)	リヒ
2024/06/01	214	2,244,800	10,490	
2024/06/02	253	3,476,750	13,742	
2024/06/03	3 1 2			

無効:
0 以上の値を入力してください

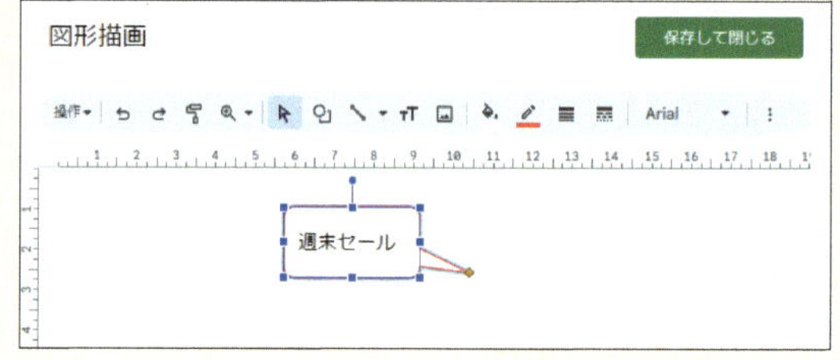

活用編

第5章

ファイルを共有して効率良く作業しよう

Googleスプレッドシートのファイルをほかの人と共有してみましょう。共同作業にはコメントの機能も欠かせません。データの保護や復元の機能も役立ちます。

26	ファイル共有に使う機能を知ろう	100
27	ファイルを共有するには	102
28	複数人で同時に編集するには	106
29	データを保護するには	108
30	コメントを挿入するには	110
31	以前のデータを復元するには	114
32	Excelファイルとして保存するには	116
33	PDFファイルとして保存するには	118

レッスン

26 Introduction この章で学ぶこと ファイル共有に使う機能を知ろう

ファイルの共有に利用する機能を覚えましょう。共有したファイルは複数人で同時に編集できるうえ、コメントを使ったやり取りも可能です。特定のセル範囲の編集を制限する「保護」の機能も便利。GoogleスプレッドシートをExcelファイルやPDFファイルとして保存する方法も紹介します。

複数人で共同作業する

Googleスプレッドシートのリンクを教えてもらったけど、この後どうすればいいんだろう?

タクミ君は自分の権限が何かわかるかな? 編集できるなら[編集者]、ファイルが開けても編集できないなら[閲覧者]だね。

普通にデータを入力できます。ということは[編集者]ですね。

私は編集できませんが、コメントは挿入できるみたいです。

タクミ君にはいっしょに作業してほしいのだろうね。マヤさんは[閲覧者(コメント可)]の権限だから、オブザーバーとしての意見がほしいのではないかな? ファイルを共有する人は、役割に応じた権限を設定しておくことが大切だよ。

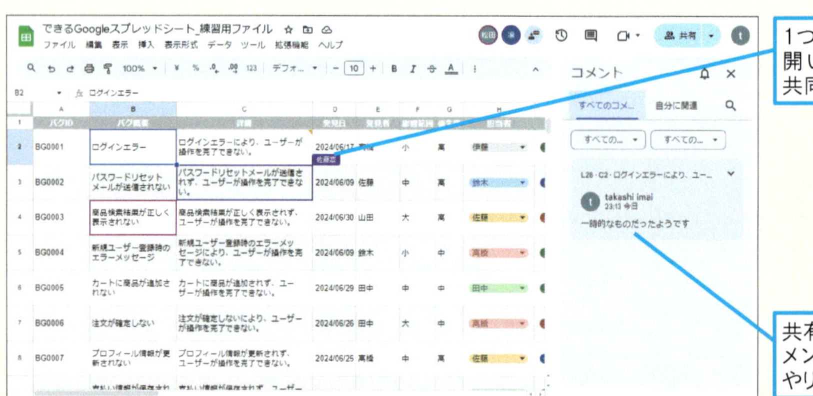

1つのファイルを開いて複数人で共同作業できる

共有相手とは[コメント]を使ったやり取りもできる

データを保護する

いつの間にかデータが書き変わっている!? 困ったな～。

ワークシート全体や特定のセル範囲の編集を制限できる［シートと範囲を保護］の機能を使ってみよう。「版」を保存して、ファイルのバージョンを管理する方法もあるよ。

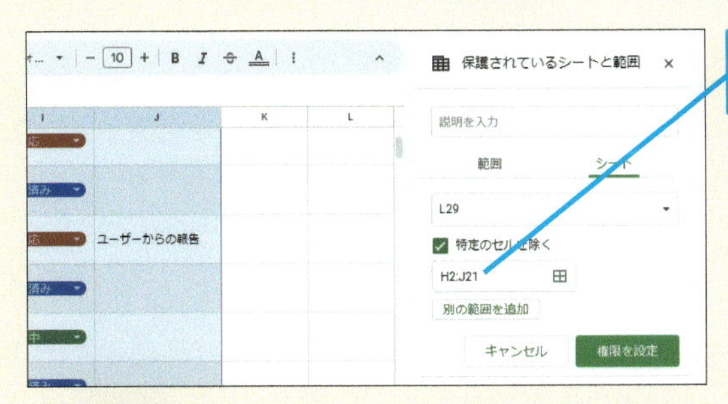

特定のセル範囲の編集を制限できる

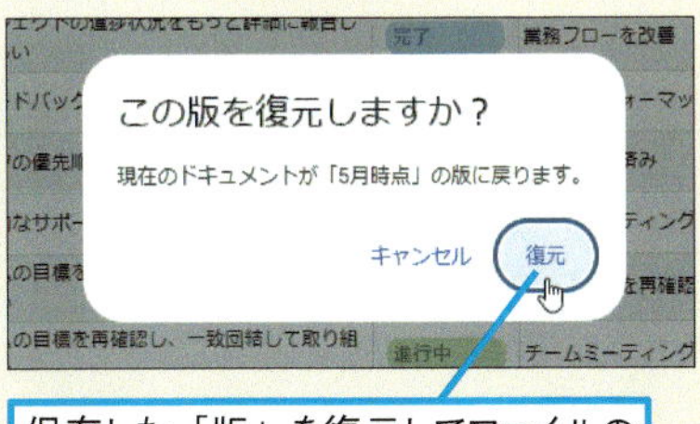

保存した「版」を復元してファイルのバージョンを戻せる

はやく知りたかった……。すぐ試したいです！

ExcelファイルやPDFファイルとして保存する

GoogleスプレッドシートをExcelファイルやPDFファイルとして保存する方法も覚えておこう。必要になったときに見返してもいいね。

GoogleスプレッドシートをExcelファイルとしてダウンロードできる

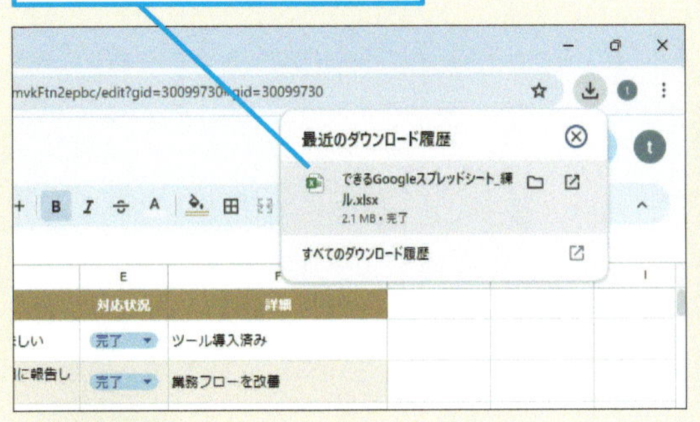

［印刷設定］画面からPDFファイルとして保存できる

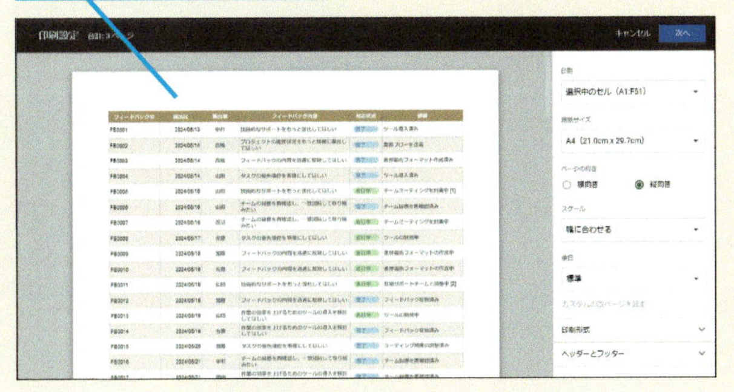

ちょうど、PDFファイルで保存したかったんです。助かります。

レッスン
27 ファイルを共有するには

他のユーザーと共有

練習用ファイル [L27] シート

ファイルを共有して、ほかの人と共同作業できるのが、Googleスプレッドシートの特徴の1つです。ファイルを共有する基本的な操作を覚えておきましょう。

共有リンクを取得する

[L27] シートを開いておく

誰でもファイルを開くことができる共有リンクを取得する

1 [共有] をクリック

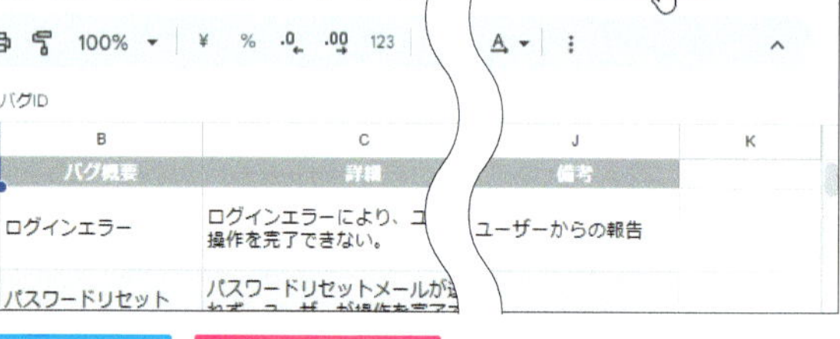

[「(ファイル名)」を共有] 画面が表示された

2 [制限付き] をクリック

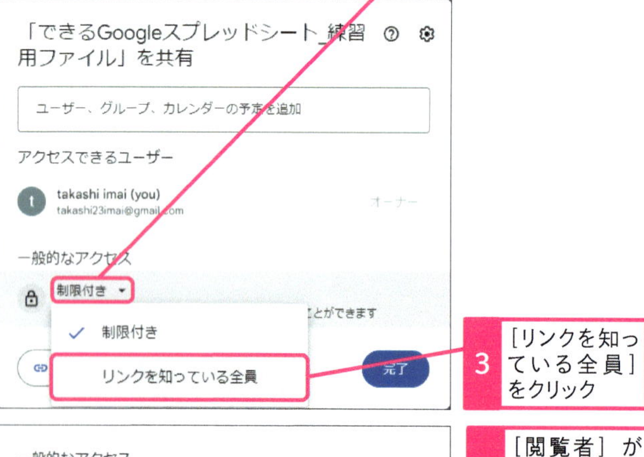

3 [リンクを知っている全員] をクリック

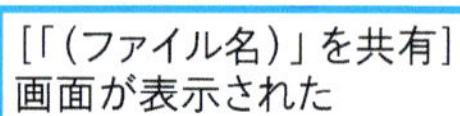

4 [閲覧者] が選択されていることを確認

5 [リンクをコピー] をクリック

「リンクをコピーしました」と表示されるので [完了] をクリックして閉じておく

クリップボードにコピーされたURLを相手と共有する

キーワード

Googleアカウント	P.247
Googleドライブ	P.247
権限	P.248

ここに注意

共有するファイル名が「無題のスプレッドシート」の場合は、ファイル名の変更を促すメッセージが表示されます。そのままでは、ファイルの内容がわからないので、相手も困ってしまいます。わかりやすい名前を付けておきましょう。

使いこなしのヒント
共有相手がGoogleアカウントを持っていないときは

[リンクを知っている全員] は項目名の通り、リンクを知っていれば誰でも開ける状態でファイルが共有されます。共有相手がGoogleアカウントを持っていないときなどに利用します。

使いこなしのヒント
共有相手の権限に注意

[リンクを知っている全員] でファイルを共有するとき、標準で [閲覧者] の権限が選択されます。ファイルの閲覧のみで編集できない権限です。共有相手に編集を許可したい場合は、相手を指定することをおすすめします(103ページ参照)。

相手を指定して共有する

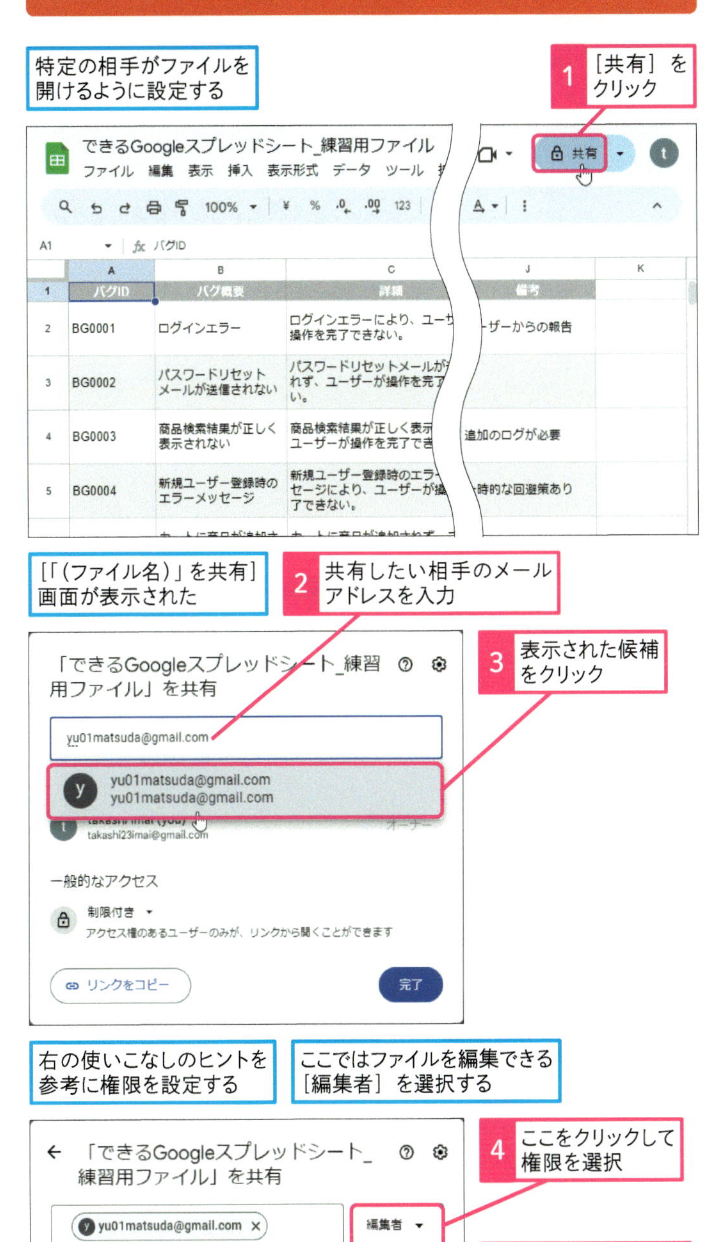

メッセージを入力すると相手に届くメールに記載される

6 ［送信］をクリック

ファイルが共有されて相手にメールが送信される

使いこなしのヒント

共有リンクとの使い分け

［編集者］は、共有相手がファイルを編集できる権限です。［編集者］の権限を与える相手は選びましょう。誰でもアクセスできる共有リンクは［閲覧者］にしておき、特定の相手を［編集者］にするという使い方もできます。

共有リンクは［閲覧者］、特定の相手は［編集者］という設定もできる

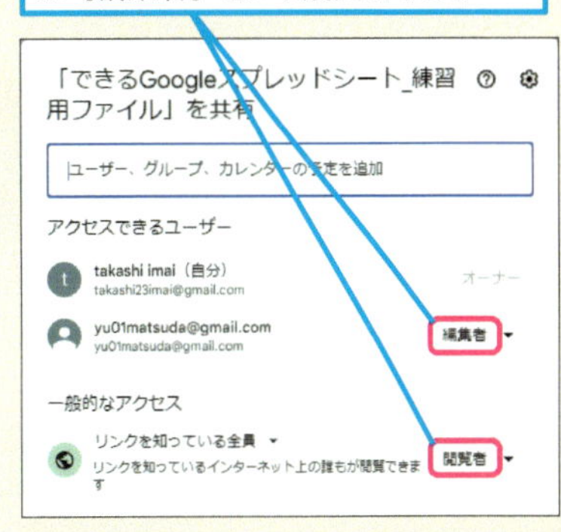

使いこなしのヒント

相手の役割を考えて権限を決めよう

権限は［閲覧者］と［閲覧者（コメント可）］、［編集者］から選択できます。例えば、編集禁止でコメントの追加のみ許可するときは［閲覧者（コメント可）］を選択します。相手の役割を考えて設定してください。

使いこなしのヒント

［通知］のチェックを外すとメールは送信されない

操作5の［通知］にチェックマークを付けない場合、ファイルの共有を通知するメールは相手に届きません。チャットなどでURLを伝えるなら、チェックを付けないまま共有してもいいでしょう。

次のページに続く

共有されたファイルを開く

共有相手からのメールを開いておく

1 サムネイルにマウスポインターを合わせる

2 ［開く］をクリック

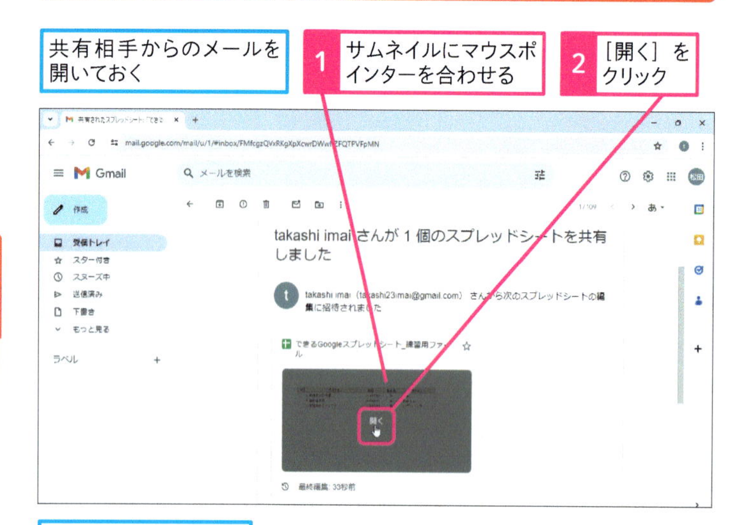

共有されたファイルが新しいタブで開いた

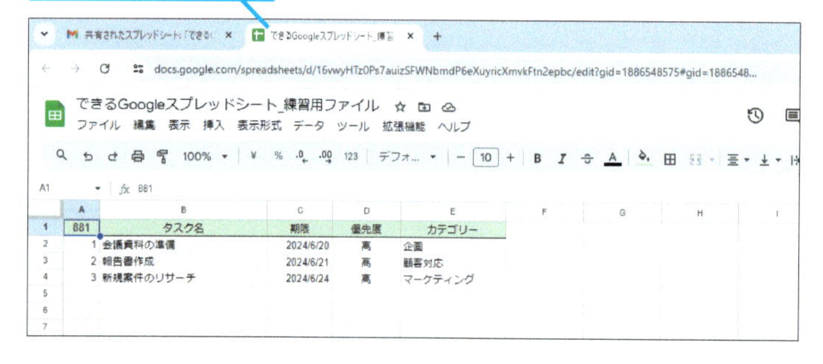

スキルアップ
共有相手の権限変更を禁止する

［編集者］は、別の共有相手の権限変更や共有相手の追加など、標準でファイルの所有者と同等の操作が可能です。不都合がある場合は［設定］画面を表示して設定を変更しておきましょう。［閲覧者］のファイルのダウンロードや印刷を禁止することもできます。

1 ［設定］をクリック

共有相手に許可する操作を変更できる

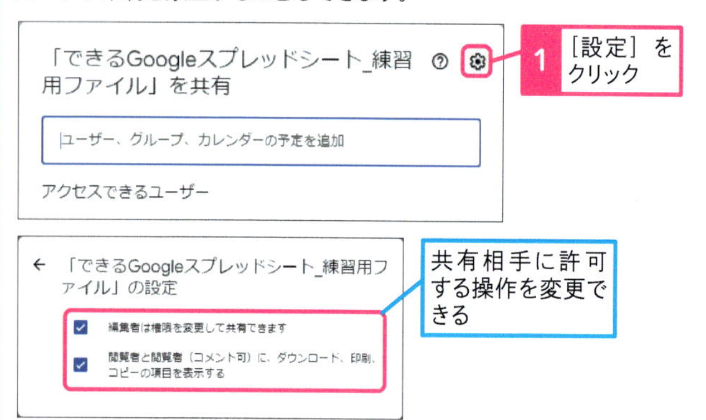

使いこなしのヒント
制限付きの共有ファイルを開くにはGoogleアカウントが必要

103ページの方法で共有されたファイルを開くには、アクセスを許可されたGoogleアカウントが必要になります。ほかの人からリンク先を教えてもらった場合などは、ファイルの所有者に共有のリクエストを送ることができます。

ファイルを開く権限がない場合はこのような画面が表示される

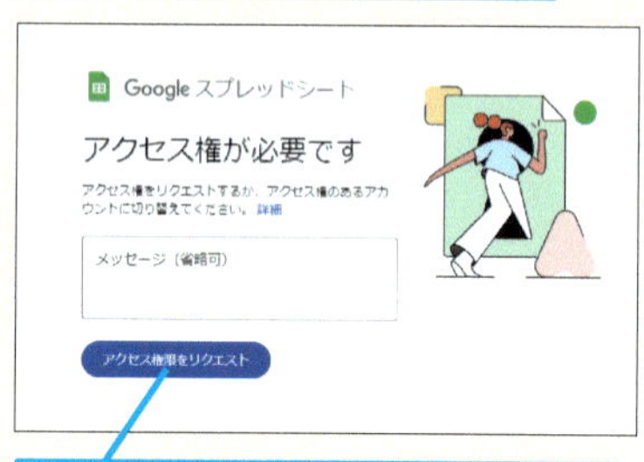

［アクセス権をリクエスト］をクリックしてファイルの所有者に承認してもらう必要がある

使いこなしのヒント
Googleドライブから共有することもできる

以下のように操作して、Googleドライブからファイルを共有することもできます。また、フォルダ単位の共有も可能です。ただし、フォルダを共有した場合は、そのフォルダに含まれるすべてのファイルが共有されることに注意してください。

1 ファイルを選択

2 ［共有］をクリック

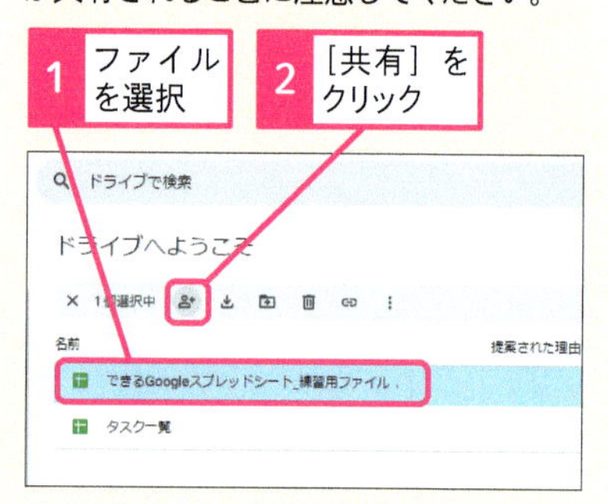

［「（ファイル名）」を共有］画面が表示される

活用編 第5章 ファイルを共有して効率良く作業しよう

共有リンクを無効にする

画面右上の［共有］をクリックして［「(ファイル名)」を共有］画面を表示しておく

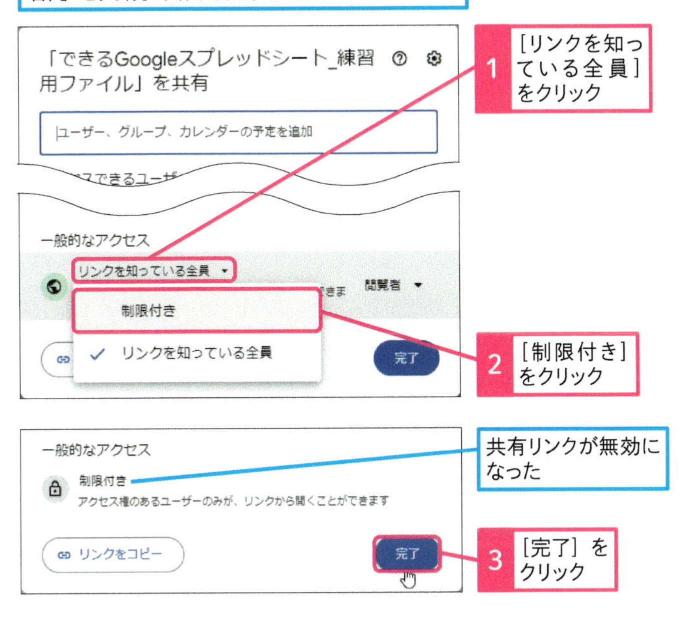

特定の相手との共有を停止する

画面右上の［共有］をクリックして［「(ファイル名)」を共有］画面を表示しておく

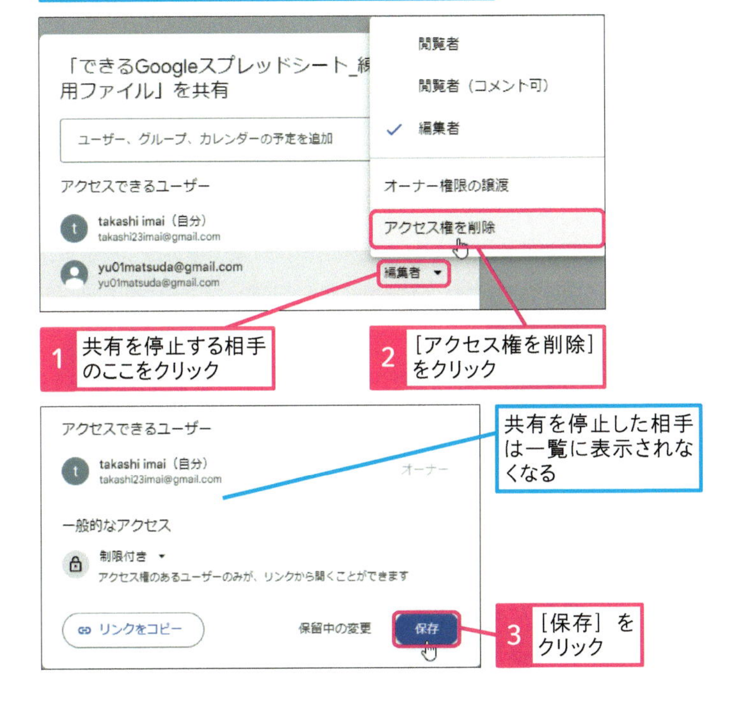

使いこなしのヒント

［共有］のアイコンの意味

ファイルの共有状態は、［共有］ボタンの横に表示されるアイコンで確認できます。共有の必要がないファイルを共有していないか、チェックしておきましょう。

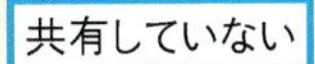

特定の相手と共有している

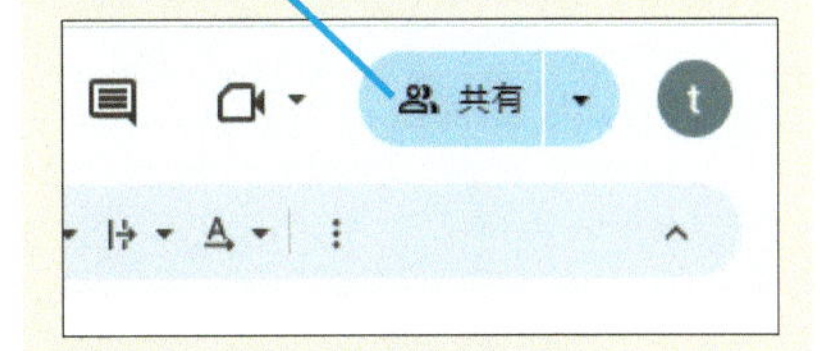

共有リンクを知っていれば誰でもファイルを開ける

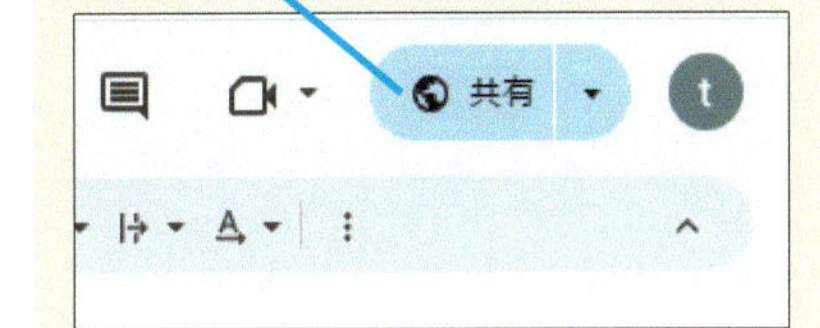

まとめ　公開範囲と相手の権限を正しく設定しよう

ファイルを共有するには、リンクを取得して相手にURLを伝えるだけですが、ファイルの公開範囲と共有相手の権限をよく考えてから設定しましょう。安易に誰もがファイルを見られる状態にすべきではではありません。相手の権限も、その必要性をよく考えてから設定してください。共有する必要がなくなったファイルは、共有を停止する管理も大切です。

レッスン

28 複数人で同時に編集するには

共同編集

練習用ファイル [L28] シート

[編集者] の権限のある人は、共有されたファイルを編集できます。複数の [編集者] が1つの共有ファイルを同時に編集することも可能です。自分と共有相手の操作に混乱しないように、共同作業中の画面を理解しておきましょう。

キーワード

権限 P.248
コメント P.248

共同作業中のGoogleスプレッドシートの画面

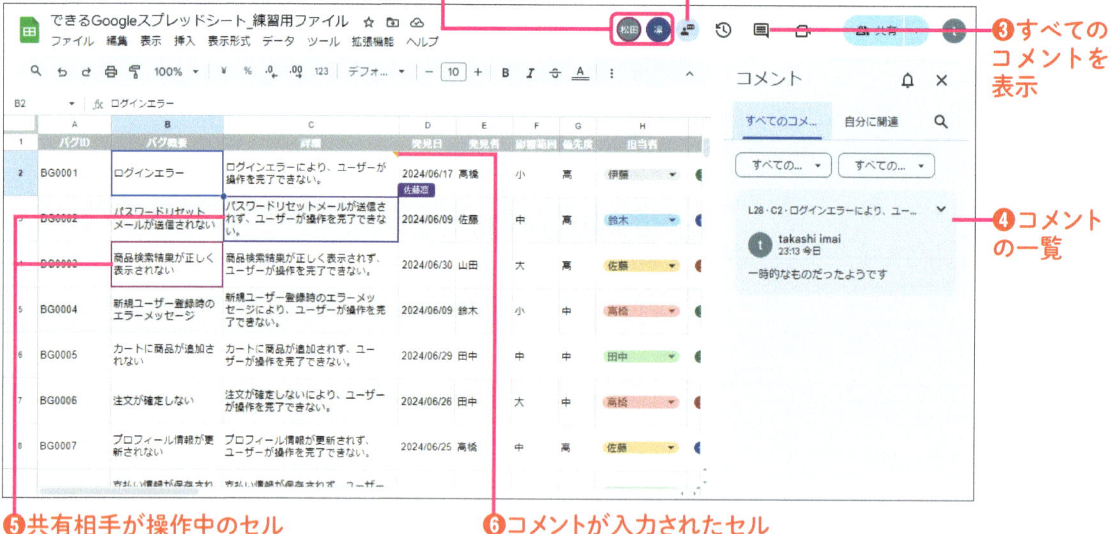

❶共有相手のアイコン

共有ファイルを開いている相手のアイコンが表示されます。

❷チャットを表示／非表示

共同作業している相手とチャットできます。チャットは一時的なものであり、履歴は残りません。

❸すべてのコメントを表示

ファイルに含まれるコメントの一覧の表示・非表示を切り替えられます。

❹コメントの一覧

ファイルに含まれるコメントの一覧です。クリックすると、該当のセルにジャンプします。

❺共有相手が操作中のセル

共有相手が選択しているセルは、紫色や赤色の枠で強調表示されます。マウスポインターを合わせると、相手の名前が表示されます。

❻コメントが入力されたセル

コメントが入力されたセルには、右上にオレンジ色の印が表示されます。セルをクリックして、コメントの内容を確認できます（レッスン30参照）。

複数人で同時に編集する

複数人で同時に編集している

自分はセルC2を選択しているが何も操作していない

1 共有相手がセルの内容を編集

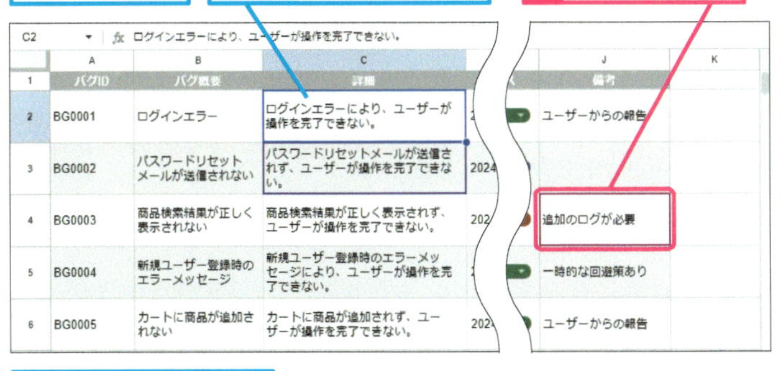

共有相手の編集内容が反映された

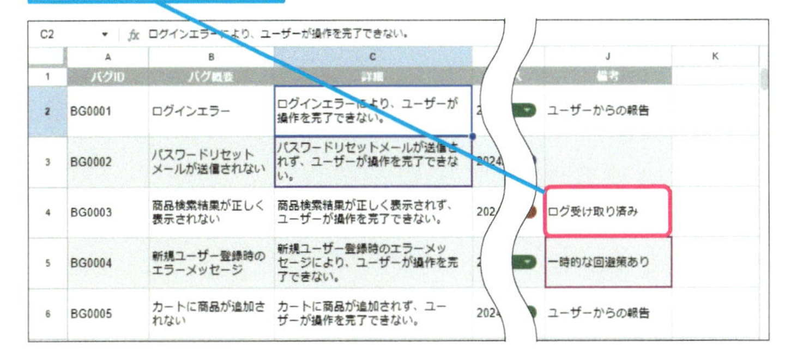

共有相手を確認する

1 共有相手が操作しているセルにマウスポインターを合わせる

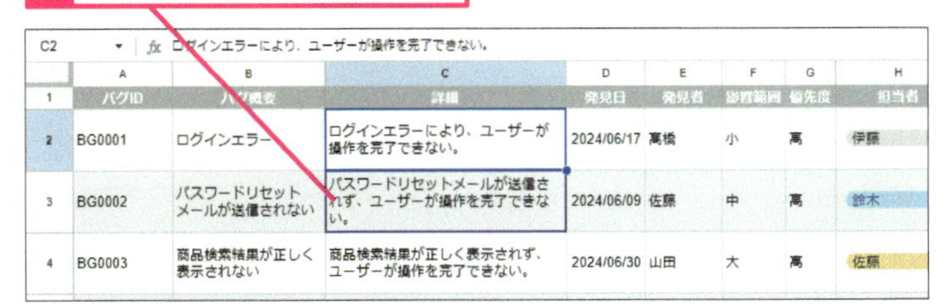

セルを操作している共有相手の名前が表示された

スキルアップ

共同作業中に権限を変更する

共同作業中でも、共有相手の権限は変更できます。例えば、コメントは追加してほしいけど、セルの内容は変更してほしくないなら、[閲覧者（コメント可）] に変更します。

1 [共有] をクリック

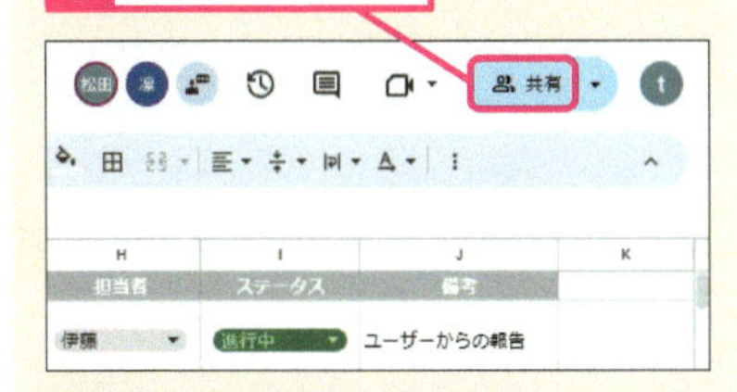

2 権限を変更する相手のここをクリック

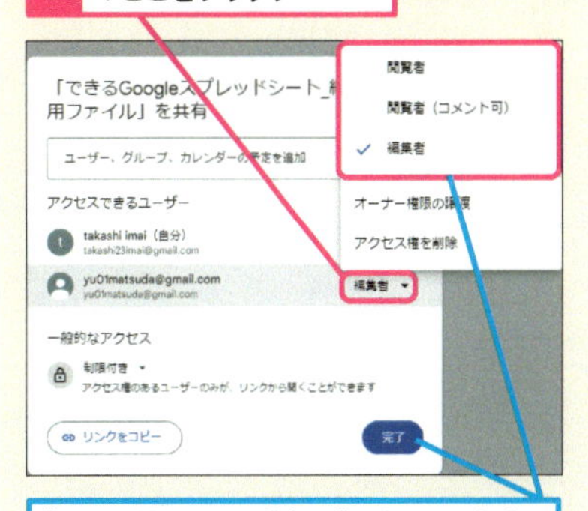

権限を選択して [完了] をクリックする

まとめ 共同作業中の画面を理解しておこう

複数人で1つの共有ファイルを開いている場合、画面の右上には共有相手のアイコンが表示されます。また、自分の操作しているセル以外に、相手の操作しているセルに紫色や赤色の枠が付きます。セルの内容が次々と書き変わる様子を目の当たりにすることもあるでしょう。相手が操作中のセルにマウスポインターを合わせれば、誰が操作しているのかを確認できます。

レッスン

29 データを保護するには

シートと範囲を保護

練習用ファイル [L29] シート

共有相手にファイルの編集を許可していても、書き換えられたくないセル範囲もあるでしょう。保護したセル範囲を編集しようとしたときにメッセージを表示したり、編集を禁止したりできます。

キーワード

権限	P.248
保護	P.250

1 データの保護を開始する

[L29] シートを開いておく

1 [データ] をクリック

2 [シートと範囲を保護] をクリック

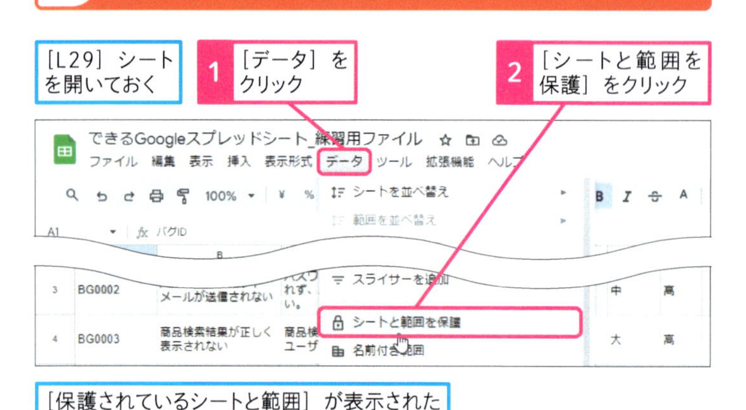

[保護されているシートと範囲] が表示された

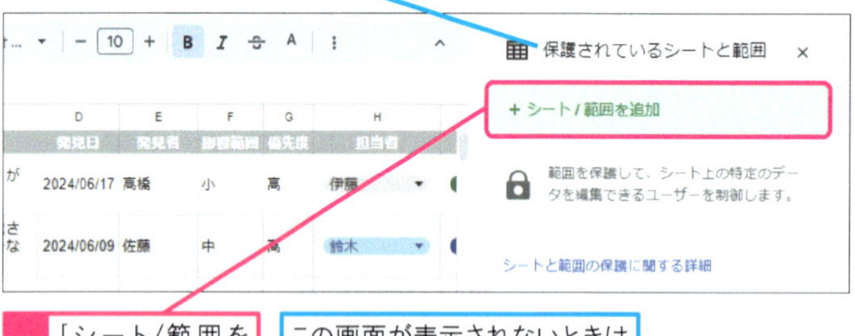

3 [シート/範囲を追加] をクリック

この画面が表示されないときはそのまま操作4に進む

4 [シート] をクリック

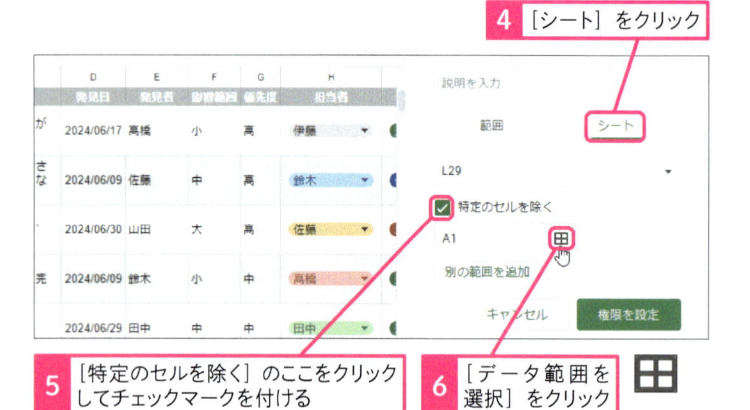

5 [特定のセルを除く] のここをクリックしてチェックマークを付ける

6 [データ範囲を選択] をクリック

使いこなしのヒント
保護するセル範囲を指定することもできる

手順1では、シート全体を保護して、一部のセル範囲を保護の対象外にしています。操作4で [範囲] をクリックして、保護するセル範囲を指定しても構いません。

使いこなしのヒント
共有相手の編集を禁止するには

操作10の [範囲の編集権限] 画面で、[自分のみ] を選択すると、自分以外のメンバーの編集を禁止できます。[カスタム] を選択して、編集を許可する相手を指定することもできます。

1 [この範囲を編集できるユーザーを制限する] をクリック

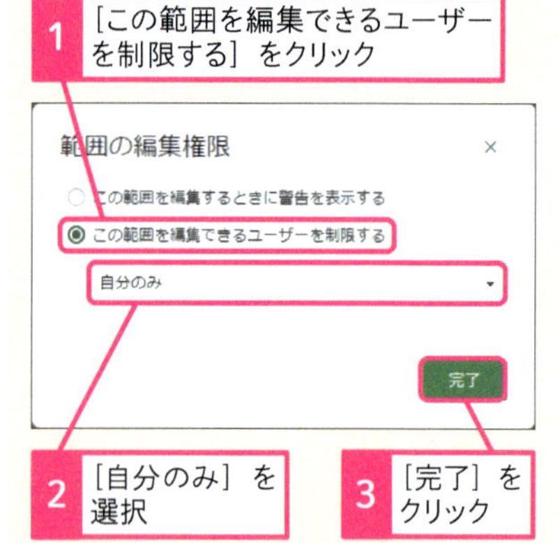

2 [自分のみ] を選択

3 [完了] をクリック

● 保護から除外するセル範囲を設定する

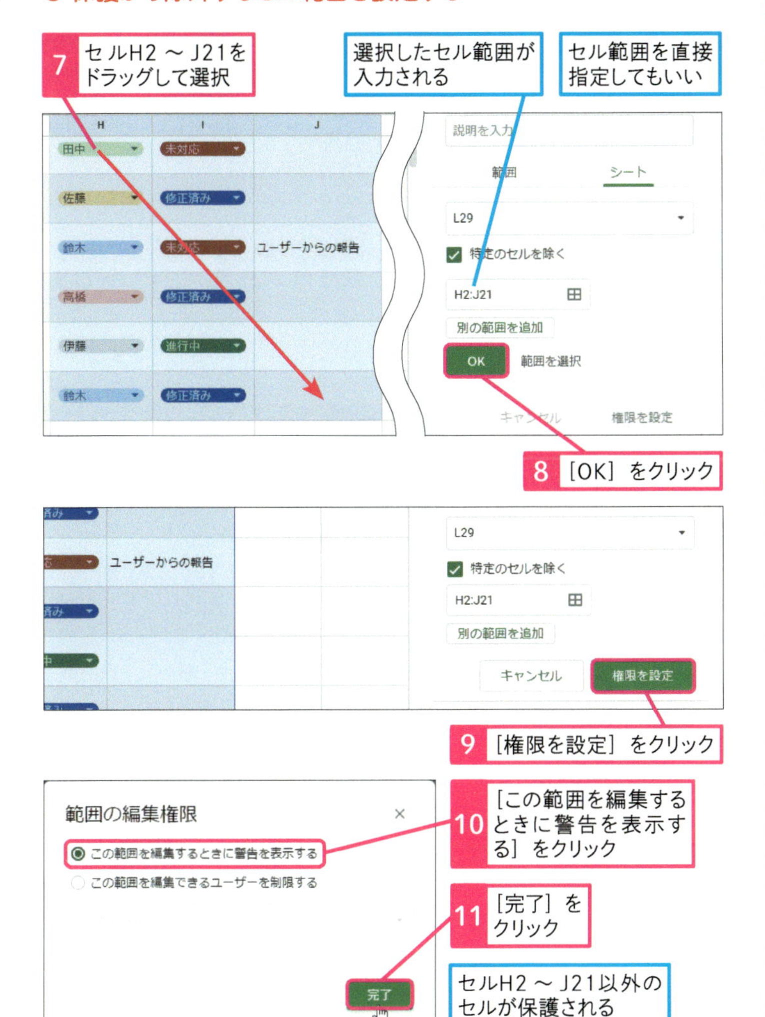

2 保護の状態を確認する

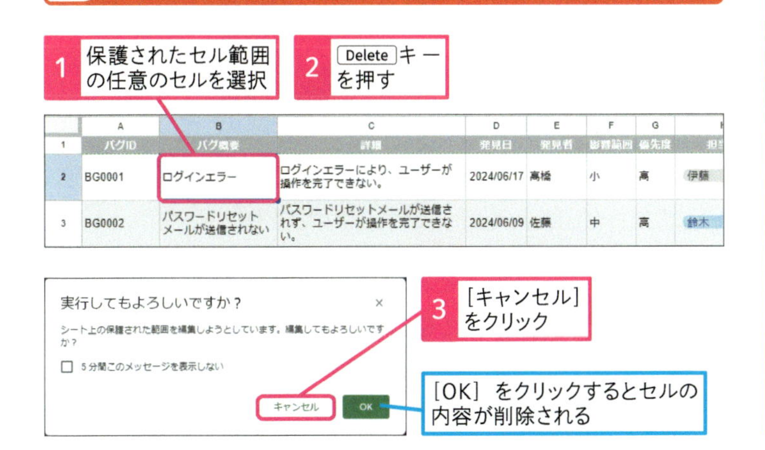

使いこなしのヒント

保護を解除するには

以下のように操作して［保護されているシートと範囲］を表示します。保護された範囲をクリックして削除してください。

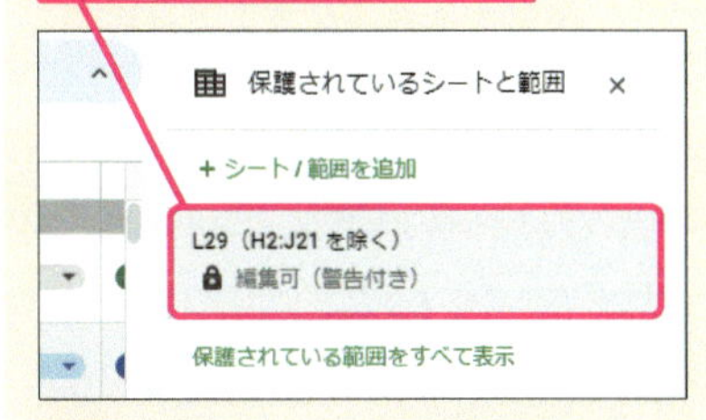

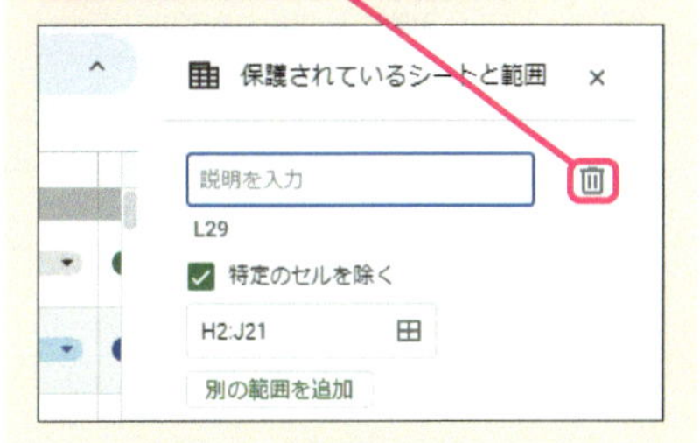

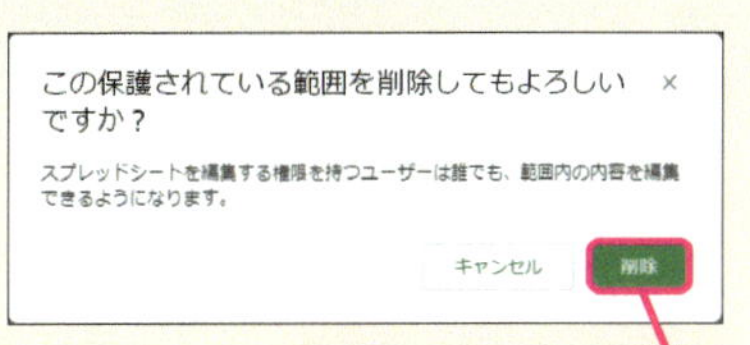

まとめ 使い勝手を考えて保護しよう

特定のセル範囲を保護することで、編集時にメッセージを表示したり、完全に編集を禁止したりできます。この設定は、共有ファイルに設定する権限とは別のもので、自分だけ、もしくは、特定の相手だけに許可することも可能です。ただし、あまり極端な制限を設定すると、扱いにくいファイルになってしまいます。使い勝手を考えて設定してください。

レッスン

30 コメントを挿入するには

コメント

練習用ファイル [L30] シート

共有ファイルの内容について相手とやり取りするには、コメントが便利です。コメントを挿入する方法のほか、特定の相手に割り当てる方法、返信する方法を覚えておきましょう。

キーワード

権限	P.248
コメント	P.248
メンション	P.250

ショートカットキー

コメントの挿入	Ctrl + Alt + M
メモの挿入	Shift + F2

時短ワザ

ツールバーも使おう

広い画面で操作している場合は、ツールバーにある［コメントを挿入］からすばやくコメントを追加できます。

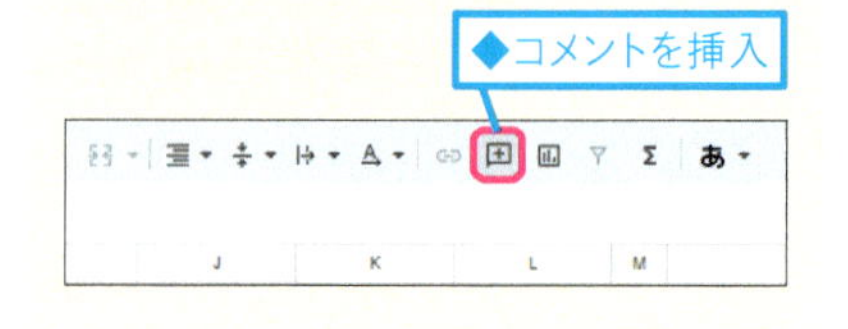

コメントを挿入する

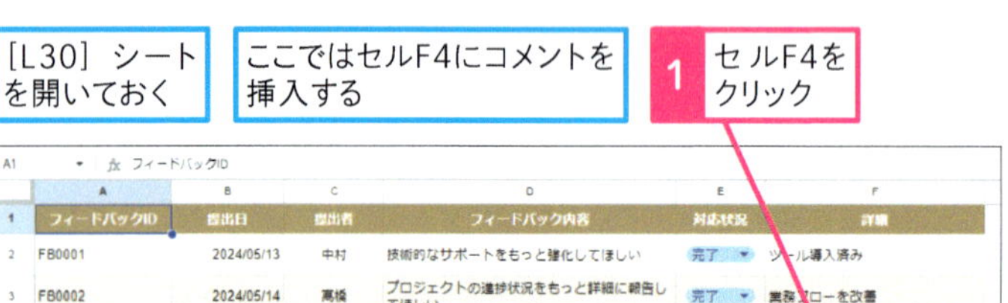

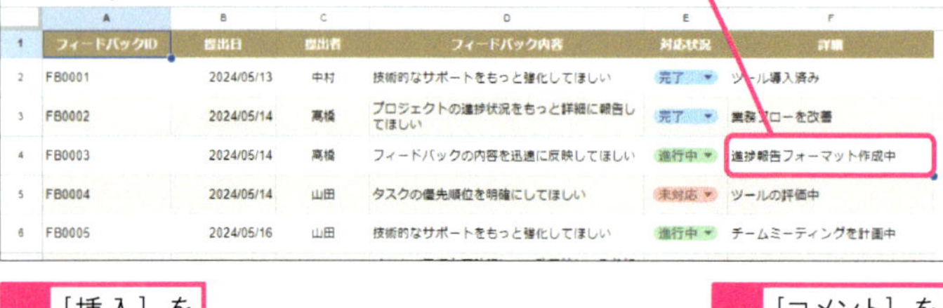

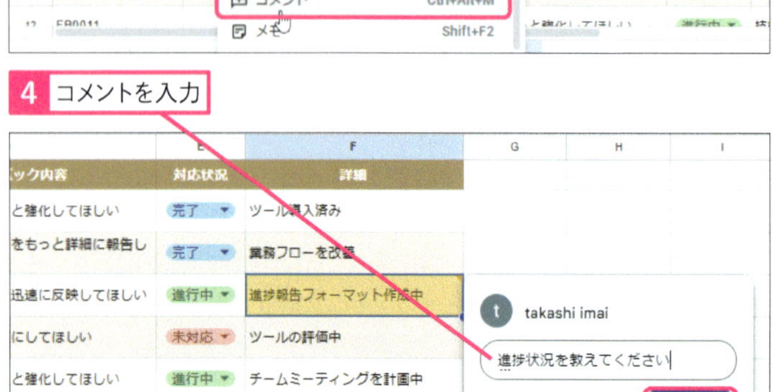

使いこなしのヒント

コメントとメモの違い

操作3でクリックしている［コメント］のすぐ下に［メモ］の項目があります。［メモ］は共有相手とのやり取りには向きません。セルの内容の補足する目的で利用するといいでしょう。

使いこなしのヒント

自分に割り当てられたコメントを確認する

「@」に続けてメールアドレスを入力すると、そのメールアドレスの人にコメントが割り当てられます。共有ファイルに自分に割り当てられたコメントが含まれる場合は、Googleドライブ上でも確認できます。ファイルを開いて、コメントの一覧から［自分に関連］をクリックして、該当のコメントを確認しましょう。

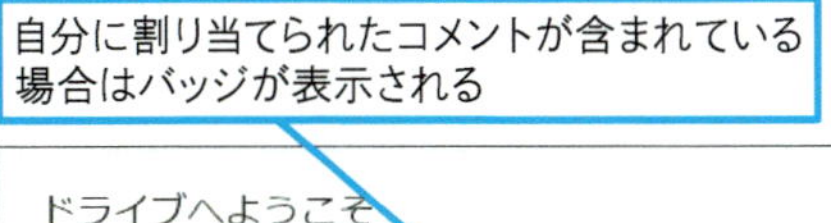

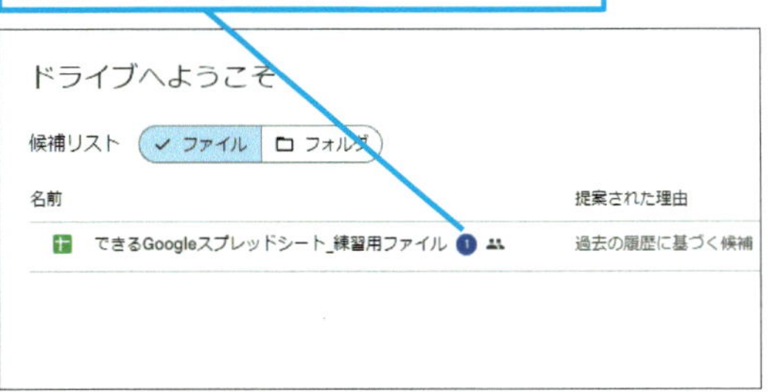

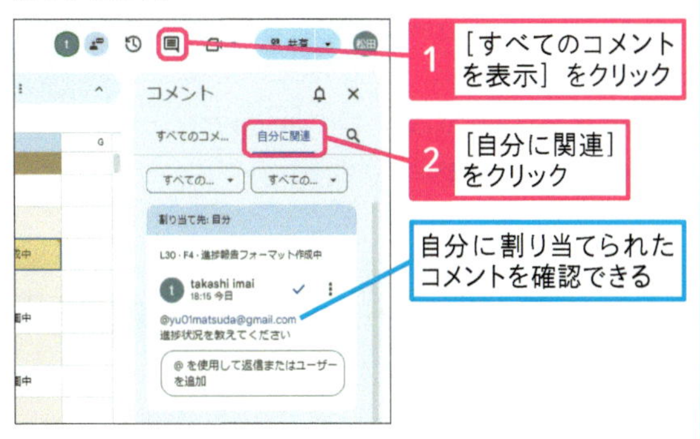

特定の相手をコメントに割り当てる

110ページを参考にコメントの入力欄を表示しておく

1 「@」に続けて共有相手のメールアドレスを入力

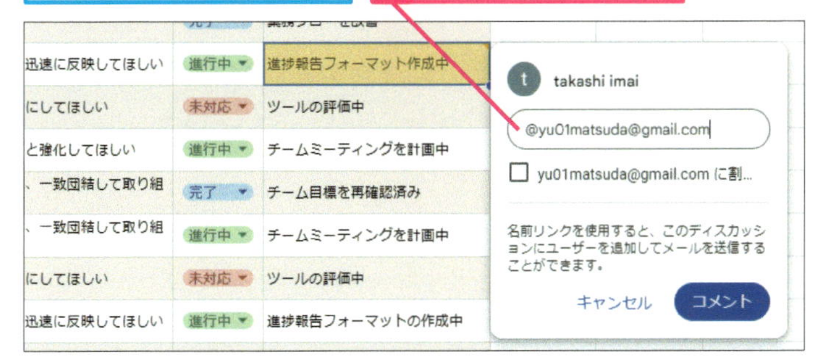

「@」とメールアドレスは半角で入力する

「@」の入力後に表示される一覧から選択してもいい

複数の相手を指定してもいい

2 改行してコメントを入力

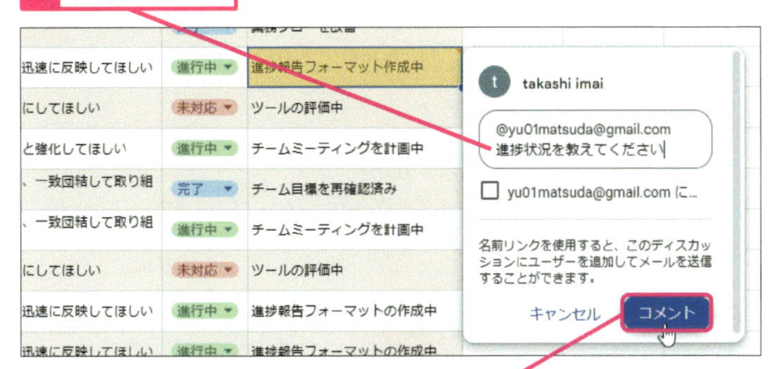

3 ［コメント］をクリック

セルにコメントが挿入される

使いこなしのヒント

ファイルを共有していない相手にコメントを割り当てた場合は

「@」に続けて入力するメールアドレスの相手とファイルを共有していない場合は、［コメント］をクリックした後に相手の権限を指定する画面が表示されます。相手の役割を考えて権限を設定してください。なお、Gmail以外のメールアドレスは指定できません。

1 権限を選択

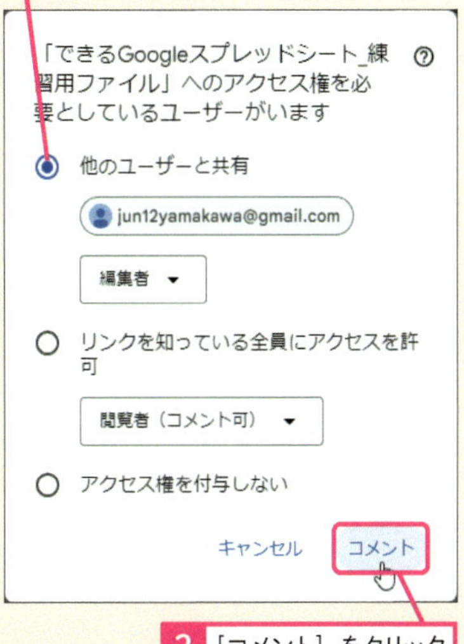

2 ［コメント］をクリック

次のページに続く

コメントに割り当てたことを相手に通知する

111ページを参考にコメントを相手に割り当てておく

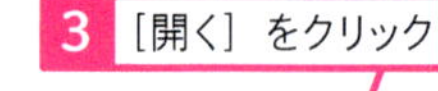

1 [(メールアドレス)] に割り当て] のここをクリックしてチェックマークを付ける

2 [割り当て] をクリック

相手にメールが届く

3 [開く] をクリック

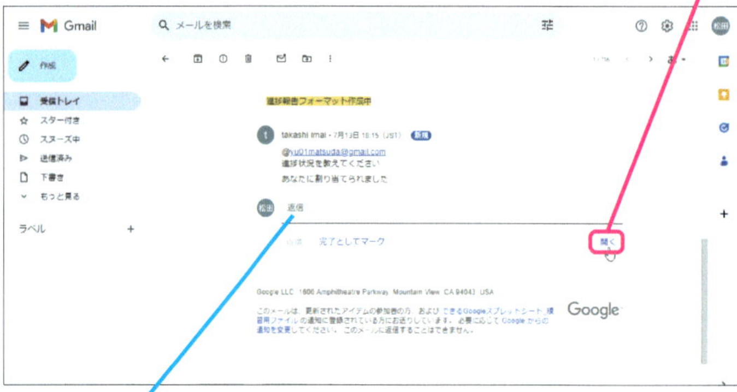

ここにコメントを入力して返信することもできる

コメントが割り当てられたファイルが開いた

コメントが表示される

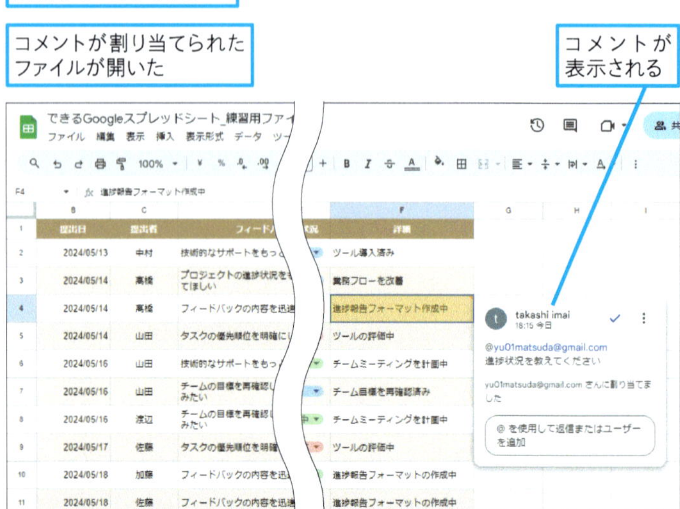

用語解説

メンション

相手を指定してメッセージを送る機能や操作のことを指します。コメントでは「@」に続けてメールアドレスを入力します。

使いこなしのヒント

相手への通知には少し時間がかかる

[(メールアドレス)] に割り当て] のチェックマークを付けてコメントを割り当てた後、相手にメールが届くまで少し時間がかかります。

スキルアップ

特定のセルへのリンクを取得する

ファイルを共有する時のテクニックとして、特定のセルへのリンクを取得して相手に伝える方法があります。相手にファイル中の特定のセルを確認してほしいときに便利です。

1 リンクを取得したいセルを右クリック

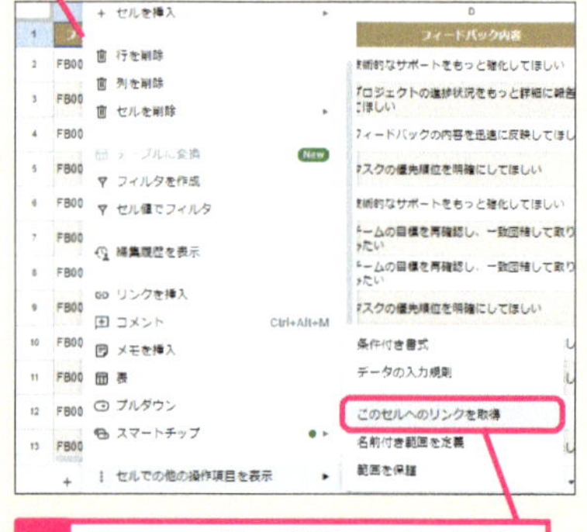

2 [セルでの他の操作項目を表示] - [このセルへのリンクを取得] をクリック

コメントに返信する

1 コメントの挿入されたセルをクリック

コメントが挿入されたセルには右上にオレンジ色の印が表示されている

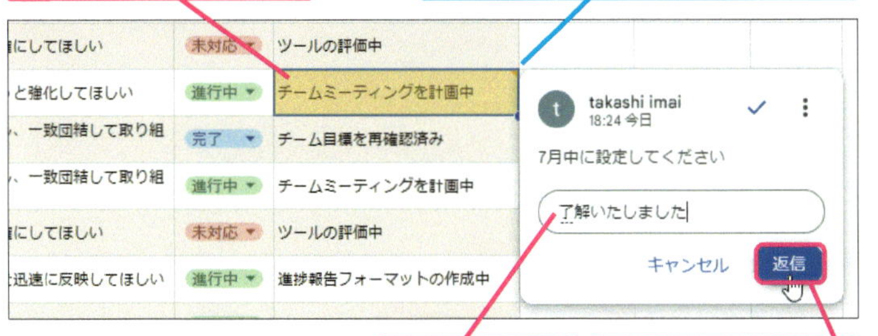

2 返信を入力

3 ［返信］をクリック

コメントに返信できた

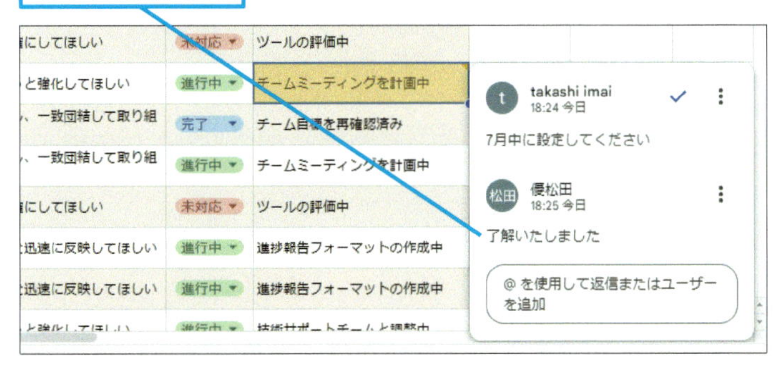

コメントを完了する

1 コメントの挿入されたセルをクリック

2 ［解決済みのマークを付けてディスカッションを非表示にする］をクリック

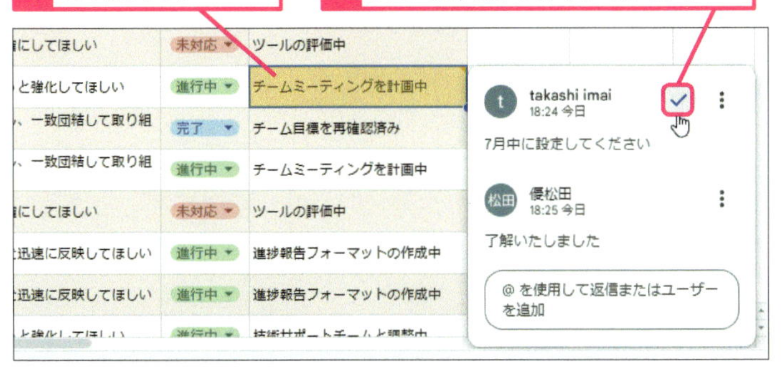

コメントが非表示になった

解決済みのコメントは右の使いこなしのヒントを参考に確認できる

14	山田	タスクの優先順位を明確にしてほしい	未対応	ツールの評価中
16	山田	技術的なサポートをもっと強化してほしい	進行中	チームミーティングを計画中
16	山田	チームの目標を再確認し、一致団結して取り組みたい	完了	チーム目標を再確認済み
16	渡辺	チームの目標を再確認し、一致団結して取り組みたい	進行中	チームミーティングを計画中
17	佐藤	タスクの優先順位を明確にしてほしい	未対応	ツールの評価中

ショートカットキー

すべてのコメントを表示
Ctrl + Alt + Shift + A

使いこなしのヒント

完了したコメントを確認するには

やり取りの終了したコメントは削除しないで、「解決済み」にしましょう。シート上では非表示になりますが、［すべてのコメント］の［解決済み］から確認できます。

1 ［すべてのコメント］をクリック

2 ［解決済み］を選択

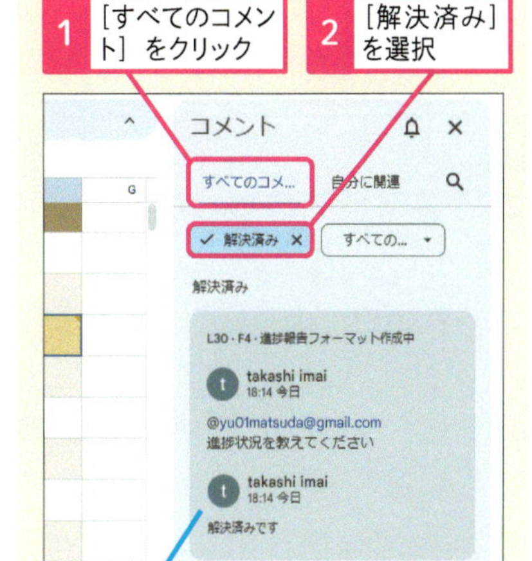

解決済みのコメントが表示される

まとめ　コメントで共有相手とスムーズにやり取りしよう

単純にコメントを挿入する方法だけでなく、特定の相手へのメンションと返信の方法も覚えておきましょう。自分が挿入したコメントは［⋮］-［削除］から削除できますが、これまでのやり取りがすべて削除されてしまいます。間違ってコメントしたとき以外の削除はおすすめしません。やり取りの終了したコメントは、履歴を見返せるように「解決済み」にしておきます。

レッスン 31

以前のデータを復元するには

変更履歴　練習用ファイル　[L31_復元用] ファイル

Googleスプレッドシートの変更内容は自動的に記録されており、変更履歴で確認できます。最新の「版」に名前を付けて、任意の時点の状態に戻せることを確認してみましょう。

1 版に名前を付けて保存する

[L31_復元用] ファイルを開いておく

1 [ファイル] をクリック

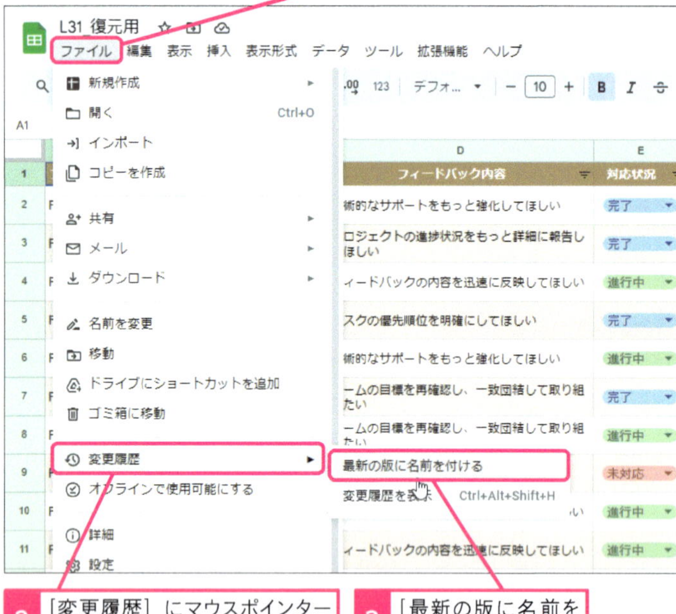

2 [変更履歴] にマウスポインターを合わせる

3 [最新の版に名前を付ける] をクリック

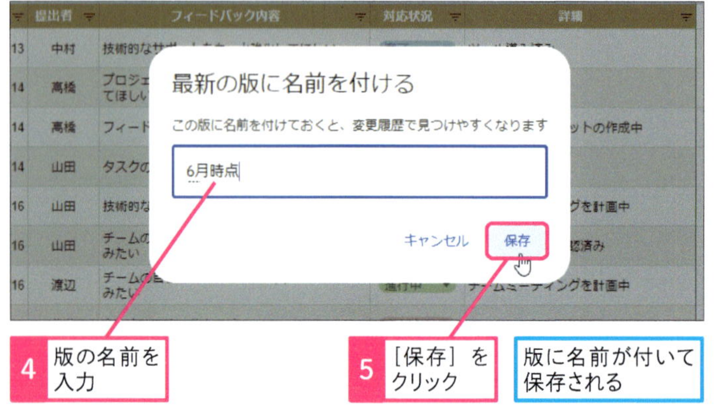

4 版の名前を入力

5 [保存] をクリック

版に名前が付いて保存される

キーワード

版　P.249

ここに注意

このレッスンの操作をすると、これまでの編集内容が元に戻ってしまう可能性があります。自分のGoogleドライブに [L31_復元用] ファイルをコピーして（6ページ参照）から始めてください。

用語解説

版

任意のタイミングで自動的に記録されたGoogleスプレッドシートの変更履歴の1つのことです。

使いこなしのヒント

作業の区切りで版に名前を付けておく

打ち合わせ前やファイルを共有する前など、作業の区切りで版に名前を付けておくといいでしょう。復元するときにわかりやすくなります。

2 ファイルを編集する

手順1を参考に版に名前を付けて保存しておく

復元の機能を確認するためにいったんデータを削除する

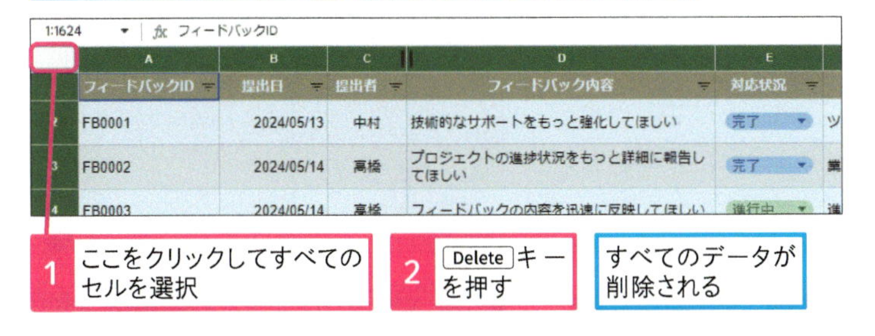

1 ここをクリックしてすべてのセルを選択

2 Delete キーを押す

すべてのデータが削除される

3 変更履歴から復元する

1 ［ファイル］をクリック

2 ［変更履歴］にマウスポインターを合わせる

3 ［変更履歴を表示］をクリック

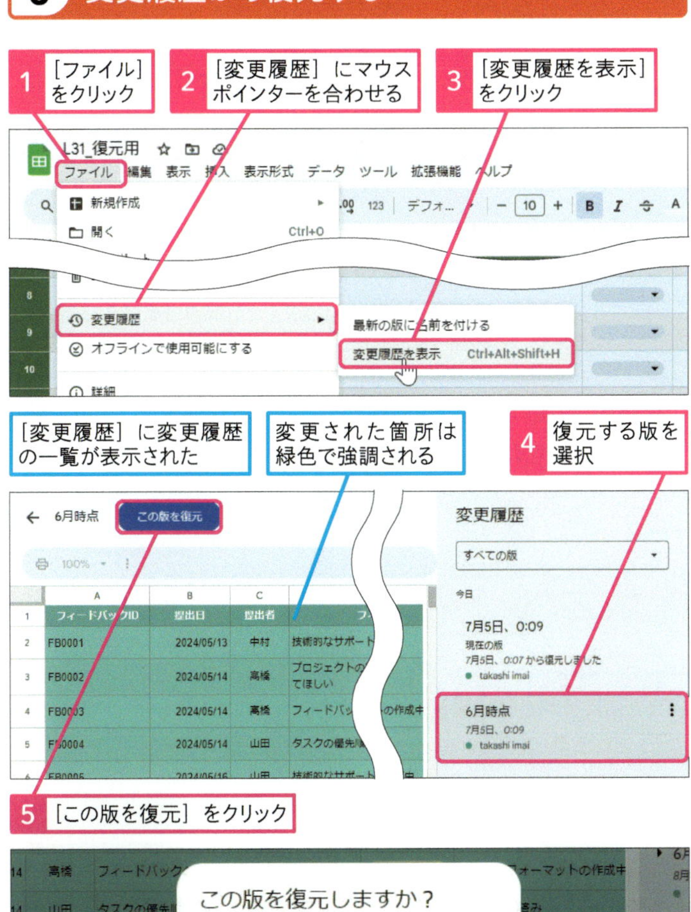

［変更履歴］に変更履歴の一覧が表示された

変更された箇所は緑色で強調される

4 復元する版を選択

5 ［この版を復元］をクリック

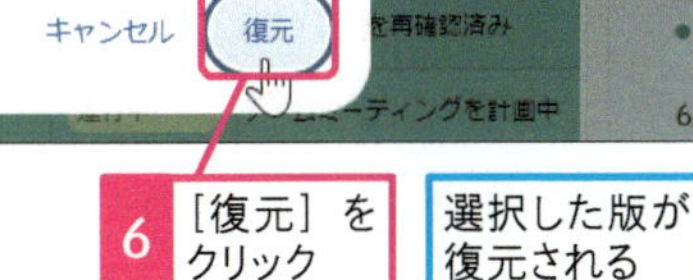

6 ［復元］をクリック

選択した版が復元される

ショートカットキー

変更履歴の表示

Ctrl + Alt + Shift + H

使いこなしのヒント

編集内容は何でも構わない

手順2では、復元前後の違いがわかりやすいように、すべてのデータを削除しています。特定のセルの内容を変更したり、表の色を変えたりなど、編集する内容は何でも構いません。

使いこなしのヒント

ファイル全体が復元される

手順3の操作では、表示中のシートだけでなく、ファイル全体が復元されます。手順1を参考にして、復元前の状態に戻せるように最新の版に名前を付けてから操作しましょう。

まとめ バージョン管理の方法として覚えておこう

Googleスプレッドシートのファイルを開いて編集すると、その結果は自動的に保存されます。ファイルをコピーして「○○時点」のような名前を付けて管理しても、意図せずに自動保存されてしまうこともあります。ある時点のファイルの状態を保存しておくには「版」に名前を付けておくといいでしょう。変更履歴の一覧から以前のバージョンを復元できるようになります。

レッスン
32 Excelファイルとして保存するには

ダウンロード

練習用ファイル ［L32］シート

GoogleスプレッドシートのファイルをExcelファイルとして保存する方法を覚えておきましょう。ダウンロードしたファイルは、そのままExcelで開くことができます。

キーワード

Googleドライブ	P.247
保護ビュー	P.250

1 Excelファイルとして保存する

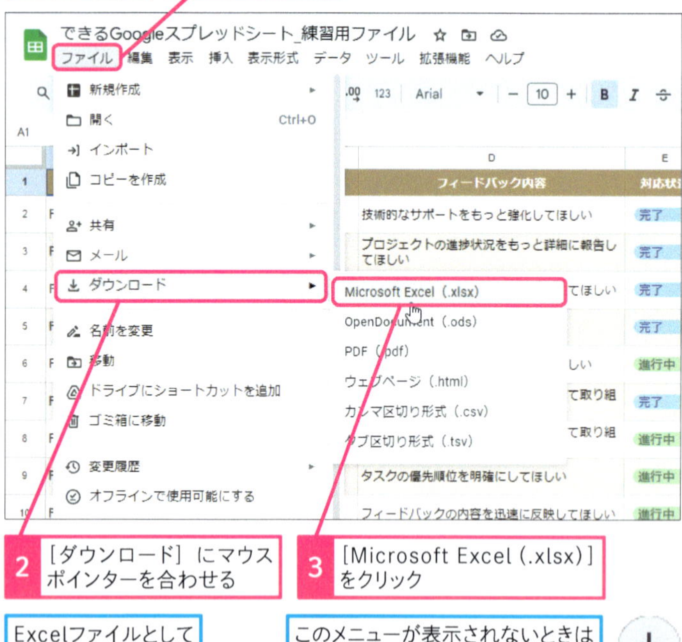

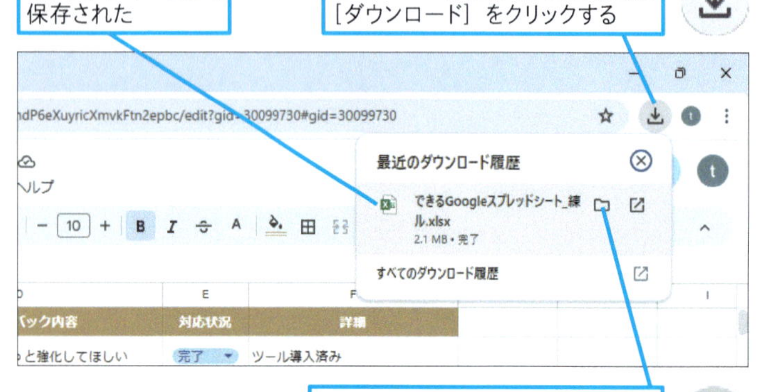

使いこなしのヒント
Excelで開いたときに不具合はないの？

一般的な用途であれば、大きな不具合が発生することはないでしょう。ただし、ほかのファイルを参照する関数（レッスン45参照）など、Googleスプレッドシート独自の関数は無効になり、結果のみが表示されます。また、追加したコメントは、Excelの［メモ］に変換されます。

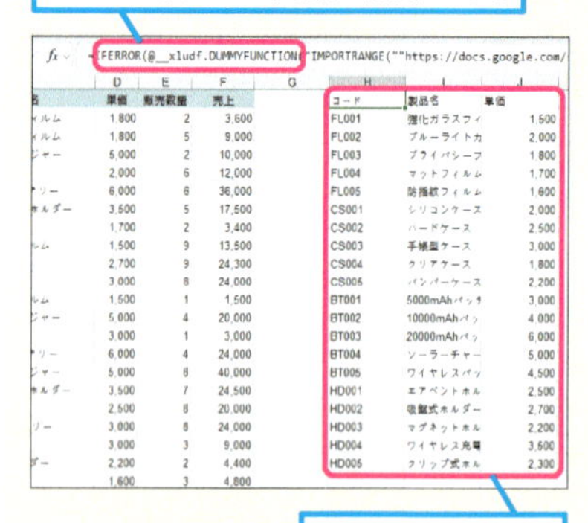

使いこなしのヒント
オフライン環境で作業したいときは

オフライン環境で作業するために、Excelファイルとしてダウンロードする必要はありません。［ファイル］メニューから［オフラインで使用可能にする］を選択します。オフライン時に作業した内容は、次回オンラインになった時点で同期されます。

スキルアップ

ExcelファイルをGoogleスプレッドシートで開く

GoogleドライブにアップロードしたExcelファイルをGoogleスプレッドシートで開くこともできます。Excelファイルは互換ファイルとして扱われ、「.XLSX」というアイコンが表示されます。なお、同じ名前でも、GoogleスプレッドシートとExcelファイルは別のファイルなので、Googleドライブ上で取り違えないように注意してください。

Excelファイルはアイコンと拡張子で判別できる

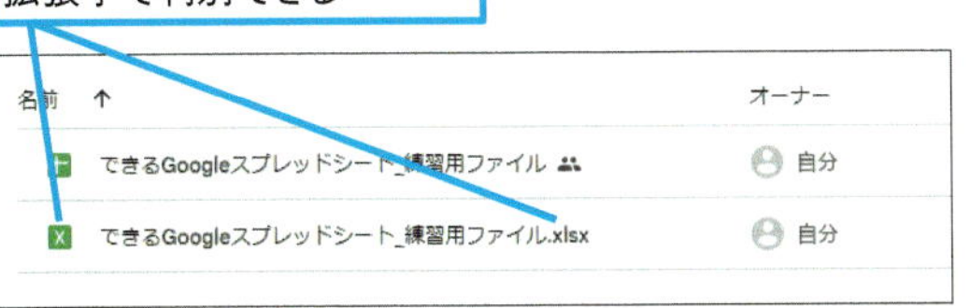

ExcelファイルをGoogleスプレッドシートで開くと「.XLSX」というアイコンが表示される

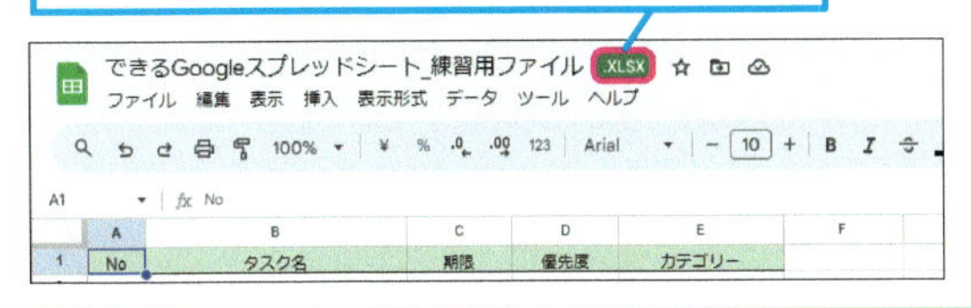

2 ダウンロードしたExcelファイルを開く

手順1を参考にExcelファイルとしてダウンロードしておく

1 ［ダウンロード］をクリック

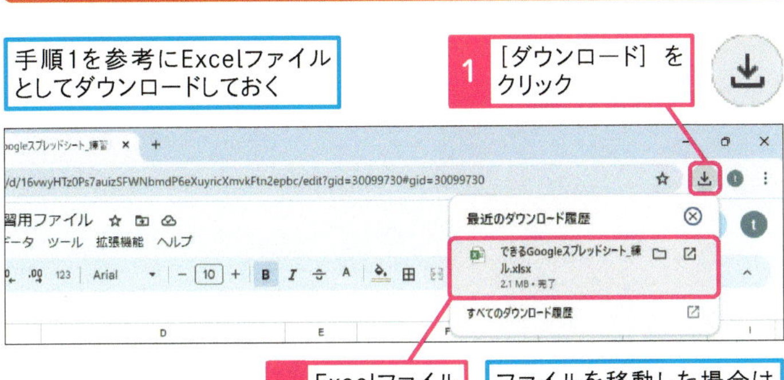

2 Excelファイルをクリック

ファイルを移動した場合は保存先から開く

◆保護ビュー

3 ［編集を有効にする］をクリック

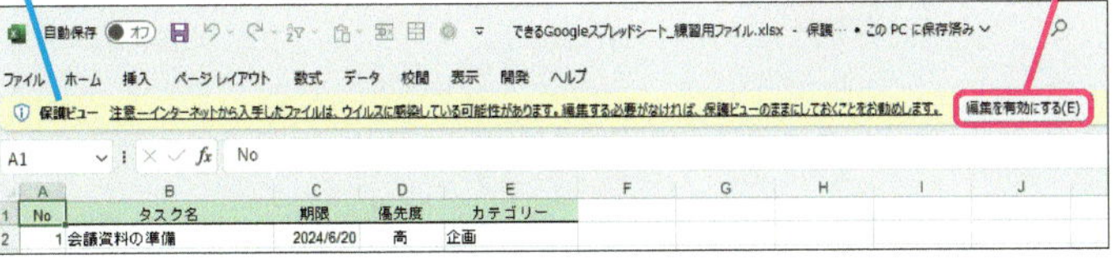

続けて［セキュリティの警告］が表示された場合は［コンテンツの有効化］をクリックする

Excelでファイルを開くことができた

［パフォーマンスの確認］をクリックするとExcelに最適化する提案が表示される

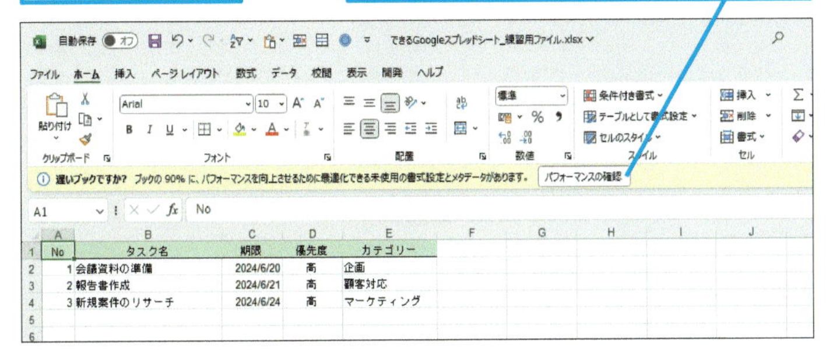

用語解説

保護ビュー

インターネット経由などで入手したファイルを安全に閲覧するためのExcelの機能です。ダウンロードしたファイルは、ウイルスなどが含まれている可能性があり、標準で安全ではないと見なされるため、手順2では保護ビューが表示されます。

まとめ Excelファイルが必要なときに利用しよう

GoogleスプレッドシートファイルはExcelファイルとしてダウンロードできます。ただし、第7章以降で紹介するGoogleスプレッドシート独自の関数は無効になり、結果のみが表示されることを覚えておいてください。手順2で表示される［パフォーマンスの確認］は、ファイルをExcelに最適化するための機能です。Excelで不要な情報などを削除することができます。

レッスン
33 PDFファイルとして保存するには

印刷設定

練習用ファイル ［L33］シート

Googleスプレッドシートを PDFファイルとして保存するときは、［印刷設定］の画面から用紙の向きや印刷の形式を設定します。表全体をあらかじめ選択してから操作するのがポイントです。

キーワード
PDF P.247

ショートカットキー
［印刷設定］画面の表示 Ctrl+P

1 ［印刷設定］画面を表示する

［L33］シートを開いておく

1 PDFファイルとして保存する範囲を選択

2 ［印刷］をクリック

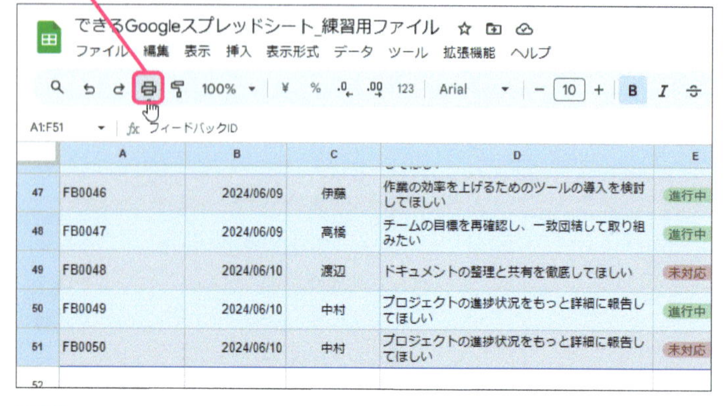

使いこなしのヒント
ファイル全体をPDFファイルとして保存したいときは

［ファイル］メニューから［ダウンロード］-［PDF］と選択すると、ファイル全体をPDFファイルとして保存できます。ただし、印刷範囲や用紙の向きなどを設定しておかないと、ページ送りなどは崩れた状態で出力されてしまいます。

1 ［ファイル］をクリック

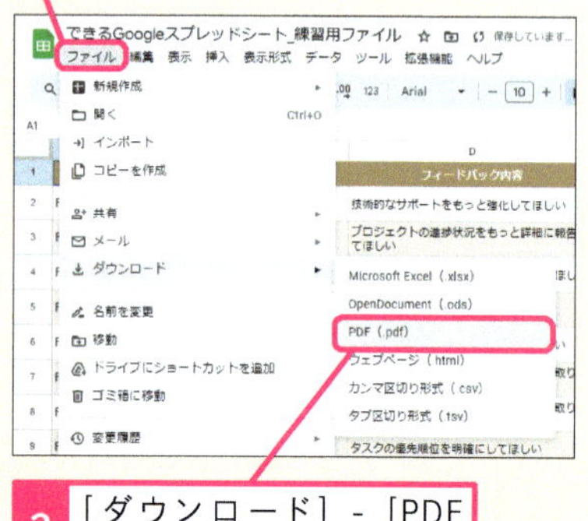

2 ［ダウンロード］-［PDF(.pdf)］をクリック

ファイル全体がPDFファイルとしてダウンロードされる

2 印刷範囲を指定する

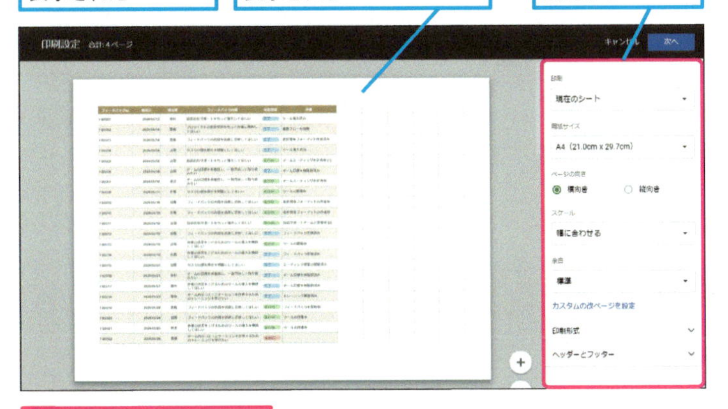

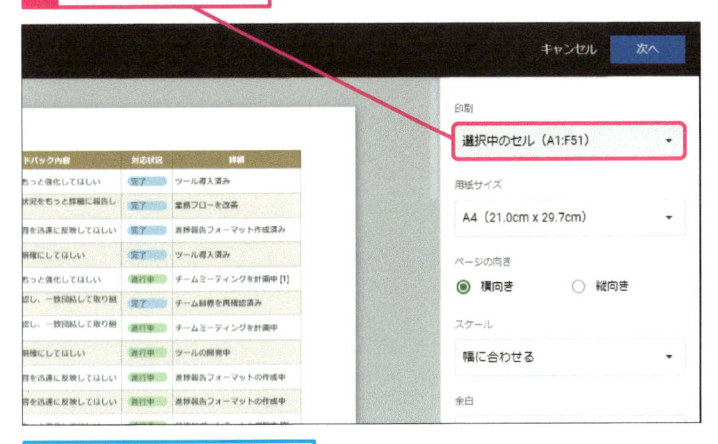

手順1で選択したセル範囲が印刷イメージとして表示された

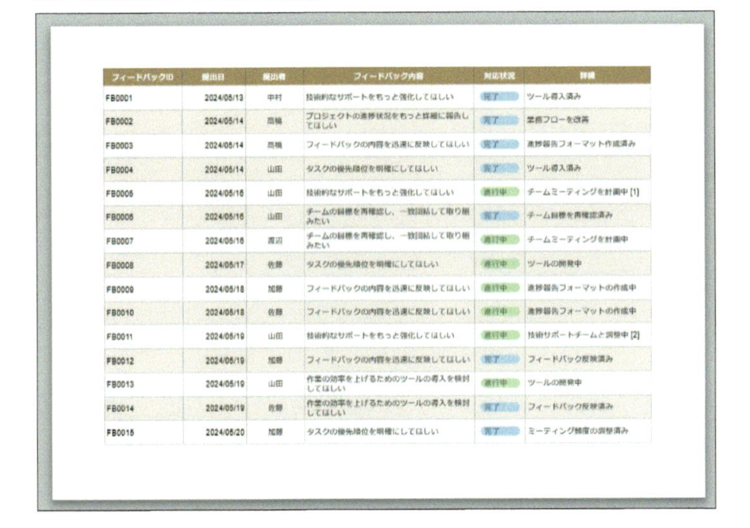

使いこなしのヒント

あらかじめセル範囲を選択しておく

改ページ位置を任意に指定できる［カスタムの改ページ］という機能もありますが、意図通りに動作しないことが多いでしょう。PDFファイルとして保存したい範囲をあらかじめ選択したほうがスムーズに作業できます。

使いこなしのヒント

見出し行をくり返し印刷するには

用紙の1ページに収まらない縦に長い表の場合、2ページ目以降にも見出し行を表示できます。見出し行を固定しておき（レッスン56参照）、［固定行を繰り返す］にチェックマークを付けます。

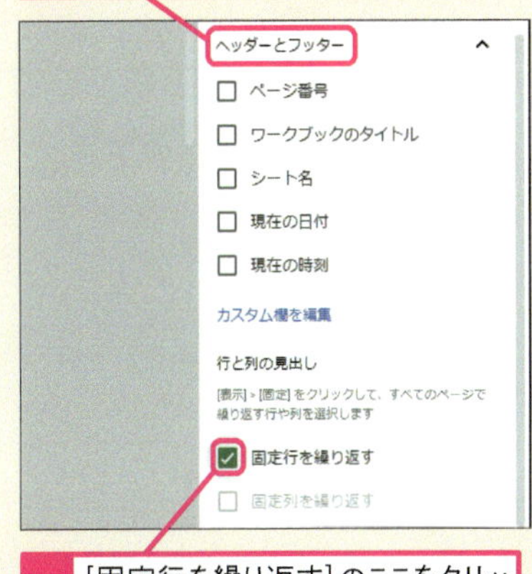

次のページに続く

3 用紙の向きを設定する

1 ［縦向き］をクリック

［スケール］は［幅に合わせる］のままにしておく

必要に応じて［余白］を変更できる

縦向きに変更できた

標準の設定ではファイルに含まれているメモも印刷される

手順4でメモを印刷しないように設定する

使いこなしのヒント

［スケール］の設定は［ページ幅に合わせる］がおすすめ

［ページの向き］の下にある［スケール］の項目は、印刷倍率を設定する項目です。用紙の向きによらず、標準で設定される［幅に合わせる］がおすすめです。表の幅はページ幅に合わせると整って見えます。なお、［カスタム数値］を選択して、任意の倍率に変更することもできます。

［カスタム数値］を選択すると任意の倍率を指定できる

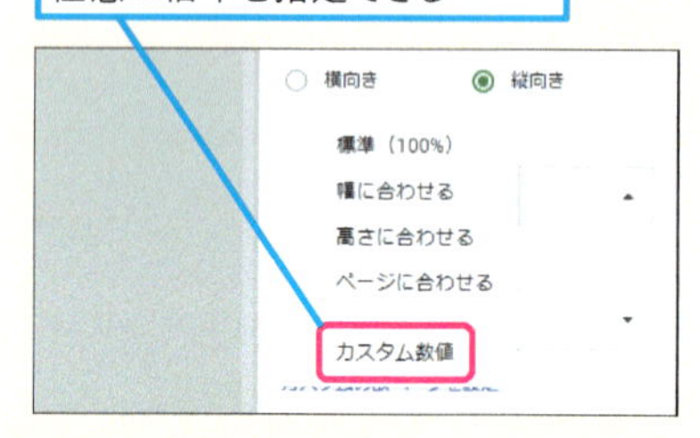

使いこなしのヒント

ページ番号やファイル名を印刷するには

［ヘッダーとフッター］の項目にチェックマークを付けておくと、ページ番号やファイル名を印刷できます。［カスタム欄を編集］をクリックして、ヘッダーとフッターを直接編集することもできます。

1 ［ヘッダーとフッター］をクリック

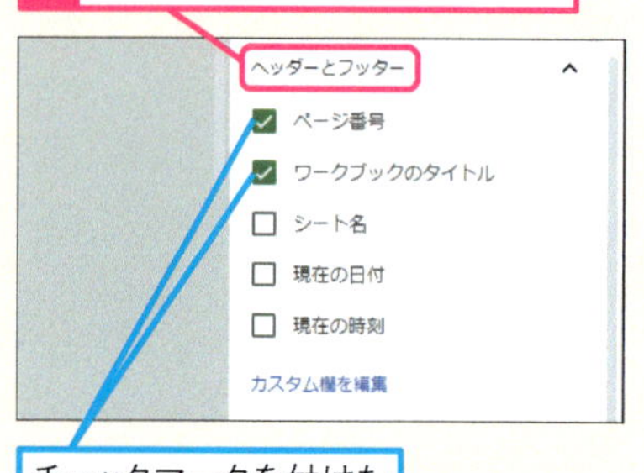

チェックマークを付けた項目が印刷される

4 ［印刷形式］を設定する

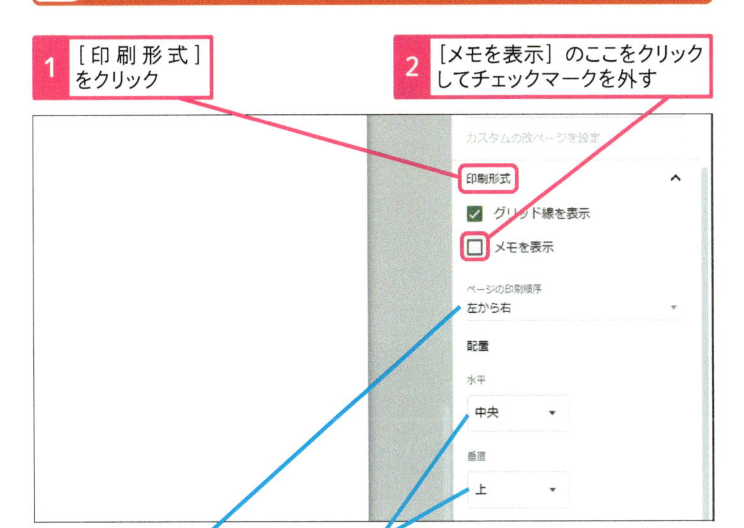

5 PDFファイルとして保存する

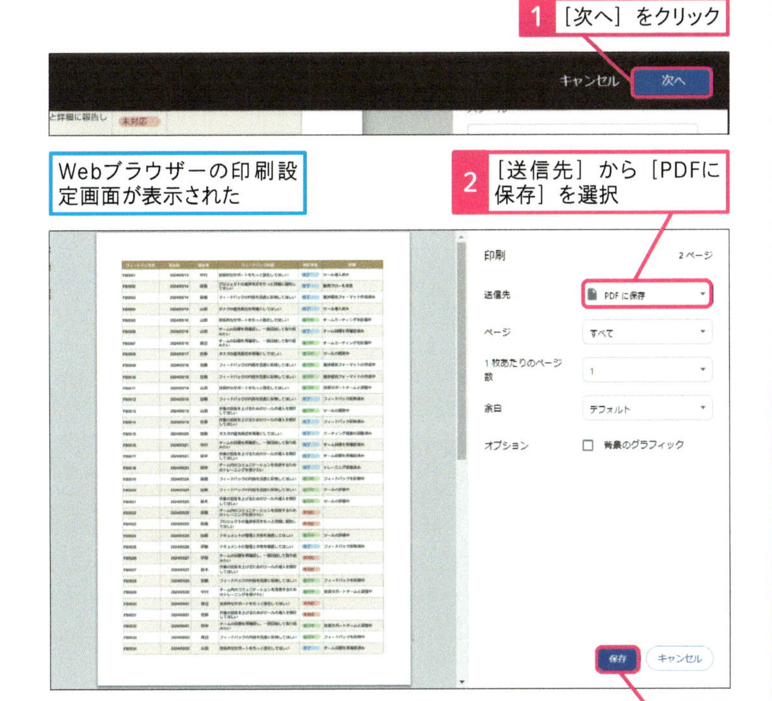

［名前を付けて保存］ダイアログボックスが表示される

保存先を指定してPDFファイルを保存しておく

使いこなしのヒント

表の枠線が設定されているならグリッド線は不要

グリッド線とは、シートに表示されている罫線のことです。標準でチェックマークが付いていますが、表に枠線が設定されているなら、［グリッド線を表示］のチェックマークを外しても構いません。

使いこなしのヒント

［配置］の使い方

［配置］は用紙に対して、表を印刷する位置を指定する項目です。表が小さいときなどに利用します。ここでは［スケール］を［幅に合わせる］としているので、特に変更する必要はありません。

まとめ 思い通りに印刷する設定方法を覚えよう

最終的にPDFとして保存するか、紙に印刷するかの違いだけで、印刷の設定は共通しています。最初にセル範囲を選択して、印刷範囲を指定します。続けて用紙の向きと印刷の形式の設定と、順に操作すると、思い通りに出力できるはずです。複数のページがある場合は、行見出しのくり返しやページ番号を印刷しておくと、見やすい資料になるでしょう。

この章のまとめ

共同作業に必要な知識を身に付ける

公開範囲や相手の権限をよく考えずにファイルを共有してしまうと、情報漏えいのリスクが高まります。基本的に相手を指定して共有するのが無難です。あわせて［シートと範囲を保護］を設定すると、より安全にファイルを活用できます。「版」の管理も覚えておくと便利です。ファイルの共有後はコメントを使って、スムーズに共同作業を進めましょう。参考資料として相手にデータを渡したいときは、ExcelファイルやPDFファイルとして保存する方法を利用してください。

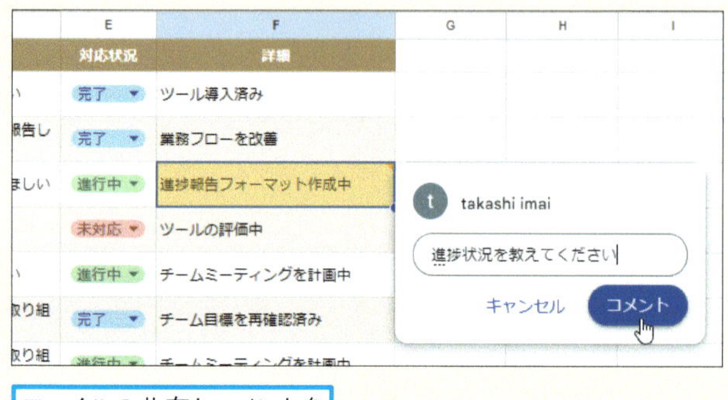

ファイルの共有とコメントを活用して共同作業する

コメントでのやり取りがこんなに便利だとは知りませんでした。かなり効率アップできています！

「割り当て」と「通知」は便利よね。コメントの見落としがなくなったわ。

それはよかった。共有したファイルを共同作業するのが、Googleスプレッドシートの真骨頂ともいえるね。この章で紹介した知識はずっと役立つよ。

はい。Excelより、Googleスプレッドシートを使うことが増えそうです。

次の章では、表計算に欠かせない「関数」をマスターしよう！関数の知識も汎用的なものだよ。

活用編

第6章

必ず覚えたい！ 仕事でよく使う関数

データを数えたり、数値を平均したりするほか、数値の丸めや条件を指定した集計作業は業種を問いません。仕事で使う必須の関数を覚えましょう。

34	よく使う関数から覚えよう	124
35	データを数えたり、平均したりするには	126
36	最大値や最小値を求めるには	128
37	数値を丸めるには	130
38	条件に一致するデータを合計するには	132
39	条件に一致するデータを数えるには	136
40	小計を含む表を正確に集計する	138
41	数式を再利用するには	140

レッスン
34 Introduction この章で学ぶこと
よく使う関数から覚えよう

数値を合計するSUM関数（レッスン14参照）とあわせて、数えたり、平均したりする関数は、よく使われます。数値の丸めや、条件を指定して数えたり、合計したりする処理も一般的です。また、関数を活用するために、セルの参照方式の使い方も身に付けましょう。

業務に必須の関数を覚える

この章では、業務でよく使う関数を紹介するよ。人によって利用頻度は違うだろうけど、絶対に覚えておいてほしいな。

よく使う関数って何だろう？　COUNTA関数やROUND関数は使うけど……。

私はCOUNTIF関数やSUMIF関数をよく使うわ。

普段からExcelを使っている人にとっては、目新しくないかもしれないね。ただ、ROUND関数の引数［桁数］を省略して小数点以下を四捨五入できるなど、多少の違いはあるよ。この機会におさらいしておこう。

	A	B	C	D	E	F	G	H
1	日付	担当者	問い合わせ内容	時間（分）	要対応		対応が必要な件数	4
2	2024/06/01	伊藤	商品について	16			問い合わせ平均時間	12.5
3	2024/06/01	佐藤	配送状況の確認	14				
4	2024/06/02	鈴木	返品方法について	10	○			
5	2024/06/02	高橋	商品について	8				
6	2024/06/03	鈴木	キャンペーンについて	10				
7	2024/06/03	伊藤	支払い方法について	12	○			
8	2024/06/04	伊藤	配送状況の確認	8				

COUNTA関数を使ってデータを数える

AVERAGE関数を使って平均を求める

	A	B	C
1	月	売上（円）	売上（万円）
2	1月	13,357,637	1,340
3	2月	16,037,697	1,600
4	3月	14,420,094	1,440
5	4月	15,413,893	1,540
6	5月	14,817,936	1,480
7	6月	12,464,593	1,250
8			

ROUND関数を使って数値を丸める

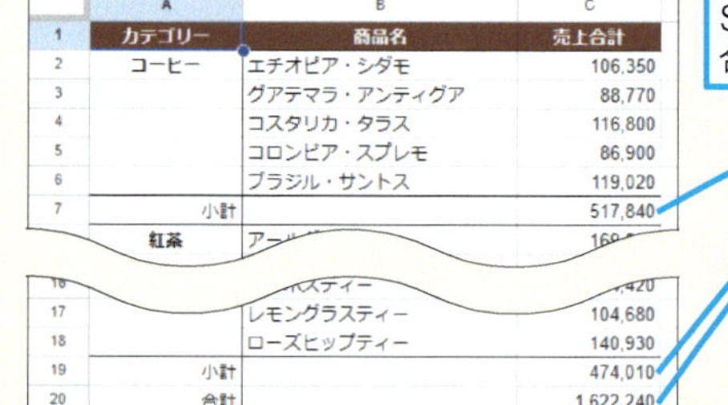

	A	B	C
1	カテゴリー	商品名	売上合計
2	コーヒー	エチオピア・シダモ	106,350
3		グアテマラ・アンティグア	88,770
4		コスタリカ・タラス	116,800
5		コロンビア・スプレモ	86,900
6		ブラジル・サントス	119,020
7	小計		517,840
17		レモングラスティー	104,680
18		ローズヒップティー	140,930
19	小計		474,010
20	合計		1,622,240

SUBTOTAL関数を使って小計や合計をすばやく正確に求める

条件を指定して集計する

条件と指定して集計する関数は、SUMIFやSUMIFS、COUNTIFやCOUNTIFSが有名だね。マヤさんもよく使うみたいだけど、「S」の有無を気にしたことがあるかな？

条件が1つか、複数かで使い分けています。

実は、SUMIFSとCOUNTIFSだけを使っても問題はないよ。AVERAGEIFS、MAXIFS、MINIFSもいっしょに覚えておこう。

I2 =SUMIFS(F2:F106,B2:B106,H2)

	A	B	C
1	販売日	カテゴリー	商品名
2	2024/06/01	コーヒー	コスタリカ・タラス
3	2024/06/01	コーヒー	グアテマラ・アンティグア
4	2024/06/01	コーヒー	エチオピア・シダモ
5	2024/06/01	コーヒー	ブラジル・サントス
6	2024/06/01	コーヒー	コロンビア・スプレモ
7	2024/06/01	紅茶	ダージリン紅茶
8	2024/06/01	紅茶	アールグレイ
9	2024/06/01	紅茶	アッサム紅茶

	H	I	J
1	条件	売上合計	
2	紅茶	=SUMIFS(F2:F106,B2:B106,H2)	
3	2024/06/03		

条件が1つでも「S」付きの関数を利用して問題ない

参照方式の違いを理解する

タクミ君は数式中のセル参照がずれることがあって困ると言っていたよね？　参照方式の切り替え方を覚えておこう。

相対参照の数式をコピーするとセル参照がずれて結果がおかしくなることがある

C5 =B5*(1-B2)

	A	B	C
1	割引率	5%	
2			
3	商品名	単価	割引後
4	エチオピア・シダモ	1,560	1482
5	グアテマラ・アンティグア	1,870	1870
6	コスタリカ・タラス	1,350	#VALUE!
7	コロンビア・スプレモ	1,030	-1605770
8	ブラジル・サントス	1,890	-3532410
9			

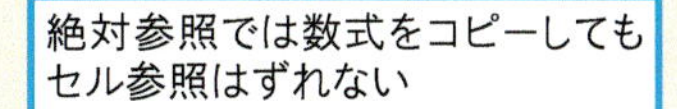

絶対参照では数式をコピーしてもセル参照はずれない

C5 =B5*(1-$B$1)

	A	B	C
1	割引率	5%	
2			
3	商品名	単価	割引後
4	エチオピア・シダモ	1,560	1482
5	グアテマラ・アンティグア	1,870	1776.5
6	コスタリカ・タラス	1,350	1282.5
7	コロンビア・スプレモ	1,030	978.5
8	ブラジル・サントス	1,890	1795.5
9			

まさに、こういうことです。絶対参照にしておけばセル参照がずれないのですね。

レッスン

35 データを数えたり、平均したりするには

COUNTA / AVERAGE

練習用ファイル ［L35］シート

データを数えるCOUNTA（カウントエー）関数と数値の平均を求めるAVERAGE（アベレージ）関数は、最も基本的な関数の1つです。引数の指定方法は、数値を合計するSUM関数と共通です。まとめて覚えておきましょう。

キーワード

関数	P.247
数値	P.248
文字列	P.250

データの個数と平均値を求める

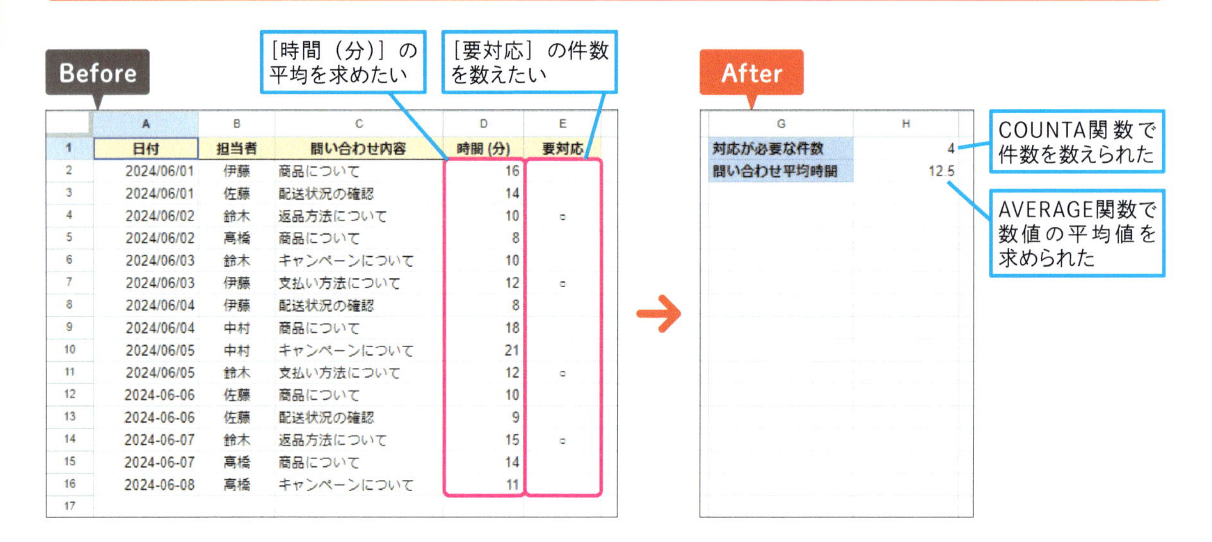

	A	B	C	D	E
1	日付	担当者	問い合わせ内容	時間（分）	要対応
2	2024/06/01	伊藤	商品について	16	
3	2024/06/01	佐藤	配送状況の確認	14	
4	2024/06/02	鈴木	返品方法について	10	○
5	2024/06/02	髙橋	商品について	8	
6	2024/06/03	鈴木	キャンペーンについて	10	
7	2024/06/03	伊藤	支払い方法について	12	○
8	2024/06/04	伊藤	配送状況の確認	8	
9	2024/06/04	中村	商品について	18	
10	2024/06/05	中村	キャンペーンについて	21	
11	2024/06/05	鈴木	支払い方法について	12	○
12	2024-06-06	佐藤	商品について	10	
13	2024-06-06	佐藤	配送状況の確認	9	
14	2024-06-07	鈴木	返品方法について	15	○
15	2024-06-07	髙橋	商品について	14	
16	2024-06-08	髙橋	キャンペーンについて	11	
17					

G	H
対応が必要な件数	4
問い合わせ平均時間	12.5

＝COUNTA(値1,［値2,…］)

［値］に指定したデータの個数を数える

＝AVERAGE(値1,［値2,…］)

［値］に指定したデータの平均値を求める

使いこなしのヒント

小数点以下の数値を表示するには

AVERAGE関数を利用したときに小数点以下の数値が求められます。小数点以下の数値が表示されないときは、ツールバーの［小数点以下の桁数を増やす］をクリックします。

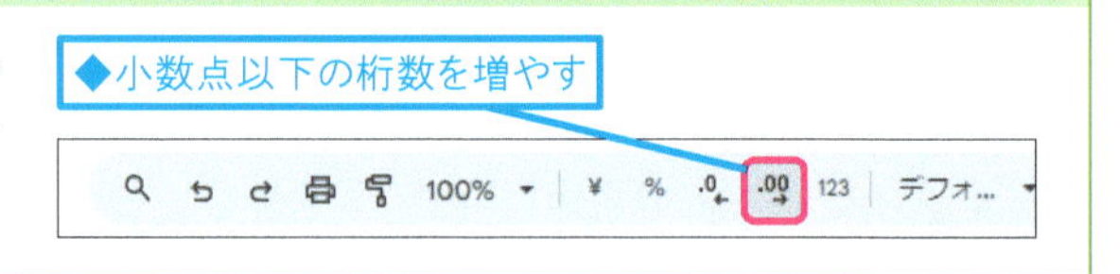

1 COUNTA関数でデータを数える

[L35] シートを開いておく

1 セルH1に「=COUNTA(E2:E16)」と入力

2 Enter キーを押す

H1 fx =COUNTA(E2:E

	A	B	D	E	F	G	H
1	日付	担当者	分)	要対応		対応が必要な件数	=COUNTA(E2:E16)
2	2024/06/01	伊藤	16			問い合わせ平均時間	
3	2024/06/01	佐藤	14				
4	2024/06/02	鈴木	10	○			
5	2024/06/02	高橋	8				
6	2024/06/03	鈴木	10				
7	2024/06/03	伊藤	12	○			
8	2024/06/04	伊藤	8				
9	2024/06/04	中村	18				
10	2024/06/05	中村	21				
11	2024/06/05	鈴木	12	○			
12	2024-06-06	佐藤	10				
13	2024-06-06	佐藤	9				
14	2024-06-07	鈴木	15	○			
15	2024-06-07	高橋	14				
16	2024-06-08	高橋	11				

2 AVERAGE関数で平均値を求める

セルE2 ～ E16に入力されているデータの個数が表示された

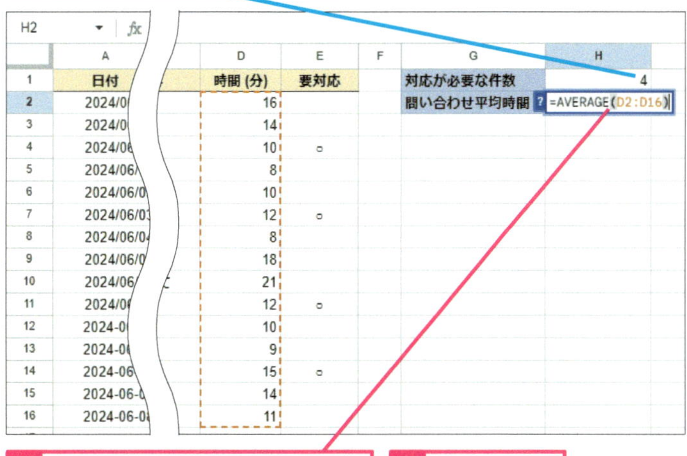

1 セルH2に「=AVERAGE(D2:D16)」と入力

2 Enter キーを押す

セルD2 ～ D16に入力されている数値の平均値が表示された

H2 fx

	A	D	E	F	G	H
1	日付	時間（分）	要対応		対応が必要な件数	4
2	2024/06/0	16			問い合わせ平均時間	12.5
3	2024/06/0	14				
4	2024/06/0	10	○			
5	2024/0	8				
6	2024/0	10				
7	2024/06/	12	○			

使いこなしのヒント

数値のみを数えるには COUNT関数を使う

COUNT（カウント）関数は、数値のみを数えます。文字列は数えられません。なお、日付も数値として扱われるため、COUNT関数で数えられます。

=COUNT(値 1, [値 2, …])

使いこなしのヒント

空白を数えるには COUNTBLANK関数を使う

COUNTBLANK（カウントブランク）関数を利用すると、空白のセルを数えられます。ただし、空白に見えてもスペースが入力されていたり、数式の結果として空白が表示されているセルは数えられません。

=COUNTBLANK(値 1, [値 2, …])

まとめ 「カウント」と「平均」はまとめて覚えておこう

数値を合計するSUM関数（レッスン14参照）と並んで、データを数えるCOUNTA関数と数値の平均を求めるAVERAGE関数はよく使われる関数です。3つの関数の引数は共通しているので覚えやすいでしょう。COUNTA関数は、数値のみを数えるCOUNT関数と混同しやすいので注意してください。空白を数えるCOUNTBLANK関数も利用する機会の多い関数です。

レッスン
36 最大値や最小値を求めるには

MIN / MAX

練習用ファイル ［L36］シート

特定のセル範囲を対象に、最大値を求めるにはMAX（マックス）関数、最小値を求めるにはMIN（ミニマム）関数を使います。2つの関数の使い方は共通です。あわせてトップ・ワースト○位や値の順位を調べる方法も覚えておきましょう。

キーワード

関数	P.247
条件	P.248
引数	P.249

データの最大値と最小値を求める

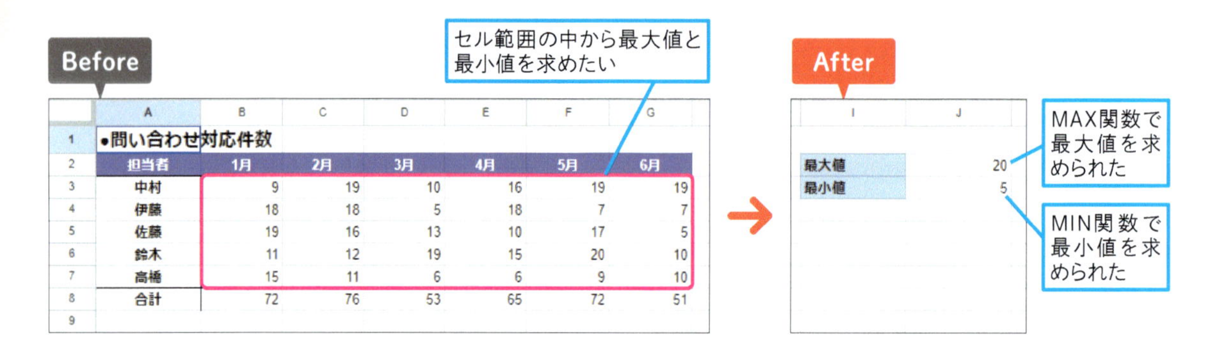

担当者	1月	2月	3月	4月	5月	6月
中村	9	19	10	16	19	19
伊藤	18	18	5	18	7	7
佐藤	19	16	13	10	17	5
鈴木	11	12	19	15	20	10
高橋	15	11	6	6	9	10
合計	72	76	53	65	72	51

= MAX(値 1, [値 2, …])
= MIN(値 1, [値 2, …])
［値］に指定したデータの最大値（MAX）、最小値（MIN）を求める

使いこなしのヒント

条件に一致する最大値や最小値を求めるには

指定した条件に一致する最大値や最小値を求めるにはMAXIFS（マックスイフエス）関数とMINIFS（ミニマムイフエス）関数を使います。［条件範囲］から［条件］に一致するデータを探して、［範囲］の中からの最大値や最小値を求めます。［範囲］と［条件範囲］に指定するセル範囲の高さが一致していないとエラーになることに注意してください。

= MAXIFS(範囲 , 条件範囲 1, 条件 1, [条件範囲 2, …] , [条件 2, …])

= MINIFS(範囲 , 条件範囲 1, 条件 1, [条件範囲 2, …] , [条件 2, …])

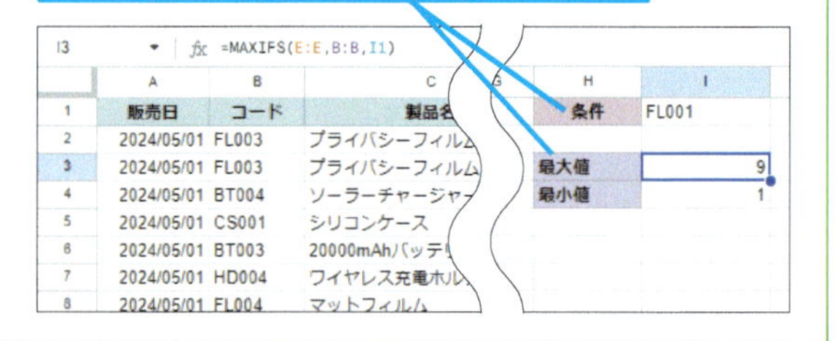

使いこなしのヒント

トップ・ワースト3を求めるにはLARGE / SMALL関数を使う

LARGE（ラージ）関数やSMALL（スモール）関数を使うと、トップ3やワースト3のデータを求めることができます。結果を一覧にまとめたいときは、あらかじめ順位を表す数字を入力しておき、引数［n］に指定します。以下の例では、セルI3～I6に「1」「2」「3」と入力した表を用意して、トップ3のデータを求めています。

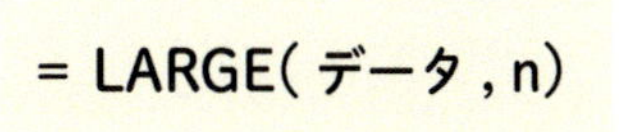

= SMALL(データ , n)

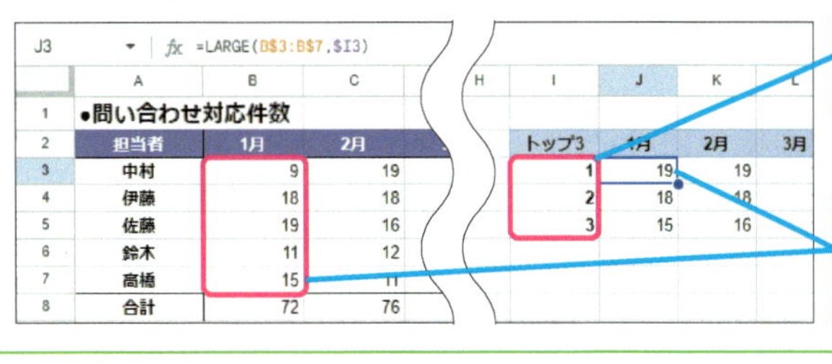

1 MAX関数で最大値を求める

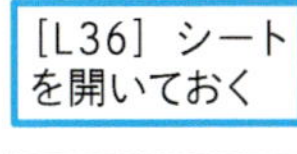

1 セルJ2に「=MAX(B3:G7)」と入力

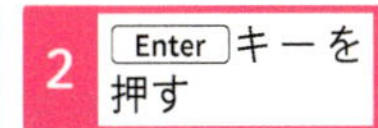

2 MIN関数で最小値を求める

セルB3～G7に入力されているデータの最大値が表示された

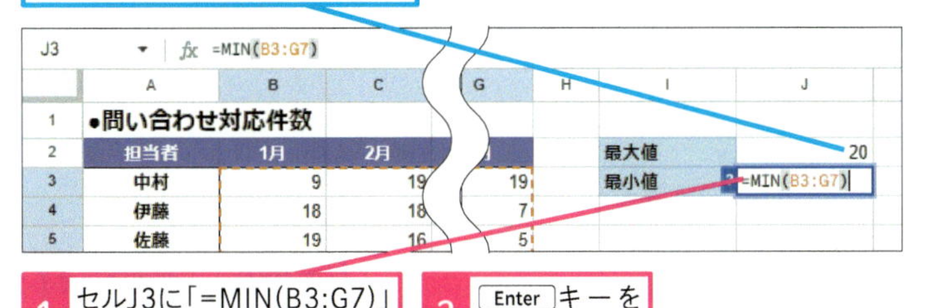

1 セルJ3に「=MIN(B3:G7)」と入力

2 Enter キーを押す

セルB3～G7に入力されているデータの最小値が表示された

使いこなしのヒント

RANK.EQ関数で順位を求める

値の順位を求めるにはRANK.EQ（ランクイコール）関数を使います。引数［昇順］を省略すると、大きい値から順位付けされます。

=RANK.EQ(値 , データ , ［昇順］)

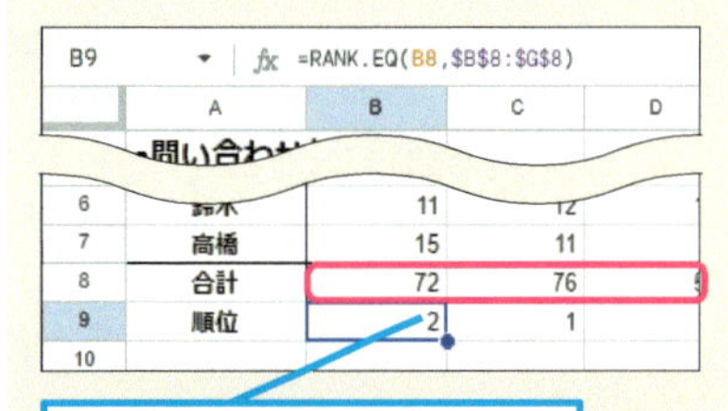

まとめ 最大値と最小値を正確に見つけられる

まとまったデータの中から最大値や最小値を探すとき、並べ替えの操作は必要ありません。MAX関数やMIN関数を使いましょう。最大値や最小値を正確に取り出すことができます。条件を指定するときは、MAXIFS関数とMINIFS関数です。関連して、○番目を探すLARGE関数とSMALL関数、順位付けをするRANK.EQ関数も覚えておきましょう。

レッスン
37 数値を丸めるには

ROUND / ROUNDUP / ROUNDDOWN

練習用ファイル ［L37］シート

千円以下の桁を「0」にしたり、小数点以下を四捨五入したりする「丸め」の処理は、ROUND（ラウンド）/ROUNDUP（ラウンドアップ）/ROUNDDOWN（ラウンドダウン）関数を使います。3つとも使い方は同じです。

キーワード

関数	P.247
数値	P.248
引数	P.249

数値を四捨五入する

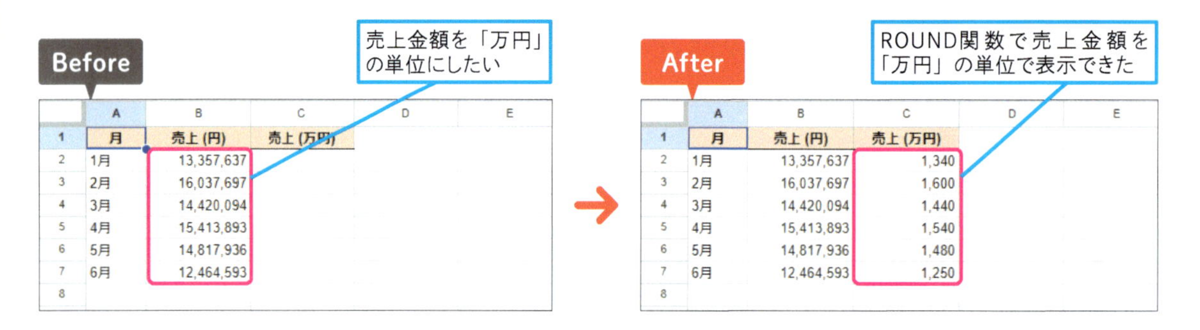

Before

	A	B	C	D	E
1	月	売上 (円)	売上 (万円)		
2	1月	13,357,637			
3	2月	16,037,697			
4	3月	14,420,094			
5	4月	15,413,893			
6	5月	14,817,936			
7	6月	12,464,593			
8					

After

	A	B	C	D	E
1	月	売上 (円)	売上 (万円)		
2	1月	13,357,637	1,340		
3	2月	16,037,697	1,600		
4	3月	14,420,094	1,440		
5	4月	15,413,893	1,540		
6	5月	14,817,936	1,480		
7	6月	12,464,593	1,250		
8					

= ROUND(値 , [桁数])
= ROUNDUP(値 , [桁数])
= ROUNDDOWN(値 , [桁数])

指定した［桁数］で［値］を四捨五入（ROUND）、切り上げ（ROUNDUP）、切り捨て（ROUNDDOWN）する

使いこなしのヒント

カスタム数値形式で表示を整える

カスタム数値形式（レッスン09参照）を利用して、千円単位や百万円単位に表示することもできます。「#,##0,」は千円単位、「#,##0,,」は百万円単位と、下の位が四捨五入されて表示されます。ただし、セルの表示が変わるだけで、実際の数値は元のままです。集計した場合は表示されている数値と実際の数値が異なることがあります。

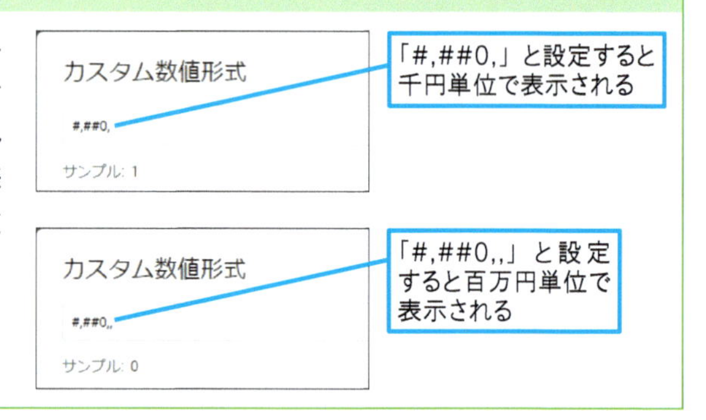

使いこなしのヒント

引数［桁数］と処理の対象となる位

ROUND/ROUNDUP/ROUNDDOWN関数の引数［桁数］には、処理する位（くらい）を指定します。例えば、「0」または省略すると、小数第一位が処理されて整数部分が表示されます。整数部分を処理するときはマイナスの値を指定します。

●「1234.567」を処理したときの結果

引数［桁数］	対象の位	ROUND関数	ROUNDUP関数	ROUNDDOWN関数
-3	百の位	1000	2000	1000
-2	十の位	1200	1300	1200
-1	一の位	1230	1240	1230
0（省略）	小数第一位	1235	1235	1235
1	小数第二位	1234.6	1234.6	1234.5
2	小数第三位	1234.57	1234.56	1234.56

1 ROUND関数で数値を丸める

［L37］シートを開いておく

1 セルC2に「=ROUND(B2/10000,-1)」と入力

	A	B	C
1	月	売上（円）	売上（万円）
2	1月	13,357,637	=ROUND(B2/10000,-1)
3	2月	16,037,697	
4	3月	14,420,094	

2 Enter キーを押す

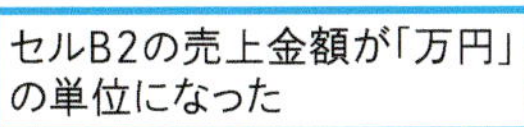

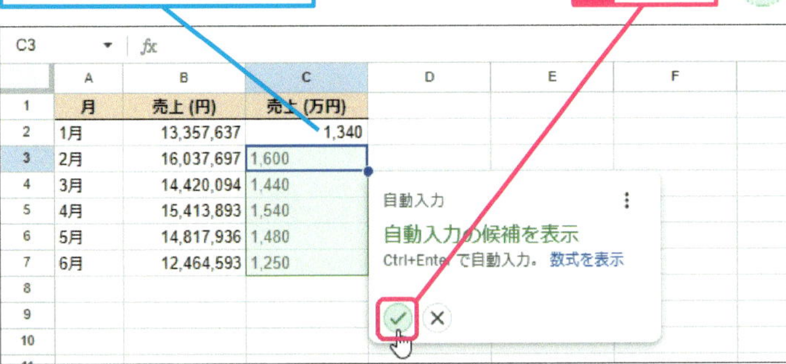

数式がコピーされて残りのセルにも結果が表示された

	A	B	C
1	月	売上（円）	売上（万円）
2	1月	13,357,637	1,340
3	2月	16,037,697	1,600
4	3月	14,420,094	1,440
5	4月	15,413,893	1,540
6	5月	14,817,936	1,480
7	6月	12,464,593	1,250

使いこなしのヒント

小数点以下を切り捨てるINT関数

小数点以下の切り捨てには、INT（インテジャー）関数も利用できます。

=INT(値)

使いこなしのヒント

表示形式で小数点以下を四捨五入する

ツールバーの［小数点以下の桁数を減らす］をクリックすると、小数点以下の位を表示上四捨五入できます。

◆小数点以下の桁数を減らす

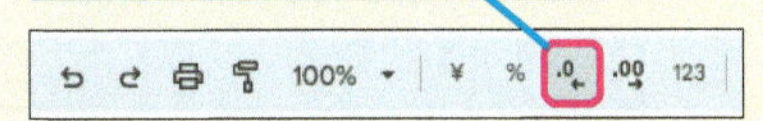

まとめ　四捨五入のROUND関数から覚えよう

四捨五入する機会は多いので、ROUND関数から覚えておくといいでしょう。切り上げできるROUNDUP関数と切り捨てできるROUNDDOWN関数も使い方は同じです。なお、表示形式で桁を整えた場合、実際の数値は元のままです。後の計算でROUND関数とは端数処理に違いが出る可能性があることを覚えておきましょう。

レッスン
38 条件に一致するデータを合計するには

SUMIFS

練習用ファイル ［L38-1］［L38-2］シート

条件を指定して合計する場合は、SUMIFS（サムイフエス）関数を使います。セルに入力した条件を参照することが多いですが、「"」で囲んだ条件を数式中に指定することもできます。なお、指定する条件は1つでも動作します。

キーワード

関数	P.247
条件	P.248
引数	P.249

条件に一致するデータを合計する

Before

カテゴリーが「紅茶」の売上を合計したい

カテゴリーが「紅茶」かつ販売日が「2024/06/03」の売上を合計したい

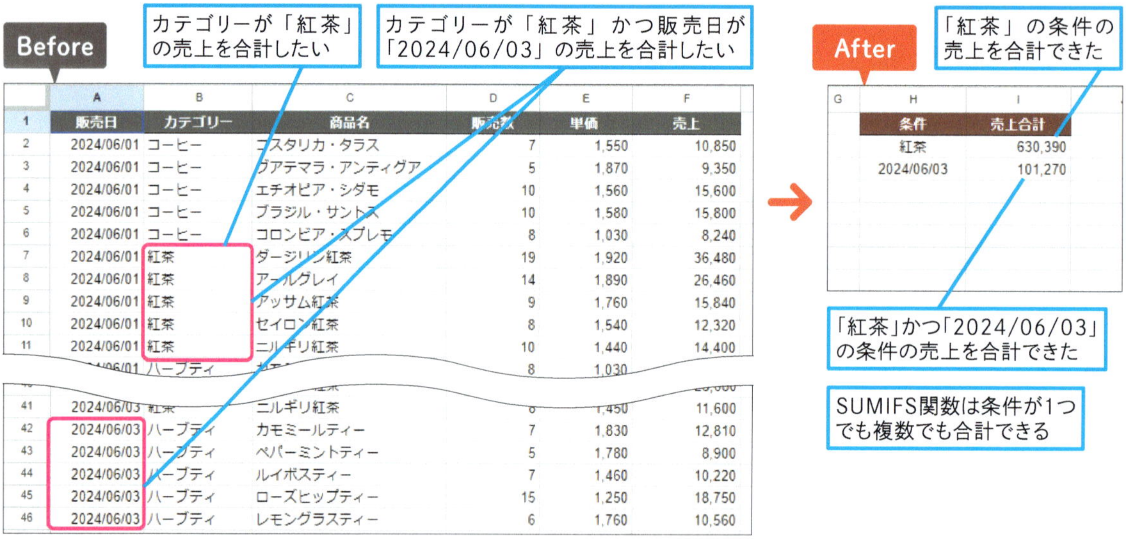

	A	B	C	D	E	F
1	販売日	カテゴリー	商品名	販売数	単価	売上
2	2024/06/01	コーヒー	コスタリカ・タラス	7	1,550	10,850
3	2024/06/01	コーヒー	グアテマラ・アンティグア	5	1,870	9,350
4	2024/06/01	コーヒー	エチオピア・シダモ	10	1,560	15,600
5	2024/06/01	コーヒー	ブラジル・サントス	10	1,580	15,800
6	2024/06/01	コーヒー	コロンビア・スプレモ	8	1,030	8,240
7	2024/06/01	紅茶	ダージリン紅茶	19	1,920	36,480
8	2024/06/01	紅茶	アールグレイ	14	1,890	26,460
9	2024/06/01	紅茶	アッサム紅茶	9	1,760	15,840
10	2024/06/01	紅茶	セイロン紅茶	8	1,540	12,320
11	2024/06/01	紅茶	ニルギリ紅茶	10	1,440	14,400
41	2024/06/03	紅茶	ニルギリ紅茶	8	1,450	11,600
42	2024/06/03	ハーブティ	カモミールティー	7	1,830	12,810
43	2024/06/03	ハーブティ	ペパーミントティー	5	1,780	8,900
44	2024/06/03	ハーブティ	ルイボスティー	7	1,460	10,220
45	2024/06/03	ハーブティ	ローズヒップティー	15	1,250	18,750
46	2024/06/03	ハーブティ	レモングラスティー	6	1,760	10,560

After

「紅茶」の条件の売上を合計できた

	H	I
1	条件	売上合計
2	紅茶	630,390
3	2024/06/03	101,270

「紅茶」かつ「2024/06/03」の条件の売上を合計できた

SUMIFS関数は条件が1つでも複数でも合計できる

＝SUMIFS(合計範囲, 条件範囲1, 条件1, [条件範囲2, …], [条件2, …])

［条件範囲］から［条件］に一致するセルを検索し、同じ行にある［合計範囲］の数値を合計する

使いこなしのヒント

SUMIFS関数とSUMIF関数の違い

1つの条件を指定して合計できるSUMIF（サムイフ）関数もありますが、SUMIFS関数と使い分ける必要はありません。条件の検索対象である［範囲］、［条件］、［合計範囲］と、引数の順番がSUMIFS関数と異なることに注意してください。

＝SUMIF(範囲, 条件, [合計範囲])

スキルアップ

あいまいな条件を指定できるワイルドカード

「*」や「?」はワイルドカードと呼ばれます。例えば「*部」は「部」で終わるという意味になります。「新?」は「新」に任意の1文字が続くという意味です。「新宿」は一致しますが「新大久保」は一致しません。なお、「*」や「?」を条件にする場合は「~」で挟んで「~*~」のように指定してください。

●条件に使えるワイルドカード

ワイルドカード	意味	使用例	結果の例
*	任意の文字列	*部	本部、営業部
?	任意の1文字	新?	新宿、新橋

1 SUMIFS関数に1つの条件を指定する

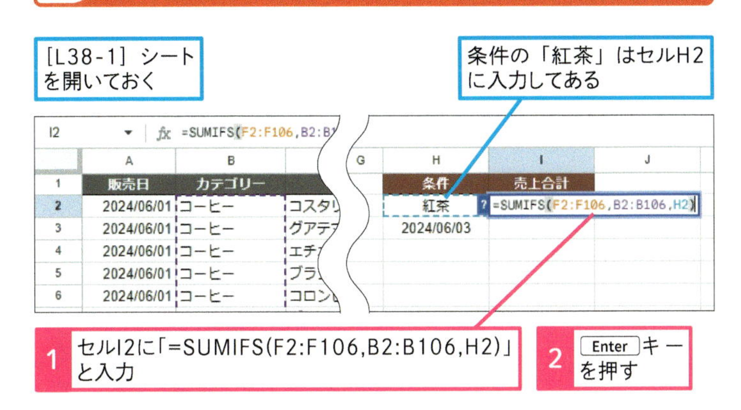

1 セルI2に「=SUMIFS(F2:F106,B2:B106,H2)」と入力

2 Enter キーを押す

2 SUMIFS関数に複数の条件を指定する

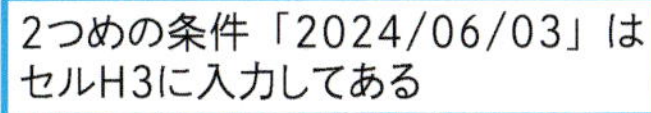

「紅茶」という1つの条件で売上が合計できた

1 セルI3に「=SUMIFS(F2:F106,B2:B106,H2,A2:A106,H3)」と入力

2 Enter キーを押す

「紅茶」かつ「2024/06/03」の2つの条件で売上が合計できた

使いこなしのヒント

引数［合計範囲］と［条件範囲］の高さは揃える

引数［合計範囲］と［条件範囲］の高さが揃っていない場合、エラーが表示されてしまいます。引数を簡単に指定するために列全体を選択する方法もあります。

使いこなしのヒント

特定の期間の日付を条件にするには

日付や数値の範囲を条件に指定する場合は、比較演算子を利用します。例えば、「2024/06/03以降」という条件は「>=2024/06/03」のように指定します。具体的な使い方は、レッスン39を参照してください。

使いこなしのヒント

「または」の条件を指定するには

SUMIFS関数に指定する複数の条件は、それらの条件を同時に満たしているかどうかを判定します。「または」の条件を満たす合計値は、2つの数式を「+」で足し算して求めます（137ページ参照）。

次のページに続く

SUMIFS関数を利用してクロス集計表を作成する

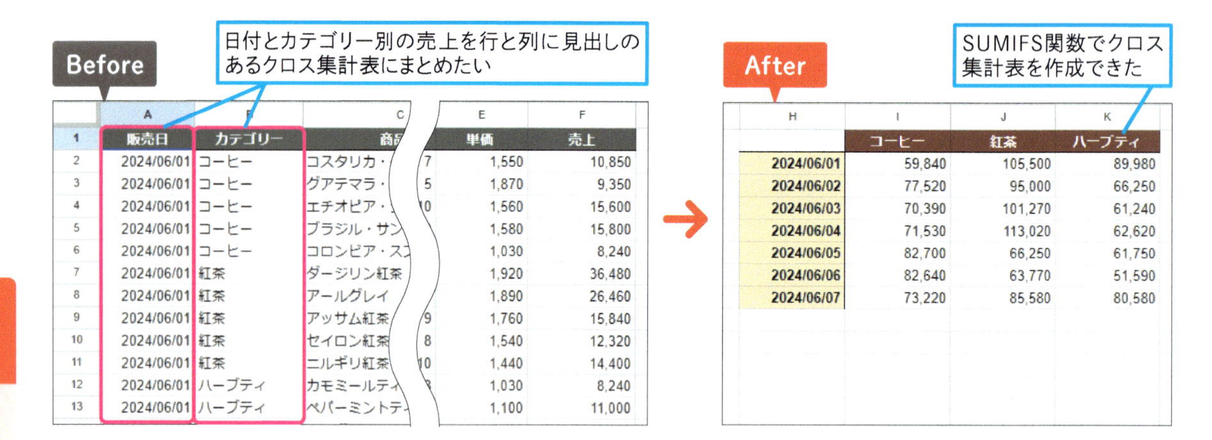

	A	B	C	E	F
1	販売日	カテゴリー	商品	単価	売上
2	2024/06/01	コーヒー	コスタリカ・	1,550	10,850
3	2024/06/01	コーヒー	グアテマラ・	1,870	9,350
4	2024/06/01	コーヒー	エチオピア・	1,560	15,600
5	2024/06/01	コーヒー	ブラジル・サン	1,580	15,800
6	2024/06/01	コーヒー	コロンビア・ス	1,030	8,240
7	2024/06/01	紅茶	ダージリン紅茶	1,920	36,480
8	2024/06/01	紅茶	アールグレイ	1,890	26,460
9	2024/06/01	紅茶	アッサム紅茶	1,760	15,840
10	2024/06/01	紅茶	セイロン紅茶	1,540	12,320
11	2024/06/01	紅茶	ニルギリ紅茶	1,440	14,400
12	2024/06/01	ハーブティ	カモミールティ	1,030	8,240
13	2024/06/01	ハーブティ	ペパーミントティ	1,100	11,000

H	I	J	K
	コーヒー	紅茶	ハーブティ
2024/06/01	59,840	105,500	89,980
2024/06/02	77,520	95,000	66,250
2024/06/03	70,390	101,270	61,240
2024/06/04	71,530	113,020	62,620
2024/06/05	82,700	66,250	61,750
2024/06/06	82,640	63,770	51,590
2024/06/07	73,220	85,580	80,580

1 クロス集計表を作成する

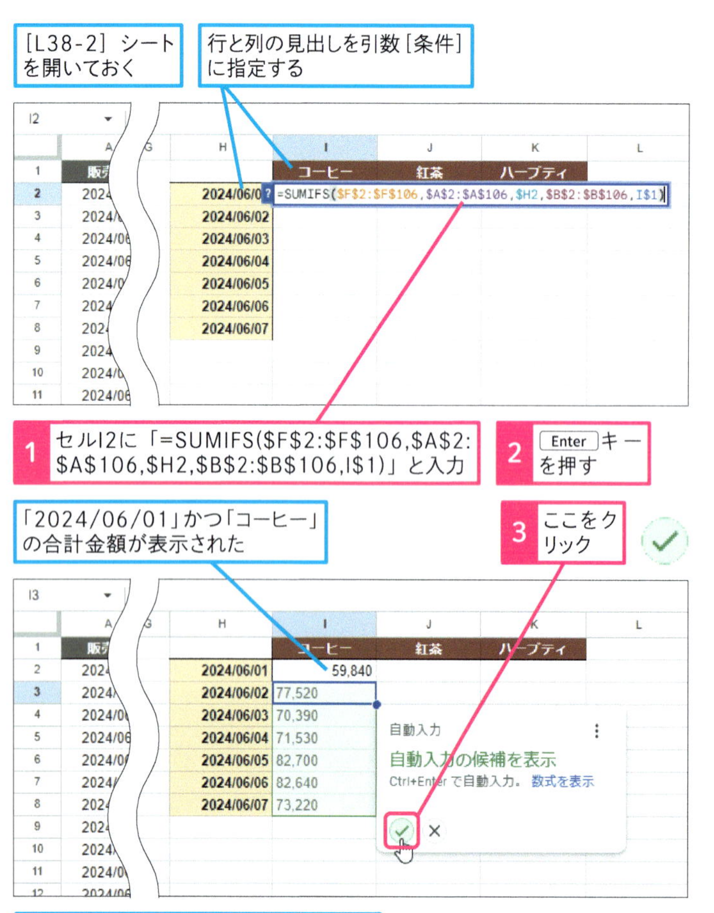

使いこなしのヒント

「$」の意味

手順1で入力している数式中のセル参照には「$」付きの絶対参照を利用しています。これは数式をコピーしたときにセル参照がずれないようにする参照方式です。詳しくはレッスン41を参照してください。

時短ワザ

数式を縦横まとめてコピーするには

選択したセル範囲に数式をすばやくコピーする方法があります。数式を入力したセルを含めて、数式をコピーしたいセル範囲を選択して Ctrl + Enter キーを押します。

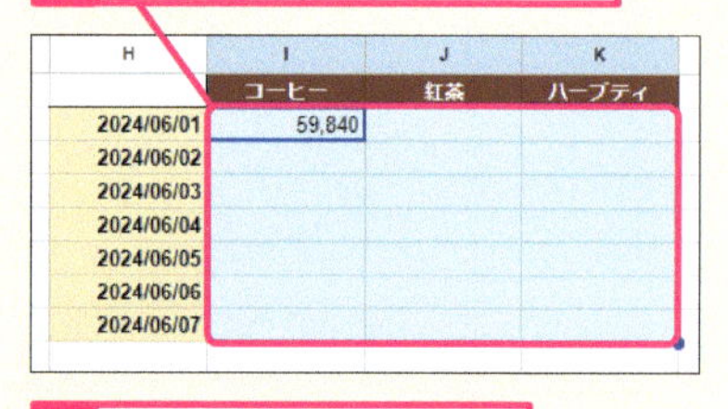

使いこなしのヒント

条件を指定して平均を求めるAVERAGEIFS / AVERAGEIF関数

条件を指定して平均を求めるには、AVERAGEIFS（アベレージイフエス）関数を使います。平均する数値の入力されたセル範囲を最初の引数［平均範囲］に指定します。なお、1つの条件を指定して平均を求めるAVERAGEIF（アベレージイフ）関数もありますが、SUMIF関数と同様に、あえて使う意味はありません。

= AVERAGEIFS(平均範囲 , 条件範囲 1, 条件 1,［条件範囲 2, …］,［条件 2, …］)

1 セルI2に「=AVERAGEIFS(D2:D106,B2:B106,H2)」と入力

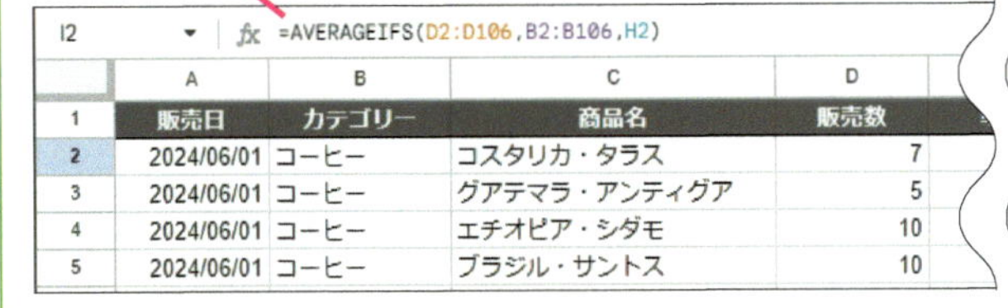

「紅茶」の販売数の平均が求められる

2 セルI3に「=AVERAGEIFS(D2:D106,B2:B106,H2,A2:A106,H3)」と入力

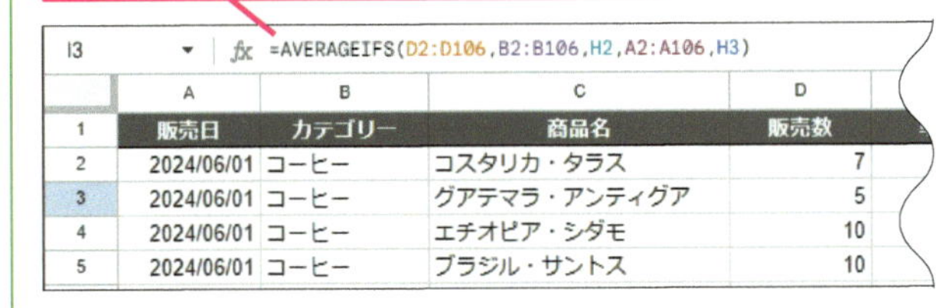

「紅茶」かつ「2024/06/03」の2つの条件で販売数の平均が求められる

● AVERAGEIF関数の構文

= AVERAGEIF(条件範囲 , 条件 ,［平均範囲］)

2 横方向に数式をコピーする

数式がコピーされてほかの日付の合計金額が表示された

1 セルI2 ～ I8を選択

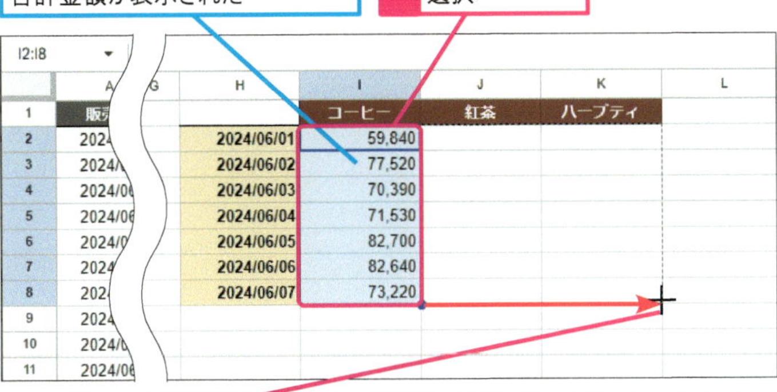

2 フィルハンドルをK列までドラッグ

「紅茶」と「ハーブティ」のカテゴリーの合計金額が表示される

まとめ　1つでも複数でも条件を指定できる

SUMIFS関数は、1つの条件を指定しても動作します。条件の数によって、SUMIF関数と使い分ける必要はありません。むしろ、同じシート内で2つの関数を併用しないようにしてください。引数の順番が異なるため、混乱の元になります。AVERAGEIFS/AVERAGEIF関数も同様です。また、数式を縦方向と横方向にコピーするときは、134ページの時短ワザを使うと、効率的に作業できます。ほかの関数でも使えるテクニックです。

レッスン

39 条件に一致するデータを数えるには

COUNTIFS

練習用ファイル ［L39］シート

SUMIFS関数とあわせて、指定した条件を満たすデータを数えられるCOUNTIFS（カウントイフエス）関数も覚えておきましょう。ここでは、日付と比較演算子を組み合わせて、ある期間に含まれるデータを数えてみます。

キーワード

関数	P.247
条件	P.248
引数	P.249

条件に一致するデータを数える

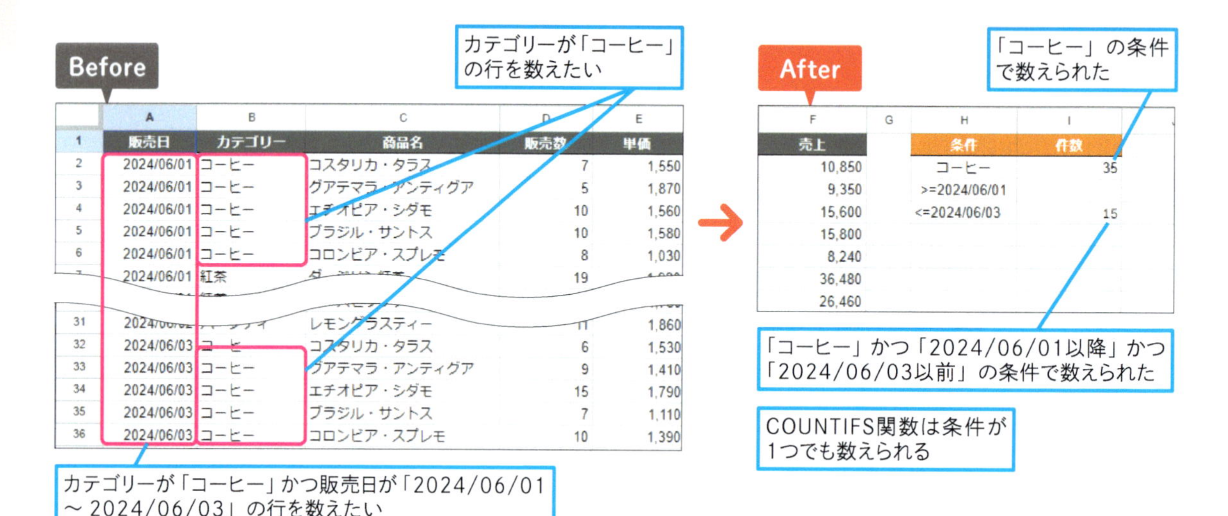

= COUNTIFS(条件範囲1, 条件1, ［条件範囲2, …］, ［条件2, …］)

［条件範囲］から［条件］に一致するデータを数える

使いこなしのヒント

複数の条件を指定するときは引数［条件範囲］の高さを揃える

複数の条件を指定する場合、それぞれの引数［条件範囲］の高さを揃えておく必要があります。高さを揃える手間を省くなら、列全体を選択する方法もあります。ただし、表の下に条件に一致するデータが入力されていると、誤った結果になってしまうので注意してください。

列全体のセル範囲は「A:A」や「B:B」のように記述する

I4 =COUNTIFS(B:B,H2,A:A,H3,A:A,H4)

	A	B	C	D
1	販売日	カテゴリー	商品名	販売数
2	2024/06/01	コーヒー	コスタリカ・タラス	

スキルアップ

「または」の条件を指定する

複数の条件は「AかつB」のAND条件として扱われます。「または」の条件は指定できないため、COUNTIFSの数式を足し算します。「以外」を表す比較演算子「<>」も覚えておくと、条件指定の幅が広がります。

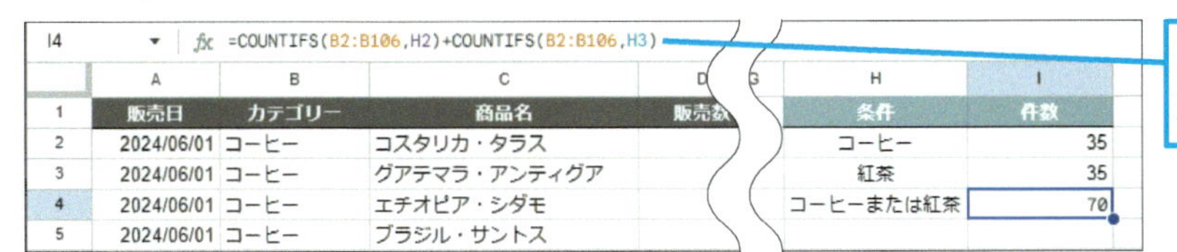

COUNTIFSの数式を「+」で足すことで「または」の条件代わりになる

1 COUNTIFS関数に1つの条件を指定する

[L39] シートを開いておく

条件の「コーヒー」はセルH2に入力してある

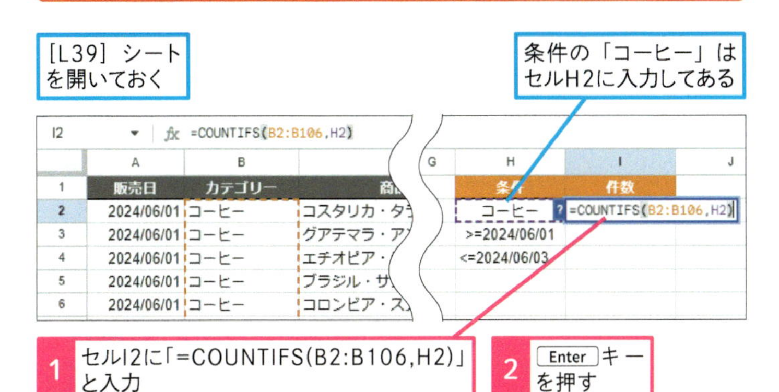

1 セルI2に「=COUNTIFS(B2:B106,H2)」と入力

2 Enter キーを押す

2 COUNTIFS関数に複数の条件を指定する

「コーヒー」という1つの条件で数えられた

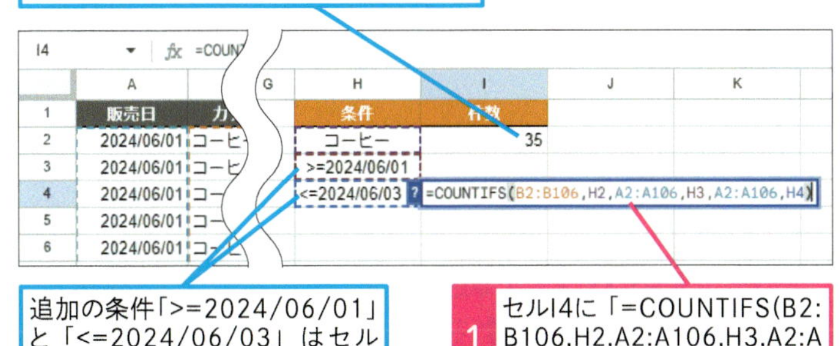

追加の条件「>=2024/06/01」と「<=2024/06/03」はセルH3とH4に入力してある

1 セルI4に「=COUNTIFS(B2:B106,H2,A2:A106,H3,A2:A106,H4)」と入力

2 Enter キーを押す

「コーヒー」かつ「2024/06/01以降」かつ「2024/06/03以前」の条件で数えられた

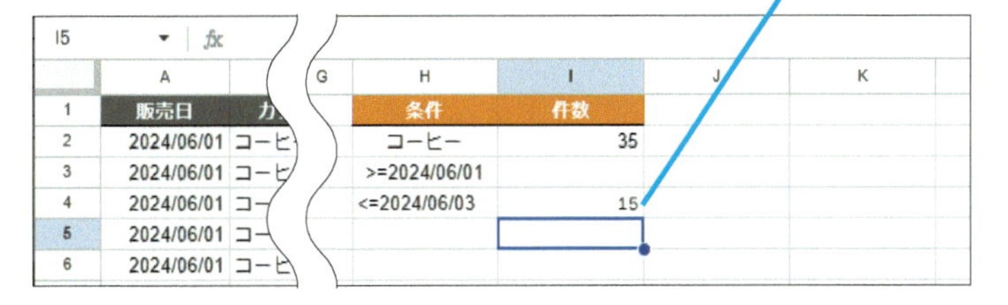

使いこなしのヒント

比較演算子を組み合わせた条件

比較演算子を組み合わせた条件をセル参照するときは「>=2024/06/01」のように入力しておきます。数式中では「">=2024/06/01"」のように「"」で囲んで指定します。比較演算子については83ページのスキルアップを参照してください。

使いこなしのヒント

COUNTIF関数との違い

COUNTIFS関数と1つの条件を指定できるCOUNTIF（カウントイフ）関数を使い分ける必要はありません。COUNTIF関数は条件付き書式でよく使われます（レッスン66参照）。

= COUNTIF(範囲 , 条件)

まとめ 意図通りに条件を指定する方法を覚える

条件として数値や日付の範囲を指定することがよくあります。比較演算子を組み合わせる条件の指定方法に慣れておきましょう。条件として参照するセルには「>=2024/06/01」のように入力しておきます。数式中に条件を指定すると、条件を変更するたびに数式を修正する手間がかかるため、セル参照する方法をおすすめします。

レッスン

40 小計を含む表を正確に集計する

SUBTOTAL

練習用ファイル ［L40］シート

SUBTOTAL（サブトータル）関数は引数によって集計方法を切り替えられる関数です。SUBTOTAL関数は、参照するセル範囲に含まれるSUBTOTAL関数は集計しないという特徴があります。また、フィルタによる非表示の行は集計の対象外です。

キーワード

関数	P.247
引数	P.249

SUBTOTAL関数で正確に集計する

Before

	A	B	C
1	カテゴリー	商品名	売上合計
2	コーヒー	エチオピア・シダモ	106,350
3		グアテマラ・アンティグア	88,770
4		コスタリカ・タラス	116,800
5		コロンビア・スプレモ	86,900
6		ブラジル・サントス	119,020
7	小計		
8	紅茶	アールグレイ	169,880
9		アッサム紅茶	104,080
10		セイロン紅茶	108,080
11		ダージリン紅茶	134,250
12		ニルギリ紅茶	114,100
13	小計		
14	ハーブティ	カモミールティー	63,830
15		ペパーミントティー	70,150
16		ルイボスティー	94,420
17		レモングラスティー	104,680
18		ローズヒップティー	140,930
19	小計		
20	合計		
21			

カテゴリーごとの小計と全体の合計を求めたい

After

	A	B	C
1	カテゴリー	商品名	売上合計
2	コーヒー	エチオピア・シダモ	106,350
3		グアテマラ・アンティグア	88,770
4		コスタリカ・タラス	116,800
5		コロンビア・スプレモ	86,900
6		ブラジル・サントス	119,020
7	小計		517,840
8	紅茶	アールグレイ	169,880
9		アッサム紅茶	104,080
10		セイロン紅茶	108,080
11		ダージリン紅茶	134,250
12		ニルギリ紅茶	114,100
13	小計		630,390
14	ハーブティ	カモミールティー	63,830
15		ペパーミントティー	70,150
16		ルイボスティー	94,420
17		レモングラスティー	104,680
18		ローズヒップティー	140,930
19	小計		474,010
20	合計		1,622,240
21			

カテゴリーごとの小計と全体の合計を求められた

= SUBTOTAL(関数コード , 範囲 1, [範囲 2, …])

［関数コード］に指定した集計方法で［範囲］を集計する

使いこなしのヒント

SUM関数との併用は厳禁

このレッスンでは、SUBTOTAL関数で小計を求めたうえで、合計を求めるSUBTOTAl関数の引数［範囲］にセルC2～C19を指定しています。SUBTOTAL関数は、SUBTOTAL関数の入力されたセルを集計しないという特徴を活かして、手軽に正確な結果を求めているわけです。仮に小計行にSUM関数を入力していると、SUBTOTAL関数はそれらも集計してしまい、間違った結果になります。SUBTOTAL関数を利用するときは、すべてSUBTOTAL関数で集計してください。

1 SUBTOTAL関数で小計を求める

[L40] シートを開いておく

1 セルC7に「=SUBTOTAL(9, C2:C6)」と入力

2 Enter キーを押す

C7 =SUBTOTAL(9,C2:C6)

	A	B	C	D	E
1	カテゴリー	商品名	売上合計		
2	コーヒー	エチオピア・シダモ	106,350		
3		グアテマラ・アンティグア	88,770		
4		コスタリカ・タラス	116,800		
5		コロンビア・スプレモ	86,900		
6		ブラジル・サントス	119,020		
7	小計		=SUBTOTAL(9,C2:C6)		
8	紅茶	アールグレイ	169,880		

セルC2 ～ C6に入力された売上金額の合計を求められた

C13 =SUBTOTAL(9,C8:C12)

	A	B	C	D	E
1	カテゴリー	商品名	売上合計		
2	コーヒー	エチオピア・シダモ	106,350		
3		グアテマラ・アンティグア	88,770		
4		コスタリカ・タラス	116,800		
5		コロンビア・スプレモ	86,900		
6		ブラジル・サントス	119,020		
7	小計		517,840		
8	紅茶	アールグレイ	169,880		
9		アッサム紅茶	104,080		
10		セイロン紅茶	108,080		
11		ダージリン紅茶	134,250		
12		ニルギリ紅茶	114,100		
13	小計		=SUBTOTAL(9,C8:C12)		
14	ハーブティ	カモミールティー	63,830		

3 セルC13に「=SUBTOTAL(9,C8:C12)」と入力

4 Enter キーを押す

2 SUBTOTAL関数で合計を求める

セルC8 ～ C12に入力された売上金額の合計を求められた

同様にセルC19に「=SUBTOTAL(9,C14:C18)」と入力しておく

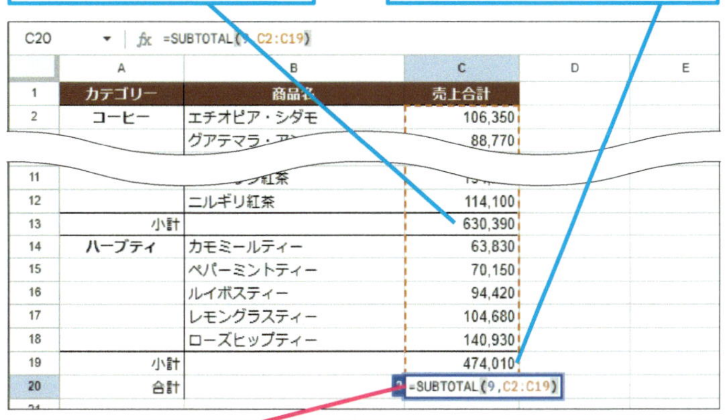

C20 =SUBTOTAL(9,C2:C19)

	A	B	C	D	E
1	カテゴリー	商品名	売上合計		
2	コーヒー	エチオピア・シダモ	106,350		
		グアテマラ・ア…	88,770		
12		ニルギリ紅茶	114,100		
13	小計		630,390		
14	ハーブティ	カモミールティー	63,830		
15		ペパーミントティー	70,150		
16		ルイボスティー	94,420		
17		レモングラスティー	104,680		
18		ローズヒップティー	140,930		
19	小計		474,010		
20	合計		=SUBTOTAL(9,C2:C19)		

1 セルC20に「=SUBTOTAL(9,C2:C19)」と入力

2 Enter キーを押す

売上金額の合計が求められる

使いこなしのヒント

合計の「9」と数える「3」は覚えておこう

SUBTOTAL関数は、引数［関数コード］の値によって集計方法が変わります。数値を合計する「9」とデータを数える「3」は、よく使われるので覚えておきましょう。なお、3桁の［関数コード］は行番号を右クリックして非表示にした行を集計対象から除外する場合に利用します。

●引数［関数コード］と動作

関数コード	集計内容（相当する関数）
1 (101)	平均（AVERAGE）
2 (102)	数値の個数（COUNT）
3 (103)	データの個数（COUTNA）
4 (104)	最大値（MAX）
5 (105)	最小値（MIN）
6 (106)	積（PRODUCT）
7 (107)	標準偏差（STDEV）
8 (108)	母集団全体の標準偏差（STDEVP）
9 (109)	合計（SUM）
10 (110)	分散（VAR）
11 (111)	母集団全体の分散（VARP）

まとめ SUBTOTAL関数で手軽に正確に集計できる

SUM関数を使って同様に集計する場合、セルC20に入力するSUM関数の数式は「=SUM(C7, C13, C19)」となります。「,」で区切って、セルを1つずつ指定するのは手間がかかり、間違えやすいでしょう。さらに小計行が追加・削除されれば、数式の修正も必要になります。合計行の数式にセル範囲を指定できるSUBTOTAL関数のほうが手軽で正確に集計できます。

レッスン

41 数式を再利用するには

相対参照／絶対参照

練習用ファイル [L41-1] [L41-2] シート

数式や引数に指定するセル参照には「相対参照」と「絶対参照」という参照方式があります。数式をコピーして再利用するとき、参照方式の違いによって結果が異なります。なお、行と列のいずれかの参照方式が異なるセル参照を複合参照といいます。

キーワード

絶対参照	P.249
相対参照	P.249
複合参照	P.250

絶対参照を利用して参照のずれを防ぐ

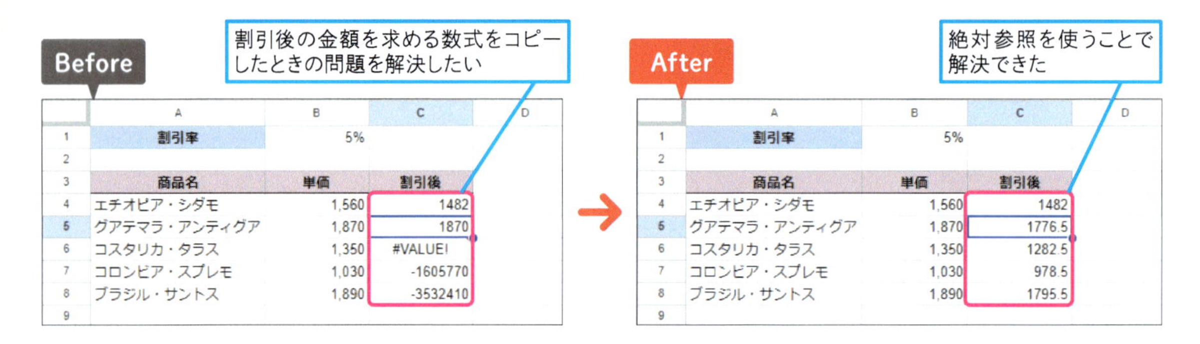

1 相対参照の数式を入力する

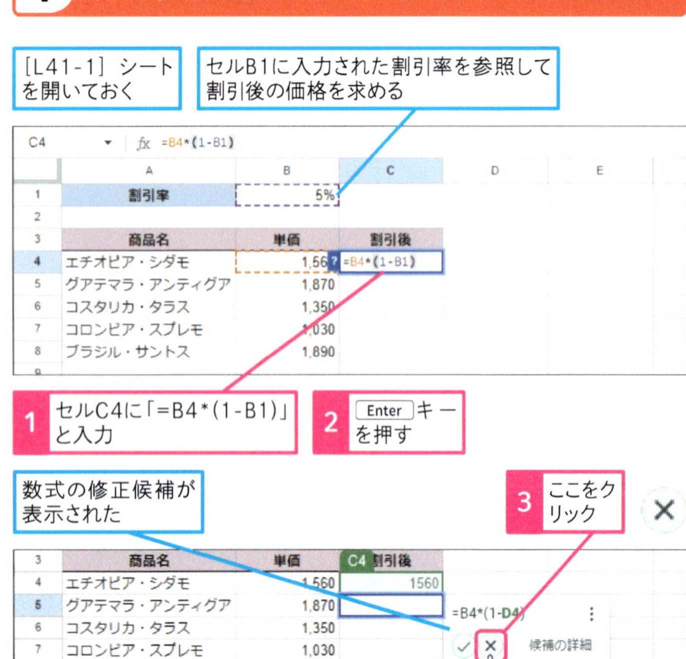

用語解説

相対参照

「A1」や「B4」など、列番号と行番号を組み合わせて指定する参照方式のことです。数式をコピーしたとき、コピー先のセルに合わせて参照先が変化します。

使いこなしのヒント

修正候補が正しいとは限らない

手順1のように、数式の確定後に修正候補が表示されることがあります。提案された数式が正しくないこともあるので、よく確認してから操作してください。判断できなければ × をクリックしておきましょう。

2 相対参照の数式をコピーする

セルC4の数式をコピーする

1 セルC4をクリック

2 フィルハンドルをセルC8までドラッグ

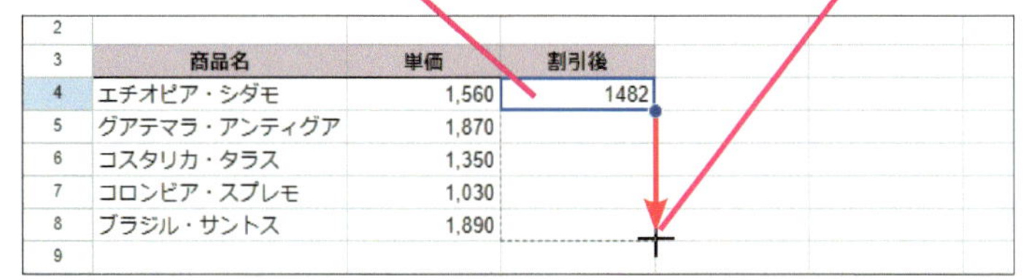

	商品名	単価	割引後
2			
3	商品名	単価	割引後
4	エチオピア・シダモ	1,560	1482
5	グアテマラ・アンティグア	1,870	
6	コスタリカ・タラス	1,350	
7	コロンビア・スプレモ	1,030	
8	ブラジル・サントス	1,890	
9			

数式がコピーされたが結果がおかしい

コピーした数式を確認する

3 セルC5をクリック

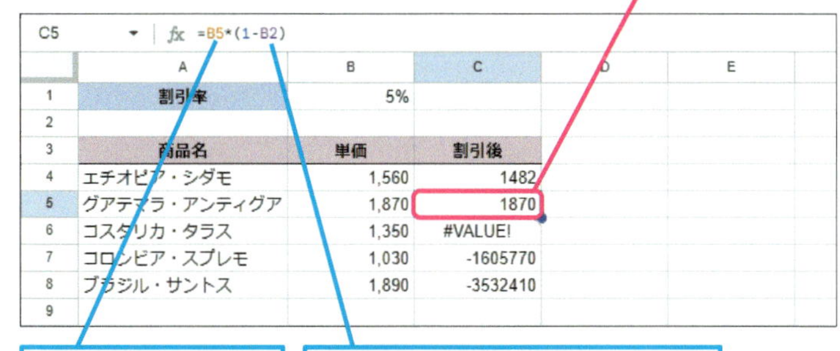

C5 fx =B5*(1-B2)

	A	B	C	D	E
1	割引率	5%			
2					
3	商品名	単価	割引後		
4	エチオピア・シダモ	1,560	1482		
5	グアテマラ・アンティグア	1,870	1870		
6	コスタリカ・タラス	1,350	#VALUE!		
7	コロンビア・スプレモ	1,030	-1605770		
8	ブラジル・サントス	1,890	-3532410		
9					

単価が入力されたセルB5を参照している

割引率の入力されたセルB1ではなくセルB2が参照されている

3 参照方式を絶対参照に切り替える

セルC4の数式中のセル参照を絶対参照に切り替える

セルC5 ～ C8の数式を削除しておく

C4 fx =B4*(1-B1)

	A	B	C	D	E
1	割引率	5%			
2					
3	商品名	単価	割引後		
4	エチオピア・シダモ	1,560	=B4*(1-B1)		
5	グアテマラ・アンティグア	1,870			
6	コスタリカ・タラス	1,350			
7	コロンビア・スプレモ	1,030			

1 「B1」にカーソルを移動する

2 F4 キーを押す

参照方式が絶対参照に切り替わった

3 Enter キーを押す

C4 fx =B4*(1-$B$1)

	A	B	C	D	E
1	割引率	5%			
2					
3	商品名	単価	割引後		
4	エチオピア・シダモ	1,560	=B4*(1-$B$1)		
5	グアテマラ・アンティグア	1,870			
6	コスタリカ・タラス	1,350			
7	コロンビア・スプレモ	1,030			

使いこなしのヒント

相対参照は自セルを基準とする参照方式

セルC4の数式「=B4*(1-B1)」は相対参照でセルB4とB1を参照しています。セルC4を基準に、セルB4は1つ左、セルB1は1つ左3つ上となります。この法則に従って、セルC5の数式は「=B5*(1-B2)」と変化します。セルC5を基準に、1つ左はセルB5、1つ左3つ上はセルB2となり、参照先がずれておかしな結果になっているのです。この課題を解消するために、手順3でセルB1への参照方式を絶対参照に切り替えています。

時短ワザ

参照方式は F4 キーを押して切り替える

手順3のように、参照方式は F4 キーを押して切り替えることをおすすめします。「$」が付いた列番号、もしくは、行番号が固定されて、数式をコピーしても参照先が変わらなくなります。

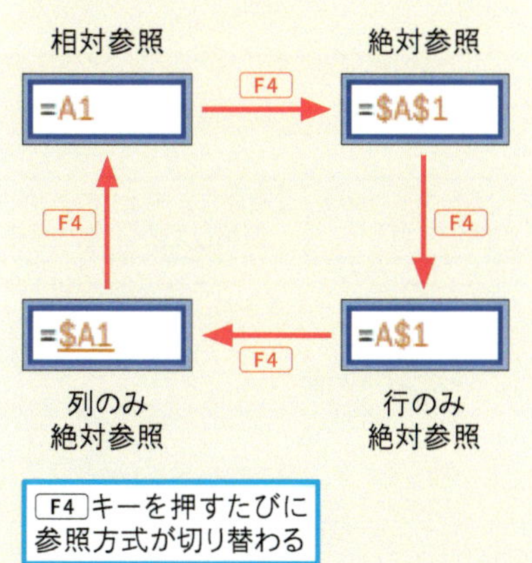

F4 キーを押すたびに参照方式が切り替わる

次のページに続く

4 絶対参照の数式をコピーする

絶対参照に切り替えた数式をコピーする

1 セルC4をクリック

2 フィルハンドルをセルC8までドラッグ

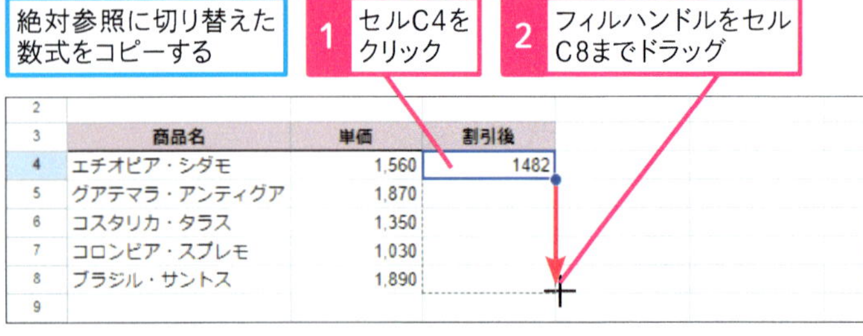

コピーした数式を確認する

3 セルC5をクリック

	A	B	C	D	E
1	割引率	5%			
2					
3	商品名	単価	割引後		
4	エチオピア・シダモ	1,560	1482		
5	グアテマラ・アンティグア	1,870	1776.5		
6	コスタリカ・タラス	1,350	1282.5		
7	コロンビア・スプレモ	1,030	978.5		
8	ブラジル・サントス	1,890	1795.5		
9					

C5 fx =B5*(1-$B$1)

単価が入力されたセルB5を参照している

割引率の入力されたセルB1の参照はずれずに参照されている

用語解説

絶対参照

数式をコピーしたときにセルの参照先が変化しない参照方式のことです。「$B$1」のように列番号と行番号の前に「$」を付けて指定します。「$」は直接入力しても構いませんが、F4キーを押して参照方式を切り替えるほうが簡単です。

複合参照を利用して参照のずれを防ぐ

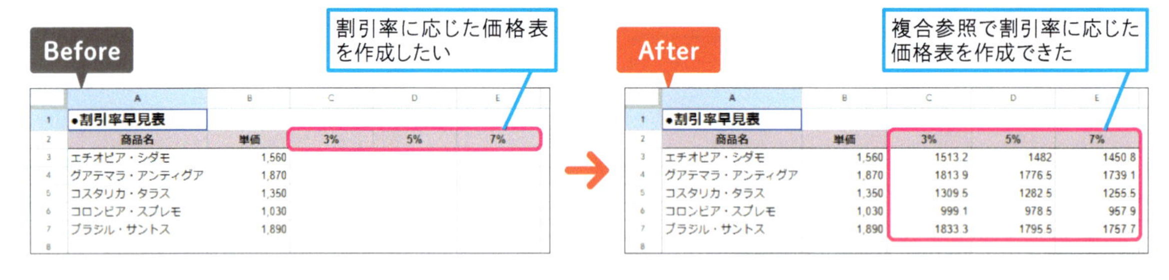

Before

	A	B	C	D	E
1	●割引率早見表				
2	商品名	単価	3%	5%	7%
3	エチオピア・シダモ	1,560			
4	グアテマラ・アンティグア	1,870			
5	コスタリカ・タラス	1,350			
6	コロンビア・スプレモ	1,030			
7	ブラジル・サントス	1,890			

After

	A	B	C	D	E
1	●割引率早見表				
2	商品名	単価	3%	5%	7%
3	エチオピア・シダモ	1,560	1513.2	1482	1450.8
4	グアテマラ・アンティグア	1,870	1813.9	1776.5	1739.1
5	コスタリカ・タラス	1,350	1309.5	1282.5	1255.5
6	コロンビア・スプレモ	1,030	999.1	978.5	957.9
7	ブラジル・サントス	1,890	1833.3	1795.5	1757.7

1 複合参照の数式を入力する

[L41-2] シートを開いておく

セルC2 ～ E2に入力された割引率を参照して割引後の価格を求める

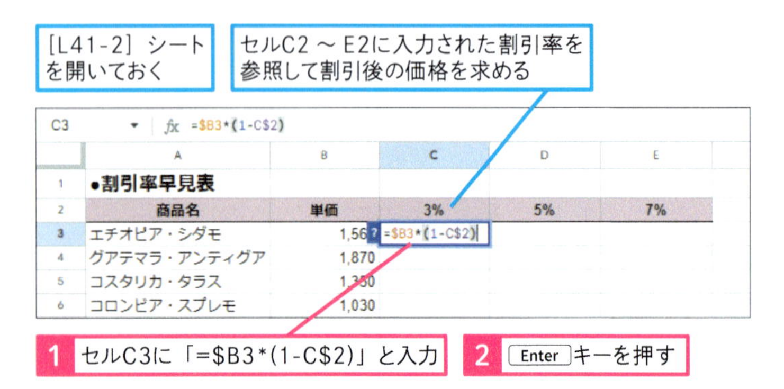

1 セルC3に「=$B3*(1-C$2)」と入力

2 Enterキーを押す

使いこなしのヒント

行と列のどちらを固定するかを考えよう

セルC3の数式「=$B3*(1-C$2)」では単価と割引率を参照しています。縦方向へのコピーでは、単価を参照する行は変化、割引率を参照する行は固定させます。横方向へのコピーでは、単価を参照する列は固定、割引率を参照する列は変化させます。それぞれ固定する列と行をふまえて「$」を付けましょう。

2 複合参照の数式をコピーする

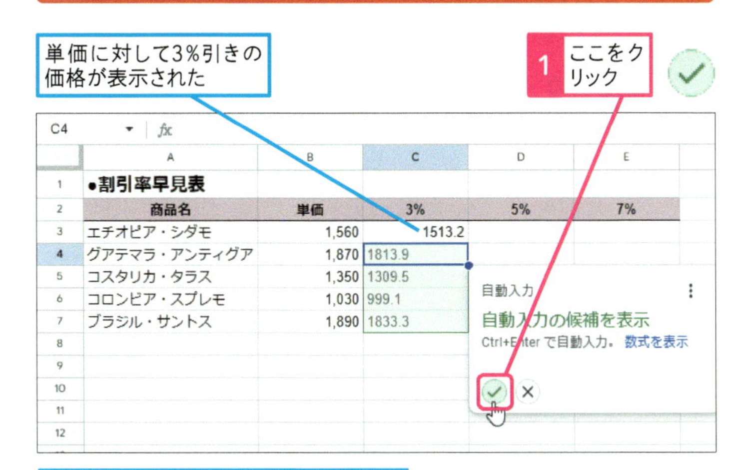

自動入力の候補が表示されない場合はフィルハンドルをドラッグしてコピーする

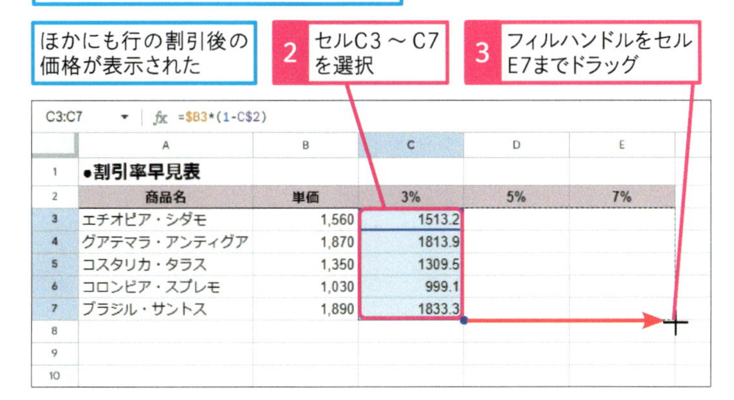

3 コピーした数式を確認する

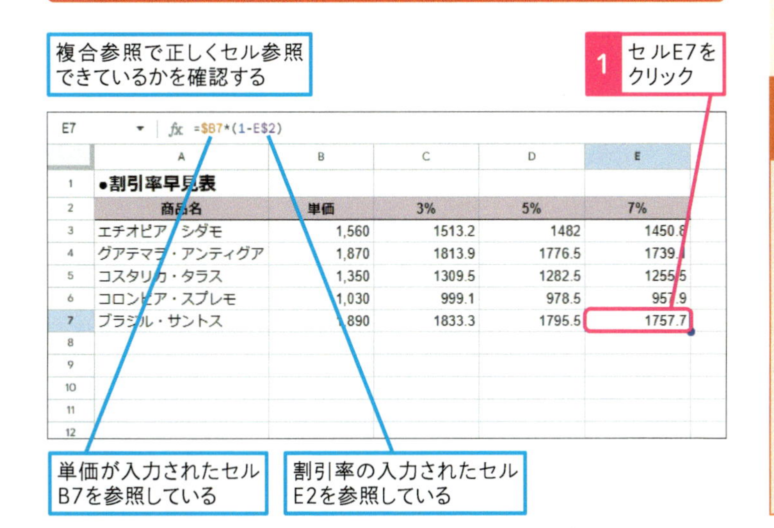

用語解説

複合参照

列と行のいずれかを相対参照と絶対参照にした参照方式のことです。例えば、「$B3」は列が絶対参照、行が相対参照になります。「C$2」は列が相対参照、行が絶対参照になります。

使いこなしのヒント

縦方向と横方向のどちらからコピーしても構わない

手順2で縦方向に数式をコピーした後、手順3で横方向にコピーしていますが、セルC3の数式は複合参照で指定しているため、横方向にコピーした後に縦方向にコピーしても問題ありません。134ページの時短ワザを使って、数式をコピーする方法もおすすめです。

まとめ 参照方式の違いを覚えておこう

数式をコピーした後のセル参照の変化に注目してください。「$」の有無によって動作が異なることを理解しておきましょう。数式をコピーしたときに表示されるエラーや、演算や関数の結果がおかしいときは、セル参照のずれが原因であることがほとんどです。コピー元の数式のセル参照と結果の正しくない数式と見比べると、参照方式の指定ミスに気付くはずです。

この章のまとめ

必須の関数と参照方式を覚える

この章で紹介した関数は、業種を問わず利用される重要なものばかりです。数える、平均するといった処理のほか、最大値や最小値の取り出しや、順位付けなどは一般的なものです。また、数値の丸めや条件を指定した集計作業が思い通りにできなければ仕事になりません。長い数式に戸惑ったかもしれませんが、「$」の付いた絶対参照の結果、難しく感じているだけのこともあります。まずは意図通りの数式を入力できるようになることを目標にしましょう。

I2:I8 =SUMIFS($F$2:$F$106,$A$2:$A$106,$H2,$B$2:$B$106,I$1)

	A	B	C	D
1	販売日	カテゴリー	商品名	販売数
2	2024/06/01	コーヒー	コスタリカ・タラス	7
3	2024/06/01	コーヒー	グアテマラ・アンティグア	5
4	2024/06/01	コーヒー	エチオピア・シダモ	10
5	2024/06/01	コーヒー	ブラジル・サントス	10
6	2024/06/01	コーヒー	コロンビア・スプレモ	8
7	2024/06/01	紅茶	ダージリン紅茶	19
8	2024/06/01	紅茶	アールグレイ	14
9	2024/06/01	紅茶	アッサム紅茶	9
10	2024/06/01	紅茶	セイロン紅茶	8
11	2024/06/01	紅茶	ニルギリ紅茶	10
12	2024/06/01	ハーブティ	カモミールティー	8
13	2024/06/01	ハーブティ	ペパーミントティー	10
14	2024/06/01	ハーブティ	ルイボスティー	5

H	I	J	K
	コーヒー	紅茶	ハーブティ
2024/06/01	59,840		
2024/06/02	77,520		
2024/06/03	70,390		
2024/06/04	71,530		
2024/06/05	82,700		
2024/06/06	82,640		
2024/06/07	73,220		

必須の関数に加えて参照方式の違いを覚える

必須の関数の動作は覚えられたかな？　相対参照と絶対参照、複合参照の3つの参照方式は今後もずっと使うから、しっかり覚えておいてほしい。

「$」って何だろう？　と思っていましたけど、数式に必要な記号だったのですね。

私も、これから正しく使えそうです。SUMIFS関数でもっと活用します。

それはよかった。Excelと共通する関数も多いから、Googleスプレッドシートで使えれば応用できるはずだよ。次の章では、仕事の効率を上げる関数を紹介しよう。

活用編

第7章

VLOOKUPなどの便利な関数を活用しよう

Googleスプレッドシートには、業務の課題を解決したり、効率化したりできる関数が豊富に用意されています。自分の仕事に関連する関数からマスターしていきましょう。

42	関数で業務の課題を解決しよう	146
43	条件に一致するデータを探すには	148
44	もっと便利なXLOOKUP関数を使うには	152
45	ほかのシートやファイルのデータを参照するには	154
46	条件を判定して結果を切り替えるには	158
47	日付データを活用するには	162
48	営業日を数えるには	166
49	文字列を分割するには	170
50	文字列の一部を取り出すには	172
51	文字列の一部を書き換えるには	174
52	区切り文字を挟んで連結するには	178

レッスン

42 Introduction この章で学ぶこと 関数で業務の課題を解決しよう

業務に即した関数を使うことで効率化できて、作業時間を大幅に短縮できる可能性があります。この章では、VLOOKUP/XLOOKUP関数をはじめ、IF/IFS関数を使った条件分岐、日付操作関数、文字列操作関数をまとめました。自分の仕事に関連する関数から始めてみましょう。

表引きに欠かせない関数を覚える

知名度ナンバーワンのVLOOKUP関数をマスターしよう! Googleスプレッドシートでほかのシートやファイルを参照するには少し工夫が必要なんだ。あわせて覚えておこう。

VLOOKUPは何となく使っているんですよね。最近よく耳にするXLOOKUPも気になります。

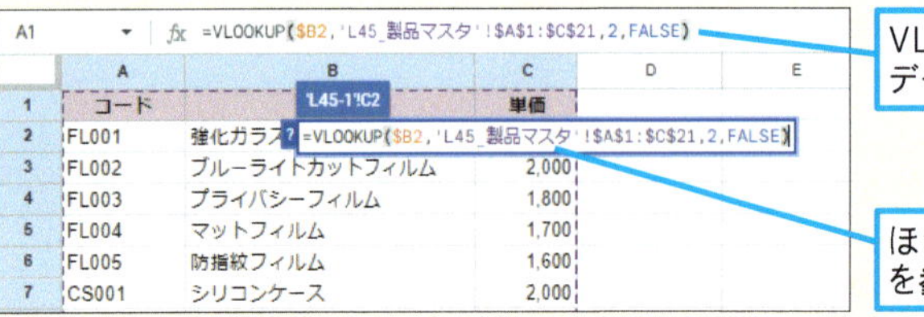

A1 fx =VLOOKUP($B2,'L45_製品マスタ'!$A$1:$C$21,2,FALSE)

	A	B	C	D	E
1	コード		単価		
2	FL001	強化ガラス =VLOOKUP($B2,'L45_製品マスタ'!$A$1:$C$21,2,FALSE)			
3	FL002	ブルーライトカットフィルム	2,000		
4	FL003	プライバシーフィルム	1,800		
5	FL004	マットフィルム	1,700		
6	FL005	防指紋フィルム	1,600		
7	CS001	シリコンケース	2,000		

VLOOKUP関数を使ってデータを抽出する

ほかのシートやファイルを参照する

条件によって処理を振り分ける

私はIF関数をマスターしたいです。条件式を作るときにいつも悩んでしまって……。

基本からしっかり解説するから安心して。複数の条件を指定するときの考え方も紹介するよ。

G2 fx =IFS(F2>8,"A",F2>6,"B",F2>4,"C")

	A	B	C	D	E	F	G	H
1	製品	基本性能	拡張性	デザイン	価格	総合評価	評価	
2	エコタイムマスター	9	8	9	7	8	=IFS(F2>8,"A",F2>6,"B",F2>4,"C")	
3	グリーンパルスプロ	8	7	8	7	7.5		
4	サステインウォッチ	7	7	8	8	7.5		
5	エンバイロギア	6	5	7	8	6.5		
6	ネイチャーシンク	6	4	5	9	6.0		
7								

IF/IFS関数を使って処理を振り分ける

日付を操作する関数をまとめて覚える

日付の計算って難しくないですか？
すぐにエラーが表示されて困る〜。

私、あまり使わないから困っていないけど、
似たような名前の関数が多いから迷うわね。

迷うのはWORKDAY関数とNETWORKDAS関数だろうね。
両方ともしっかり解説するよ。日付計算の基本も覚えよう。

YEAR/MONTH/DAY/DATE関数を
使って日付を計算する

	A	B	C		F
1	請求管理番号	請求日	取引先		支払日（翌月10日払い）
2	INV-1001	2024/05/05	株式会社アル	,000	2024/06/10
3	INV-1002	2024/05/10	株式会社ベー	,000	2024/06/10
4	INV-1003	2024/05/15	株式会社ガンマ	000	2024/06/10
5	INV-1004	2024/05/20	株式会社デルタ	0	2024/06/10
6	INV-1005	2024/05/25	株式会社イプシロ	0	2024/06/10
7	INV-1006	2024/06/05	株式会社ゼータ	0	2024/07/10
8	INV-1007	2024/06/10	株式会社エータ	000	2024/07/10
9	INV-1008	2024/06/15	株式会社シー	,000	2024/07/10
10	INV-1009	2024/06/20	株式会社イオ	,000	2024/07/10
11	INV-1010	2024/06/25	株式会社カッパ	000	2024/07/10
12					

NETWORKDAS関数を使って
期日までの稼働日を数える

WORKDAY関数を使って
○営業日後の日付を求める

	A	B	C	D	E
1	タスク管理番号	タスク名	開始日	実働日数	完了日
2	TSK-001	要件定義	2024/06/01	10	2024/06/14
3	TSK-002	設計	2024/06/10	20	2024/07/05
4	TSK-003	実装	2024/06/25	23	2024/07/26
5	TSK-004	テスト	2024/06/15	10	2024/06/28
6	TSK-005	デプロイ	2024/07/01	5	2024/07/05
7	TSK-006	ドキュメント作成	2024/07/05	15	2024/07/26
8	TSK-007	クライアントレビュー	2024/07/10	15	2024/07/31
9	TSK-008	修正	2024/07/20	8	2024/07/31
10	TSK-009	最終確認	2024/08/01	11	2024/08/16
11	TSK-010	プロジェクト完了	2024/08/15	7	2024/08/23
12					

文字列操作関数は汎用的に使える

文字列を分割したり、連結したりする処理は関数を使うと効率が
いいんだ。いろいろな業務で使えるから、ぜひマスターしてほしい。

効率化いいですね。はやく覚えて定時に帰りたいです。

SPLIT関数を使って
文字列を分割する

	A	B	C	D
1	サービスコード	カテゴリー	地域コード	ID
2	STRM-US-12345	STRM	US	12345
3	STRM-EU-67890	STRM	EU	67890
4	GAME-JP-23456	GAME	JP	23456
5	GAME-UK-78901	GAME	UK	78901
6	CLOUD-US-34567	CLOUD	US	34567
7	CLOUD-EU-89012	CLOUD	EU	89012
8	MUSIC-JP-45678	MUSIC	JP	45678
9	MUSIC-UK-90123	MUSIC	UK	90123
10	NEWS-US-56789	NEWS	US	56789
11	NEWS-EU-12301	NEWS	EU	12301

TEXTJOIN関数を使って
文字列を連結する

	A	B	C	D
1	部品番号	製造年月日	シリアル番号	「-」をはさんで結合
2	ZY3W9H	202301	LKJ	ZY3W9H-202301-LKJ
3	H8G4KD	202302	DFG	H8G4KD-202302-DFG
4	T3P6XJ	202303	QWE	T3P6XJ-202303-QWE
5	J9L8VN	202304	ASD	J9L8VN-202304-ASD
6	M6F2CB	202305	ZXC	M6F2CB-202305-ZXC
7	R4W7TP	202306	RTY	R4W7TP-202306-RTY
8	Q2D5FV	202307	UIO	Q2D5FV-202307-UIO
9	K8X3LM	202308	GHJ	K8X3LM-202308-GHJ
10	B5N4OP	202309	BNM	B5N4OP-202309-BNM
11	C3V6LK	202310	VBN	C3V6LK-202310-VBN

レッスン

43 条件に一致するデータを探すには

VLOOKUP

練習用ファイル [L43] シート

VLOOKUP（ブイルックアップ）関数は、指定した検索値を表から検索して、対応する値を取り出します。製品コードをマスターデータから探して、該当する製品名や単価を取得するといった処理をすばやく正確に行えます。

キーワード

エラー値	P.247
関数	P.247
引数	P.249

条件を指定してデータを抽出する

After

◆検索キー ◆範囲

	A	B	C	D	E	F	G	H	I	J
1	販売日	コード	製品名	単価	販売数量	売上		コード	製品名	単価
2	2024/05/01	FL003	プライバシーフィルム	1,800	2	3,600		FL001	強化ガラスフィルム	1,500
3	2024/05/01	FL003	プライバシーフィルム	1,800	5	9,000		FL002	ブルーライトカットフィルム	2,000
4	2024/05/01	BT004	ソーラーチャージャー	5,000	2	10,000		FL003	プライバシーフィルム	1,800
5	2024/05/01	CS001	シリコンケース	2,000	6	12,000		FL004	マットフィルム	1,700
6	2024/05/01	BT003	20000mAhバッテリー	6,000	6	36,000		FL005	防指紋フィルム	1,600
7	2024/05/01	HD004	ワイヤレス充電ホルダー	3,500	5	17,500		CS001	シリコンケース	2,000
8	2024/05/01	FL004	マットフィルム	1,700	2	3,400		CS002	ハードケース	2,500
9	2024/05/02	FL001	強化ガラスフィルム	1,500	9	13,500		CS003	手帳型ケース	3,000
10	2024/05/02	HD002	吸盤式ホルダー	2,700	9	24,300		CS004	クリアケース	1,800
11	2024/05/02	CS003	手帳型ケース	3,000	8	24,000		CS005	バンパーケース	2,200
12	2024/05/02	FL001	強化ガラスフィルム	1,500	1	1,500		BT001	5000mAhバッテリー	3,000
13	2024/05/02	BT004	ソーラーチャージャー	5,000	4	20,000		BT002	10000mAhバッテリー	4,000
14	2024/05/03	CS003	手帳型ケース	3,000	1	3,000		BT003	20000mAhバッテリー	6,000
15	2024/05/03	BT003	20000mAhバッテリー	6,000	4	24,000		BT004	ソーラーチャージャー	5,000
16	2024/05/03	BT004	ソーラーチャージャー	5,000	8	40,000		BT005	ワイヤレスバッテリー	4,500
17	2024/05/03	HD004	ワイヤレス充電ホルダー	3,500	7	24,500		HD001	エアベントホルダー	2,500
18	2024/05/03	CS002	ハードケース	2,500	8	20,000		HD002	吸盤式ホルダー	2,700
19	2024/05/04	BT001	5000mAhバッテリー	3,000	8	24,000		HD003	マグネットホルダー	2,200
20	2024/05/04	CS003	手帳型ケース	3,000	3	9,000		HD004	ワイヤレス充電ホルダー	3,500
21	2024/05/04	HD003	マグネットホルダー	2,200	2	4,400		HD005	クリップ式ホルダー	2,300

VLOOKUP関数で指定した検索値を表から探して対応する製品名と単価を表示できる

◆指数 左から「1」「2」「3」と数える

= VLOOKUP(検索キー , 範囲 , 指数 , [並べ替え済み])

[検索キー] を [範囲] から探して、同じ行にある [指数] (列) の値を表示する

使いこなしのヒント

引数［並べ替え済み］とは?

4つめの引数［並べ替え済み］とは、［範囲］から［検索キー］を探すときの動作を決めます。「TRUE」か「FALSE」のいずれかを指定します。省略した場合は「TRUE」と見なされます。「TRUE」では［範囲］が並べ替え済みであるとして扱われ［検索キー］以下の最大値を取得します（近似一致）。「FALSE」は［検索キー］と完全一致する値を［範囲］から取得します。

VLOOKUP関数の［検索キー］を指定する

［L43］シートを開いておく

1 セルC2に「=vl」と入力

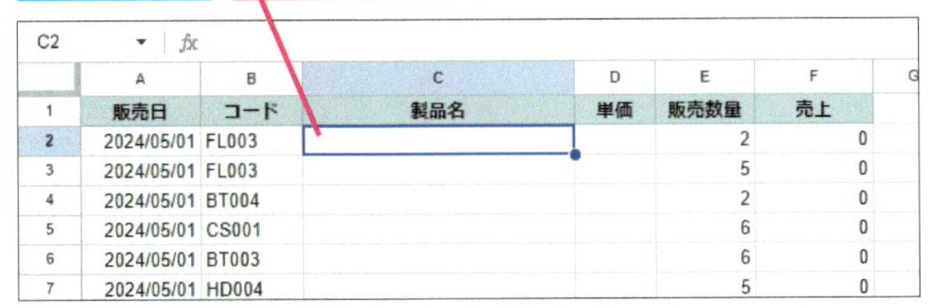

入力補助のリストが表示された

2 Tabキーを押す

C2 fx =vl

	A	B	C	D	E	F
1	販売日	コード	製品名	単価	販売数量	売上
2	2024/05/01	FL003	=vl		2	0
3	2024/05/01	FL003				0
4	2024/05/01	BT004				0
5	2024/05/01	CS001				0
6	2024/05/01	BT003				0
7	2024/05/01	HD004			5	0

VLOOKUP
垂直方向の検索。
承認する場合は、Tab キーを押してください

「=VLOOKUP（」と入力された

C2 fx =VLOOKUP(

	A	B	C	D	E	F
1	販売日	コード	製品名	単価	販売数量	売上
2	2024/05/01	FL003	=VLOOKUP(		2	0
3	2024/05/01	FL003				0
4	2024/05/01	BT004				0
5	2024/05/01	CS001				0
6	2024/05/01	BT003				0
7	2024/05/01	HD004			5	0

VLOOKUP(検索キー, 範囲, 指数, [並べ替え済み])

3 セルB2をクリック

C2 fx =VLOOKUP(B2

	A	B	C	D	E	F
1	販売日	コード	製品名	単価	販売数量	売上
2	2024/05/01	FL003	=VLOOKUP(B2		2	0
3	2024/05/01	FL003			5	0
4	2024/05/01	BT004			2	0
5	2024/05/01	CS001			6	0
6	2024/05/01	BT003			6	0
7	2024/05/01	HD004			5	0

「B2」と入力された

複合参照に切り替える

4 F4キーを3回押す

「B2」が「$B2」に切り替わった

5 「,」と入力

C2 fx =VLOOKUP($B2,

	A	B	C	D	E	F
1	販売日	コード	製品名	単価	販売数量	売上
2	2024/05/01	FL003	=VLOOKUP($B2,		2	0
3	2024/05/01	FL003				0
4	2024/05/01	BT004				0
5	2024/05/01	CS001				0
6	2024/05/01	BT003				0
7	2024/05/01	HD004			5	0

VLOOKUP(検索キー, 範囲, 指数, [並べ替え済み])

使いこなしのヒント

効率的に関数を入力する方法を知っておこう

手順1では、セルに「=vl」と入力し、入力補助のリストから［VLOOKUP］をTabキーを押して選択しています。「=VLOOKUP(」まで入力されると、Googleスプレッドシートは続けて引数が指定されるのだと判断します。したがって、セルB2をクリックすると、1つめの引数として指定されます。効率良く正確に関数を入力できる操作方法です。

使いこなしのヒント

別のシートやファイルを参照するには

検索キーを探す対象の表が別のシートやファイルにある場合は、IMPORTRANGE関数を利用します（レッスン45参照）。

使いこなしのヒント

「$B2」に切り替えるのはなぜ？

セルC2に入力しているVLOOKUP関数は、製品名を取得するための数式です。手順4で数式をコピーするときに、B列へのセル参照がずれないように、複合参照の「$B3」に切り替えています。

次のページに続く

2 引数［範囲］を指定する

引数［範囲］を指定する

1 セルH1～J21をドラッグして選択

D	E	F	G	H	I	J
単価	販売数量	売上		コード	製品名	単価
	2	0		FL001	強化ガラスフィルム	1,500
	5	0		FL002	ブルーライトカットフィルム	2,000
	2	0		FL003	プライバシーフィルム	1,800
	6	0		FL004	マットフィルム	1,700
	6	0		FL005	防指紋フィルム	1,600
	5	0		CS001	シリコンケース	2,000
	2	0		CS002	ハードケース	2,500
	9	0		CS003	手帳型ケース	3,000
	9	0		CS004	クリアケース	1,800
	8	0		CS005	バンパーケース	2,200
	1	0		BT001	5000mAhバッテリー	3,000
	4	0		BT002	10000mAhバッテリー	4,000
	1	0		BT003	20000mAhバッテリー	6,000
	4	0		BT004	ソーラーチャージャー	5,000
	8	0		BT005	ワイヤレスバッテリー	4,500
	7	0		HD001	エアベントホルダー	2,500
	8	0		HD002	吸盤式ホルダー	2,700
	8	0		HD003	マグネットホルダー	2,200
	3	0		HD004	ワイヤレス充電ホルダー	3,500
	2	0		HD005	クリップ式ホルダー	2,[illegible]00
	3	0				

C2 =VLOOKUP($B2,H1:J21)

	A	B	C	D	E	F
1	販売日	コード	製品名	単価	販売数量	売上
2	2024/05/01	FL003	=VLOOKUP($B2,H1:J21		2	0
3	2024/05/01	FL003			5	0
4	2024/05/01	BT004			2	0
5	2024/05/01	CS001			6	0
6	2024/05/01	BT003			6	0
7	2024/05/01	HD004			5	0
8	2024/05/01	FL004			2	0
9	2024/05/02	FL001			9	0

「H1:J21」と入力された

セル範囲を絶対参照に切り替える

2 F4キーを押す

使いこなしのヒント

引数［範囲］として参照する表のセル範囲の考え方

VLOOKUP関数から参照する表の左端列は［検索キー］を含む構造にしておきます。引数［範囲］には、表全体を指定するといいでしょう。［検索キー］は「FL001」といったコードであり、見出し行の「コード」という文字列には一致しないため、見出し行を含めて指定しても問題ありません。

使いこなしのヒント

左端列を「1」として数えた値を引数［指数］に指定する

引数［指数］は［範囲］の左端列を「1」として、右方向に「2」「3」と数えます。2列目の製品名は「2」と指定すると取り出せます。単価を取り出すには、3列目の「3」です。存在しない「4」やマイナスの値を指定するとエラーになります。

3 引数［指数］と［並べ替え済み］を指定する

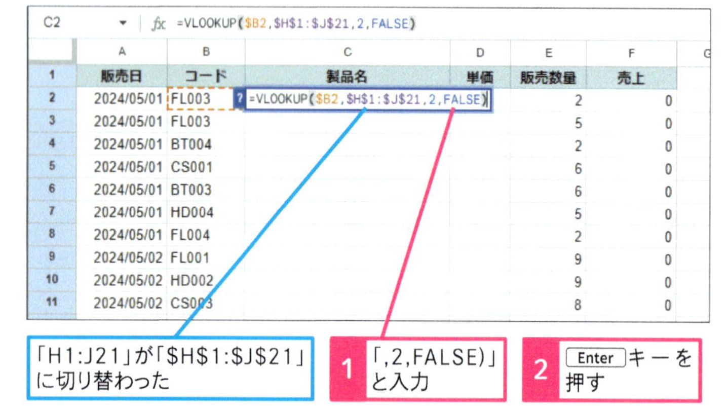

使いこなしのヒント

引数［並べ替え済み］は「FALSE」を指定する

一般的に［検索キー］と完全一致する値を引数［範囲］から検索することが多いため、引数［並べ替え済み］は「FALSE」にすると覚えてしまっても構いません。「TRUE」と指定する例としては、成績表や予算表などから、基準値以下の最大値を取得したい場合などが考えられます。「TRUE」と指定する場合は［範囲］を昇順で並べ替えておきます。

4 VLOOKUP関数の数式をコピーする

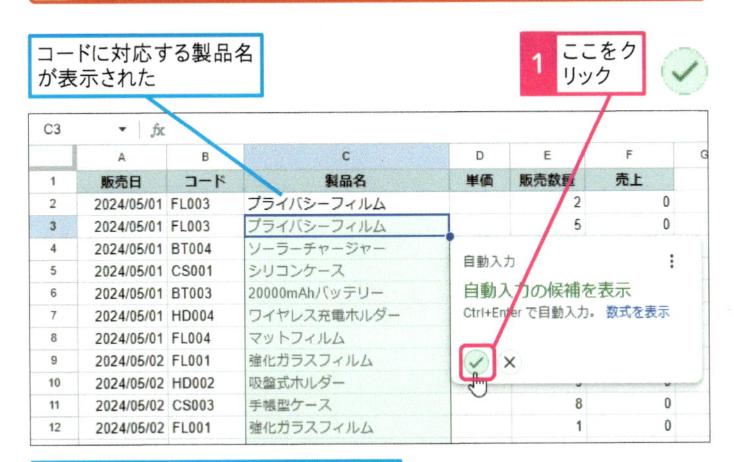

自動入力の候補が表示されない場合はフィルハンドルをドラッグしてコピーする

セルB3以降のコードに対応する製品名が表示された

セルC2の数式をコピーしてコードに対応する単価を抽出する

D2 fx =VLOOKUP($B2,$H$1:$J$21,3,FALSE)

	A	B	C	D	E	F
1	販売日	コード	製品名	単価	販売数量	売上
2	2024/05/01	FL003	プライバシーフィルム	=VLOOKUP($B2,$H$1:$J$21,3,FALSE)		
3	2024/05/01	FL003	プライバシーフィルム		5	0
4	2024/05/01	BT004	ソーラーチャージャー		2	0
5	2024/05/01	CS001	シリコンケース		6	0
6	2024/05/01	BT003	20000mAhバッテリー		6	0
7	2024/05/01	HD004	ワイヤレス充電ホルダー		5	0
8	2024/05/01	FL004	マットフィルム		2	0
9	2024/05/02	FL001	強化ガラスフィルム		9	0
10	2024/05/02	HD002	吸盤式ホルダー		9	0
11	2024/05/02	CS003	手帳型ケース		8	0
12	2024/05/02	FL001	強化ガラスフィルム		1	0

2 セルC2をコピーしてセルD2に貼り付け

3 「2」を「3」に修正

4 Enter キーを押す

コードに対応した単価が表示された

5 ここをクリック

D3

	A	B	C	D	E	F
1	販売日	コード	製品名	単価	販売数量	売上
2	2024/05/01	FL003	プライバシーフィルム	1,800	2	3,600
3	2024/05/01	FL003	プライバシーフィルム	1,800	5	0
4	2024/05/01	BT004	ソーラーチャージャー	5,000		
5	2024/05/01	CS001	シリコンケース	2,000		
6	2024/05/01	BT003	20000mAhバッテリー	6,000		
7	2024/05/01	HD004	ワイヤレス充電ホルダー	3,500		
8	2024/05/01	FL004	マットフィルム	1,700		
9	2024/05/02	FL001	強化ガラスフィルム	1,500		
10	2024/05/02	HD002	吸盤式ホルダー	2,700		
11	2024/05/02	CS003	手帳型ケース	3,000	8	0
12	2024/05/02	FL001	強化ガラスフィルム	1,500	1	0
13	2024/05/02	BT004	ソーラーチャージャー	5,000	4	0

自動入力
自動入力の候補を表示
Ctrl+Enter で自動入力。 数式を表示

自動入力の候補が表示されない場合はフィルハンドルをドラッグしてコピーする

セルB3以降のコードに対応する単価が表示される

スキルアップ

エラーを非表示にするには

引数［範囲］から［検索キー］を見つけられないときは［#N/A］エラーが表示されます。値が存在しないという意味です。セルに「#N/A」と表示させたくないときは、IFERROR（イフエラー）関数を利用します。引数［値］がエラー値の場合に［エラー値］に指定した値を表示する関数です。［値］にVLOOKUP関数の数式、［エラー値］に空白を意味する「""」を指定します。

=IFERROR(値,[エラー値])

コードが見つからないときに［#N/A］エラーが表示される

C2 fx =VLOOKUP($B2,$H$1:$J$21,2,FALSE)

	A	B	C	D
1	販売日	コード	製品名	単価
2	2024/05/01	FL000	#N/A	#N/A
3	2024/05/01	FL003	プライバシーフィルム	1,800
4	2024/05/01	BT004	ソーラーチャージャー	5,000

IFERROR関数を組み合わせるとエラーを非表示にできる

C2 fx =IFERROR(VLOOKUP($B2,$H$1:$J$21,2,FALSE),"")

	A	B	C	D
1	販売日	コード	製品名	単価
2	2024/05/01	FL000		
3	2024/05/01	FL003	プライバシーフィルム	1,800
4	2024/05/01	BT004	ソーラーチャージャー	5,000

まとめ 取り出したい値を整理しておこう

VLOOKUP関数は、4つの引数が難しく思えますが、「何のデータ」を「どこの表」から探すのか、「表の何列目」の値を取り出したいのかを整理しておくことが大切です。完全一致で検索するなら、4つめの引数［並べ替え済み］は「FALSE」となります。また、データ（検索キー）は表（範囲）の左端列を対象に検索されることがポイントです。参照する表の左端列は［検索キー］を含む構造にしておきましょう。

レッスン

44 もっと便利なXLOOKUP関数を使うには

XLOOKUP

練習用ファイル [L44] シート

XLOOKUP（エックスルックアップ）関数は、指定した検索値を表から検索して、対応する値を取り出せます。VLOOKUP関数より使いやすく、複数の値を同時に取り出すこともできます。新しく「表引き」するなら、XLOOKUP関数をおすすめします。

キーワード

関数	P.247
スピル	P.248
引数	P.249

XLOOKUP関数を利用してデータを抽出する

After

◆検索キー

XLOOKUP関数で指定した検索値を表から探して対応する製品名と単価を表示できる

◆検索範囲

◆結果の範囲

	A	B	C	D	E	F	G	H	I	J
1	販売日	コード	製品名	単価	販売数量	売上		コード	製品名	単価
2	2024/05/01	FL003	プライバシーフィルム	1,800	2	3,600		FL001	強化ガラスフィルム	1,500
3	2024/05/01	FL003	プライバシーフィルム	1,800	5	9,000		FL002	ブルーライトカットフィルム	2,000
4	2024/05/01	BT004	ソーラーチャージャー	5,000	2	10,000		FL003	プライバシーフィルム	1,800
5	2024/05/01	CS001	シリコンケース	2,000	6	12,000		FL004	マットフィルム	1,700
6	2024/05/01	BT003	20000mAhバッテリー	6,000	6	36,000		FL005	防指紋フィルム	1,600
7	2024/05/01	HD004	ワイヤレス充電ホルダー	3,500	5	17,500		CS001	シリコンケース	2,000
8	2024/05/01	FL004	マットフィルム	1,700	2	3,400		CS002	ハードケース	2,500
9	2024/05/02	FL001	強化ガラスフィルム	1,500	9	13,500		CS003	手帳型ケース	3,000
10	2024/05/02	HD002	吸盤式ホルダー	2,700	9	24,300		CS004	クリアケース	1,800
11	2024/05/02	CS003	手帳型ケース	3,000	8	24,000		CS005	バンパーケース	2,200
12	2024/05/02	FL001	強化ガラスフィルム	1,500	1	1,500		BT001	5000mAhバッテリー	3,000
13	2024/05/02	BT004	ソーラーチャージャー	5,000	4	20,000		BT002	10000mAhバッテリー	4,000
14	2024/05/03	CS003	手帳型ケース	3,000	1	3,000		BT003	20000mAhバッテリー	6,000
15	2024/05/03	BT003	20000mAhバッテリー	6,000	4	24,000		BT004	ソーラーチャージャー	5,000
16	2024/05/03	BT004	ソーラーチャージャー	5,000	8	40,000		BT005	ワイヤレスバッテリー	4,500
17	2024/05/03	HD004	ワイヤレス充電ホルダー	3,500	7	24,500		HD001	エアベントホルダー	2,500
18	2024/05/03	CS002	ハードケース	2,500	8	20,000		HD002	吸盤式ホルダー	2,700
19	2024/05/04	BT001	5000mAhバッテリー	3,000	8	24,000		HD003	マグネットホルダー	2,200
20	2024/05/04	CS003	手帳型ケース	3,000	3	9,000		HD004	ワイヤレス充電ホルダー	3,500
21	2024/05/04	HD003	マグネットホルダー	2,200	2	4,400		HD005	クリップ式ホルダー	2,300

= XLOOKUP(検索キー, 検索範囲, 結果の範囲, [見つからない場合の値], [一致モード], [検索モード])

［検索キー］を［検索範囲］から探して、見つかった位置に対応する［結果の範囲］の値を表示する

使いこなしのヒント

最初の3つの引数で動作する

XLOOKUP関数は、検索する［検索キー］と検索対象の［検索範囲］、取り出す［結果の範囲］の3つの引数を指定すれば動作します。［見つからない場合の値］は［検索キー］が見つからないときに表示する値を指定できます（153ページのスキルアップ参照）。一般的な用途であれば［一致モード］と［検索モード］は省略して構いません。

スキルアップ

検索値が見つからないときにメッセージを表示する

引数［検索キー］が［検索範囲］から見つからない場合、結果として表示する値を［見つからない場合の値］に指定できます。VLOOKUP関数のようにIFERROR関数を組み合わせる必要はありません。「"」で囲んで任意の文字列を指定します。

検索値が見つからないときに任意のメッセージを表示できる

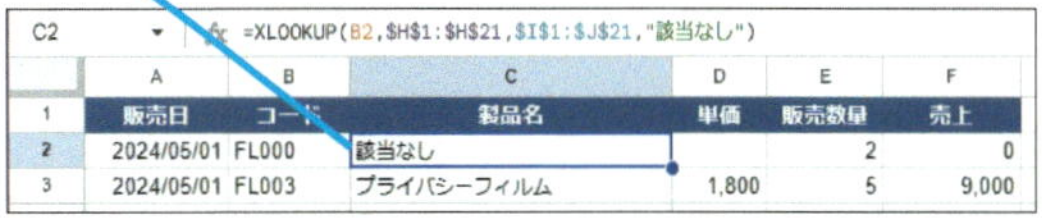

C2 =XLOOKUP(B2,$H$1:$H$21,$I$1:$J$21,"該当なし")

	A	B	C	D	E	F
1	販売日	コード	製品名	単価	販売数量	売上
2	2024/05/01	FL000	該当なし		2	0
3	2024/05/01	FL003	プライバシーフィルム	1,800	5	9,000

1 XLOOKUP関数でデータを抽出する

［L44］シートを開いておく

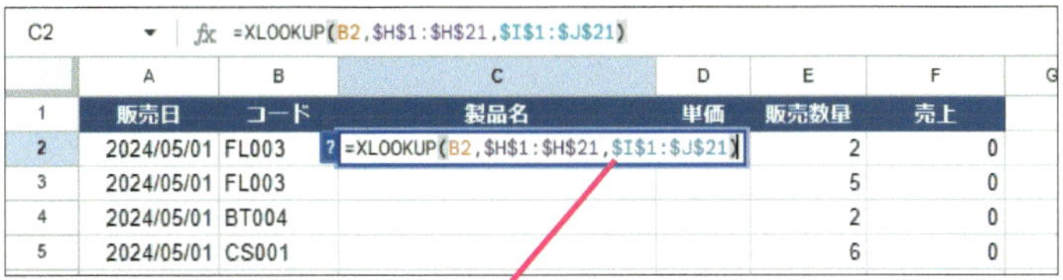

C2 =XLOOKUP(B2,$H$1:$H$21,$I$1:$J$21)

	A	B	C	D	E	F
1	販売日	コード	製品名	単価	販売数量	売上
2	2024/05/01	FL003	=XLOOKUP(B2,$H$1:$H$21,$I$1:$J$21)		2	0
3	2024/05/01	FL003			5	0
4	2024/05/01	BT004			2	0
5	2024/05/01	CS001			6	0

1 セルC2に「=XLOOKUP(B2,$H$1:$H$21,$I$1:$J$21)」と入力

2 Enterキーを押す

コードに対応する製品名と単価が表示された

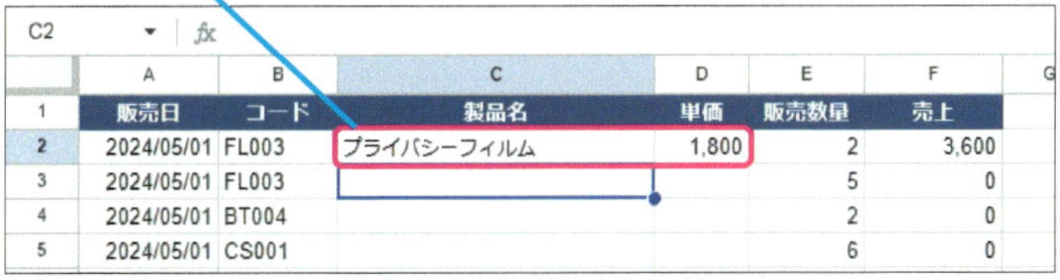

	A	B	C	D	E	F
1	販売日	コード	製品名	単価	販売数量	売上
2	2024/05/01	FL003	プライバシーフィルム	1,800	2	3,600
3	2024/05/01	FL003			5	0
4	2024/05/01	BT004			2	0
5	2024/05/01	CS001			6	0

3 セルC2をクリック

4 フィルハンドルをダブルクリック

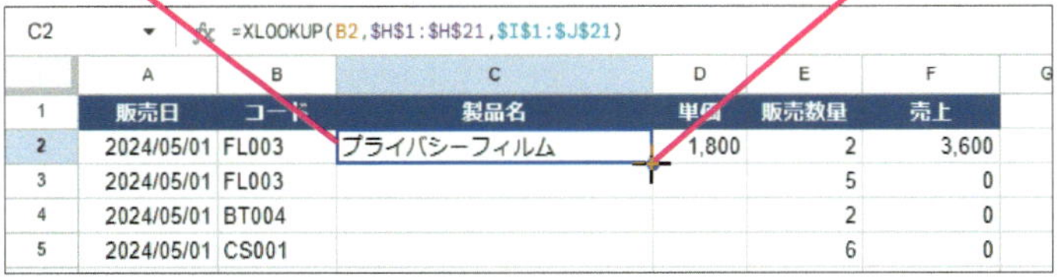

C2 =XLOOKUP(B2,$H$1:$H$21,$I$1:$J$21)

	A	B	C	D	E	F
1	販売日	コード	製品名	単価	販売数量	売上
2	2024/05/01	FL003	プライバシーフィルム	1,800	2	3,600
3	2024/05/01	FL003			5	0
4	2024/05/01	BT004			2	0
5	2024/05/01	CS001			6	0

セルB3以降のコードに対応する製品名と単価が表示された

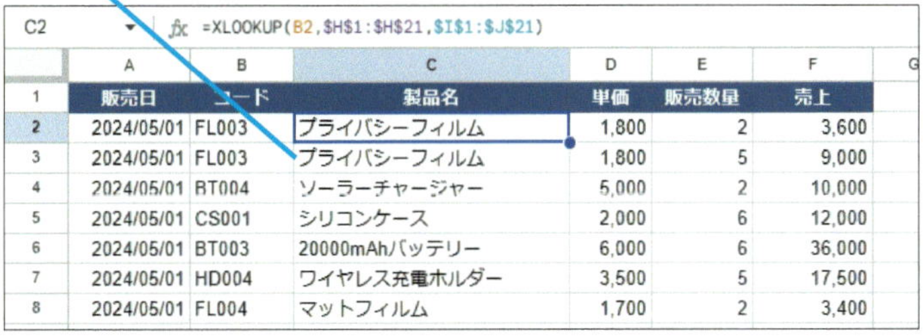

C2 =XLOOKUP(B2,$H$1:$H$21,$I$1:$J$21)

	A	B	C	D	E	F
1	販売日	コード	製品名	単価	販売数量	売上
2	2024/05/01	FL003	プライバシーフィルム	1,800	2	3,600
3	2024/05/01	FL003	プライバシーフィルム	1,800	5	9,000
4	2024/05/01	BT004	ソーラーチャージャー	5,000	2	10,000
5	2024/05/01	CS001	シリコンケース	2,000	6	12,000
6	2024/05/01	BT003	20000mAhバッテリー	6,000	6	36,000
7	2024/05/01	HD004	ワイヤレス充電ホルダー	3,500	5	17,500
8	2024/05/01	FL004	マットフィルム	1,700	2	3,400

使いこなしのヒント

スピルで複数列の値を取り出せる

引数［結果の範囲］は「$I$1:$J$21」のように複数列を指定できます。スピル（spill）という機能により、複数の結果がこぼれるように表示されます。数式をコピーする手間が省けます。

使いこなしのヒント

引数［一致モード］と［検索モード］

引数［一致モード］は、VLOOKUP関数の［並べ替え済み］に相当するもので、省略時は完全一致の「0」と見なされます。［検索モード］は省略時に「1」と見なされ、［検索範囲］を先頭から末尾に向かって検索します。

まとめ 結果を取り出すセル範囲を自由に指定できる

検索するセル範囲と結果を取り出すセル範囲を別々に指定できることがXLOOKUP関数の強みです。VLOOKUP関数のように参照する表の構造を整える必要はありません。複数列から結果を取り出せるため、数式をコピーする手間も省けます。ただし、［検索範囲］と［結果の範囲］の高さは揃えておく必要があります。面倒なら2つとも列全体を指定する方法もあります。

レッスン

45 ほかのシートやファイルのデータを参照するには

IMPORTRANGE

練習用ファイル ［L45-1］［L45-2］シート

同じファイルのほかのシートは、数式の入力中にシートを切り替えて参照します。ほかのファイルは、IMPORTRANGE（インポートレンジ）関数を使って参照します。ここでは、VLOOKUP関数を例にしていますが、ほかの関数でも操作の流れは共通です。

キーワード

関数	P.247
シート	P.248
セル参照	P.249

同じファイルのほかのシートからデータを抽出する

Before

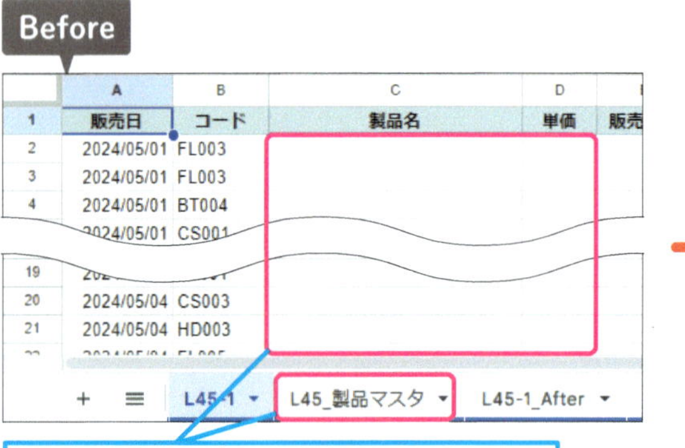

［L45_製品マスタ］シートを参照して、コードに対応する製品名と単価を表示したい

After

	販売日	コード	製品名	単価
2	2024/05/01	FL003	プライバシーフィルム	1,800
3	2024/05/01	FL003	プライバシーフィルム	1,800
4	2024/05/01	BT004	ソーラーチャージャー	5,000
19			5000mAhバッテリー	3,000
20	2024/05/04	CS003	手帳型ケース	3,000
21	2024/05/04	HD003	マグネットホルダー	2,200

L45-1　L45_製品マスタ　L45-1_After

VLOOKUP関数でコードに対応する製品名と単価を表示できた

1 VLOOKUP関数でほかのシートを参照する

［L45-1］シートを開いておく

1 セルC2に「=VLOOKUP($B2,」と入力

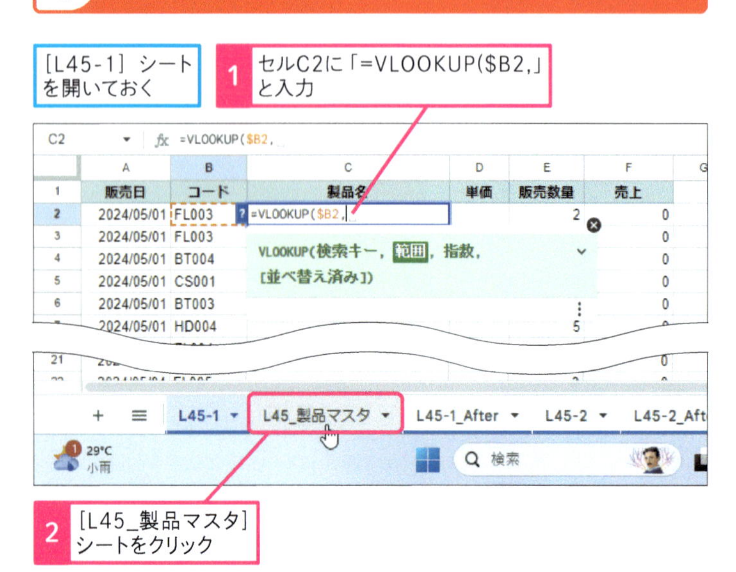

2 ［L45_製品マスタ］シートをクリック

使いこなしのヒント

VLOOKUP関数の数式がわからなくなったときは

手順1、2では、VLOOKUP関数の引数［範囲］として［L45_製品マスタ］シートのセルA1～C21を指定しています。VLOOKUP関数の引数がわからなくなったときは、レッスン43を参考にしてください。

2 参照するセル範囲を指定する

[L45_製品マスタ] シートが表示された

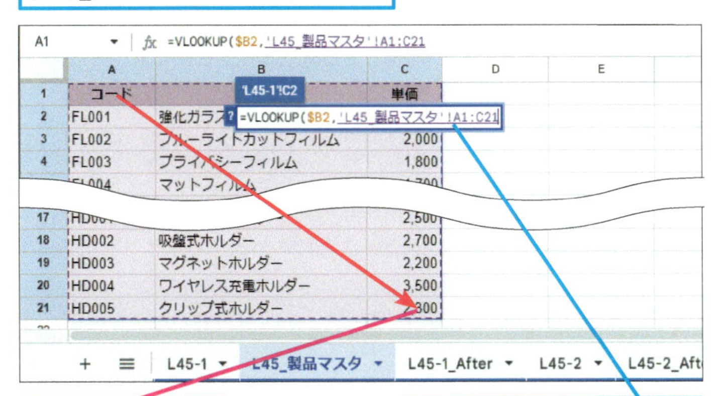

1 セルA1～C21をドラッグして選択

「'L45_製品マスタ'!A1:C21」と入力される

セル範囲を絶対参照に切り替える

2 F4キーを押す

「'L45_製品マスタ'!$A$1:$C$21」に切り替わった

=VLOOKUP($B2,'L45_製品マスタ'!$A$1:$C$21

	A	B	C
1	コード		単価
2	FL001	強化ガラス	
3	FL002	ブルーライトカットフィルム	2,000
4	FL003	プライバシーフィルム	1,800
5	FL004	マットフィルム	1,700

3 数式を確定する

残りの引数を入力して数式を確定する

1 「,2,FALSE)」と入力

2 Enterキーを押す

=VLOOKUP($B2,'L45_製品マスタ'!$A$1:$C$21,2,FALSE)

	A	B	C
1	コード		単価
2	FL001	強化ガラス	
3	FL002	ブルーライトカットフィルム	2,000
4	FL003	プライバシーフィルム	1,800
5	FL004	マットフィルム	1,700

[L45-1] シートが表示される

ほかのシートを参照してデータを抽出できた

C2 =VLOOKUP($B2,'L45_製品マスタ'!$A$1:$C$21,2,FALSE)

	A	B	C	D	E	F
1	販売日	コード	製品名	単価	販売数量	売上
2	2024/05/01	FL003	プライバシーフィルム		2	0
3	2024/05/01	FL003			5	0
4	2024/05/01	BT004			2	0
5	2024/05/01	CS001			6	0

フィルハンドルをダブルクリックして数式をコピーしておく

レッスン43を参考にセルC2をセルD2にコピーし、引数［指数］を「3」に修正して数式を下方向へコピーしておく

使いこなしのヒント

シート名は「'」で囲まれる

手順2でセルA1～C21を選択すると、自動的に「'L45_製品マスタ'!A1:C21」と入力されます。[L45_製品マスタ] シートのセルA1～C21を意味する表記です。シート名の前後は「'」で囲まれて、「!」で区切ってセル範囲が指定されます。

ここに注意

数式の入力中にほかのセルをクリックしたりすると、意図しないセル範囲を選択したことになり、エラーが表示されてしまうことがあります。Escキーを押して数式の入力をキャンセルし、手順1からやり直してください。

使いこなしのヒント

ARRAYFORMULA関数でほかのシートのセル範囲を表示する

ARRAYFORMULA（アレイフォーミュラ）関数を利用して、ほかのシートのセル範囲を取り出すこともできます。空いているスペースにほかのシートの表を表示して参照する方法もあります。

=ARRAYFORMULA(配列数式)

ほかのシートの表を表示することもできる

=ARRAYFORMULA('L45_製品マスタ'!A1:C21)

H	I	J
コード	製品名	単価
FL001	強化ガラスフィ	1,500
FL002	ブルーライトカッ	2,000
FL003	プライバシーフ	1,800
FL004	マットフィルム	1,700
HD001	エアベントホルダ	2,500
HD002	吸盤式ホルダー	2,700
HD003	マグネットホルダ	2,200
HD004	ワイヤレス充電	3,500
HD005	クリップ式ホルダ	2,300

次のページに続く

ほかのファイルのセル範囲を読み込む

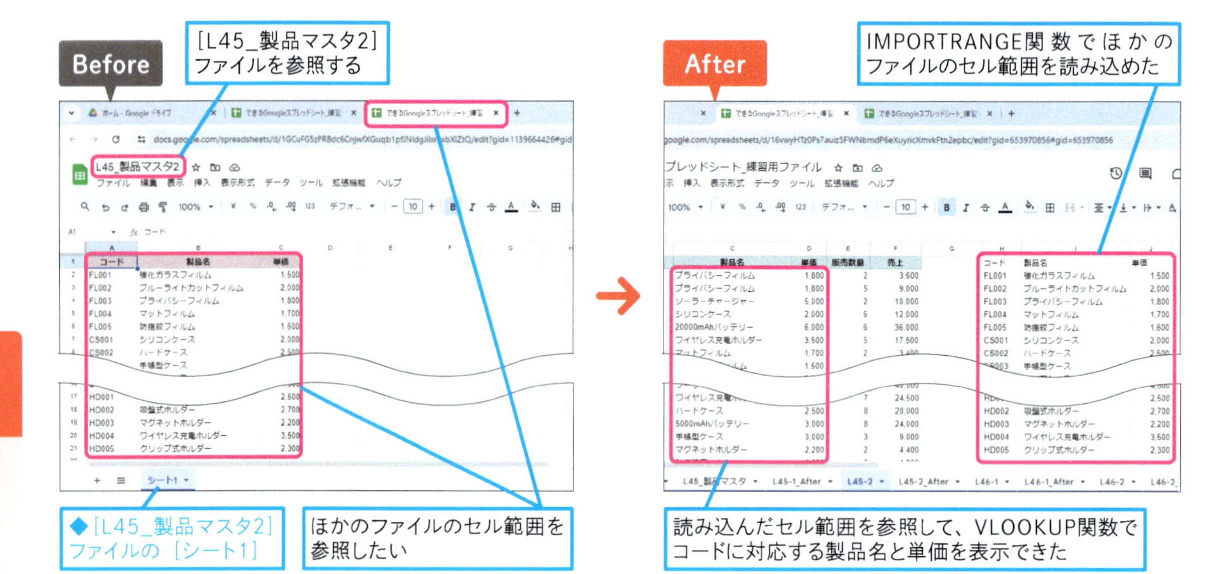

= IMPORTRANGE(スプレッドシートの URL, 範囲の文字列)

[スプレッドシートの URL]に指定したファイルから[範囲の文字列]のセル範囲をインポートする

1 IMPORTRANGE関数を入力する

[L45-2]シートを開いておく

練習用ファイル[L45_製品マスタ2]を開いて、レッスン27を参考にファイルへのリンクをコピーしておく

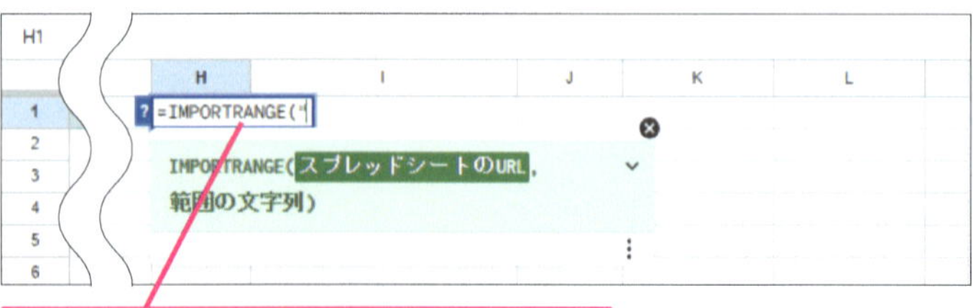

1 セルH1に「=IMPORTRANGE("」と入力

2 ファイルへのリンクを貼り付ける

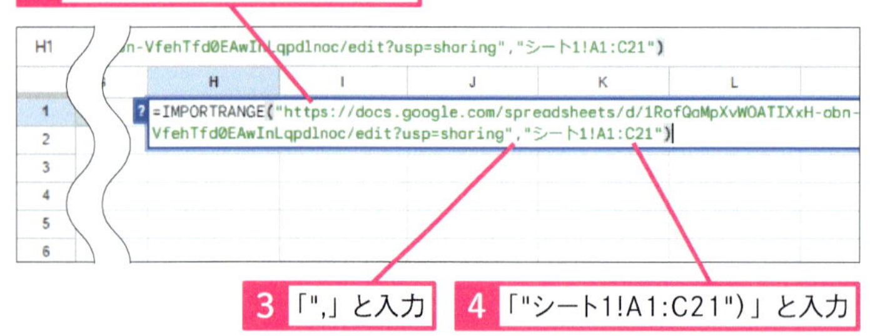

3 「",」と入力

4 「"シート1!A1:C21")」と入力

使いこなしのヒント
ファイルへのリンクをコピーしておく

手順1で貼り付けるリンクは、[L45_製品マスタ2]ファイルのリンクです。レッスン27を参考に共有用のリンクをコピーしておきます。

使いこなしのヒント
「!」に続けてセル範囲を指定する

「シート1!A1:C21」は[シート1]シートのセルA1～C21という意味です。シート名、「!」、セル範囲の順に入力します。セル範囲の参照方式は相対参照で問題ありません。なお、引数[スプレッドシートのURL]と[範囲の文字列]は、2つとも「"」で囲んで指定します。

使いこなしのヒント

VLOOKUP関数とIMPORTRANGE関数を組み合わせる

VLOOKUP関数の引数［範囲］に直接、IMPORTRANGE関数を指定しても構いませんが、数式が長くなってしまい、修正時には手間がかかります。そのため、このレッスンでは空いているスペースにほかのファイルのセル範囲を表示してから参照しています。

IMPORTRANGE関数を組み合わせることもできる

=VLOOKUP($B2,IMPORTRANGE("https://docs.googl…ng","シート1!A1:C21"),2,FALSE)

	B	C	D
	コード	製品名	単価
5/01	FL003	プライバシーフィルム	1,800
5/01	FL003	プライバシーフィルム	1,8…
5/01	BT004	ソーラーチャージャー	5,000

● アクセスを許可する

初めてIMPORTRANGE関数を入力したときは「#REF!」エラーが表示される

5 ［アクセスを許可］をクリック

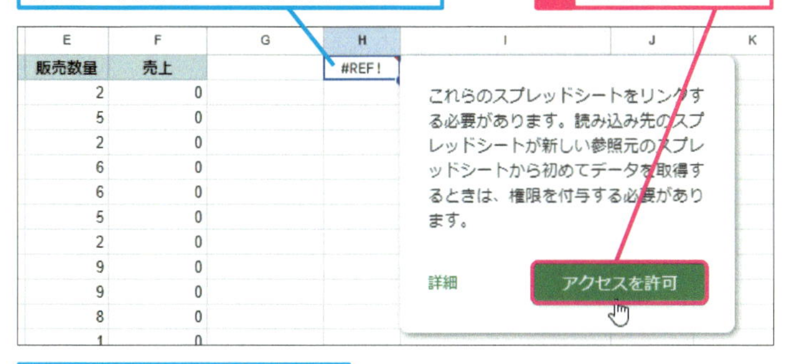

ほかのファイルのセル範囲のデータが表示された

E 販売数量	F 売上	H	I	J
		コード	製品名	単価
2	0	FL001	強化ガラスフィルム	1,500
5	0	FL002	ブルーライトカットフィルム	2,000
2	0	FL003	プライバシーフィルム	1,800
6	0	FL004	マットフィルム	1,700
8	0	HD002	吸盤式…	2,700
8	0	HD003	マグネットホルダー	2,200
3	0	HD004	ワイヤレス充電ホルダー	3,500
2	0	HD005	クリップ式ホルダー	2,300

2 VLOOKUP関数でデータを抽出する

1 セルC2に「=VLOOKUP($B2,$H$1:$J$21,2,FALSE)」と入力

2 Enter キーを押す

C2 =VLOOKUP($B2,$H$1:$J$21,2,FALSE)

	A	B	C	D	E	F
1	販売日	コード	製品名	単価	販売数量	売上
2	2024/05/01	FL003	=VLOOKUP($B2,$H$1:$J$21,2,FALSE)		2	0
3	2024/05/01	FL003			5	0

コードに対応した単価が表示される

レッスン43を参考に［自動入力］で数式をコピーしておく

レッスン43を参考にセルC2をセルD2にコピーし、引数［指数］を「3」に修正して数式を下方向へコピーしておく

使いこなしのヒント

ほかのファイルを初めて参照するときはアクセスを許可する

操作5のメッセージは、ほかのファイルを初めて参照するときだけ表示されます。一度許可すれば、以降はメッセージが表示されることはありません。

まとめ 実用的なセル参照の方法を覚えておこう

製品リストや顧客情報など、実際の業務では、マスタデータがほかのシートやファイルで管理されているはずです。別シートのセル参照とIMPORTRANGE関数を使ったセル参照を覚えておきましょう。ほかの関数でも使える汎用的なテクニックです。数式をコピーするなら、絶対参照や複合参照への切り替え（レッスン41参照）も忘れずに設定してください。

レッスン

46 条件を判定して結果を切り替えるには

IF / IFS

練習用ファイル [L46-1] [L46-2] シート

「もし～なら」の条件判定には、IF（イフ）関数やIFS（イフエス）関数を使います。「TRUE」「FALSE」の論理値と「>=」「<>」などの比較演算子を組み合わせた論理式の結果を判定し、条件を満たす場合と満たさない場合の処理を振り分けます。

キーワード

エラー値	P.247
論理式	P.250
論理値	P.250

IF関数で条件を判定する

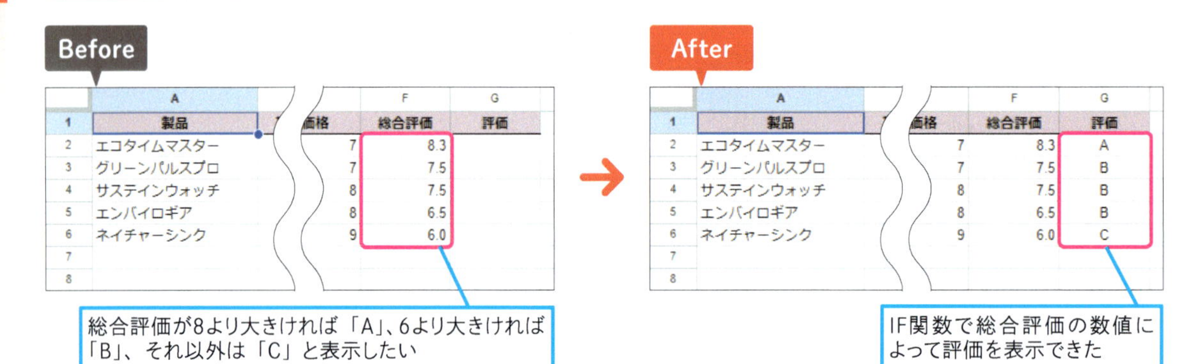

= IF(論理式 , TRUE 値 , FALSE 値)

［論理式］が真の場合は［TRUE 値］を返し、偽の場合は［FALSE 値］を返す

スキルアップ

「かつ」「または」の条件を指定する

IF/IFS関数に複数の条件を指定する場合は、AND（アンド）関数やOR（オア）関数を組み合わせます。AND関数は複数の論理式を同時に満たすかどうか、OR関数は複数の論理式のいずれかを満たすかどうかを判定します。いずれも結果は「TRUE」もしくは「FALSE」で返されるので、その結果をIF/IFS関数で判定します。

= AND(論理式 1, [論理式 2, …])

= OR(論理式 1, [論理式 2, …])

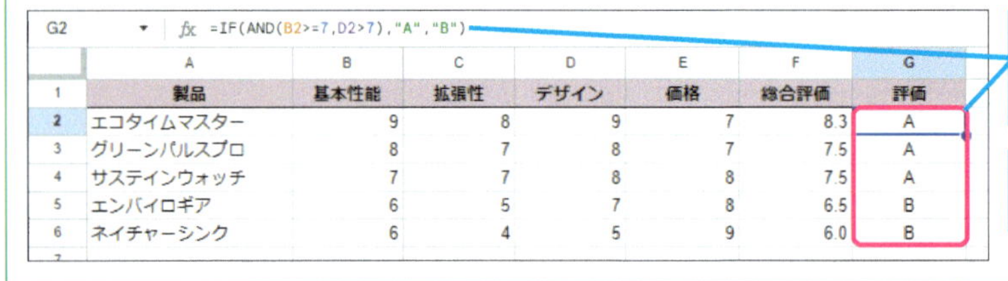

	A	B	C	D	E	F	G
1	製品	基本性能	拡張性	デザイン	価格	総合評価	評価
2	エコタイムマスター	9	8	9	7	8.3	A
3	グリーンパルスプロ	8	7	8	7	7.5	A
4	サステインウォッチ	7	7	8	8	7.5	A
5	エンバイロギア	6	5	7	8	6.5	B
6	ネイチャーシンク	6	4	5	9	6.0	B

基本性能が7以上かつデザインが7より大きければ「A」、それ以外は「B」と表示する

「AND」を「OR」に変更すればOR関数の数式になる

使いこなしのヒント

エラー値を判定するにはIFERROR関数を使う

引数のデータ型が間違っているときなどに表示される「#VALUE!」、参照先の値を見つけられない「#N/A」などのエラー値を判定するときは、IF関数ではなく、IFERROR（イフエラー）関数を使います。引数［値］に判定する数式を指定します。数式の結果がエラー値なら、［エラー値］に指定した値、エラー値でなければ、数式の結果をそのまま表示します。

=IFERROR(値 ,［エラー値］)

D5 =(C5-B5)/B5

	A	B	C	D
1		上半期	下半期	増減率
2	ホテル事業	2,343	1,982	-15.41%
3	テーマパーク事業	1,275	1,345	5.49%
4	スポーツ事業	980	1,098	12.04%
5	アート文化事業	974	–	#VALUE!
6				

エラー値を非表示にしたい

IFERROR関数を組み合わせる

D5 =IFERROR((C5-B5)/B5,"")

	A	B	C	D
1		上半期	下半期	増減率
2	ホテル事業	2,343	1,982	-15.41%
3	テーマパーク事業	1,275	1,345	5.49%
4	スポーツ事業	980	1,098	12.04%
5	アート文化事業	974	–	
6				

数式の結果がエラー値の場合に空白にできる

1 IF関数で処理を分岐する

［L46-1］シートを開いておく

8より大きければ「A」、そうでなければ「B」と2つに分岐する

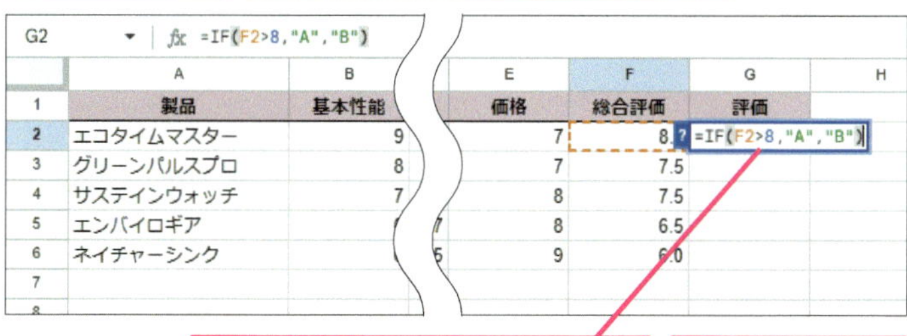

1 セルG2に「=IF(F2>8,"A","B")」と入力

2 Enter キーを押す

セルF2の評価を判定できた

3 セルG2をクリック

4 フィルハンドルをダブルクリック

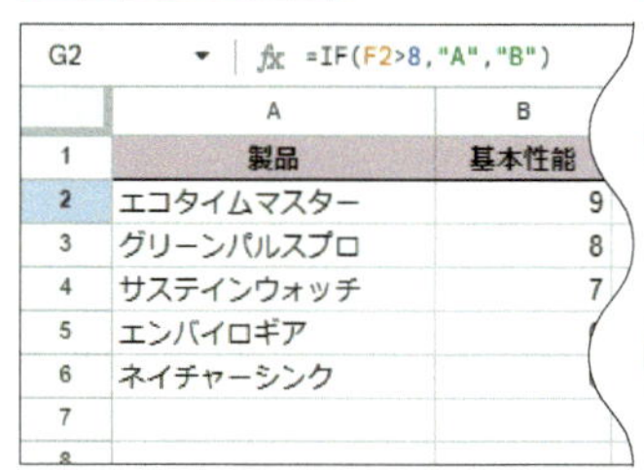

セルG3～G6に評価が表示された

	A	B	E	F	G
1	製品	基本性能	価格	総合評価	評価
2	エコタイムマスター	9	7	8.3	A
3	グリーンパルスプロ	8	7	7.5	B
4	サステインウォッチ	7	8	7.5	B
5	エンバイロギア		8	6.5	B
6	ネイチャーシンク		9	6.0	B

使いこなしのヒント

2つの分岐の考え方

手順1の条件は「総合評価の値が8より大きいかどうか」です。この条件を満たす場合は「A」、満たさない場合は「B」とセルに表示します。処理のイメージは以下のようになります。

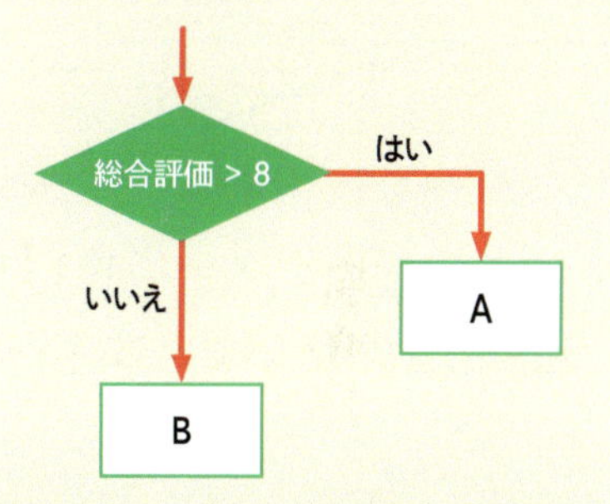

使いこなしのヒント

3つ以上の条件判定にはIFS関数が便利

次ページの手順2では、条件を追加して、セルG2の数式を「=IF(F2>8,"A",IF(F2>6,"B","C"))」と修正します。例えば「4より大きいかどうか」という条件をさらに追加するなら「=IF(F2>8,"A",IF(F2>6,"B",IF(F2>4,"C","D")))」となります。IF関数は条件の数に伴って数式が複雑になっていきます。3つ以上の条件を指定するなら、IFS関数（161ページ参照）がおすすめです。

次のページに続く

2 処理を3つに分岐する

条件を追加して、8より大きければ「A」、6より大きければ「B」、それ以外は「C」と3つに分岐する

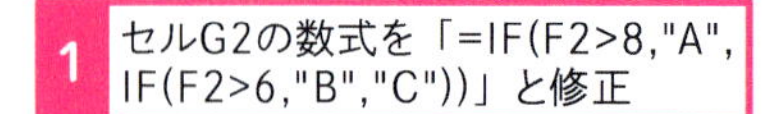

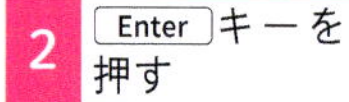

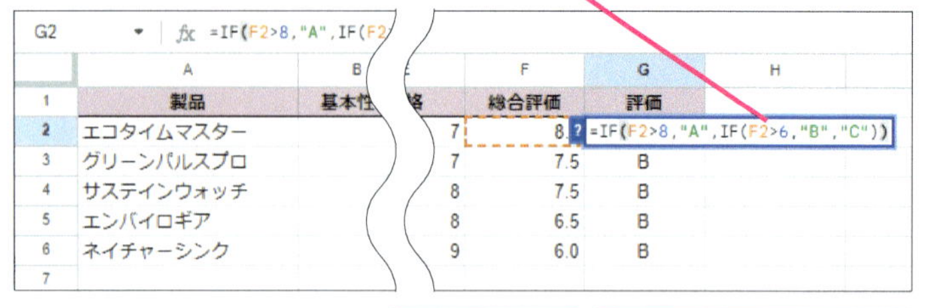

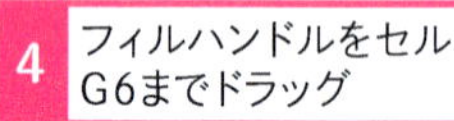

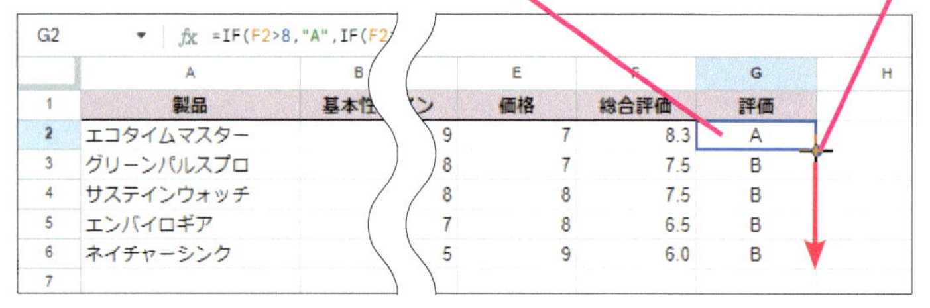

セルG3 ～ G6に評価が表示された

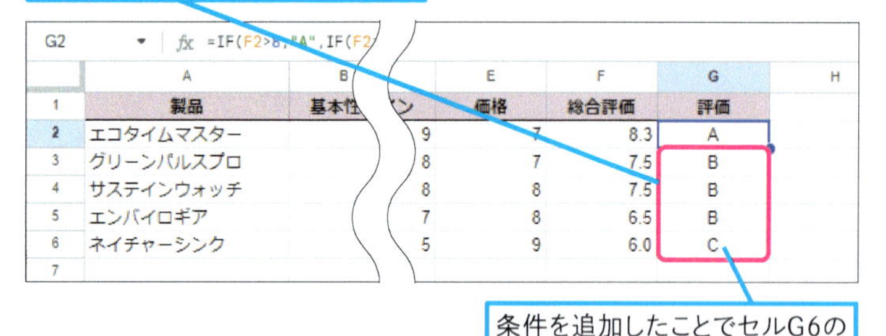

条件を追加したことでセルG6の評価が変わった

使いこなしのヒント

厳しい条件から判定する

数値の大小を比較する論理式を条件に指定するときは、条件の厳しい順に指定することがポイントです。IFS関でも共通の考え方です。例えば、最初に「F2>6」の条件式を指定した場合、総合評価「8.3」は、本来「A」であるはずが、「6より大きい」の条件を満たして「B」と表示されてしまいます。

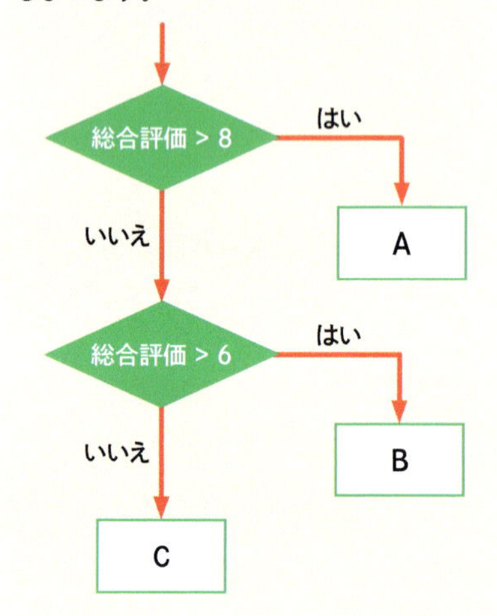

使いこなしのヒント

追加の条件は引数［FALSE値］に指定する

手順2の操作1で入力しているように、追加する条件は、条件を満たさない場合の引数［FALSE値］に指定するのが基本です。条件を満たす場合の［TRUE値］にも指定できますが、内側のIF関数に厳しい条件を指定する必要があります。条件の順番が複雑になり、読み解きにくい数式になるため、おすすめできない記述方法です。

最初に6より大きいかどうかを判定して、大きければ内側のIF関数に処理が移る

6以下なら「C」と表示する

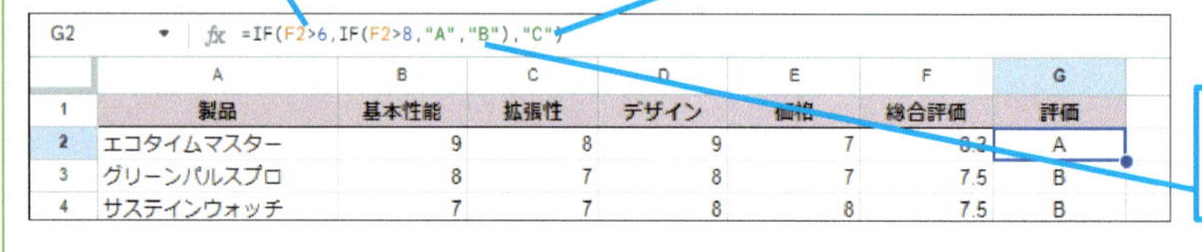

内側のIF関数では8より大きいかどうかを判定して大きければ「A」、そうでなければ「B」と表示する

IFS関数で条件を判定する

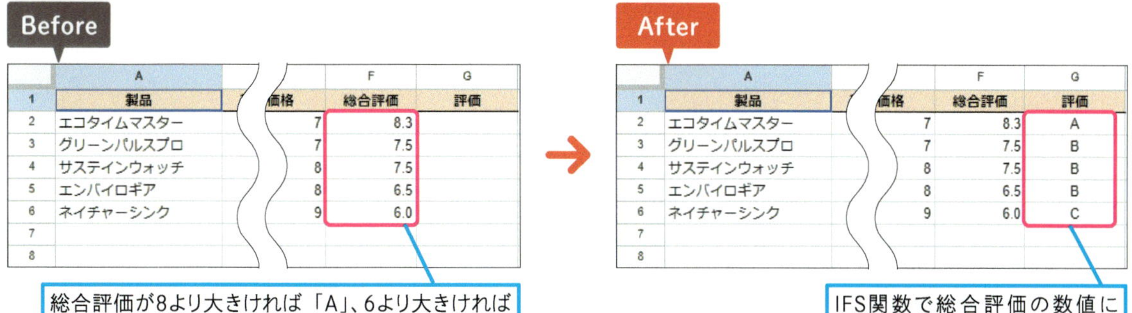

	A	F	G
1	製品	総合評価	評価
2	エコタイムマスター	8.3	A
3	グリーンパルスプロ	7.5	B
4	サステインウォッチ	7.5	B
5	エンバイロギア	6.5	B
6	ネイチャーシンク	6.0	C

= IFS(条件 1, 値 1, [条件 2, …] , [値 2, …])

［条件 1］が真の場合は［値 1］を返し、偽の場合は［条件 2］を調べる。先頭から順に調べて条件に一致する［値］を返す

1 IFS関数で複数の条件を判定する

［L46-2］シートを開いておく

1 セルG2に「=IFS(F2>8,"A",F2>6,"B",F2>4,"C")」と入力

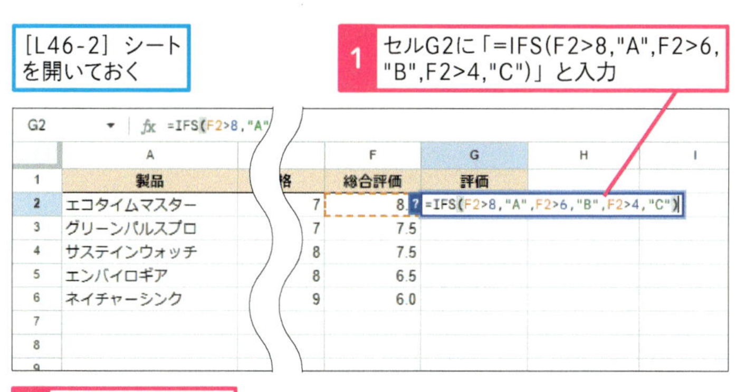

2 Enter キーを押す

判定の結果が表示された

3 ここをクリック

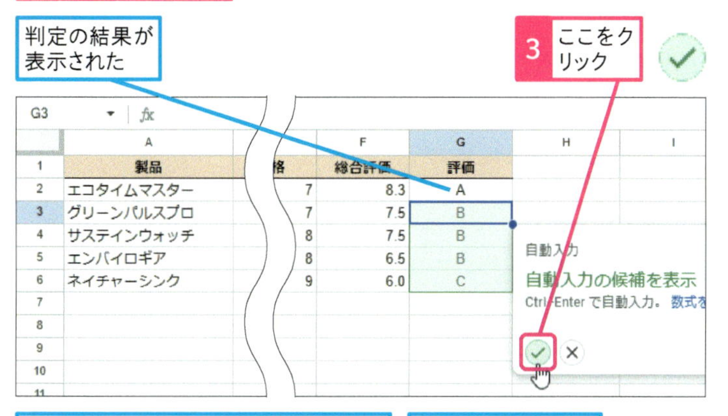

自動入力の候補が表示されない場合はフィルハンドルをドラッグしてコピーする

セルG3以降に評価が表示される

使いこなしのヒント

どの条件にも一致しない場合に表示する値を指定するには

IFS関数の条件のいずれも満たさない場合に任意の文字列を表示できます。最後の引数として、「,」に続けて「TRUE,"評価外"」のように指定します。

最後に「,TRUE,"(文字列)"」と指定すると任意の文字列を表示できる

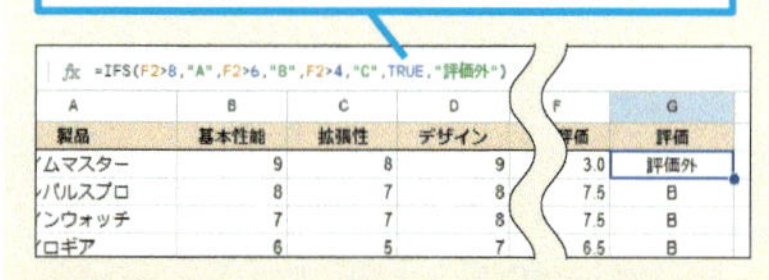

まとめ セルの値を判定して処理を振り分ける

IF関数とIFS関数はセルの値を判定して、処理を振り分けられる関数です。役割はどちらも同じですが、3つ以上の条件を判定するなら、IFS関数のほうが数式がシンプルで使いやすいでしょう。なお、IFS関数に指定する条件は1つでも構いません。また、IF/IFS関数の条件として、比較演算子を利用するときは、厳しい順に指定することを覚えておきましょう。

レッスン

47 日付データを活用するには

YEAR / MONTH / DAY / DATE

練習用ファイル [L47-1] [L47-2] シート

日付データの操作に使われる関数をまとめて紹介します。多くの場合、YEAR（イヤー）/ MONTH（マンス）/ DAY（デイ）関数とDATE（デイト）関数はセットで使います。月末日を求めるEOMONTH（エンドオブマンス）関数もよく使われます。

キーワード

関数	P.247
シリアル値	P.248
比較演算子	P.249

翌月10日を求める

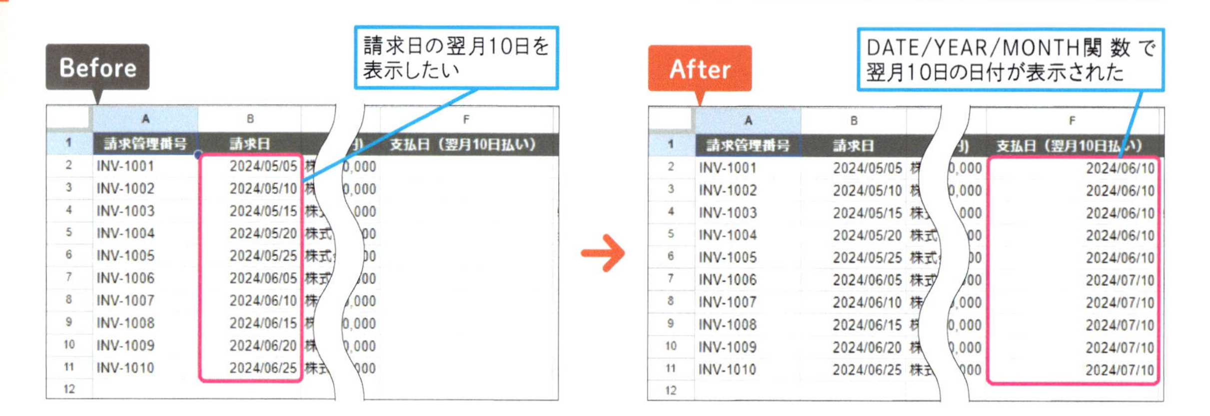

	A	B	F
1	請求管理番号	請求日	支払日（翌月10日払い）
2	INV-1001	2024/05/05	2024/06/10
3	INV-1002	2024/05/10	2024/06/10
4	INV-1003	2024/05/15	2024/06/10
5	INV-1004	2024/05/20	2024/06/10
6	INV-1005	2024/05/25	2024/06/10
7	INV-1006	2024/06/05	2024/07/10
8	INV-1007	2024/06/10	2024/07/10
9	INV-1008	2024/06/15	2024/07/10
10	INV-1009	2024/06/20	2024/07/10
11	INV-1010	2024/06/25	2024/07/10
12			

＝YEAR(日付)
＝MONTH(日付)
＝DAY(日付)

［日付］から「年」（YEAR)、「月」（MONTH)、「日」（DAY）を取り出す

＝DATE(年,月,日)

指定した［年］［月］［日］を日付に変換する

使いこなしのヒント

YEAR / MONTH / DAY関数を単独で使うことはあまりない

YEAR/MONTH/DAY関数は、日付から「年」「月」「日」を取り出す関数です。手順1のように、DATE関数と組み合わせて翌月10日を求めたり、日付から取り出した「日」と基準日の前後をIF関数で判定したりするなど、ほかの関数と組み合わせて利用することがほとんどです。実際に利用しているうちに自然と覚えられるでしょう。

スキルアップ

日付はシリアル値で管理されている

日付は「シリアル値」と呼ばれる数値で管理されています。「1900/1/1」を「1」として、1日ごとに「1」が加算され、例えば「2024/7/31」のシリアル値は「45504」です。日付の実体は数値なので、手順1のように足し算できるわけです。時刻もシリアル値で管理されており、「1」(1日のシリアル値)を24(時間)で割った小数となります。

● 日付と時刻のシリアル値

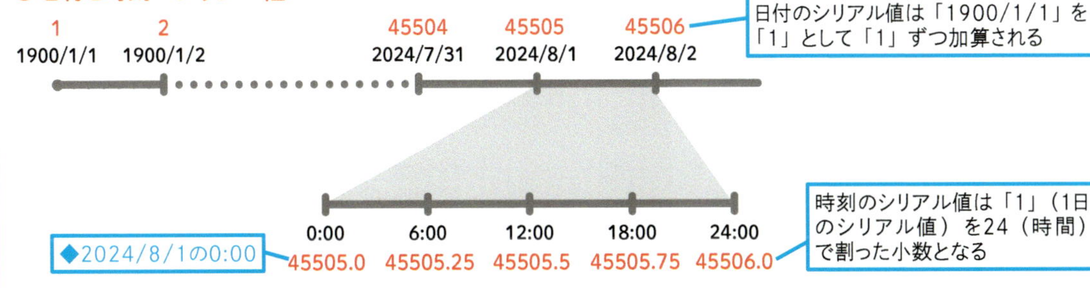

1 DATE / MONTH関数で翌月10日を求める

[L47-1] シートを開いておく

1 セルF2に「=DATE(YEAR(B2),MONTH(B2)+1,10)」と入力

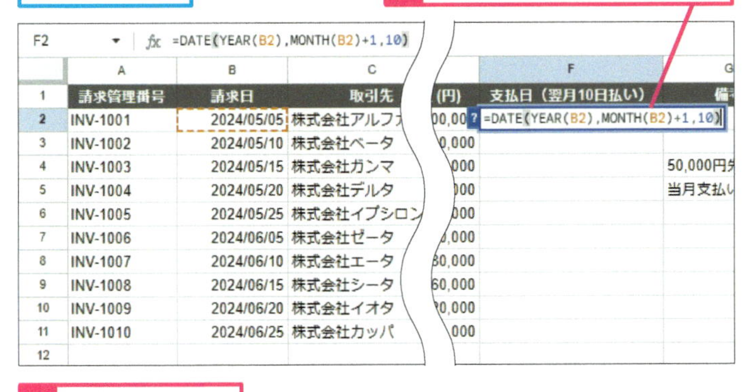

2 Enter キーを押す

3 ここをクリック

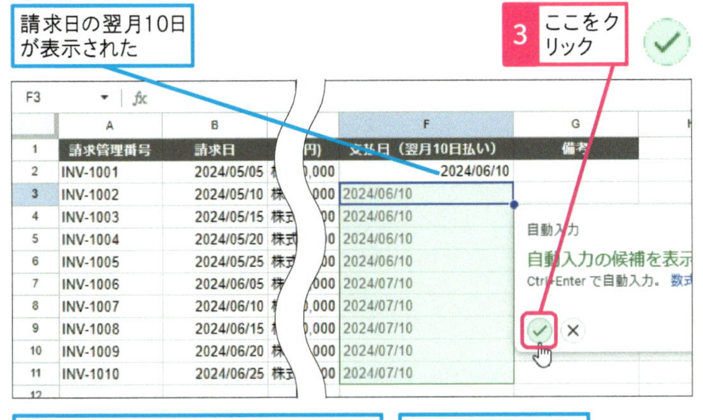

自動入力の候補が表示されない場合はフィルハンドルをドラッグしてコピーする

セルF3以降に日付が表示される

使いこなしのヒント

翌月10日を求める考え方

YEAR/MONTH/DAY関数の結果は数値となります。MONTH関数で「月」の数値が取り出せるので、「+1」することで「翌月」を計算できるわけです。DATE関数を使って、「年」と計算した「翌月」、数値の「10」を組み合わせることで、翌月10日を求められます。

使いこなしのヒント

翌月同日を求めるには

ある日付の翌月同日を求めるには、EDATE(エクスパイレーションデイト)関数を利用します。引数[月]に「1」と指定すれば、翌月同日を求められます。「-1」は前月同日になります。同様の考え方で、翌年の同日は「12」、前年の同日は「-12」と指定します。

=EDATE(開始日,[月])

次のページに続く

日付を判定して当月末日または翌月末日を表示する

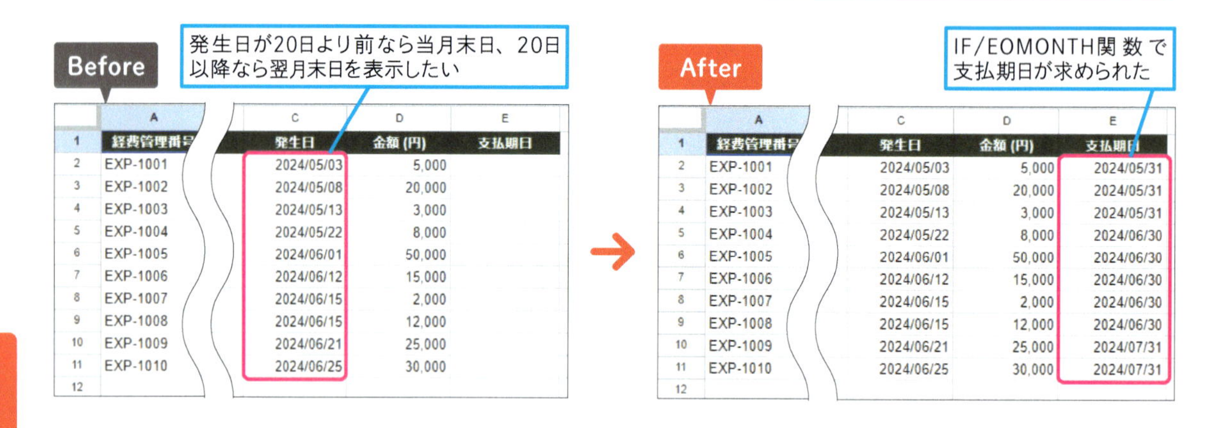

Before

	A	C	D	E
1	経費管理番号	発生日	金額（円）	支払期日
2	EXP-1001	2024/05/03	5,000	
3	EXP-1002	2024/05/08	20,000	
4	EXP-1003	2024/05/13	3,000	
5	EXP-1004	2024/05/22	8,000	
6	EXP-1005	2024/06/01	50,000	
7	EXP-1006	2024/06/12	15,000	
8	EXP-1007	2024/06/15	2,000	
9	EXP-1008	2024/06/15	12,000	
10	EXP-1009	2024/06/21	25,000	
11	EXP-1010	2024/06/25	30,000	
12				

After

	A	C	D	E
1	経費管理番号	発生日	金額（円）	支払期日
2	EXP-1001	2024/05/03	5,000	2024/05/31
3	EXP-1002	2024/05/08	20,000	2024/05/31
4	EXP-1003	2024/05/13	3,000	2024/05/31
5	EXP-1004	2024/05/22	8,000	2024/06/30
6	EXP-1005	2024/06/01	50,000	2024/06/30
7	EXP-1006	2024/06/12	15,000	2024/06/30
8	EXP-1007	2024/06/15	2,000	2024/06/30
9	EXP-1008	2024/06/15	12,000	2024/06/30
10	EXP-1009	2024/06/21	25,000	2024/07/31
11	EXP-1010	2024/06/25	30,000	2024/07/31
12				

＝EOMONTH（開始日，月）

［開始日］から［月］に指定した数だけ経過した月の月末日を求める

1 IF / EOMONTH関数で月末日を求める

［L47-2］シートを開いておく

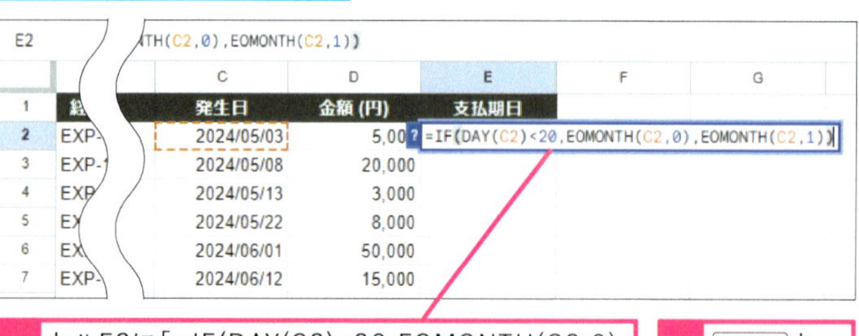

1 セルE2に「=IF(DAY(C2)<20,EOMONTH(C2,0), EOMONTH(C2,1))」と入力

2 Enter キーを押す

発生日を判定し支払期日が求められた

3 ここをクリック

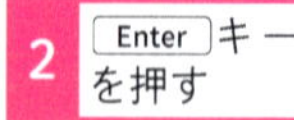

自動入力の候補が表示されない場合はフィルハンドルをドラッグしてコピーする

セルE3以降に日付が表示される

使いこなしのヒント
DAY関数で日付を判定する

DAY関数を使って発生日から「日」を取り出し、「DAY(C2)<20」という条件式で、20日より前かどうかを判定しています。

使いこなしのヒント
月初日を求めるには

EOMONTH関数の結果に「+1」することで、次の月の月初日を求められます。

まとめ 「年」「月」「日」に分割して処理後に戻す

関数で日付を扱う場合は「年」「月」「日」を別々のデータとしてとらえる視点が必要です。YEAR/MONTH/DAY関数で求めた結果の数値を計算したり、年と月、特定の数値をDATE関数で日付データに戻したりする処理に慣れましょう。月末日を求めるEOMONTH関数のような、日付計算に特化した関数も数多くあります。必要な関数から使ってみましょう。

使いこなしのヒント

時分秒を計算するにはHOUR / MINUTE / SECOND / TIME関数を使う

時刻を扱う関数として、HOUR（アワー）/ MINUTE（ミニッツ）/ SECOND（セカンド）関数があります。それぞれ時刻から「時」「分」「秒」を取り出せます。数値を時刻に戻すときはTIME（タイム）関数を利用します。なお、時刻もシリアル値（163ページスキルアップ参照）で管理されており、「時」「分」「秒」も数値として計算することができます。

= HOUR(時刻)
= MINUTE(時刻)
= SECOND(時刻)

= TIME(時刻 , 分 , 秒)

HOUR関数で取り出した「時」、MINUTE関数で取り出した「分」、数値の「0」から時刻を表示できる

F2 fx =TIME(D2,E2,0)

	A	B	C	D	E	F	G
1	作業開始（時）	作業開始（分）	作業開始時刻	作業終了（時）	作業終了（分）	作業終了時刻	作業時間
2	9	00	9:00:00	10	30	10:30:00	1:30:00
3	11	00	11:00:00	13	30	13:30:00	2:30:00
4	13	30	13:30:00	15	00	15:00:00	1:30:00
5	15	30	15:30:00	17	00	17:00:00	1:30:00
6	17	00	17:00:00	18	00	18:00:00	1:00:00
7							
8							

使いこなしのヒント

現在の日時を求めるNOW関数と現在の日付を求めるTODAY関数

NOW（ナウ）関数は現在の日時、TODAY（トゥデイ）関数は現在の日付を求めることができます。引数は必要ありませんが、「()」は省略不可です。なお、NOW関数やTODAY関数の結果は、シートが再計算されたタイミングで返されます。NOW関数の結果を毎分更新したい場合は［ファイル］メニューから設定を変更してください。

= NOW()　　= TODAY()

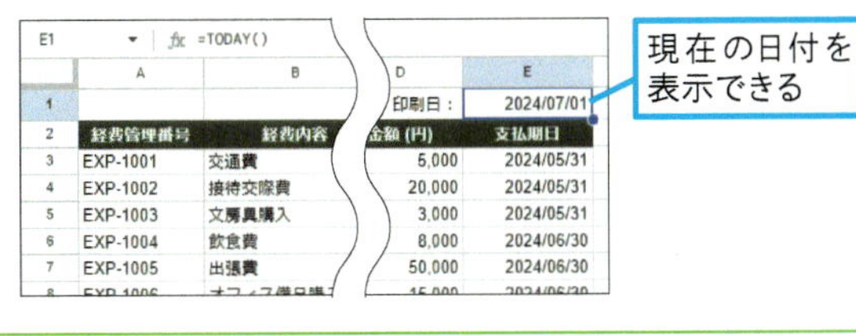

E1 fx =TODAY()

	A	B	D	E
1			印刷日：	2024/07/01
2	経費管理番号	経費内容	金額（円）	支払期日
3	EXP-1001	交通費	5,000	2024/05/31
4	EXP-1002	接待交際費	20,000	2024/05/31
5	EXP-1003	文房具購入	3,000	2024/05/31
6	EXP-1004	飲食費	8,000	2024/06/30
7	EXP-1005	出張費	50,000	2024/06/30

現在の日付を表示できる

NOW関数の結果を毎分更新したいときは設定を変更する

1 ［ファイル］-［設定］をクリック

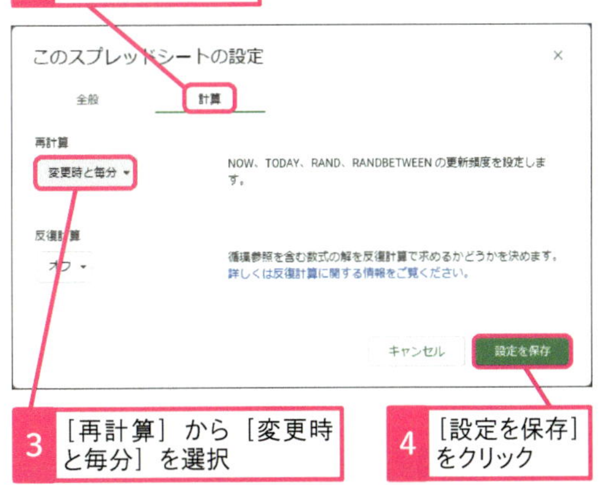

スキルアップ

DATE関数とEDATE関数の動作の違い

YEAR/MONTH/DAY関数とDATE関数を組み合わせて翌月同日を求めることができますが、EDATE関数とは動作が異なります。基準日が月末日の場合、例えば「2024/8/31」とすると、翌月同日に「2024/9/31」は存在しません。存在しない1日が翌月にくり下げられて、結果は「2024/10/1」となります。EDATE関数の結果は「2024/9/30」となります。

	A	B	C
1	基準日	数式	結果
2	2024/8/31	=DATE(YEAR(A2),MONTH(A2)+1,DAY(A2))	2024/10/1
3	2024/8/31	=EDATE(A3,1)	2024/9/30
4			
5			
6			

MONTH関数に「+1」してDATE関数と組み合わせた場合は日付がくり下げられる

EDATE関数では翌月の月末日が求められる

レッスン

48 営業日を数えるには

YouTube動画で見る 詳細は2ページへ

WORKDAY / NETWORKDAYS

練習用ファイル [L48-1] [L48-2] シート

○営業日後の日付を求めるには、WORKDAY（ワークデイ）関数、2つの日付に含まれる営業日を求めるには、NETWORKDAYS（ネットワークデイズ）関数を利用します。関数を使えば、カレンダーを見て日付を確認する必要はありません。

キーワード

関数 P.247

数値 P.248

WORKDAY関数で○営業日後の日付を求める

After

	A	B	C	D	E	F	G	H
1	タスク管理番号	タスク名	開始日	実働日数	完了日		名称	日付
2	TSK-001	要件定義	2024/06/01	10	2024/06/14		元日	1月1日
3	TSK-002	設計	2024/06/10	15	2024/07/01		成人の日	1月8日
4	TSK-003	実装	2024/06/25	20	2024/07/24		建国記念の日	2月11日
5	TSK-004	テスト	2024/06/15	10	2024/06/28		休日	2月12日
6	TSK-005	デプロイ	2024/07/01	5	2024/07/08		天皇誕生日	2月23日
7	TSK-006	ドキュメント作成	2024/07/05	8	2024/07/18		春分の日	3月20日
8	TSK-007	クライアントレビュー	2024/07/10	12	2024/07/29		昭和の日	4月29日
9	TSK-008	修正	2024/07/20	10	2024/08/02		憲法記念日	5月3日
10	TSK-009	最終確認	2024/08/01	10	2024/08/16		みどりの日	5月4日
11	TSK-010	プロジェクト完了	2024/08/15	3	2024/08/20		こどもの日	5月5日
12							休日	5月6日
13							海の日	7月15日
14							山の日	8月11日
15							休日	8月12日
16							敬老の日	9月16日
17							秋分の日	9月22日

◆祝日

WORKDAY関数で開始日と実働日数から完了日の日付を求められる

祝日のリストを用意しておく

＝ WORKDAY(開始日 , 日数 , ［祝日］)

［開始日］から数えて、土日を除いた［日数］が経過した日付を求める。［祝日］を省略した場合は土日のみを除く

使いこなしのヒント

祝日のリストを用意しておこう

引数［祝日］に指定する祝日のリストをあらかじめ用意しておきましょう。信頼できるWebページからコピー&ペーストすると便利です。日本の休日は内閣府のWebページにまとめられています。

▼国民の祝日について（内閣府）

https://www8.cao.go.jp/chosei/shukujitsu/gaiyou.html

スキルアップ

特定の曜日を除いて「○営業日後」を求める

WORKDAY関数は、土日と引数［祝日］を除いた○営業日後の日付を求めます。土日以外の曜日を除きたい場合は、WORKDAY.INTL（ワークデイイニシャル）関数を利用してください。引数[週末]に指定した値に対応する曜日が除かれて、○営業日後の日付を求めることができます。［祝日］の扱いはWORKDAY関数と共通です。

= WORKDAY.INTL(開始日 , 日数 , [週末] , [祝日])

● 引数［週末］に指定できる値

値	除外する曜日	値	除外する曜日
1（省略）	土、日	11	日
2	日、月	12	月
3	月、火	13	火
4	火、水	14	水
5	水、木	15	木
6	木、金	16	金
7	金、土	17	土

1 ○営業日後の日付を求める

［L48-1］シートを開いておく

ここでは土日と国民の祝日を休日とする

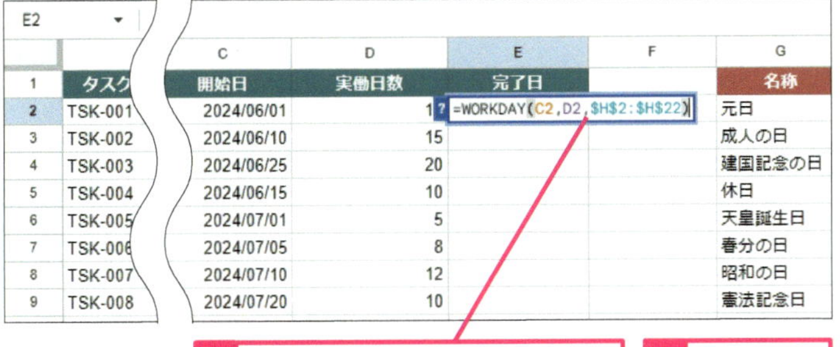

1 セルE2に「=WORKDAY(C2,D2,$H$2:$H$22)」と入力

2 Enter キーを押す

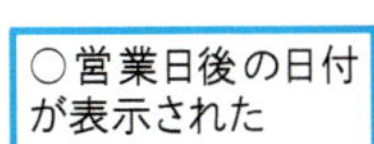

3 ここをクリック

	タスク	開始日	実働日数	完了日	名称
2	TSK-001	2024/06/01	10	2024/06/14	元日
3	TSK-002	2024/06/10	15	2024/07/01	成人の日
4	TSK-003	2024/06/25	20	2024/07/24	
5	TSK-004	2024/06/15	10	2024/06/28	
6	TSK-005	2024/07/01	5	2024/07/08	
7	TSK-006	2024/07/05	8	2024/07/18	
8	TSK-007	2024/07/10	12	2024/07/29	
9	TSK-008	2024/07/20	10	2024/08/02	
10	TSK-009	2024/08/01	10	2024/08/16	
11	TSK-010	2024/08/15	3	2024/08/20	こどもの日

自動入力
自動入力の候補を表示
Ctrl+Enter で自動入力。

自動入力の候補が表示されない場合はフィルハンドルをドラッグしてコピーする

セルE3以降に日付が表示される

使いこなしのヒント

任意の日付を除くには

創業記念日やイベント事など、営業日に含めたくない日付があるときは、引数［祝日］として指定するセル範囲に含めておきましょう。

名称	日付
元日	1月1日
成人の日	1月8日
建国記念の日	2月11日
休日	2月12日
天皇誕生日	2月23日
春分の日	3月20日
昭和の日	4月29日
憲法記念日	5月3日
スポーツの日	10月14日
文化の日	11月3日
休日	11月4日
勤労感謝の日	11月23日
創業記念日	10月1日
スポーツ大会	10月21日

営業日に含めない日付は休日リストに含めておく

次のページに続く

NETWORKDAYS関数で土日祝日を除いた稼働日を求める

After

	A	B	C	D	E	F	G	H
1	タスク管理番号	タスク名	開始日	実働日数	完了日		名称	日付
2	TSK-001	要件定義	2024/06/01	10	2024/06/14		元日	1月1日
3	TSK-002	設計	2024/06/10	20	2024/07/05		成人の日	1月8日
4	TSK-003	実装	2024/06/25	23	2024/07/26		建国記念の日	2月11日
5	TSK-004	テスト	2024/06/15	10	2024/06/28		休日	2月12日
6	TSK-005	デプロイ	2024/07/01	5	2024/07/05		天皇誕生日	2月23日
7	TSK-006	ドキュメント作成	2024/07/05	15	2024/07/26		春分の日	3月20日
8	TSK-007	クライアントレビュー	2024/07/10	15	2024/07/31		昭和の日	4月29日
9	TSK-008	修正	2024/07/20	8	2024/07/31		憲法記念日	5月3日
10	TSK-009	最終確認	2024/08/01	11	2024/08/16		みどりの日	5月4日
11	TSK-010	プロジェクト完了	2024/08/15	7	2024/08/23		こどもの日	5月5日
12							休日	5月6日
13							海の日	7月15日
14							山の日	8月11日
15							休日	8月12日
16							敬老の日	9月16日

◆祝日

NETWORKDAYS関数で開始日と完了日から実働日数を求められる

祝日のリストを用意しておく

= NETWORKDAYS(開始日 , 終了日 , [祝日])

[開始日] から [終了日] までの日数を土日と [祝日] を除外して求める。[祝日] を省略した場合は土日のみを除く

スキルアップ

特定の曜日を除いて「○日後」を求める

NETWORKDAYS.INTL（ネットワークデイズイニシャル）関数を利用すると、指定した曜日を除いた○日後の日付を求めることができます。引数［週末］に指定する値は、WORKDAY.INTL関数（167ページのスキルアップ参照）と共通です。指定した値に対応する曜日が除外されます。［祝日］の扱いはNETWORKDAYS関数と共通です。

= NETWORKDAYS.INTL(開始日 , 終了日 , [週末] , [祝日])

例えば、日曜日以外を稼働日として数えられる

引数［週末］に指定した値に対応する曜日が除かれる

C3 =NETWORKDAYS.INTL(A3,B3,11,F2:F22)

	A	B	C	D	E	F
1	稼働日数（土曜日出勤）					
2	基準日	期日	日数		名称	日付
3	2024/8/1	2024/9/30	49		元日	1月1日
4					成人の日	1月8日
5					建国記念の日	2月11日
6					休日	2月12日
7					天皇誕生日	2月23日
8					春分の日	3月20日
9					昭和の日	4月29日
10					憲法記念日	5月3日
11					みどりの日	5月4日
12					こどもの日	5月5日

使いこなしのヒント

日付の関数は間違えやすい

○営業日後の日付を求めたり、2つの日付の日数を求めたりする関数は似たような名前のものが多く、混乱してしまうこともあります。まとめて整理しておきましょう。「ワークデイ」が日付を求める関数、「ネットワークデイズ」が日数を求める関数です。WEEKDAY（ウィークデイ）関数は、日付の曜日を調べるための関数です。

● 日付の計算に利用する主な関数

機能	関数
曜日を判定する	WEEKDAY
土日と指定した祝日を除いて、○日後の日付を求める	WORKDAY
任意の曜日と指定した祝日を除いて、○日後の日付を求める	WORKDAY.INTL
土日と指定した祝日を除いて、2つの日付の日数を求める	NETWORKDAYS
任意の曜日と指定した祝日を除いて、2つの日付の日数を求める	NETWORKDAYS.INTL

1 土日祝日を除いた稼働日を求める

[L48-2] シートを開いておく

1 セルD2に「=NETWORKDAYS(C2,E2,$H$2:$H$22)」と入力

2 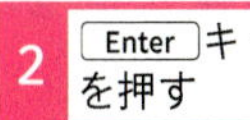

キーを押す

開始日と完了日から稼働日数が求められた

3 ここをクリック

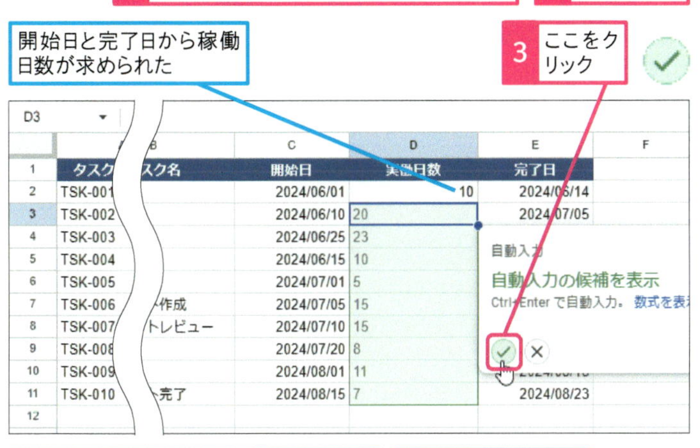

自動入力の候補が表示されない場合はフィルハンドルをドラッグしてコピーする

セルD3以降に日数が表示される

使いこなしのヒント

曜日を判定するWEEKDAY関数

WEEKDAY（ウィークデイ）関数は日付の曜日を調べて、対応する値を返します。引数［種類］は省略して構いません。

=WEEKDAY(日付 ,［種類］)

曜日に対応する数値が返される

	A	B	C	D
1	日付	曜日	数式	結果
2	2024/8/4	日	=WEEKDAY(A2)	1
3	2024/8/5	月	=WEEKDAY(A3)	2
4	2024/8/6	火	=WEEKDAY(A4)	3
5	2024/8/7	水	=WEEKDAY(A5)	4
6	2024/8/8	木	=WEEKDAY(A6)	5
7	2024/8/9	金	=WEEKDAY(A7)	6
8	2024/8/10	土	=WEEKDAY(A8)	7
9				

まとめ 日付の計算に利用する関数を覚えよう

○営業日後は、土日祝日を除いた○日後のことです。稼働日は、2つの日付の間に含まれる土日祝日を除いた日数です。日付を求めるか、日数を求めるかの違いだけで、土日祝日を除くルールは同じです。WORKDAY関数とNETWORKDAYS関数の引数に注目してください。引数［開始日］と［祝日］は同じ、違いは［日付］と［終了日］だけです。セットで覚えましょう。

文字列を分割するには

SPLIT

練習用ファイル [L49] シート

SPLIT（スプリット）関数は、文字列に含まれる区切り文字を目安に文字列を分割して別々のセルに表示します。分割後の結果は複数のセルにまとめて表示されるため、横方向に数式をコピーする必要はありません。

キーワード

関数 P.247
文字列 P.250

区切り文字で文字列を分割する

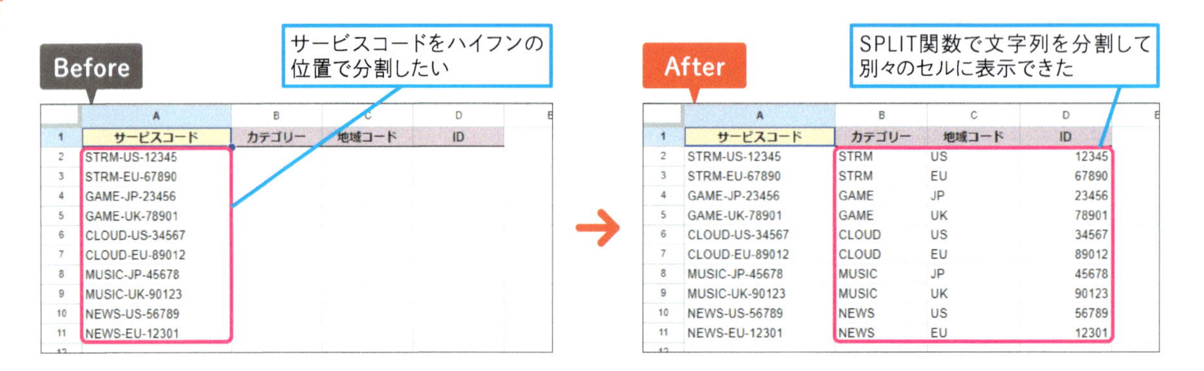

= SPLIT(テキスト , 区切り文字 , [各文字での分割] , [空のテキストを削除])

[テキスト] を [区切り文字] の前後で分割して同じ行の別々のセルに表示する

使いこなしのヒント

[テキストを列に分割] の機能で分割することもできる

元の文字列を残しておく必要がなければ、[テキストを列に分割] の機能を使って文字列を分割することもできます。[データ] メニューから [テキストを列に分割] を選択します。

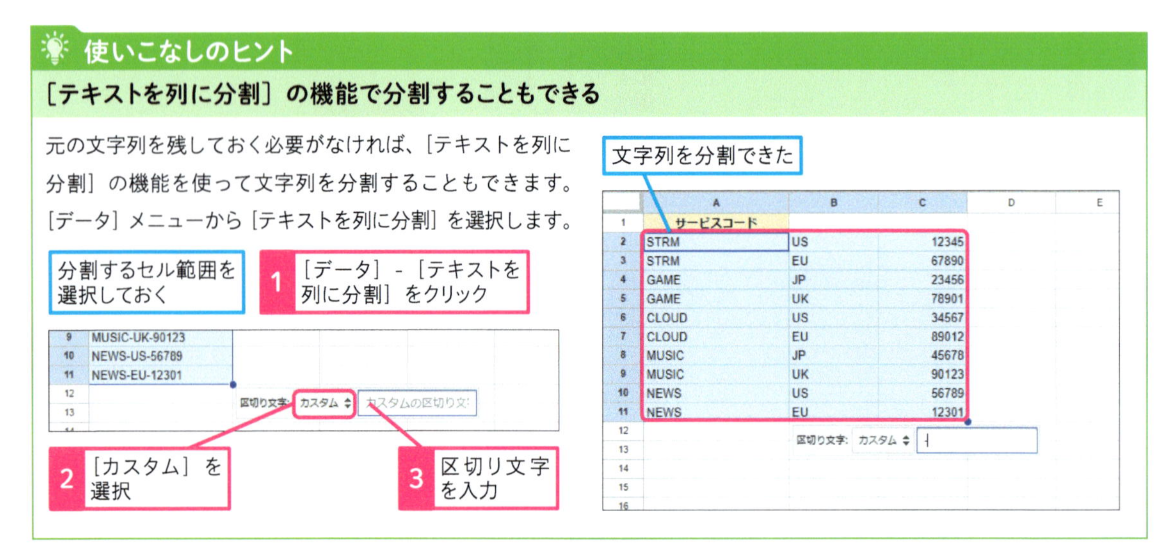

スキルアップ

分割後の文字列から特定の値だけを取り出す

分割後の文字列のうち、指定した位置の文字列だけを取り出すこともできます。セル範囲から指定した位置の値を返すINDEX（インデックス）関数をSPLIT関数と組み合わせます。

= INDEX(参照 ,［行］,［列］)

「=INDEX(SPLIT(A2,"-"),3)」のように指定すると3列目を取り出せる

B2 fx =INDEX(SPLIT(A2,"-"),3)

	A	B	C	D	E
1	サービスコード	ID			
2	STRM-US-12345	12345			
3	STRM-EU-67890	67890			
4	GAME-JP-23456	23456			
5	GAME-UK-78901	78901			

1 SPLIT関数で文字列を分割する

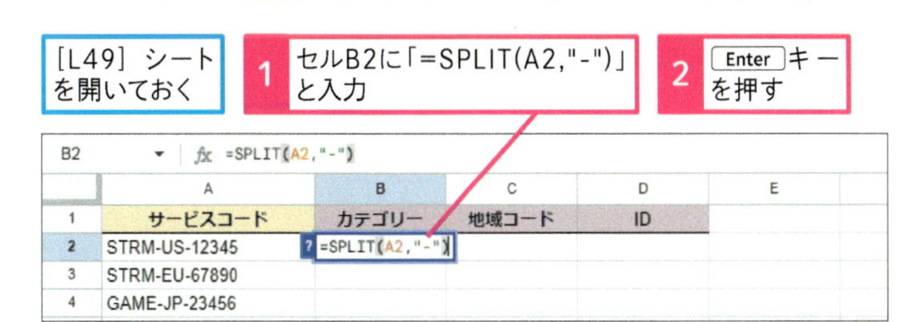

文字列がハイフンで分割されて別々のセルに表示された

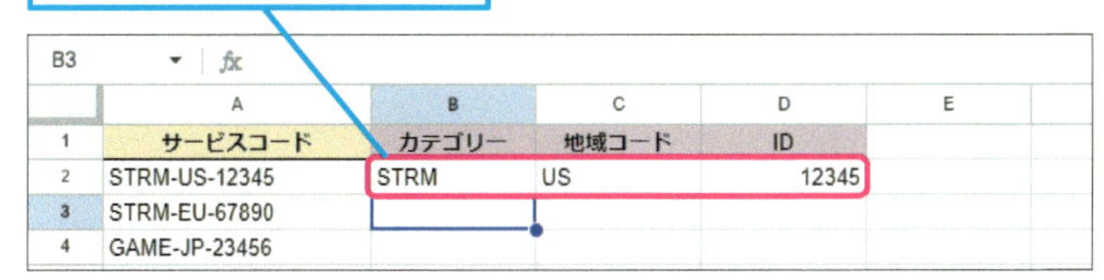

3 セルB2をクリック

4 フィルハンドルをダブルクリック

B2 fx =SPLIT(A2,"-")

	A	B	C	D	E
1	サービスコード	カテゴリー	地域コード	ID	
2	STRM-US-12345	STRM	US	12345	
3	STRM-EU-67890				
4	GAME-JP-23456				

セルB2 ～ D11に分割された文字列が表示された

B2 fx =SPLIT(A2,"-")

	A	B	C	D	E
1	サービスコード	カテゴリー	地域コード	ID	
2	STRM-US-12345	STRM	US	12345	
3	STRM-EU-67890	STRM	EU	67890	
4	GAME-JP-23456	GAME	JP	23456	
5	GAME-UK-78901	GAME	UK	78901	
6	CLOUD-US-34567	CLOUD	US	34567	
7	CLOUD-EU-89012	CLOUD	EU	89012	
8	MUSIC-JP-45678	MUSIC	JP	45678	
9	MUSIC-UK-90123	MUSIC	UK	90123	
10	NEWS-US-56789	NEWS	US	56789	
11	NEWS-EU-12301	NEWS	EU	12301	
12					

使いこなしのヒント

引数［各文字での分割］と［空のテキストを削除］の使い方

引数［各文字での分割］は区切り文字でなく、単語で分割するときに「FALSE」と指定します。指定する単語は「"」で囲みます。［空のテキスト削除］は連続する区切り文字を1つの区切り文字として扱うかどうかの引数です。標準で「TRUE」（省略可）です。

使いこなしのヒント

複数の区切り文字が含まれているときは

文字列に複数の区切り文字が含まれているときは、SPLIT関数とSUBSTITUTE関数（レッスン50参照）と組み合わせて利用します。

まとめ 区切り文字の位置で正確に分割する

製品コードやID、URLなどには、区切り文字が含まれており、区切られた文字列には意味があることが多いでしょう。一部の文字列を取り出したいときは、SPLIT関数が便利です。区切り文字の位置で分割され、別々のセルに結果が表示されます。作業用の列を用意して、［テキスト列に分割］の機能する方法もあります。操作しやすい方法で分割してください。

レッスン 50

文字列の一部を書き換えるには

SUBSTITUTE

練習用ファイル [L50] シート

文字列の一部を書き換えてみましょう。元の文字列を残したい場合は、SUBSTITUTE（サブスティチュート）関数を使います。Ctrl+H（Macの場合は⌘+shift+H）キーを押して［検索と置換］の機能を呼び出して、文字列を直接書き換える方法もあります。

キーワード

関数	P.247
文字列	P.250

文字列の一部を書き換える

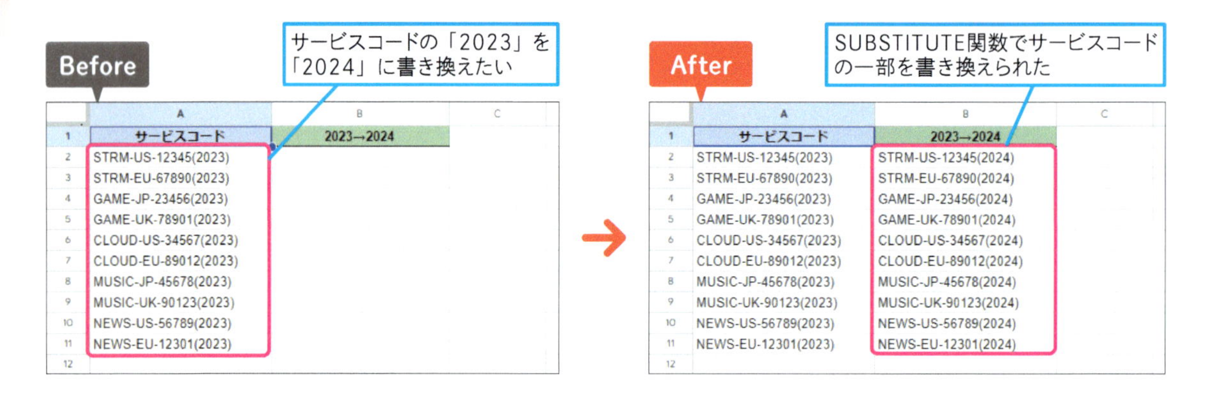

= SUBSTITUTE(検索対象のテキスト, 検索文字列, 置換文字列, [出現回数])

［検索対象のテキスト］から［検索文字列］を探して［置換文字列］に置き換える

使いこなしのヒント

［検索と置換］の機能で文字列を置換する

［検索と置換］の機能を使って文字列を置換してもいいでしょう。セルの文字列が更新されるされるため、セル範囲をコピーしてから操作することをおすすめします。また、セル範囲を選択して、置換対象のセル範囲を限定しておきます。

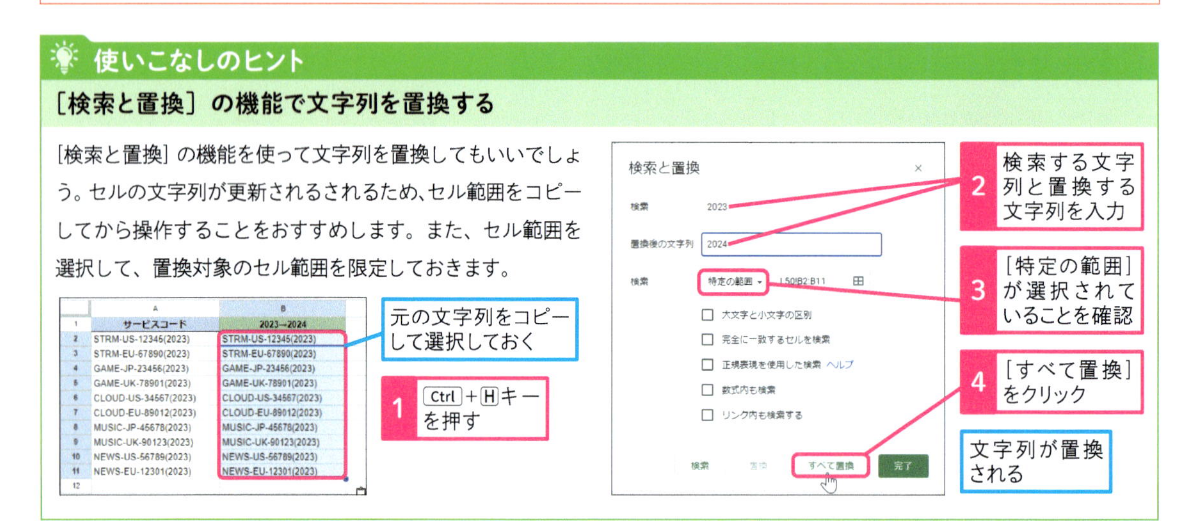

スキルアップ

複数の文字列をまとめて書き換える

置換したい文字列が複数あるときは、SUBSTITUTE関数をもう1つ組み合わせて、内側と外側のSUBSTITUTE関数で2回置換します。同じ考え方で、文字列に含まれる半角と全角のスペースをまとめて削除できます。[データ] メニューにある [空白文字の削除] の機能では、文字列の途中のスペースを削除できないため、この方法を覚えておくと重宝します。

「(」を「-」へ置換後に「)」を空白 ("") に置換する

```
=SUBSTITUTE(SUBSTITUTE(A2, "(" , "-"), ")", "")
```

文字列の途中にある半角と全角のスペースを削除する

```
=SUBSTITUTE(SUBSTITUTE(A2, " " , ""), "　", "")
```


1 SUBSTITUTE関数で文字列を書き換える

[L50] シートを開いておく

1 セルB2に「=SUBSTITUTE(A2,"2023","2024")」と入力

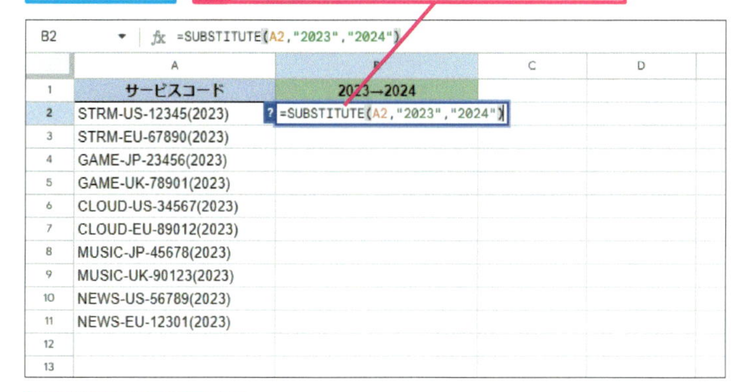

2 Enter キーを押す

「2023」が「2024」に置き換わった

3 ここをクリック

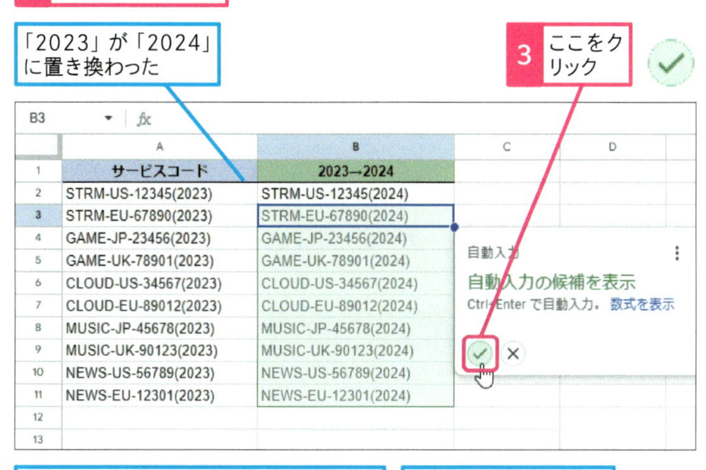

自動入力の候補が表示されない場合はフィルハンドルをドラッグしてコピーする

セルB3以降の文字列が書き換わる

スキルアップ

2番目のハイフンだけ置換する

引数 [出現回数] は、[検索文字列] に一致する文字列が複数ある場合、何番目を置換するかを指定します。2番目なら「2」と指定します。省略した場合は [検索文字列] に一致する文字列がすべて置換されます。

2番目の「-」だけを置換できる

B2 =SUBSTITUTE(A2,"-","",2)

	A	B
1	サービスコード	2023→2024
2	STRM-US-12345(2023)	STRM-US12345(2023)
3	STRM-EU-67890(2023)	STRM-EU67890(2023)
4	GAME-JP-23456(2023)	GAME-JP23456(2023)
5	GAME-UK-78901(2023)	GAME-UK78901(2023)
6	CLOUD-US-34567(2023)	CLOUD-US34567(2023)
7	CLOUD-EU-89012(2023)	CLOUD-EU89012(2023)
8	MUSIC-JP-45678(2023)	MUSIC-JP45678(2023)

まとめ 文字列の一部を削除するときにも使える

文字列を探して置換するSUBSTITUTE関数の動作を利用して、空白 ("") に置換することで、特定の文字列の削除にも使えます。なお、[検索文字列] に指定した文字列が完全一致で検索されるため、大文字・小文字、半角・全角を正確に指定してください。[検索と置換] の機能を使う場合は、置換対象のセル範囲を選択しておくと、置換ミスを防げます。

レッスン
51 文字列の一部を取り出すには

LEFT / MID / RIGHT

練習用ファイル ［L51-1］［L51-2］シート

LEFT（レフト）/ MID（ミッド）/ RIGHT（ライト）関数を使って、区切り文字が含まれていない文字列から一部を取り出してみましょう。文字数を指定して取り出します。例えば、住所から都道府県名を取り出すこともできます。

キーワード

関数 P.247

文字列 P.250

LEFT / MID / RIGHT関数で文字列の一部を取り出す

= LEFT(文字列 ,［文字数］)
= RIGHT(文字列 ,［文字数］)

［文字列］の左（LEFT）・右（RIGHT）から［文字数］分の文字列を取り出す

= MID(文字列 , 開始位置 , セグメントの長さ)

［文字列］の［開始位置］から［セグメントの長さ］分の文字列を取り出す

使いこなしのヒント

区切り文字が含まれているときはSPLIT関数が便利

区切り文字が含まれていない文字列から一部を取り出すときにLEFT/MID/RIGHT関数を利用します。LEFT関数は左から、RIGHT関数は右から何文字取り出すかを指定します。MID関数は取り出し始める位置と文字数を指定します。ただし、対象の文字列に区切り文字が含まれているときは、SPLIT関数（レッスン49参照）のほうが便利です。

1 LEFT関数を入力する

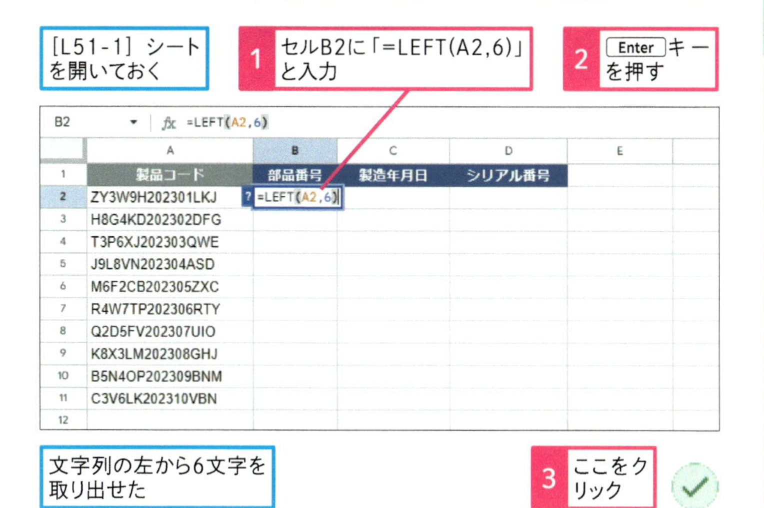

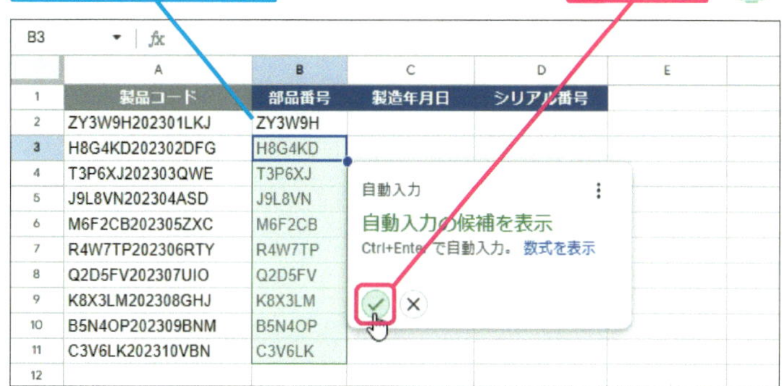

自動入力の候補が表示されない場合はフィルハンドルをドラッグしてコピーする

2 MID関数を入力する

セルB3以降に結果が表示された

1 セルC2に「=MID(A2,7,6)」と入力

2 Enter キーを押す

C2 =MID(A2,7,6)

	A	B	C	D
1	製品コード	部品番号	製造年月日	シリアル番号
2	ZY3W9H202301LKJ	ZY3W9H	=MID(A2,7,6)	
3	H8G4KD202302DFG	H8G4KD		
4	T3P6XJ202303QWE	T3P6XJ		
5	J9L8VN202304ASD	J9L8VN		
6	M6F2CB202305ZXC	M6F2CB		
7	R4W7TP202306RTY	R4W7TP		
8	Q2D5FV202307UIO	Q2D5FV		
9	K8X3LM202308GHJ	K8X3LM		
10	B5N4OP202309BNM	B5N4OP		
11	C3V6LK202310VBN	C3V6LK		

手順1を参考に数式を11行目までコピーしておく

スキルアップ

長さの決まっていない文字列ではFIND関数やLEN関数を使う

長さの決まっていない文字列から一部を取り出したいときは、指定した文字列の最初の位置を求めるFIND（ファインド）関数や文字列の長さを求めるLEN（レングス）関数を使います。以下の例では「2023」の文字列の位置を探して、その前後を取り出しています。

= FIND(検索文字列 , 検索対象のテキスト , [開始位置])

= LEN(テキスト)

●「2023」の位置を探す

セルA2から「2023」の位置を探す

B2 =FIND("2023",A2)

	A	B	C
1	製品コード	「2023」の位置	「2023」より前
2	ZY3W9HN202301LK	8	ZY3W9HN
3	H8G4K202302DFGA	6	H8G4K
4	T3P6XJK202303QWE1	8	T3P6XJK
5	J9L8VNXF202304ASD2	9	J9L8VNXF
6	M6F2CB202305ZX	7	M6F2CB

引数［開始位置］を省略した場合は先頭から探す

●「2023」より前を取り出す

「2023」の位置から「-1」した文字数分LEFT関数で取り出す

C2 =LEFT(A2,B2-1)

	A	B	C
1	製品コード	「2023」の位置	「2023」より前
2	ZY3W9HN202301LK	8	ZY3W9HN
3	H8G4K202302DFGA	6	H8G4K
4	T3P6XJK202303QWE1	8	T3P6XJK
5	J9L8VNXF202304ASD2	9	J9L8VNXF
6	M6F2CB202305ZX	7	M6F2CB

●「2023」より後ろを取り出す

セルA2の長さから「2023」の開始位置と長さ分「3」を引いた文字数分をRIGHT関数で取り出す

C2 =RIGHT(A2,LEN(A2)-B2-3)

	A	B	C
1	製品コード	「2023」の位置	「2023」より後ろ
2	ZY3W9HN202301LK	8	01LK
3	H8G4K202302DFGA	6	02DFGA
4	T3P6XJK202303QWE1	8	03QWE1
5	J9L8VNXF202304ASD2	9	04ASD2
6	M6F2CB202305ZX	7	05ZX

次のページに続く

3 RIGHT関数を入力する

	A	B	C	D	E
1	製品コード	部品番号	製造年月日	シリアル番号	
2	ZY3W9H202301LKJ	ZY3W9H	202301	=RIGHT(A2,3)	
3	H8G4KD202302DFG	H8G4KD	202302		
4	T3P6XJ202303QWE	T3P6XJ	202303		
5	J9L8VN202304ASD	J9L8VN	202304		
6	M6F2CB202305ZXC	M6F2CB	202305		
7	R4W7TP202306RTY	R4W7TP	202306		
8	Q2D5FV202307UIO	Q2D5FV	202307		
9	K8X3LM202308GHJ	K8X3LM	202308		
10	B5N4OP202309BNM	B5N4OP	202309		
11	C3V6LK202310VBN	C3V6LK	202310		
12					

手順1を参考に数式を11行目までコピーしておく

	A	B	C	D	E
1	製品コード	部品番号	製造年月日	シリアル番号	
2	ZY3W9H202301LKJ	ZY3W9H	202301	LKJ	
3	H8G4KD202302DFG	H8G4KD	202302	DFG	
4	T3P6XJ202303QWE	T3P6XJ	202303	QWE	
5	J9L8VN202304ASD	J9L8VN	202304	ASD	
6	M6F2CB202305ZXC	M6F2CB	202305	ZXC	
7	R4W7TP202306RTY	R4W7TP	202306	RTY	
8	Q2D5FV202307UIO	Q2D5FV	202307	UIO	
9	K8X3LM202308GHJ	K8X3LM	202308	GHJ	
10	B5N4OP202309BNM	B5N4OP	202309	BNM	
11	C3V6LK202310VBN	C3V6LK	202310	VBN	
12					

使いこなしのヒント

日付から「年」「月」「日」を取り出すには

日付から「年」「月」「日」を取り出すには、LEFT/MID/RIGHT関数は使わずに、YEAR/MONTH/DAY関数を使います（レッスン47参照）。

使いこなしのヒント

MID関数の代わりにRIGHT関数とLEFT関数を組み合わせる

規則性のある文字列の場合、RIGHT関数とLEFT関数を組み合わせて、MID関数の代わりに使うこともできます。以下の例は、LEFT関数で取り出した文字列をRIGHT関数の引数［文字列］に指定しています。

LEFT関数の結果をRIGHT関数の引数［文字列］に指定している

B2 fx =RIGHT(LEFT(A2,12),6)

	A	B
1	製品コード	LEFTとRIGHTの組み合わせ
2	ZY3W9H202301LKJ	202301
3	H8G4KD202302DFG	202302
4	T3P6XJ202303QWE	202303
5	J9L8VN202304ASD	202304
6	M6F2CB202305ZXC	202305

住所を都道府県とそれ以外に分ける

After

MID/LEFT関数で住所から都道府県名を取り出せる

住所から都道府県名以外の部分はSUBSTITUTE関数で取り出せる

	A	B	C	D	E
1	氏名	郵便番号	住所	都道府県	都道府県以降
2	田中 太郎	250-1809	神奈川県座間市相武台X-X-X	神奈川県	座間市相武台X-X-X
3	佐々木 望	145-8360	東京都品川区東品川X-X-X グリーンハウス1105	東京都	品川区東品川X-X-X グリーンハウス1105
4	鈴木 美里	168-6324	東京都港区赤坂X-X-X ブルースカイ301	東京都	港区赤坂X-X-X ブルースカイ301
5	高橋 主税	582-1868	大阪府東大阪市金岡X-X-X シティタワー207	大阪府	東大阪市金岡X-X-X シティタワー207
6	中村 和幸	069-9936	北海道根室市平内町X-X-X	北海道	根室市平内町X-X-X
7	伊藤 幸	733-1166	広島県広島市南区大州X-X-X	広島県	広島市南区大州X-X-X
8	小林 雄也	868-1802	熊本県熊本市南区近見X-X-X フレンドリー206	熊本県	熊本市南区近見X-X-X フレンドリー206
9	山本 潤子	562-8647	大阪府大阪市北区天満X-X-X パークタワー303	大阪府	大阪市北区天満X-X-X パークタワー303
10	加藤 祐介	899-0123	鹿児島県出水市西出水町X-X-X	鹿児島県	出水市西出水町X-X-X
11	山田 栄樹	244-9914	神奈川県横須賀市浦郷町X-X-X	神奈川県	横須賀市浦郷町X-X-X
12					
13					
14					

1 都道府県を判断して処理を分ける

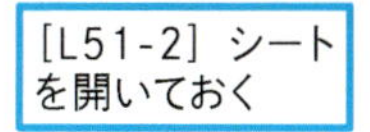

1 セルD2に「=IF(MID(C2, 4, 1)="県", LEFT(C2,4),LEFT(C2,3))」と入力

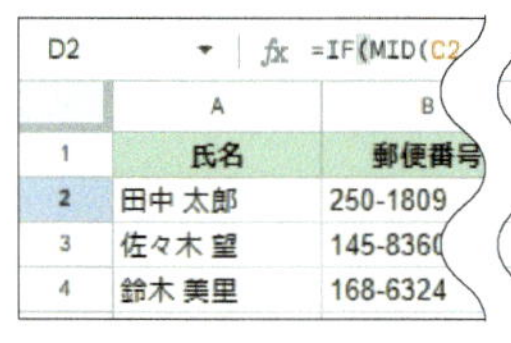

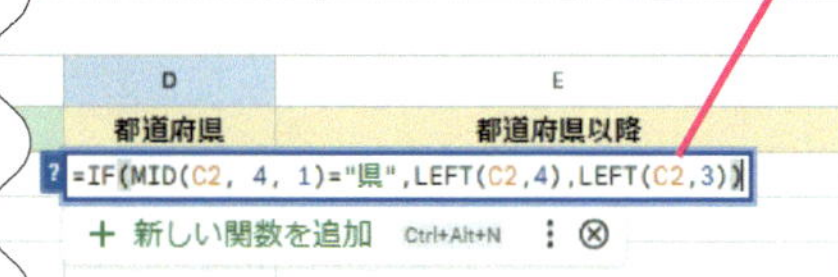

2 Enter キーを押す

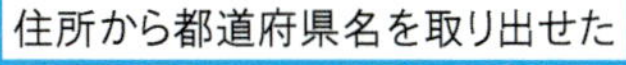

3 ここをクリック

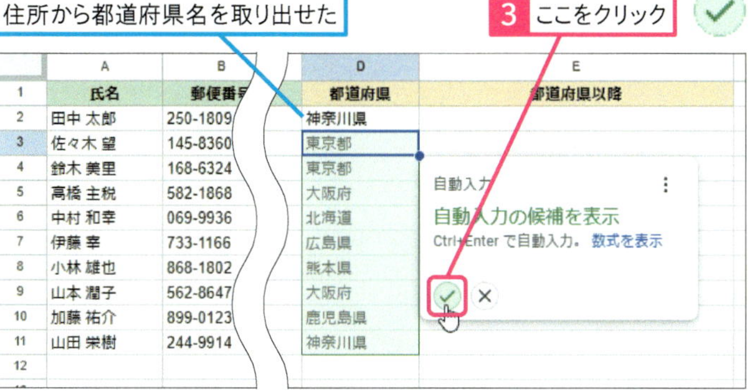

自動入力の候補が表示されない場合はフィルハンドルをドラッグしてコピーする

セルD3以降に都道府県名が表示された

4 セルE2に「=SUBSTITUTE(C2,D2,"")」と入力

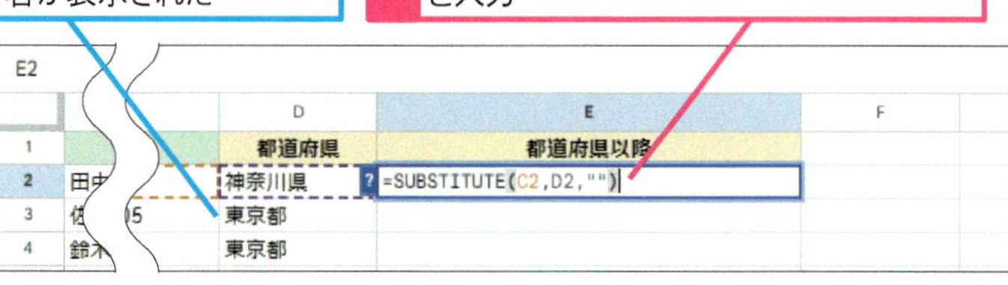

5 Enter キーを押す

住所から都道府県名以外を取り出せた

6 ここをクリック

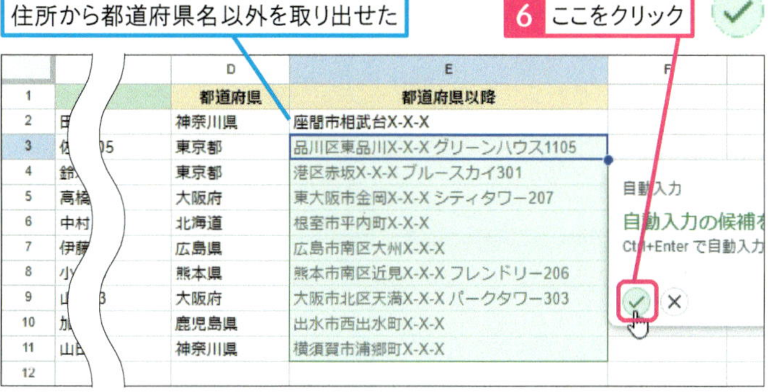

自動入力の候補が表示されない場合はフィルハンドルをドラッグしてコピーする

セルE3以降に都道府県名以外が取り出される

スキルアップ

都道府県を取り出す考え方

都道府県名は、3文字か4文字のいずれかです。4文字目が「県」になるのは、神奈川県、和歌山県、鹿児島県だけなので、IF関数の条件に「MID(C2, 4, 1)="県"」と指定して、処理を振り分けています。

使いこなしのヒント

SUBSTITUTE関数で都道府県名を削除する

操作1～3で都道府県名はD列に取得できているため、操作4ではSUBSTITUTE関数を使って、住所の都道府県名を空白（""）で置換、つまり削除しています。

まとめ 区切り文字のない文字列に対処する

LEFT/MID/RIGHT関数は名前の通り、左、真ん中、右から指定した文字数分の文字を取り出します。「-」などの区切り文字が含まれていない文字列から一部を取り出したいときに有用な関数です。また、対象の文字列の長さが決まっていない場合は、FIND関数やLEN関数とあわせて利用します。文字列の位置と長さを取得できれば、あとは引数に指定するだけです。

レッスン

52 区切り文字を挟んで連結するには

TEXTJOIN　練習用ファイル　[L52] シート

別々のセルに入力されている文字列を連結する方法を覚えておきましょう。TEXTJOIN（テキストジョイン）関数は、レッスン13で解説した「&」より便利に使えます。文字列を連結するそのほかの関数との違いも理解してください。

キーワード

関数　P.247
文字列　P.250

区切り文字を挟んで文字列を連結する

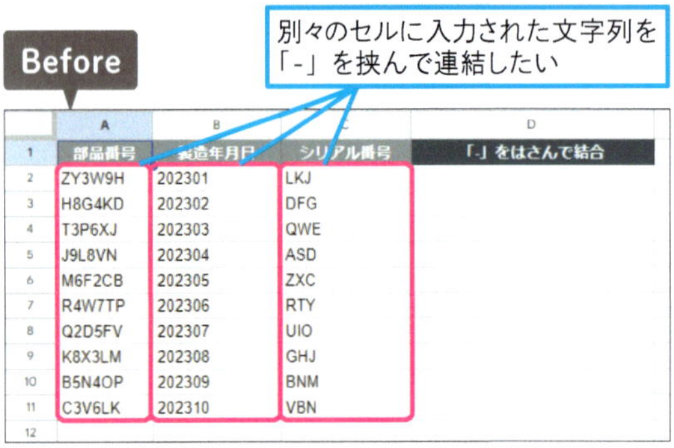

Before

別々のセルに入力された文字列を「-」を挟んで連結したい

	A	B	C	D
1	部品番号	製造年月日	シリアル番号	「-」をはさんで結合
2	ZY3W9H	202301	LKJ	
3	H8G4KD	202302	DFG	
4	T3P6XJ	202303	QWE	
5	J9L8VN	202304	ASD	
6	M6F2CB	202305	ZXC	
7	R4W7TP	202306	RTY	
8	Q2D5FV	202307	UIO	
9	K8X3LM	202308	GHJ	
10	B5N4OP	202309	BNM	
11	C3V6LK	202310	VBN	
12				

After

TEXTJOIN関数で「-」を挟んで文字列を連結できた

	A	B	C	D
1	部品番号	製造年月日	シリアル番号	「-」をはさんで結合
2	ZY3W9H	202301	LKJ	ZY3W9H-202301-LKJ
3	H8G4KD	202302	DFG	H8G4KD-202302-DFG
4	T3P6XJ	202303	QWE	T3P6XJ-202303-QWE
5	J9L8VN	202304	ASD	J9L8VN-202304-ASD
6	M6F2CB	202305	ZXC	M6F2CB-202305-ZXC
7	R4W7TP	202306	RTY	R4W7TP-202306-RTY
8	Q2D5FV	202307	UIO	Q2D5FV-202307-UIO
9	K8X3LM	202308	GHJ	K8X3LM-202308-GHJ
10	B5N4OP	202309	BNM	B5N4OP-202309-BNM
11	C3V6LK	202310	VBN	C3V6LK-202310-VBN
12				

= TEXTJOIN(区切り文字 , 空のセルを無視 , テキスト 1, [テキスト 2, …])

[区切り文字] を挟んで [テキスト] を連結する

使いこなしのヒント

似た機能を持つそのほかの関数

区切り文字を挟んで文字列を連結できるJOIN（ジョイン）関数もありますが、指定したセル範囲に空白セルが含まれている場合、無視できずに区切り文字が連続して連結されてしまいます。より洗練されているTEXTJOIN関数の利用をおすすめします。なお、区切り文字が不要なときは、CONCATENATE（コンカティネート）関数もおすすめです。

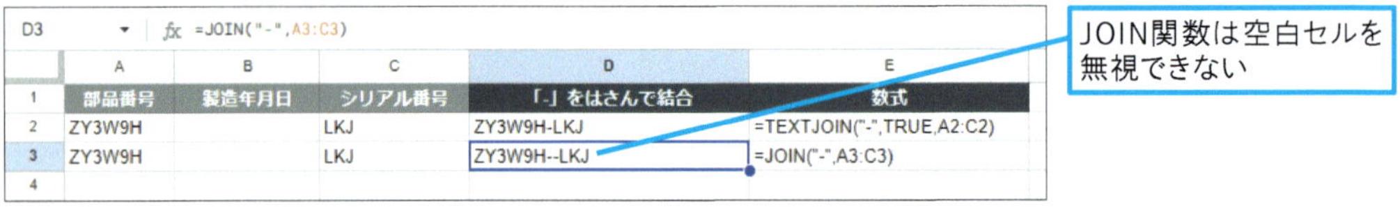

D3　fx =JOIN("-",A3:C3)

	A	B	C	D	E
1	部品番号	製造年月日	シリアル番号	「-」をはさんで結合	数式
2	ZY3W9H		LKJ	ZY3W9H-LKJ	=TEXTJOIN("-",TRUE,A2:C2)
3	ZY3W9H		LKJ	ZY3W9H--LKJ	=JOIN("-",A3:C3)
4					

JOIN関数は空白セルを無視できない

= CONCATENATE(文字列 1, [文字列 2, …])

区切り文字が不要ならCONCATENATE関数もおすすめ

使いこなしのヒント

改行を挟んで連結するには

文字列の連結時に改行を挟むこともできます。引数［区切り文字］にCHAR(キャラクター)関数を指定します。「CHAR(10)」と記述すると改行コードの意味になります。「&」で連結するときにも使えるテクニックです。

改行を挟んで文字列を連結する
=TEXTJOIN(CHAR(10), TRUE, A2:B2)

引数［区切り文字］に「CHAR(10)」と指定すると連結時に改行できる

C2 fx =TEXTJOIN(CHAR(10),TRUE,A2:B2)

	A	B	C
1	部署	課	結合
2	総務部	総務課	総務部 総務課
3	総務部	法務課	総務部 法務課
4	総務部	庶務課	総務部 庶務課
5	営業部	営業企画課	営業部 営業企画課
6	営業部	営業推進課	営業部 営業推進課

1 TEXTJOIN関数で文字列を連結する

［L52］シートを開いておく

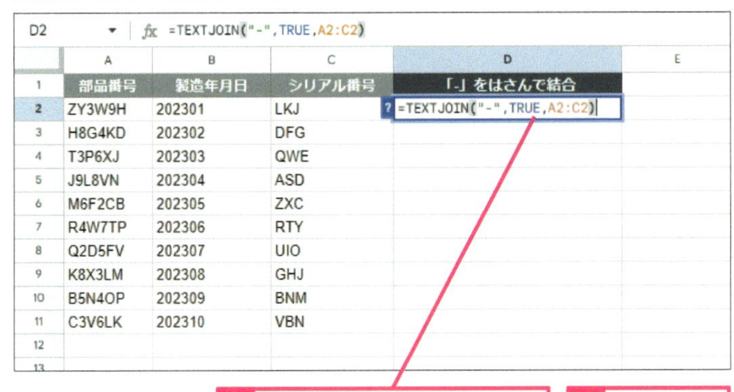

D2 fx =TEXTJOIN("-",TRUE,A2:C2)

	A	B	C	D	E
1	部品番号	製造年月日	シリアル番号	「-」をはさんで結合	
2	ZY3W9H	202301	LKJ	=TEXTJOIN("-",TRUE,A2:C2)	
3	H8G4KD	202302	DFG		
4	T3P6XJ	202303	QWE		
5	J9L8VN	202304	ASD		
6	M6F2CB	202305	ZXC		
7	R4W7TP	202306	RTY		
8	Q2D5FV	202307	UIO		
9	K8X3LM	202308	GHJ		
10	B5N4OP	202309	BNM		
11	C3V6LK	202310	VBN		
12					

1 セルD2に「=TEXTJOIN("-",TRUE,A2:C2)」と入力

2 Enter キーを押す

「-」を挟んで文字列を連結できた

3 ここをクリック

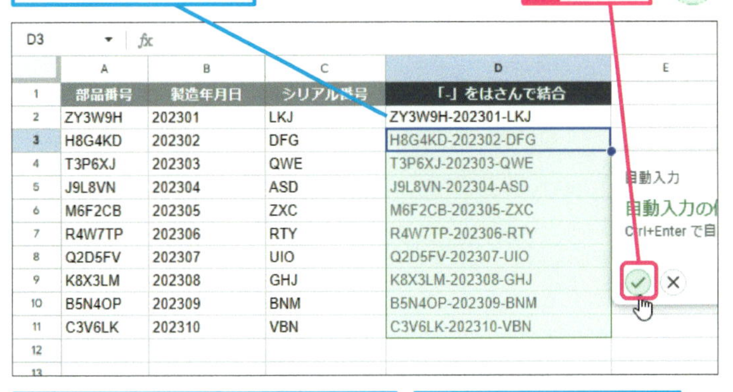

D3 fx

	A	B	C	D	E
1	部品番号	製造年月日	シリアル番号	「-」をはさんで結合	
2	ZY3W9H	202301	LKJ	ZY3W9H-202301-LKJ	
3	H8G4KD	202302	DFG	H8G4KD-202302-DFG	
4	T3P6XJ	202303	QWE	T3P6XJ-202303-QWE	
5	J9L8VN	202304	ASD	J9L8VN-202304-ASD	
6	M6F2CB	202305	ZXC	M6F2CB-202305-ZXC	
7	R4W7TP	202306	RTY	R4W7TP-202306-RTY	
8	Q2D5FV	202307	UIO	Q2D5FV-202307-UIO	
9	K8X3LM	202308	GHJ	K8X3LM-202308-GHJ	
10	B5N4OP	202309	BNM	B5N4OP-202309-BNM	
11	C3V6LK	202310	VBN	C3V6LK-202310-VBN	
12					

自動入力の候補が表示されない場合はフィルハンドルをドラッグしてコピーする

セルD3以降に連結された文字列が表示される

使いこなしのヒント

区切り文字を挟まずにセル範囲を指定して連結するには

Excelでよく使われるCONCAT（コンカット）関数は、Googleスプレッドシートにもありますが、セル範囲を指定できません。区切り文字を挟まずにセル範囲を指定して連結するときは、CONCATENATE関数を使ってください。なお、TEXTJOIN関数の引数［区切り文字］に空白（""）を指定する方法もあります。

まとめ 思い通りに文字列を連結しよう

文字列を連結するTEXTJOIN関数は、分割するSPLIT関数や置換するSUBSTITUTE関数とあわせて覚えておきましょう。「&」を使った連結は手軽ですが、状況によっては非効率なこともあります。区切り文字を挟む場合は関数を使ってください。指定する区切り文字によって応用が効きます。なお、引数［テキスト2］として任意の文字列を付加することもできます。

この章のまとめ

業務に直結する関数で効率アップ

VLOOKUP/XLOOKUP関数ばかりが注目されますが、IF/IFS関数を使った条件分岐のほか、日付計算や文字列操作に関する関数は、どれも業務効率化に欠かせないものです。自分で関数を入力しなくても、共有されたファイルに入力された数式の意味を理解できれば、業務の全体像を把握しやすくなります。まずは「このような働きをする関数があるのだ」という認識が大切です。関数を知っていれば、日頃くり返している無駄な操作を省けるかもしれません。

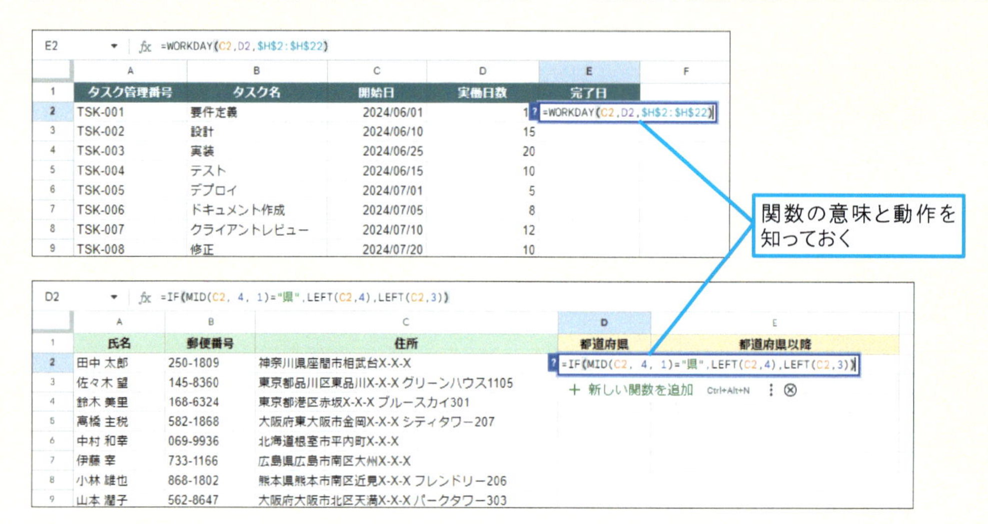

E2 fx =WORKDAY(C2,D2,$H$2:$H$22)

	A	B	C	D	E	F
1	タスク管理番号	タスク名	開始日	実働日数	完了日	
2	TSK-001	要件定義	2024/06/01	1	=WORKDAY(C2,D2,$H$2:$H$22)	
3	TSK-002	設計	2024/06/10	15		
4	TSK-003	実装	2024/06/25	20		
5	TSK-004	テスト	2024/06/15	10		
6	TSK-005	デプロイ	2024/07/01	5		
7	TSK-006	ドキュメント作成	2024/07/05	8		
8	TSK-007	クライアントレビュー	2024/07/10	12		
9	TSK-008	修正	2024/07/20	10		

D2 fx =IF(MID(C2, 4, 1)="県",LEFT(C2,4),LEFT(C2,3))

	A	B	C	D	E
1	氏名	郵便番号	住所	都道府県	都道府県以降
2	田中 太郎	250-1809	神奈川県座間市相武台X-X-X	=IF(MID(C2, 4, 1)="県",LEFT(C2,4),LEFT(C2,3))	
3	佐々木 望	145-8360	東京都品川区東品川X-X-X グリーンハウス1105	＋ 新しい関数を追加 Ctrl+Alt+N	
4	鈴木 美里	168-6324	東京都港区赤坂X-X-X ブルースカイ301		
5	高橋 主税	582-1868	大阪府東大阪市金岡X-X-X シティタワー207		
6	中村 和幸	069-9936	北海道根室市平内町X-X-X		
7	伊藤 宰	733-1166	広島県広島市南区大州X-X-X		
8	小林 雄也	868-1802	熊本県熊本市南区近見X-X-X フレンドリー206		
9	山本 潤子	562-8647	大阪府大阪市北区天満X-X-X パークタワー303		

VLOOKUP/XLOOKUP関数をはじめとして、仕事に役立つ関数をたくさん紹介したけど、タクミ君ついてこれているかな?

条件分岐と日付操作、文字列操作もありましたね。もうお腹いっぱいです……。何から覚えればいいのでしょうか?

Googleスプレッドシートならではの関数もあったわね。慣れるまで大変そう

自分で条件分岐を考える必要のない人もいるし、日付関数をバリバリ使わないといけない人もいるよね。自分の仕事に関連する関数から使ってみよう。

活用編

第8章

データ分析で情報を見える化しよう

表を整えてフィルタ機能を活用することからデータ分析は始まります。データを自在にまとめる機能を覚えておきましょう。多角的にデータを分析できるピボットテーブルの作り方やデータ分析に使える関数も紹介します。

53	データ分析に使える機能を覚えよう	182
54	フィルタの機能を活用するには	184
55	フィルタの結果をすばやく切り替えるには	188
56	表を見やすく整えるには	192
57	一意のデータを取り出すには	194
58	条件に一致するリストを取り出すには	196
59	ピボットテーブルを作成するには	200
60	グラフにフィルタを設定するには	204
61	データの分析に使える関数とは	208

レッスン
53 Introduction この章で学ぶこと データ分析に使える機能を覚えよう

複雑な条件でデータを絞り込むテクニックを覚えておきましょう。表を扱いやすく整えることもデータ分析には必要です。いろいろな形式の表に切り替えられるピボットテーブルは、新しい視点でデータを分析できます。データの傾向の分析や予測に使える関数も便利です。

基本機能を使いこなす

データ分析にフィルタ機能は欠かせないよ。上手に活用して目的のデータをすばやく取り出そう。

フィルタは第2章でやりましたよね。並べ替えも絞り込みもできますけど?

そうだね。この章では、指定したキーワードや数値の範囲による絞り込みを試してみよう。数式で条件を指定することもできるんだ。

あいまいな条件で絞り込めるということでしょうか?

その通り! 例えば、文字列の一部がキーワードに一致するデータを抽出できるんだ。フィルタの結果をすばやく切り替えられるフィルタビューも便利だよ。扱いやすい表にするために、行の固定やグループ化の機能も利用するといいよ。

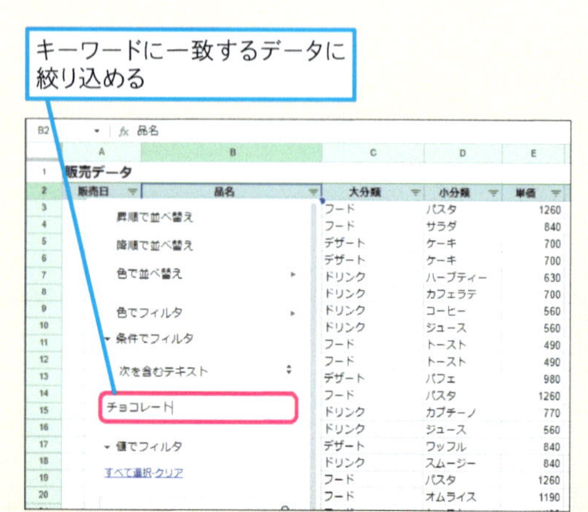

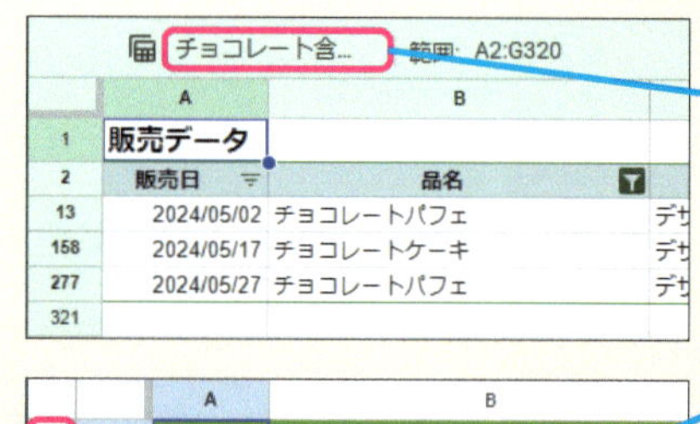

	A	B
1	月	イベント名
14	2月	ITセキュリティ研修
15	2月	リーダーシップトレーニング
16	2月集計	
17	3月	製品アップデート説明会
18	3月	業界分析セミナー
19	3月	デザイン思考ワークショップ
20	3月	AI技術トレンドセミナー

見出し行を常に表示できる

グループ単位で開閉できる

必要な形式の表をすばやく取り出す

元の表は残したまま、形式を変えてデータを確認したいことがあるよね。関数やピボットテーブルを利用しよう。

ピボットテーブルは難しいイメージなのですが、僕にも使えますか？

大丈夫。ピボットテーブルはドラッグ操作で列を指定するだけで、簡単に表の形式を切り替えられるよ。表を取り出す関数も便利だから使ってほしい。

	A	B	C	D	E	F
1	販売日	席	販売元	単価	販売数	販売金額
2	2024/5/1	指定	SNS経由	5,000	50	250,000
3	2024/5/1	指定	直営店舗	5,000	15	75,000
4	2024/5/1	一般	直営店舗	3,000	10	30,000
5	2024/5/1	イベントパス	直営店舗	20,000	20	400,000
6	2024/5/2	グッズ付き	直営店舗	8,000	75	600,000
7	2024/5/2	一般	SNS経由	3,000	105	315,000
8	2024/5/2	一般	直営店舗	3,000	10	30,000
9	2024/5/2	指定	SNS経由	5,000	130	650,000
10	2024/5/3	イベントパス	SNS経由	20,000	90	1,800,000

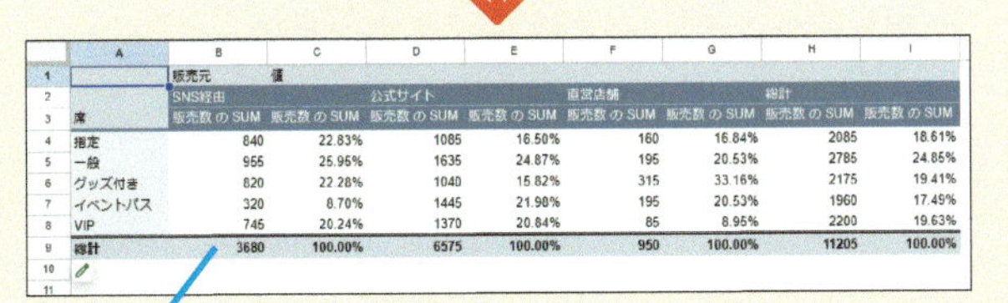

	A	B	C	D	E	F	G	H	I
1		販売元	値						
2		SNS経由		公式サイト		直営店舗		総計	
3	席	販売数 の SUM	販売数 の SUM	販売数 の SUM	販売数 の SUM	販売数 の SUM	販売数 の SUM	販売数 の SUM	販売数 の SUM
4	指定	840	22.83%	1085	16.50%	160	16.84%	2085	18.61%
5	一般	955	25.96%	1635	24.87%	195	20.53%	2785	24.85%
6	グッズ付き	820	22.28%	1040	15.82%	315	33.16%	2175	19.41%
7	イベントパス	320	8.70%	1445	21.98%	195	20.53%	1960	17.49%
8	VIP	745	20.24%	1370	20.84%	85	8.95%	2200	19.63%
9	総計	3680	100.00%	6575	100.00%	950	100.00%	11205	100.00%

ピボットテーブルで複数の視点からデータを分析できる

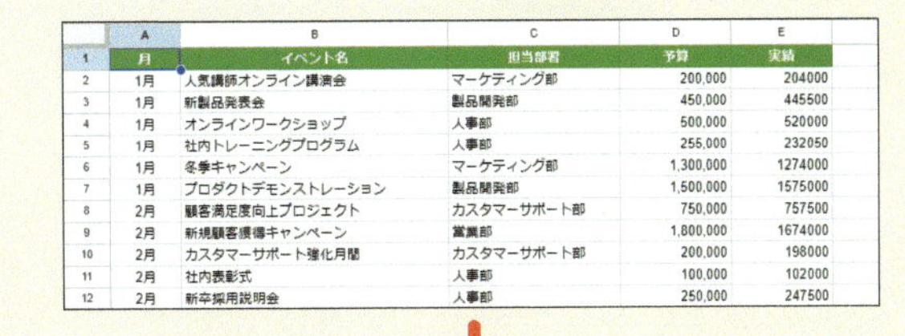

	A	B	C	D	E
1	月	イベント名	担当部署	予算	実績
2	1月	人気講師オンライン講演会	マーケティング部	200,000	204000
3	1月	新製品発表会	製品開発部	450,000	445500
4	1月	オンラインワークショップ	人事部	500,000	520000
5	1月	社内トレーニングプログラム	人事部	255,000	232050
6	1月	冬季キャンペーン	マーケティング部	1,300,000	1274000
7	1月	プロダクトデモンストレーション	製品開発部	1,500,000	1575000
8	2月	顧客満足度向上プロジェクト	カスタマーサポート部	750,000	757500
9	2月	新規顧客獲得キャンペーン	営業部	1,800,000	1674000
10	2月	カスタマーサポート強化月間	カスタマーサポート部	200,000	198000
11	2月	社内表彰式	人事部	100,000	102000
12	2月	新卒採用説明会	人事部	250,000	247500

	G	H	I	J	K
1	月	イベント名	担当部署	予算	実績
2	5月	新規顧客獲得キャンペーン	営業部	1,700,000	1700000
3	2月	新規顧客獲得キャンペーン	営業部	1,800,000	1674000
4	4月	春季キャンペーン企画	営業部	1,300,000	1196000
5	3月	業界リーダー交流会	営業部	450,000	432000
6	6月	業界リーダー交流会	営業部	450,000	405000
7					
8					
9					
10					

FILTER関数で条件に一致する表を取り出せる

SORT関数でデータを並べ替えられる

データ分析に使える関数

データ全体を把握して、データの傾向を読み解いたり、未来を予測したりできる関数もあるんだ。自分の想定や過去の予想と比較したいときなどに使える関数をまとめて紹介するよ。

	A	B	C	D	E	F	G	H
1	月	SNS経由	公式サイト	直営店舗	合計		平均値	11,253
2	1月	3,250	5,655	822	9,727		中央値	9,504
3	2月	2,563	4,460	648	7,671			
4	3月	3,102	5,397	785	9,284			
5	4月	2,985	5,194	755	8,934			
6	5月	3,680	6,575	950	11,205			
7	6月	2,567	4,467	649	7,931			
8	7月	7,532	9,886	1,906	19,323			
9	8月	6,432	11,452	1,627	23,250			
10	9月	2,341	4,073	592	7,310			
11	10月	3,181	5,535	805	8,734			
12	11月	2,943	5,121	745	9,723			
13	12月	3,621	6,127	891	11,943			

MEDIAN関数でデータの中央値を求められる

	A	B	C	D	E	F
1	月	宣伝費	売上		相関係数	
2	1月	3,896,200	84,540,000		0.6864512493	
3	2月	2,758,400	66,669,000			
4	3月	2,740,200	80,690,000			
5	4月	2,913,400	77,646,000			
6	5月	2,834,300	97,380,000			
7	6月	2,847,300	68,928,000			
8	7月	3,781,600	167,939,000			
9	8月	3,706,100	202,066,000			
10	9月	2,798,600	63,531,000			
11	10月	2,681,100	75,907,000			
12	11月	2,806,300	84,503,000			
13	12月	3,624,200	103,797,000			

CORREL関数で2つのデータの相関係数を求められる

レッスン

54 フィルタの機能を活用するには

条件でフィルタ

練習用ファイル [L54] シート

フィルタの機能をもっと活用してみましょう。キーワードや基準となる数値を条件にしてデータを抽出できます。ほかのシートにあるリストと一致する項目に絞り込んだり、数式を利用した条件で抽出したりすることもできます。

キーワード

数式	P.248
数値	P.248
フィルタ	P.250

条件を指定してデータを絞り込む

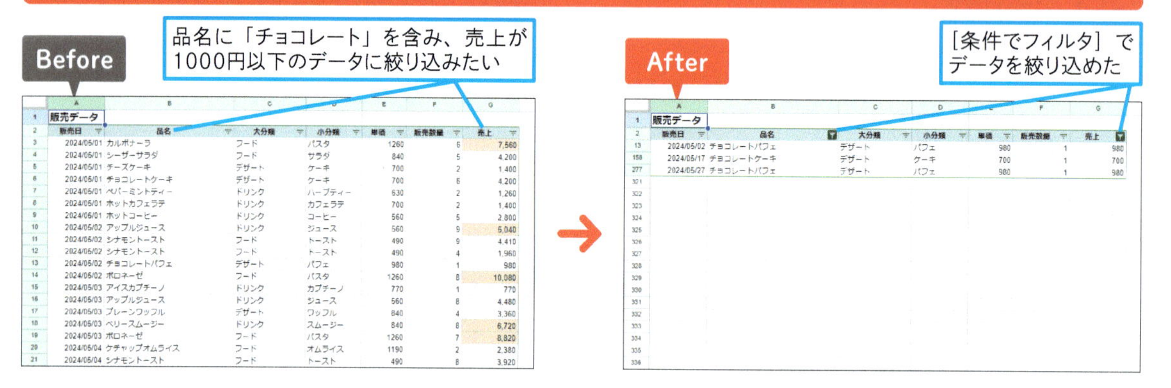

使いこなしのヒント

セルの塗りつぶし色やフォントの色で絞り込むには

セルに塗りつぶし色やフォントの色が設定されている場合、[色でフィルタ]の項目から、フィルタの条件として色を選択できるようになります。設定されている色によって項目の内容は異なります。例えば、売上の上位のセルに色を付けておくと、ほかの条件の結果に対して[色でフィルタ]の条件を追加して絞り込めるようになります。

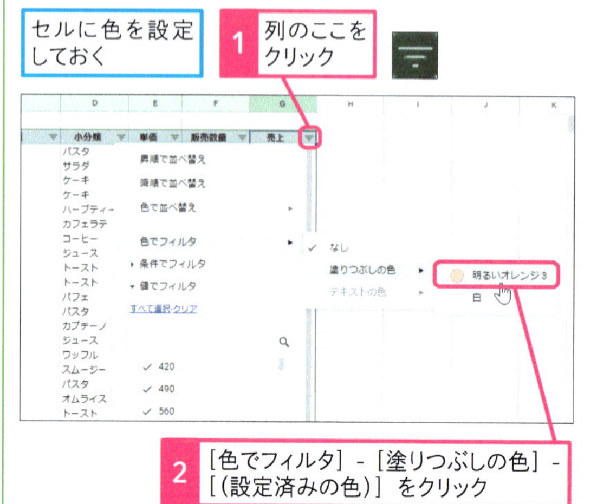

色の設定されたセルに絞り込まれた

1 特定の文字列を含むデータに絞り込む

[L54-1] シートを開いておく

1 [品名] 列のここをクリック

2 [条件でフィルタ] をクリック

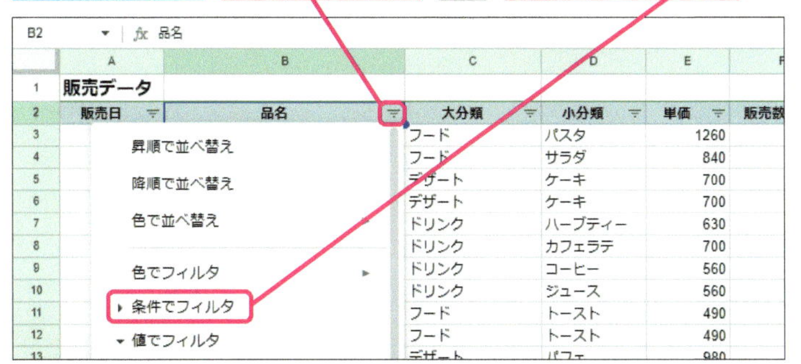

3 [次を含むテキスト] を選択

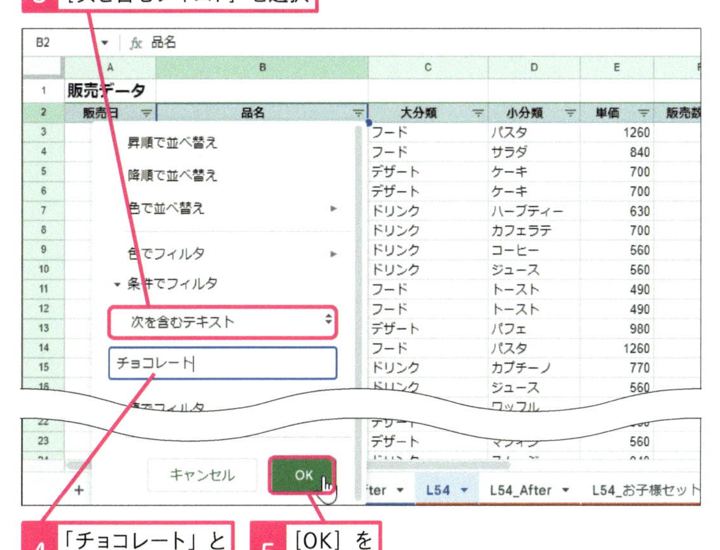

4 「チョコレート」と入力

5 [OK] をクリック

品名に「チョコレート」を含むデータだけが抽出された

	A	B	C	D	E
1	販売データ				
2	販売日	品名	大分類	小分類	単価
6	2024/05/01	チョコレートケーキ	デザート	ケーキ	700
13	2024/05/02	チョコレートパフェ	デザート	パフェ	980
45	2024/05/06	チョコレートケーキ	デザート	ケーキ	700
63	2024/05/07	チョコレートパフェ	デザート	パフェ	980
106	2024/05/12	チョコレートパフェ	デザート	パフェ	980
107	2024/05/12	チョコレートワッフル	デザート	ワッフル	910
120	2024/05/13	チョコレートケーキ	デザート	ケーキ	700
158	2024/05/17	チョコレートケーキ	デザート	ケーキ	700
159	2024/05/17	チョコレートパフェ	デザート	パフェ	980
165	2024/05/18	チョコレートケーキ	デザート	ケーキ	700
183	2024/05/20	チョコレートワッフル	デザート	ワッフル	910
201	2024/05/22	チョコレートワッフル	デザート	ワッフル	910
216	2024/05/23	チョコレートケーキ	デザート	ケーキ	700
217	2024/05/23	チョコレートワッフル	デザート	ワッフル	910
275	2024/05/27	チョコレートパフェ	デザート	パフェ	980
276	2024/05/27	チョコレートパフェ	デザート	パフェ	980
277	2024/05/27	チョコレートパフェ	デザート	パフェ	980

使いこなしのヒント

条件をクリアするには

設定された条件をクリアするには、[条件でフィルタ] から [なし] を選択します。

1 [品名] 列のここをクリック

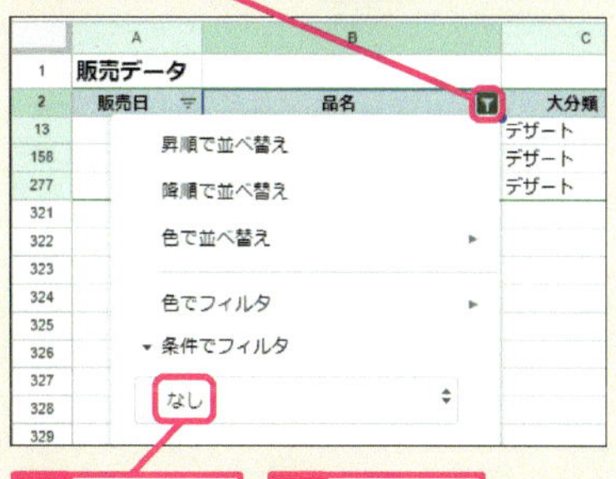

2 [なし] を選択

3 [OK] をクリック

使いこなしのヒント

[条件でフィルタ] で選択できるそのほかの項目

[条件でフィルタ] では、文字列の比較のほか、日付や数値の範囲を指定することもできます。

●[条件でフィルタ] の項目

項目
空白
空白ではない
次を含むテキスト
次で始まるテキスト
次で終わるテキスト
完全一致するテキスト
日付
次より前の日付
次より後の日付
次より大きい
以上
次より小さい
以下
次と等しい
次と等しくない
次の間にある
次の間にない

次のページに続く

2 特定の数値を基準にして絞り込む

続けて売上が1000以上のデータを抽出する

1 ［売上］列のここをクリック

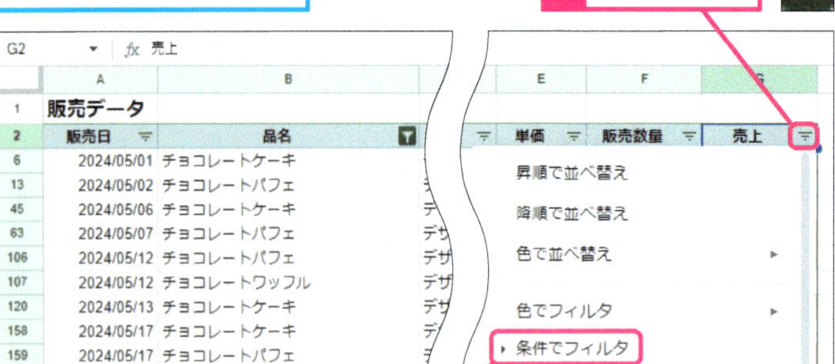

	A 販売日	B 品名
6	2024/05/01	チョコレートケーキ
13	2024/05/02	チョコレートパフェ
45	2024/05/06	チョコレートケーキ
63	2024/05/07	チョコレートパフェ
106	2024/05/12	チョコレートパフェ
107	2024/05/12	チョコレートワッフル
120	2024/05/13	チョコレートケーキ
158	2024/05/17	チョコレートケーキ
159	2024/05/17	チョコレートパフェ
165	2024/05/18	チョコレートケーキ
183	2024/05/20	チョコレートワッフル
201	2024/05/22	チョコレートワッフル
216	2024/05/23	チョコレートケーキ
217	2024/05/23	チョコレートワッフル
275	2024/05/27	チョコレートパフェ

2 ［条件でフィルタ］をクリック

3 ［以下］を選択

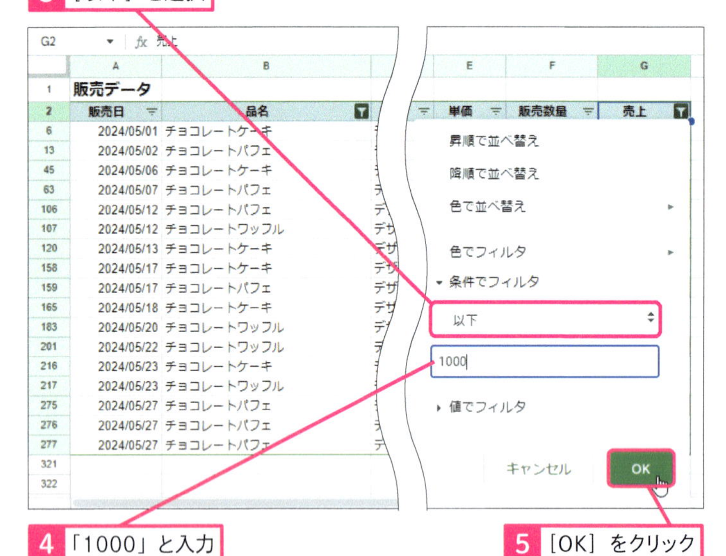

	A 販売日	B 品名
6	2024/05/01	チョコレートケーキ
13	2024/05/02	チョコレートパフェ
45	2024/05/06	チョコレートケーキ
63	2024/05/07	チョコレートパフェ
106	2024/05/12	チョコレートパフェ
107	2024/05/12	チョコレートワッフル
120	2024/05/13	チョコレートケーキ
158	2024/05/17	チョコレートケーキ
159	2024/05/17	チョコレートパフェ
165	2024/05/18	チョコレートケーキ
183	2024/05/20	チョコレートワッフル
201	2024/05/22	チョコレートワッフル
216	2024/05/23	チョコレートケーキ
217	2024/05/23	チョコレートワッフル
275	2024/05/27	チョコレートパフェ
276	2024/05/27	チョコレートパフェ
277	2024/05/27	チョコレートパフェ
321		
322		

4 「1000」と入力

5 ［OK］をクリック

品名に「チョコレート」を含み、売上が1000円以下のデータが抽出された

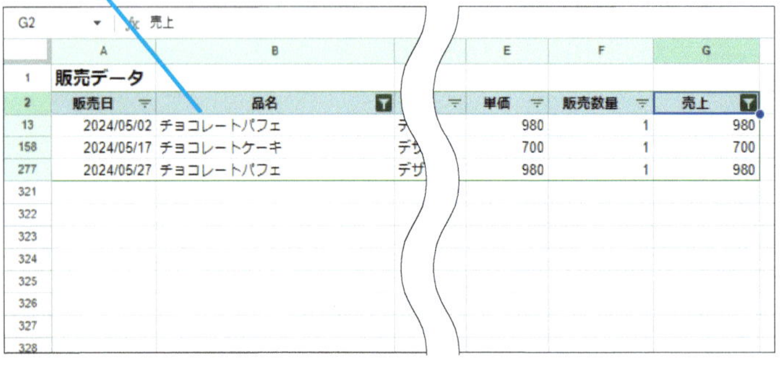

	A 販売日	B 品名	E 単価	F 販売数量	G 売上
13	2024/05/02	チョコレートパフェ	980	1	980
158	2024/05/17	チョコレートケーキ	700	1	700
277	2024/05/27	チョコレートパフェ	980	1	980

使いこなしのヒント

単位の付いているデータを数値として絞り込むには

「円」や「人」など、数値に単位が付いているデータは文字列として扱われるため、数値としての大小を比較できません。［カスタム数式］を選択し、SUBSTITUTE関数で単位を取り除きます。以下の操作2の数式で「*1」としているのは数値に変換するためです。

1 ［条件でフィルタ］をクリック

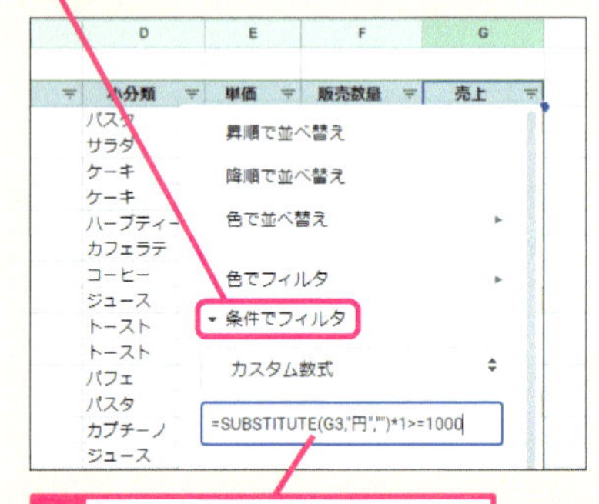

2 「=SUBSTITUTE(G3,"円","")*1>=1000」と入力

単位の付いている数値を絞り込めた

D 小分類	E 単価	F 販売数量	G 売上
パスタ	1260	6	7560円
サラダ	840	5	4200円
ケーキ	700	2	1400円
ケーキ	700	6	4200円
ハーブティー	630	2	1260円
カフェラテ	700	2	1400円
コーヒー	560	5	2800円
ジュース	560	9	5040円
トースト	490	9	4410円
トースト	490	4	1960円

まとめ フィルタにも条件を指定できる

特定のデータではなく、任意の用語を含むデータを抽出したいことがあるでしょう。［条件でフィルタ］から［次を含むテキスト］を選択してキーワードを指定します。［以上］［以下］［次の間にある］など、数値の範囲指定も可能です。［カスタム数式］に関数を利用した条件式を指定できると、フィルタの活用範囲が広がります。

スキルアップ

リストを参照してデータを絞り込む

「リストにあるデータと一致するかどうか」という条件で絞り込むことができます。[条件でフィルタ] から [カスタム数式] を選択して、COUNTIF関数（**レッスン39**参照）で条件を指定します。参照するセル範囲は絶対参照で指定してください。引数 [条件] に指定する値には、表の先頭のセルB3を相対参照で指定します。

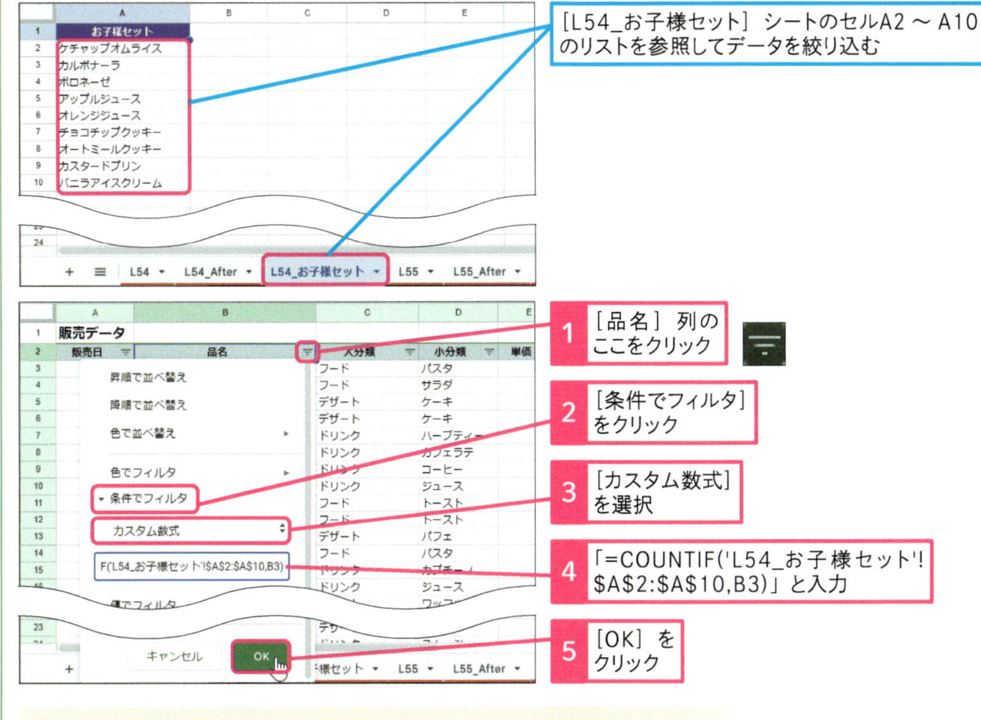

[L54_お子様セット] シートのセルA2 ～ A10に含まれているか
=COUNTIF('L54_お子様セット'!$A$2:$A$10,B3)

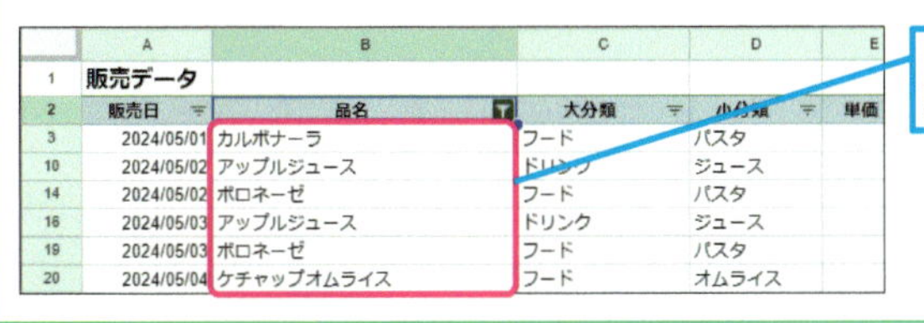

スキルアップ

「または」の条件でフィルタを設定する

手順2のように複数の列にフィルタを設定した場合、「AかつB」のようにすべての条件を同時に満たすデータが表示されます。「AまたはB」の条件を指定したいときは [条件でフィルタ] から [カスタム数式] を選択して、以下のようなOR関数（**レッスン46**参照）の数式を入力します。なお、このフィルタはどの列に設定しても同じ結果が表示されます。

品名が「シナモントースト」または、大分類が「デザート」
=OR(B3="シナモントースト", C3="デザート")

レッスン

55 フィルタの結果をすばやく切り替えるには

フィルタビュー

練習用ファイル [L55] シート

フィルタの結果をすぐに表示したいなら、フィルタビューを作成しておくと便利です。保存したビューは専用の表示に切り替わります。共有ファイルを扱う際、共有相手の画面表示を気にせずにフィルタ操作を行えるメリットもあります。

キーワード

権限	P.248
フィルタ	P.250

フィルタの結果をすぐに表示できるようにする

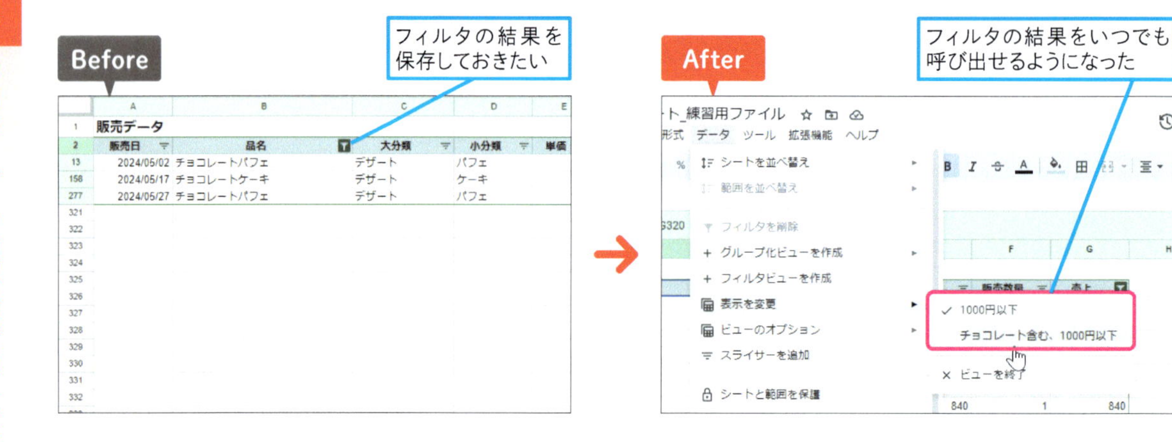

1 ビューを保存する

[L55] シートを開いておく

品名に「チョコレート」を含み、売上が1000円以下のデータが抽出されている

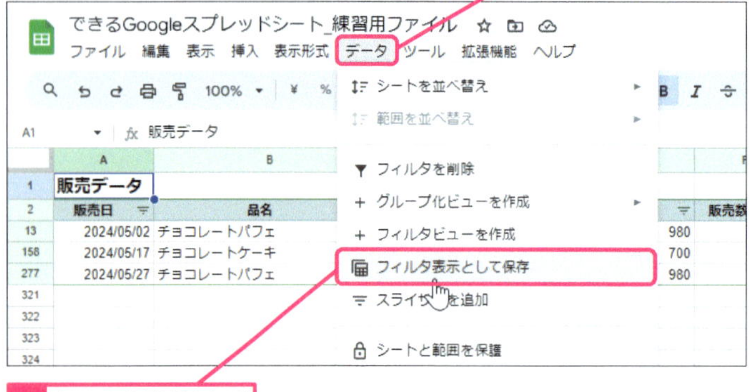

使いこなしのヒント

[フィルタビューを作成] と [フィルタ表示として保存] の違い

手順1の操作2で選択している [フィルタ表示として保存] のすぐ上の [フィルタビューを作成] は、設定済みのフィルタを解除して一時的なビューを作成する機能です。どちらも共有相手の画面に影響しない自分専用のビューを作成できます。設定済みのフィルタを解除して、新しくビューを作成したいときに利用しましょう。表全体を選択してから操作してください。

● ビューに名前を付ける

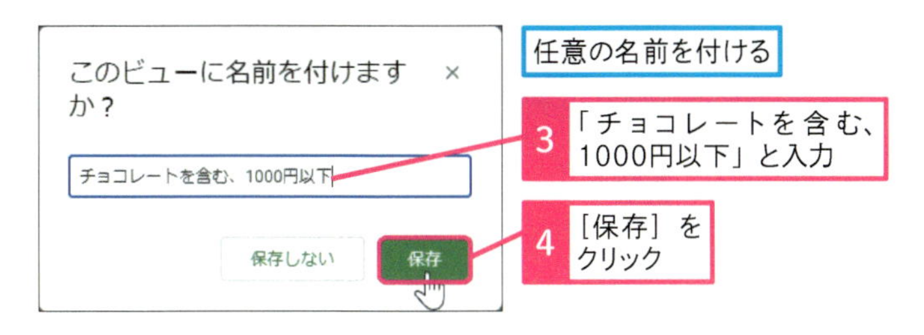

任意の名前を付ける

3 「チョコレートを含む、1000円以下」と入力

4 ［保存］をクリック

フィルタの結果がビューとして保存された

	A	B	C	D
1	販売データ			
2	販売日	品名	大分類	小分類
13	2024/05/02	チョコレートパフェ	デザート	パフェ
158	2024/05/17	チョコレートケーキ	デザート	ケーキ
277	2024/05/27	チョコレートパフェ	デザート	パフェ
321				
322				
323				

2 ビューを終了する

ビューの表示中は名前が表示されている

1 ［終了］をクリック

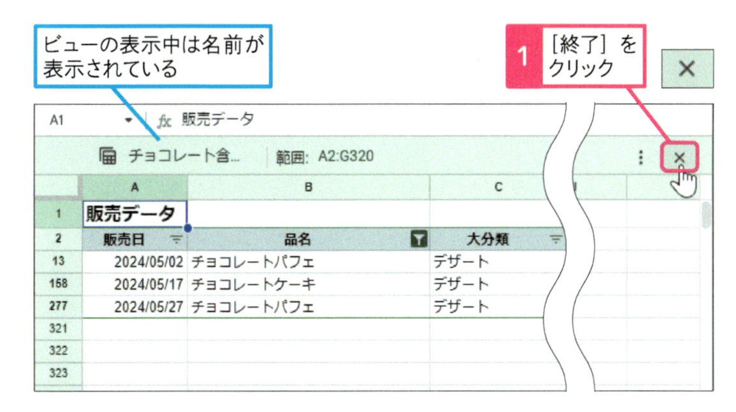

ビューが終了して元の表示に戻った

ビューの名前が非表示になる

	A	B	C	D
1	販売データ			
2	販売日	品名	大分類	小分類
13	2024/05/02	チョコレートパフェ	デザート	パフェ
158	2024/05/17	チョコレートケーキ	デザート	ケーキ
277	2024/05/27	チョコレートパフェ	デザート	パフェ
321				
322				
323				
324				
325				

使いこなしのヒント
ビューの名前を変更するには

後からビューの名前を変更する場合は、ビューを表示した状態で、名前をクリックして変更します。

ここをクリックしてビューの名前を変更できる

使いこなしのヒント
ビューを削除するには

不要なビューは右上の［オプション］から削除できます。なお、［データ］-［ビューのオプション］からシートに含まれるすべてのビューを削除することもできます。

1 ［オプション］をクリック

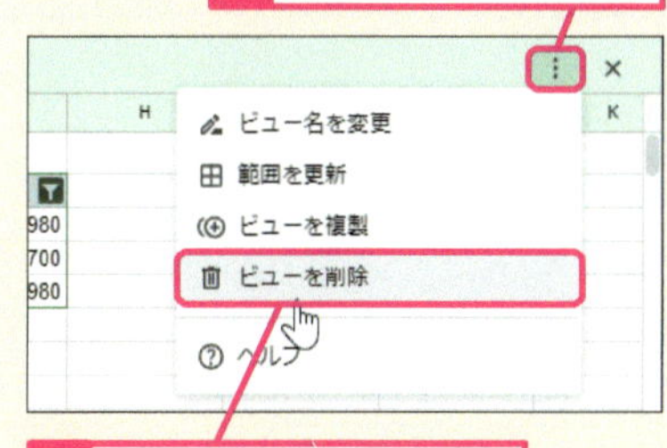

2 ［ビューを削除］をクリック

使いこなしのヒント
ビューのリンクを取得するには

表示中のビューのリンクを取得して、共有することもできます。例えば、デモ操作用のビューとして利用できます。

1 ［データ］をクリック

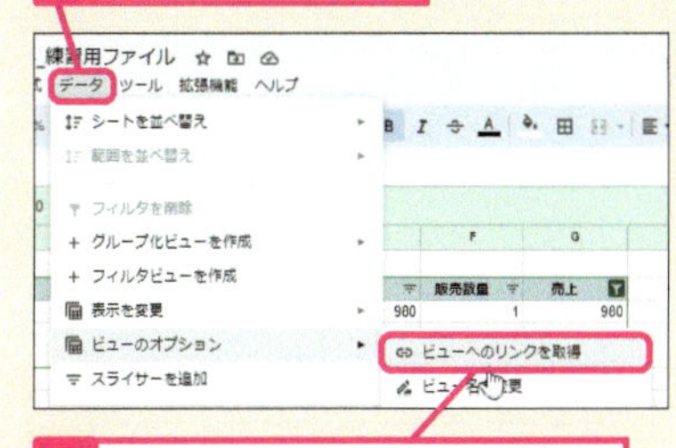

2 ［ビューのオプション］-［ビューへのリンクを取得］をクリック

次のページに続く

3 新しいビューを保存する

手順1、2を参考にビューを保存して終了しておく

［品名］列のフィルタを解除して［売上］列のフィルタのみを新しいビューとして保存する

1 ［品名］列のここをクリック

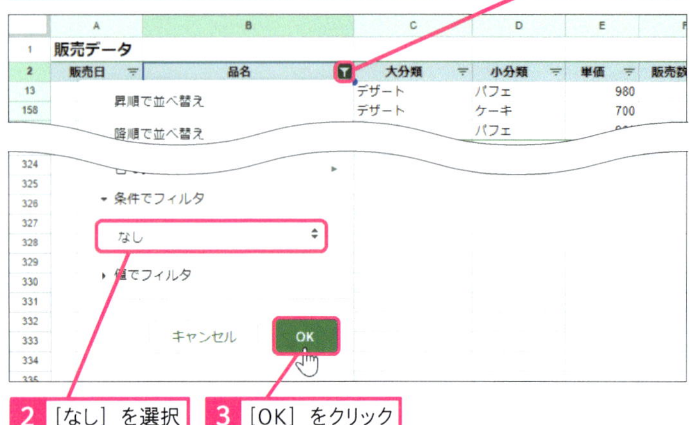

2 ［なし］を選択

3 ［OK］をクリック

［品名］列のフィルタが解除された

［売上］列は「1000以下」のフィルタが設定されたままになっている

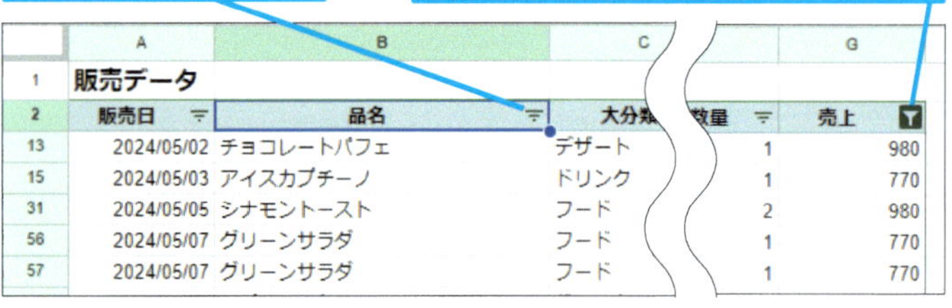

	A	B	C		G
1	販売データ				
2	販売日	品名	大分類	数量	売上
13	2024/05/02	チョコレートパフェ	デザート	1	980
15	2024/05/03	アイスカプチーノ	ドリンク	1	770
31	2024/05/05	シナモントースト	フード	2	980
56	2024/05/07	グリーンサラダ	フード	1	770
57	2024/05/07	グリーンサラダ	フード	1	770

新しいフィルタとして保存する

4 ［データ］をクリック

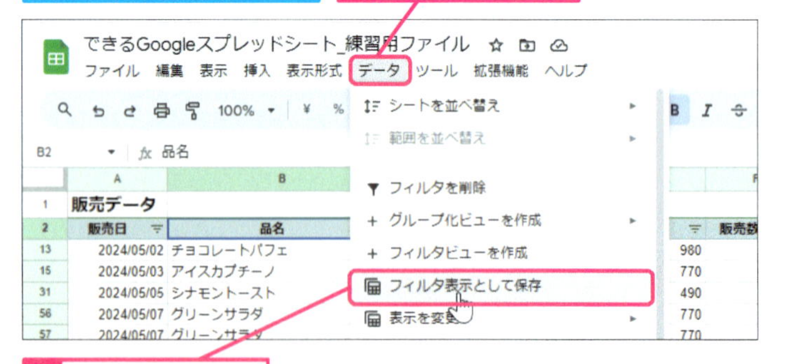

5 ［フィルタ表示として保存］をクリック

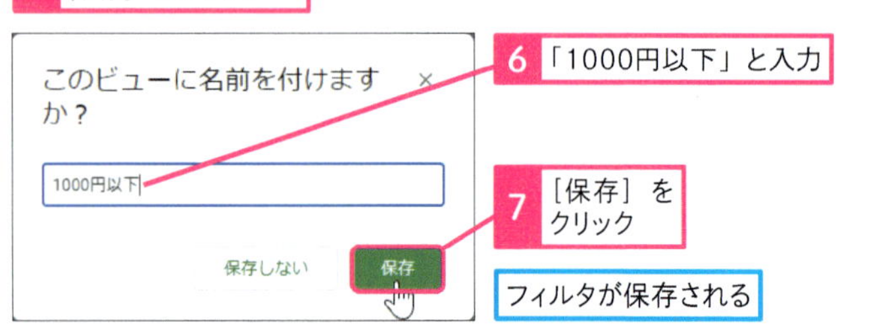

6 「1000円以下」と入力

7 ［保存］をクリック

フィルタが保存される

時短ワザ

フィルタの絞り込みをすばやく解除する

フィルタが設定されているセル範囲を選択しておき、いったんフィルタを削除して、フィルタを設定し直すと、フィルタの絞り込みをすばやく解除できます。

フィルタの設定されたセル範囲を選択しておく

1 ［データ］をクリック

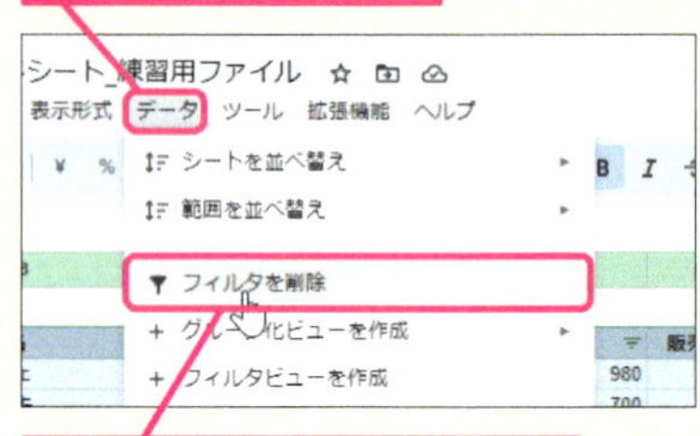

2 ［フィルタを削除］をクリック

もう一度フィルタを設定する

使いこなしのヒント

ビューの内容を保存し直すには

保存したビューの並べ替えや絞り込みを変更して保存し直したいときは、ビューを更新します。表示中の状態のビューが保存されます。

1 ［データ］をクリック

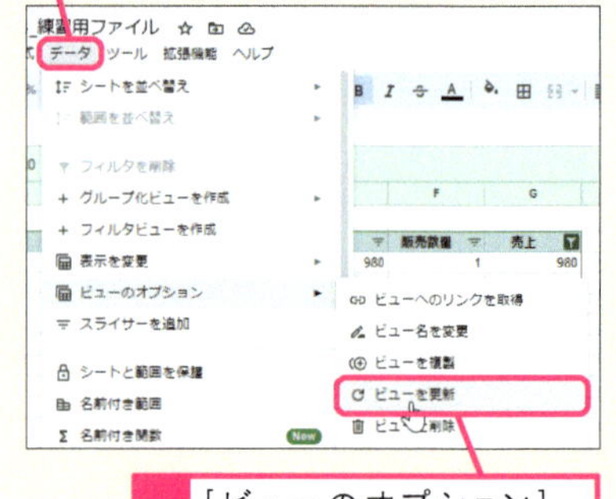

2 ［ビューのオプション］-［ビューを更新］をクリック

スキルアップ

［閲覧者］の権限でも共有ファイルにフィルタを設定できる

通常、編集権限のないメンバー（レッスン27参照）は、共有ファイルの編集やフィルタの操作はできません。一時的なビューを作成することで、絞り込みや並べ替えの操作ができるようになります。このとき､共有ファイルに設定済みのフィルタも解除されます。なお、ファイルを開き直すと、一時的なフィルタはクリアされます。

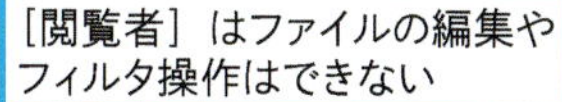

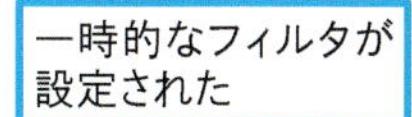

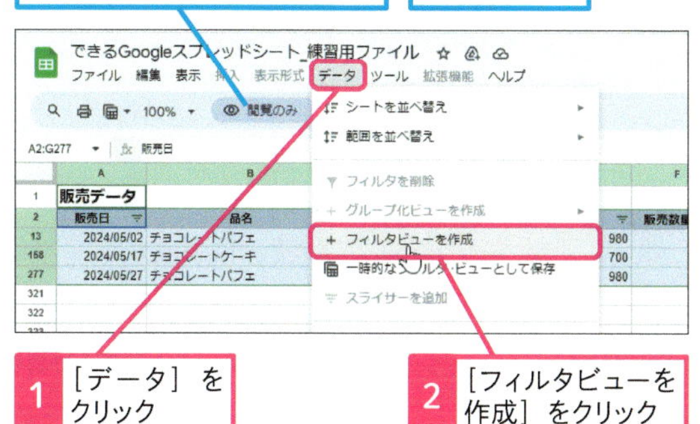

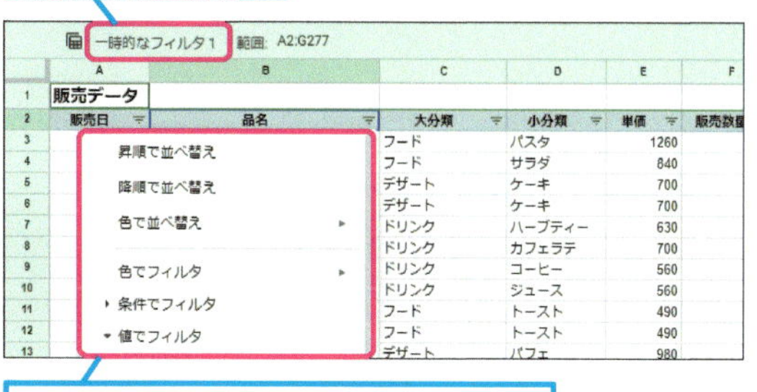

4 保存したビューを切り替える

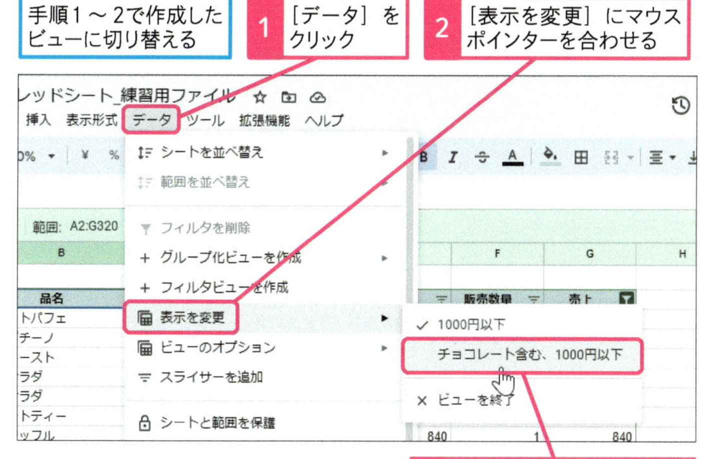

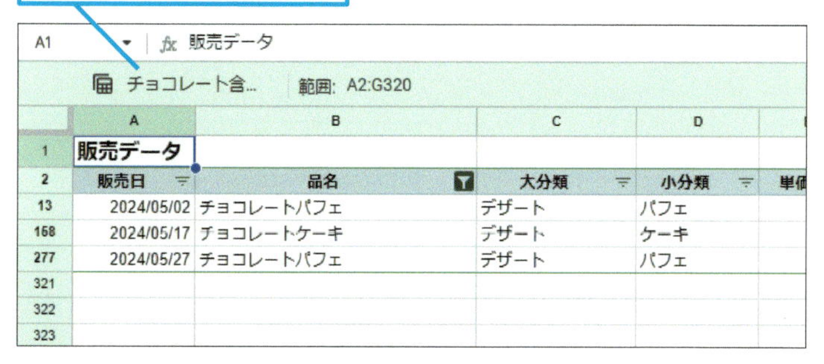

使いこなしのヒント

2つのビューを見比べるには

ビューの表示状態はWebブラウザーのタブごとに更新されます。1つのビューに対して、並べ替えや絞り込みの状態を見比べたいときは、タブを複製するといいでしょう。Webブラウザーのタブを右クリックして［タブを複製］を選択します。

まとめ よく使うフィルタの結果を保存しておこう

定期的に同じフィルタ操作をするなら、フィルタビューを保存しておくといいでしょう。共有ファイルで並べ替えや絞り込みするときにも便利です。通常のフィルタの結果は共有相手の画面にも反映されるため、相手が確認中の情報を見失ってしまうこともあります。自分専用に表示できるビューはおすすめです。また、一時的なビューを使って［閲覧者］がフィルタ操作できるようになることも覚えておきましょう。

レッスン

56 表を見やすく整えるには

グループ化／固定

練習用ファイル [L56] シート

小計行を含む表などは、グループ化して折りたためるようにしておくと扱いやすくなります。行数の多い表は、見出し行を固定して、常に表示しておくといいでしょう。列の折りたたみや1列目の固定も同様の操作で設定可能です。

キーワード

グループ化 P.247

グループ化や固定の機能で表を見やすくする

Before

1行目が常に表示されるようにしたい

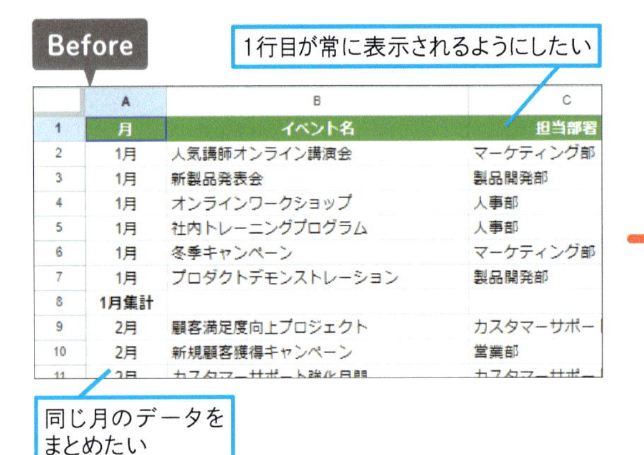

	A	B	C
1	月	イベント名	担当部署
2	1月	人気講師オンライン講演会	マーケティング部
3	1月	新製品発表会	製品開発部
4	1月	オンラインワークショップ	人事部
5	1月	社内トレーニングプログラム	人事部
6	1月	冬季キャンペーン	マーケティング部
7	1月	プロダクトデモンストレーション	製品開発部
8	1月集計		
9	2月	顧客満足度向上プロジェクト	カスタマーサポー
10	2月	新規顧客獲得キャンペーン	営業部

同じ月のデータをまとめたい

After

画面をスクロールしても1行目が常に表示されている

	A	B	C
1	月	イベント名	担当
7	1月	プロダクトデモンストレーション	製品開発部
8	1月集計		
9	2月	顧客満足度向上プロジェクト	カスタマーサ
10	2月	新規顧客獲得キャンペーン	営業部
11	2月	カスタマーサポート強化月間	カスタマーサ
12	2月	社内表彰式	人事部
13	2月	新卒採用説明会	人事部
14	2月	ITセキュリティ研修	IT部
15	2月	リーダーシップトレーニング	人事部

同じ月のまとまりで開閉できるようになった

1 行をグループ化する

[L56] シートを開いておく

2～7行目を選択しておく

1 [表示] をクリック

2 [グループ化] にマウスポインターを合わせせる

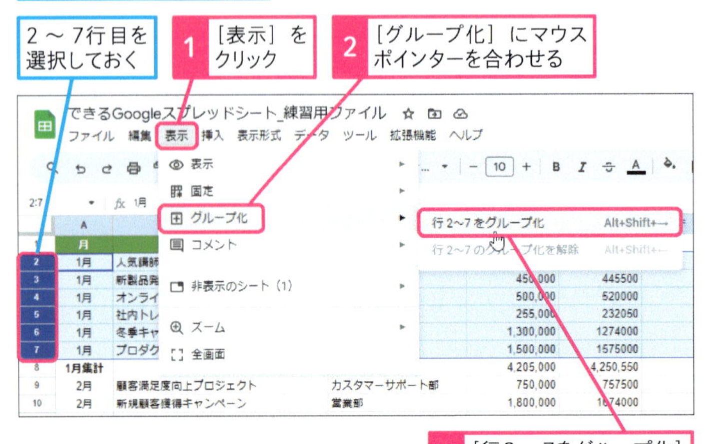

3 [行2～7をグループ化] をクリック

ショートカットキー

グループ化	Alt + Shift + →
グループの解除	Alt + Shift + ←

使いこなしのヒント

グループを解除するには

グループを右クリックして [グループを削除] を選択します。ショートカットキーで解除することもできます。

右クリックして表示されるメニューから解除できる

行グループを折りたたむ
グループを削除
すべての行グループを展開

2 グループ化した行を折りたたむ

2～7行目がグループ化された

1 ［-］をクリック

	A	B	C	D	E
1	月	イベント名	担当部署	予算	実
2	1月	人気講師オンライン講演会	マーケティング部	200,000	
3	1月	新製品発表会	製品開発部	450,000	
4	1月	オンラインワークショップ	人事部	500,000	
5	1月	社内トレーニングプログラム	人事部	255,000	
6	1月	冬季キャンペーン	マーケティング部	1,300,000	1
7	1月	プロダクトデモンストレーション	製品開発部	1,500,000	1
8	1月集計			4,205,000	4,
9	2月	顧客満足度向上プロジェクト	カスタマーサポート部	750,000	

グループ化した行が折りたたまれた

［+］をクリックすると、折りたたまれた行が展開する

	A	B	C	D	E
1	月	イベント名	担当部署	予算	実
8	1月集計			4,205,000	4,
9	2月	顧客満足度向上プロジェクト	カスタマーサポート部	750,000	
10	2月	新規顧客獲得キャンペーン	営業部	1,800,000	1
11	2月	カスタマーサポート強化月間	カスタマーサポート部	200,000	

9～15行目を選択して2月をグループ化しておく

同様にほかの月もグループ化しておく

	A	B	C	D	E
1	月	イベント名	担当部署	予算	実
8	1月集計			4,205,000	4,
9	2月	顧客満足度向上プロジェクト	カスタマーサポート部	750,000	
10	2月	新規顧客獲得キャンペーン	営業部	1,800,000	
11	2月	カスタマーサポート強化月間	カスタマーサポート部	200,000	
12	2月	社内表彰式	人事部	100,000	
13	2月	新卒採用説明会	人事部	250,000	
14	2月	ITセキュリティ研修	IT部	200,000	
15	2月	リーダーシップトレーニング	人事部	250,000	
16	2月集計			3,550,000	3,

3 行を固定する

ここでは1行目が常に表示されるようにする

1 ここにマウスポインターを合わせる

2 1行目の下までドラッグ

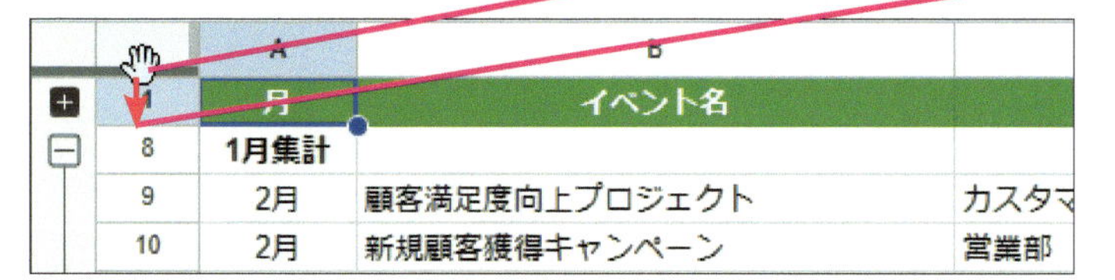

灰色の太い線が1行目の下に移動して行が固定された

3 画面を下にスクロール

1行目は常に表示されている

	A	B	C	D	E
1	月	イベント名	担当部署	予算	実
14	2月	ITセキュリティ研修	IT部	200,000	
15	2月	リーダーシップトレーニング	人事部	250,000	
16	2月集計			3,550,000	3,
17	3月	製品アップデート説明会	製品開発部	800,000	
18	3月	業界分析セミナー	マーケティング部	200,000	
19	3月	デザイン思考ワークショップ	製品開発部	600,000	

任意の行までドラッグして固定できる

行の固定を解除するときは1行目の上までドラッグする

スキルアップ

［+］/［-］ボタンの位置を変更する

［+］/［-］ボタンの位置は下に移動することもできます。操作しやすい位置に設定しておくといいでしょう。なお、［+］/［-］ボタンが上にあるときは1行目をグループに含めることはできません。

1 ここを右クリック

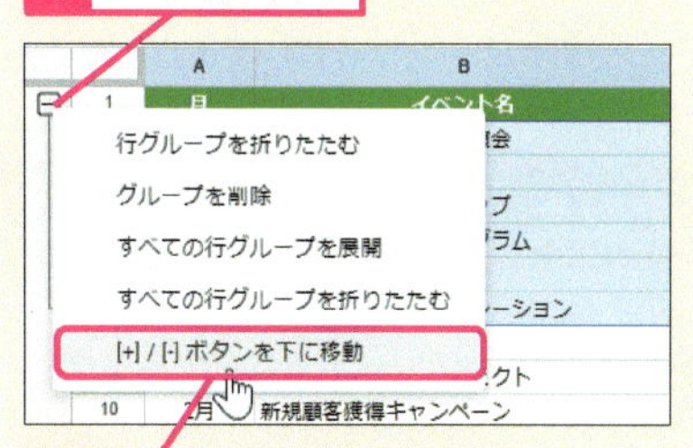

2 ［［+］/［-］ボタンを下に移動］をクリック

［-］の位置を下に移動できた

	A	B
1	月	イベント名
2	1月	人気講師オンライン講演会
3	1月	新製品発表会
4	1月	オンラインワークショップ
5	1月	社内トレーニングプログラム
6	1月	冬季キャンペーン
7	1月	プロダクトデモンストレーション
8	1月集計	
9	2月	顧客満足度向上プロジェクト

ここに注意

グループのすぐ下の行を選択してグループ化すると、1つのグループとしてまとめられてしまいます。

まとめ　ひと工夫して表を扱いやすくしよう

［グループ化］と［固定］は、情報量の多い大きな表を扱うときに設定しておきたい機能です。特に見出し行や見出し列の固定は、ほかの人とファイルを共有するときの配慮としても必要でしょう。行や列を一時的に非表示にしたいときはグループ単位で開閉できるようにしておきます。月単位に加えて年単位など、複数の階層でグループ化することもできます。

レッスン

57 一意のデータを取り出すには

UNIQUE

練習用ファイル ［L57］シート

セル範囲から重複するデータを除いて一意のデータを取り出すときは、UNIQUE（ユニーク）関数が便利です。数式を入力したセルの下に一意のデータが表示されます。［重複の削除］の機能を使って、一意のデータだけを残すこともできます。

キーワード

関数	P.247
引数	P.249

重複データを取り除いたリストを作成する

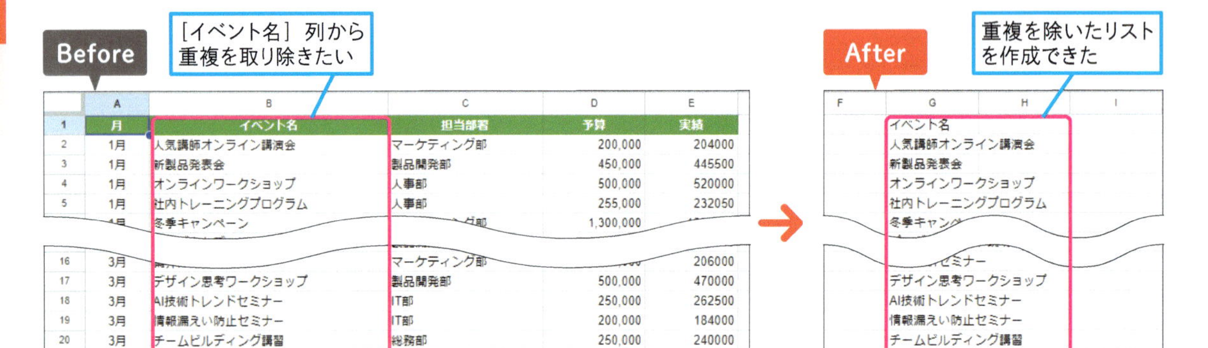

= UNIQUE(範囲 ,［行で処理］,［重複なし］)

［範囲］から重複した値を除いて一意の値を返す

使いこなしのヒント

1回しか出現しないデータを取り出す

重複するデータをすべて削除して、1回しか出現しないデータを取り出すこともできます。引数［重複なし］に「TRUE」と指定します。［行で処理］は、行単位で重複を判断するための引数です。セル範囲を対象にするときは省略します。「,」の後ろには何も入力しないで2つ続けて、最後に「TRUE」と入力してください。

1 セルG1の数式を「=UNIQUE(B:B,,TRUE)」と修正

2 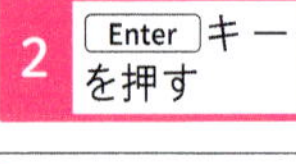 キーを押す

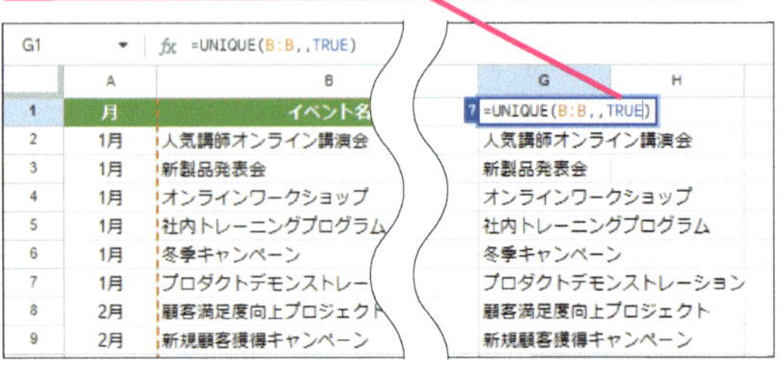

1回しか出現しないデータが表示された

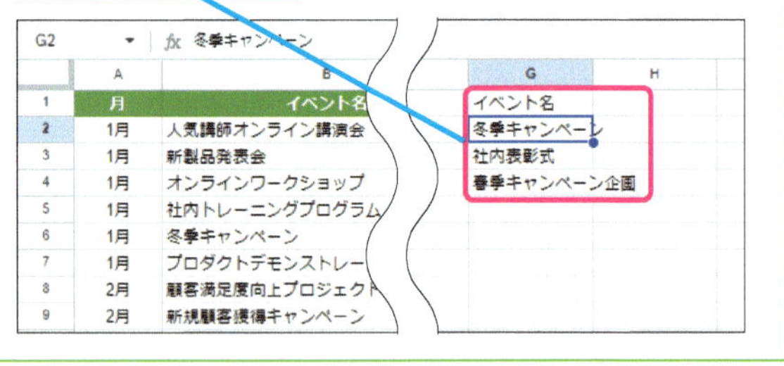

使いこなしのヒント

［重複を削除］の機能を利用するには

［重複の削除］の機能を使って重複データを削除することもできます。元のデータが書き換わるため、作業用の列にデータをコピーしてから操作することをおすすめします。

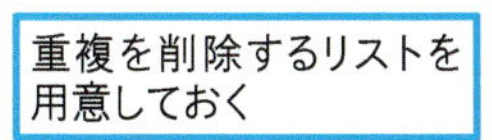

1 セル範囲を選択

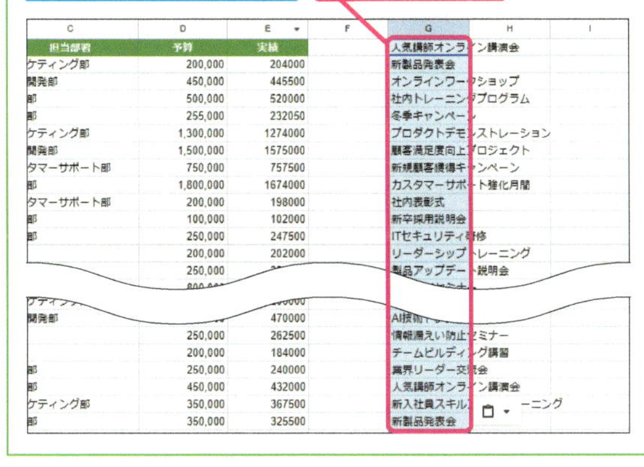

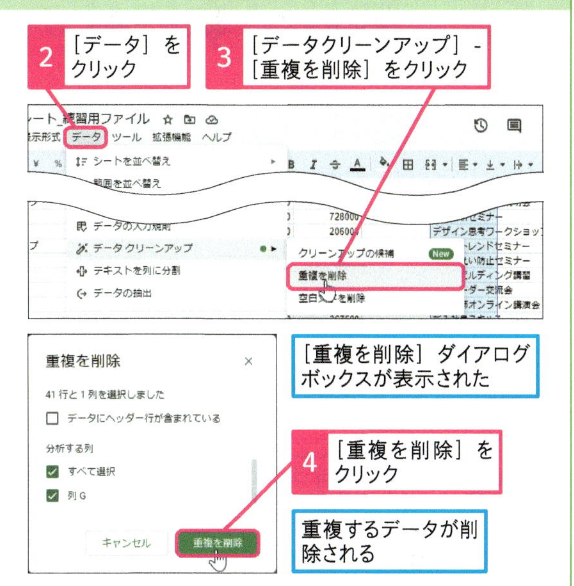

1 UNIQUE関数で一意のデータを取り出す

［L57］シートを開いておく

1 セルG1に「=UNIQUE(B:B)」と入力

2 Enter キーを押す

C	D	E	F	G	H
担当部署	予算	実績		=UNIQUE(B:B)	
ング部	200,000	204000			
	450,000	445500			

重複するデータを除いたリストが作成された

C	D	E	F	G	H
当部署	予算	実績		イベント名	
ング部	200,000	204000		人気講師オンライン講演会	
	450,000	445500		新製品発表会	
	500,000	520000		オンラインワークショップ	
	255,000	232050		社内トレーニングプログラム	
ング部	1,300,000	1274000		冬季キャンペーン	
	1,500,000	1575000		プロダクトデモンストレーション	
サポート部	750,000	757500		顧客満足度向上プロジェクト	
	1,800,000	1674000		新規顧客獲得キャンペーン	
サポート部	200,000	198000		カスタマーサポート強化月間	
	100,000	102000		社内表彰式	
	250,000			新卒採用説明会	
		225000		…ング	
	800,000	728000		製品アップデート説明会	
ング部	200,000	206000		業界分析セミナー	
	500,000	470000		デザイン思考ワークショップ	
	250,000	262500		AI技術トレンドセミナー	
	200,000	184000		情報漏えい防止セミナー	
	250,000	240000		チームビルディング講習	
	450,000	432000		業界リーダー交流会	

スキルアップ

SORT関数と組み合わせてUNIQUE関数の結果を並べ替える

SORT（ソート）関数（レッスン58参照）と組み合わせると、UNIQUE関数で取り出した一意のデータを並べ替えられます。

一意のデータを並べ替える

=SORT(UNIQUE(B2:B),1,TRUE)

まとめ 重複データの削除はデータ整理の基本

重複するデータを取り除く作業は、データの整理に欠かせません。目視での作業は避けて、UNIQUE関数や［重複の削除］の機能を使いましょう。UNIQUE関数では横方向のセル範囲から重複データを取り除くこともできます。なお、結果はスピルでまとめて表示されるため、結果の表示されるセル範囲にデータが入力されていると、エラーになることに注意してください。

レッスン

58 条件に一致するリストを取り出すには

FILTER / SORT

練習用ファイル [L58] シート

FILTER（フィルター）関数を使って、条件を満たすリストを取り出してみましょう。さらにSORT（ソート）関数でデータを並べ替えます。2つの関数とも結果はスピルで表示されます。見出し行はあらかじめ入力しておいてください。

キーワード

関数	P.247
条件	P.248
比較演算子	P.249

FILTER関数で条件に一致するデータを取り出す

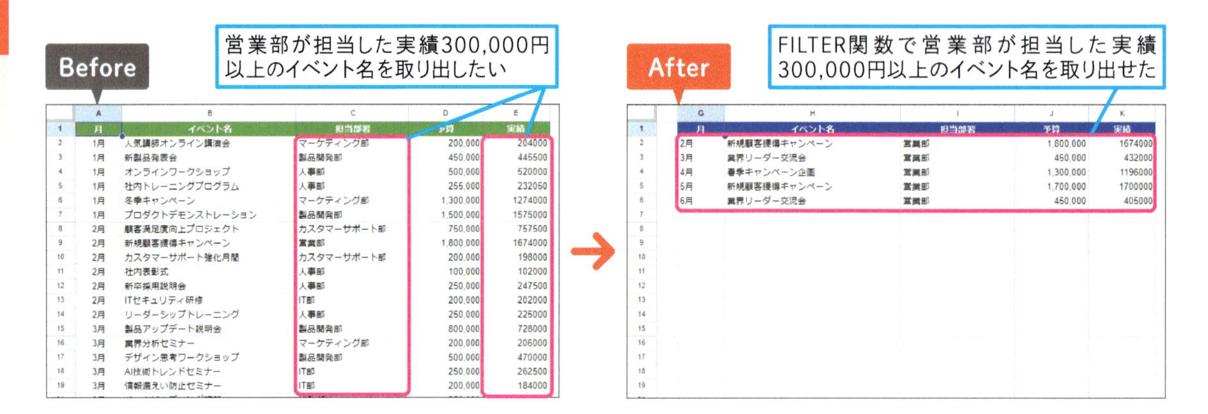

= FILTER(範囲 , 条件 1, [条件 2, …])

[範囲] から [条件] を満たす行、または、列を取り出す

1 1つの条件に一致するデータを取り出す

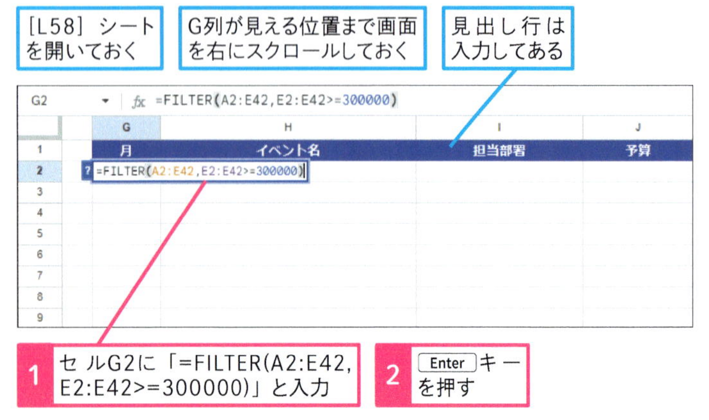

1 セルG2に「=FILTER(A2:E42,E2:E42>=300000)」と入力

2 Enter キーを押す

使いこなしのヒント

結果が表示されるセル範囲は空白にしておく

FILTER関数の結果はスピルで表示されるため、結果の表示されるセル範囲にデータが入力されていると「#REF!」エラーが表示されてしまいます。結果が表示されるセル範囲は空白にしておきましょう。

使いこなしのヒント

「または」の条件を指定するには

「,」の後ろに指定する条件は「かつ」の条件です。「または」の条件を指定する場合は「,」で区切らずに「+」に続けて条件を追加します。例えば『実績が「300,000以上」または担当部署が「営業部」』という条件は以下のように入力します。さらに「+」して条件を追加しても構いません。また、「,」で続けて「かつ」の条件を組み合わせることもできます。

実績が「300,000以上」または担当部署が「営業部」のデータを取り出す
=FILTER(A2:E42, (E2:E42 >= 300000) + (C2:C42 = "営業部"))

2 条件を追加する

実績が「300,000以上」のデータを取り出せた

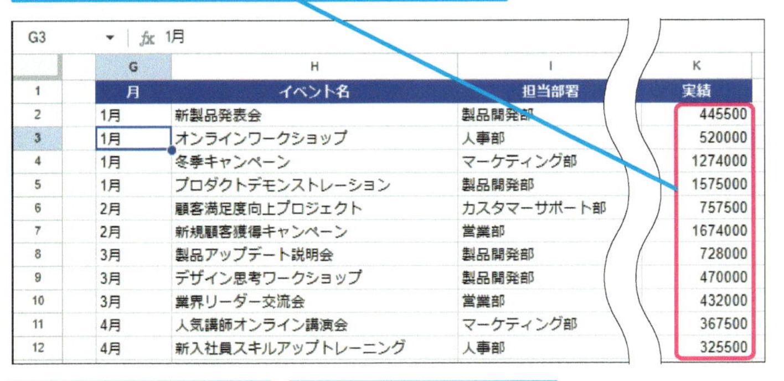

G3 fx 1月

	G	H	I	K
1	月	イベント名	担当部署	実績
2	1月	新製品発表会	製品開発部	445500
3	1月	オンラインワークショップ	人事部	520000
4	1月	冬季キャンペーン	マーケティング部	1274000
5	1月	プロダクトデモンストレーション	製品開発部	1575000
6	2月	顧客満足度向上プロジェクト	カスタマーサポート部	757500
7	2月	新規顧客獲得キャンペーン	営業部	1674000
8	3月	製品アップデート説明会	製品開発部	728000
9	3月	デザイン思考ワークショップ	製品開発部	470000
10	3月	業界リーダー交流会	営業部	432000
11	4月	人気講師オンライン講演会	マーケティング部	367500
12	4月	新入社員スキルアップトレーニング	人事部	325500

担当部署が「営業部」という条件を追加する

「E2:E42>=300000」の後ろに条件を追加する

G2 fx =FILTER(A2:E42,E2:E42>=300000,C2:C42="営業部")

	G	H	I	J
1	月	イベント名	担当部署	予算
2	=FILTER(A2:E42,E2:E42>=300000,C2:C42="営業部")		製品開発部	450,000
3	1月	オンラインワークショップ	人事部	500,000
4	1月	冬季キャンペーン	マーケティング部	1,300,000
5	1月	プロダクトデモンストレーション	製品開発部	1,500,000
6	2月	顧客満足度向上プロジェクト	カスタマーサポート部	750,000
7	2月	新規顧客獲得キャンペーン	営業部	1,800,000
8	3月	製品アップデート説明会	製品開発部	800,000
9	3月	デザイン思考ワークショップ	製品開発部	500,000
10	3月	業界リーダー交流会	営業部	450,000
11	4月	人気講師オンライン講演会	マーケティング部	350,000

1 セルG2をダブルクリック

2 「,C2:C42="営業部"」と追加

3 Enter キーを押す

担当部署が「営業部」に絞り込まれた

G3 fx 3月

	G	H	I	K
1	月	イベント名	担当部署	実績
2	2月	新規顧客獲得キャンペーン	営業部	1674000
3	3月	業界リーダー交流会	営業部	432000
4	4月	春季キャンペーン企画	営業部	1196000
5	5月	新規顧客獲得キャンペーン	営業部	1700000
6	6月	業界リーダー交流会	営業部	405000
7				
8				

使いこなしのヒント

条件に一致するデータがないときは

FILTER関数で指定した条件に一致するデータがないときは「#N/A」エラーが表示されます。IFERROR関数（159ページ参照）を組み合わせて非表示にできます。

スキルアップ

特定の列だけ取り出す

引数［範囲］に「{」と「}」で囲んで指定すると、特定の列だけ取り出すことができます。例えば、［月］［担当部署］［実績］の列だけ取り出すなら、「{A2:A42,C2:C42,E2:E42}」と指定します。

「=FILTER({A2:A42,C2:C42,E2:E42},E2:E42>=300000)」のように指定する

G2 fx =FILTER({A2:A42,C2:C42,E2:E42},E2:E42>=300000)

	G	H	I	J
1	月	担当部署	実績	
2	1月	製品開発部	445500	
3	1月	人事部	520000	
4	1月	マーケティング部	1274000	
5	1月	製品開発部	1575000	
6	2月	カスタマーサポート部	757500	
7	2月	営業部	1674000	
8	3月	製品開発部	728000	
9	3月	製品開発部	470000	
10	3月	営業部	432000	

使いこなしのヒント

横方向の表からデータを取り出すこともできる

引数［範囲］と［条件］に横方向のセル範囲を指定すれば、横方向の表からデータを取り出せます。

次のページに続く

SORT関数でデータを並べ替える

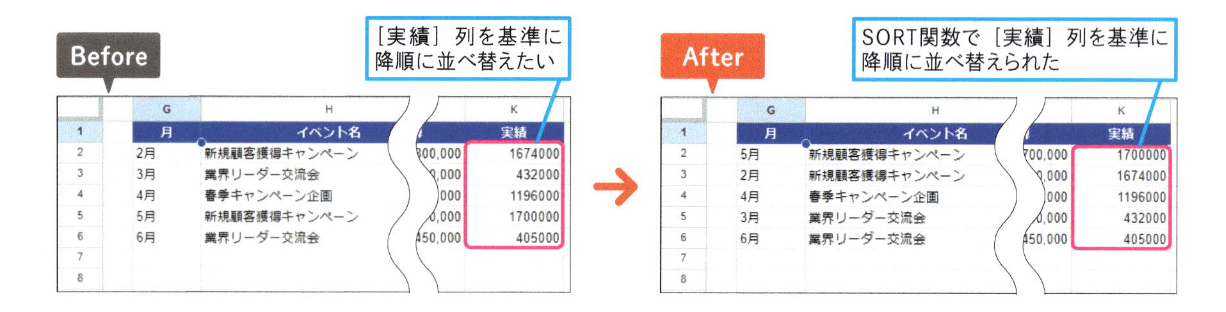

＝SORT(範囲,並べ替える列,昇順,[並べ替える列2,昇順2,…])

［範囲］を［並べ替える列］を基準に［昇順］で並べ替える

3 実績を降順で並べ替える

手順1、2で取り出したデータを並べ替える

［実績］列を基準に降順に並べ替える

1 セルG2をダブルクリック

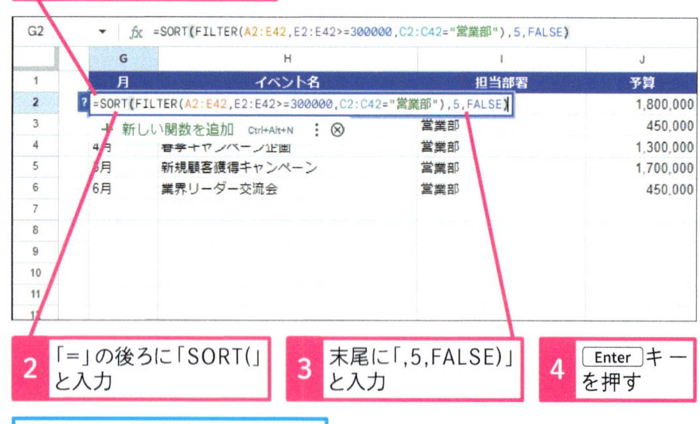

2 「=」の後ろに「SORT(」と入力

3 末尾に「,5,FALSE)」と入力

4 Enterキーを押す

［実績］列が降順に並べ替わった

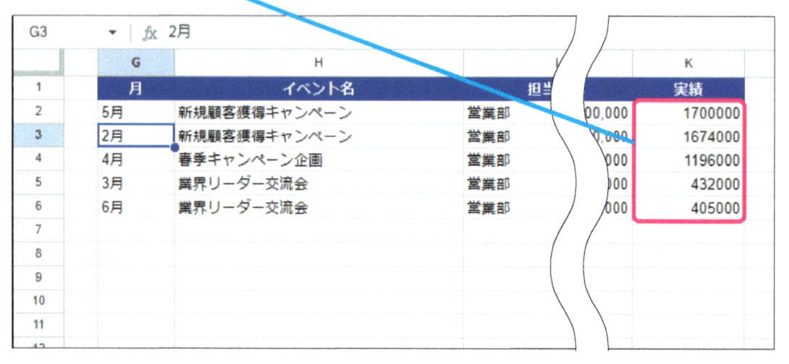

使いこなしのヒント

引数［並べ替える列］は左から数えて指定する

SORT関数の引数［並べ替える列］は、元の表の左端列を「1」として数えた数値を指定します。手順3では、FILTER関数で取り出した結果を［範囲］に指定し、5列目の［実績］列を基準に降順（FALSE）で並べ替えています。

まとめ 元のデータを壊してしまう心配がなくなる

FILTER関数はフィルタの機能による絞り込み、SORT関数は並べ替えに相当します。これらの関数は元の表を参照して結果を表示するため、誤ってデータを書き換えてしまう心配がありません。FILTER関数で必要な列だけを取り出せるメリットもあります。なお、FILTER関数の引数［範囲］と［条件］に指定するセル範囲の高さを揃えておく必要があります。

使いこなしのヒント

複数の列で並べ替えるには

SORT関数の引数［並べ替える列］と［昇順］を追加すると、複数の列で並べ替えることができます。「TRUE」とした場合は昇順、「FALSE」と指定した場合は降順で並べ替わります。

担当部署（3列目）を昇順、実績（5列目）を降順に並べ替える

=SORT(A2:E42, 3, TRUE, 5, FALSE)

使いこなしのヒント

表の縦横を入れ替えられるTRANPOSE関数

表をコピーして、縦横を入れ替えて貼り付ける（63ページ参照）こともできますが、行列を入れ替えられるTRANSPOSE（トランスポーズ）関数も覚えておきましょう。縦方向の表を横方向に、横方向の表を縦方向に入れ替えられます。

= TRANSPOSE(配列または範囲)

TRANSPOSE関数で表の縦横を入れ替えられる

H1 fx =TRANSPOSE(SORT(FILTER(A2:E42,E2:E42>=300000,C2:C42="営業部"),5,FALSE))

	G	H	I	J	K	L
1	月	5月	2月	4月	3月	6月
2	イベント名	新規顧客獲得キャンペーン	新規顧客獲得キャンペーン	春季キャンペーン企画	業界リーダー交流会	業界リーダー交流会
3	担当部署	営業部	営業部	営業部	営業部	営業部
4	予算	1,700,000	1,800,000	1,300,000	450,000	450,000
5	実績	1700000	1674000	1196000	432000	405000
6						

スキルアップ

SQL文を使ってデータを抽出できるQUERY関数

SQL（Structured Query Language）とは、データベースを制御するための言語の1つです。QURY(クエリ)関数では、引数［クエリ］に指定したSQL文に基づいてデータを取り出し、結果をスピルで表示します。データの抽出や集計、並べ替えなどをまとめて処理メリットがあります。［クエリ］に指定するSQL文は、Google Visualization APIのクエリ言語を使用します。「"」で囲んで数式中に指定するか、セルに入力したSQL文を参照してください。

= QUERY(データ , クエリ , ［見出し］)

▼クエリ言語リファレンス

https://developers.google.com/chart/interactive/docs/querylanguage?hl=ja

QUERY関数の引数［クエリ］にSQL文を指定して、データの抽出と集計、並べ替えなどの処理ができる

ここでは［担当部署］列と［予算］列の集計、［実績］列の集計を抽出している

G1 fx =QUERY(A1:E42,"select C,sum(D),sum(E) group by C order by sum(E) desc")

	G	H	I	J	K	L	M
1	担当部署	sum 予算	sum 実績				
2	製品開発部	7200000	6888500				
3	営業部	5700000	5407000				
4	人事部	3255000	3120550				
5	マーケティング部	2700000	2669000				
6	カスタマーサポート部	1900000	1879000				
7	IT部	1750000	1723500				
8	総務部	500000	472500				

ピボットテーブルを作成するには

ピボットテーブル

練習用ファイル ［L59］シート

1つの表から、さまざま切り口でデータを集計して分析できることがピボットテーブルのメリットです。1つの正解があるわけではありません。集計する値や分類を切り替えながら目的の結果に近づけます。フィルタ操作では見えない結果をまとめてみましょう。

キーワード

ピボットテーブル	P.249
フィールド	P.250

ピボットテーブルを利用してデータを分析する

ピボットテーブルを作成するときは、最初にどの値を集計するのかを考えます。ここでは［販売数］列を対象にしますが、［販売金額］列も集計対象にできます。次に集計した値を分類する基準を考えます。ここでは［席］列と［販売元］列で分類します。それぞれ行見出しにするのか、列見出しにするのかを決めておきましょう。

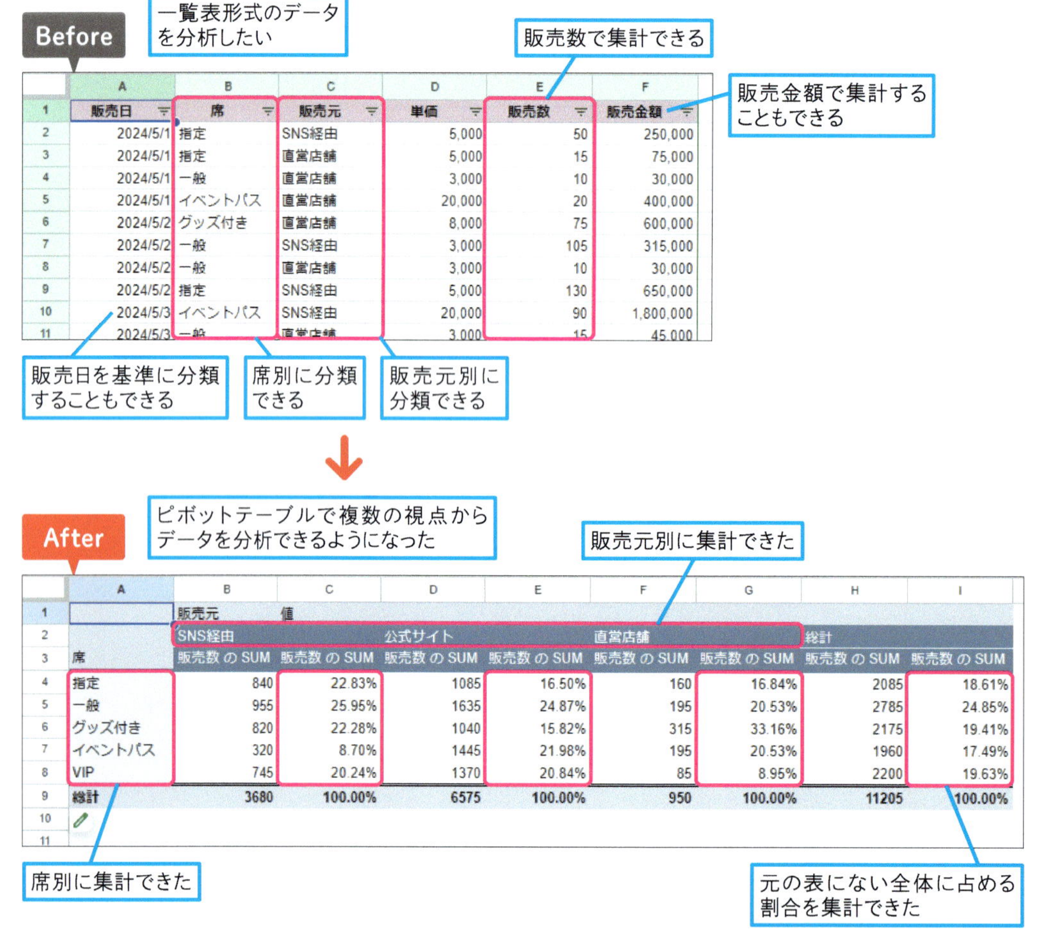

	A	B	C	D	E	F
1	販売日	席	販売元	単価	販売数	販売金額
2	2024/5/1	指定	SNS経由	5,000	50	250,000
3	2024/5/1	指定	直営店舗	5,000	15	75,000
4	2024/5/1	一般	直営店舗	3,000	10	30,000
5	2024/5/1	イベントパス	直営店舗	20,000	20	400,000
6	2024/5/2	グッズ付き	直営店舗	8,000	75	600,000
7	2024/5/2	一般	SNS経由	3,000	105	315,000
8	2024/5/2	一般	直営店舗	3,000	10	30,000
9	2024/5/2	指定	SNS経由	5,000	130	650,000
10	2024/5/3	イベントパス	SNS経由	20,000	90	1,800,000
11	2024/5/3	一般	直営店舗	3,000	15	45,000

	A	B	C	D	E	F	G	H	I
1		販売元	値						
2		SNS経由		公式サイト		直営店舗		総計	
3	席	販売数 の SUM	販売数 の SUM	販売数 の SUM	販売数 の SUM	販売数 の SUM	販売数 の SUM	販売数 の SUM	販売数 の SUM
4	指定	840	22.83%	1085	16.50%	160	16.84%	2085	18.61%
5	一般	955	25.95%	1635	24.87%	195	20.53%	2785	24.85%
6	グッズ付き	820	22.28%	1040	15.82%	315	33.16%	2175	19.41%
7	イベントパス	320	8.70%	1445	21.98%	195	20.53%	1960	17.49%
8	VIP	745	20.24%	1370	20.84%	85	8.95%	2200	19.63%
9	総計	3680	100.00%	6575	100.00%	950	100.00%	11205	100.00%
10									
11									

1 ピボットテーブルを作成する

[L59] シートを開いておく

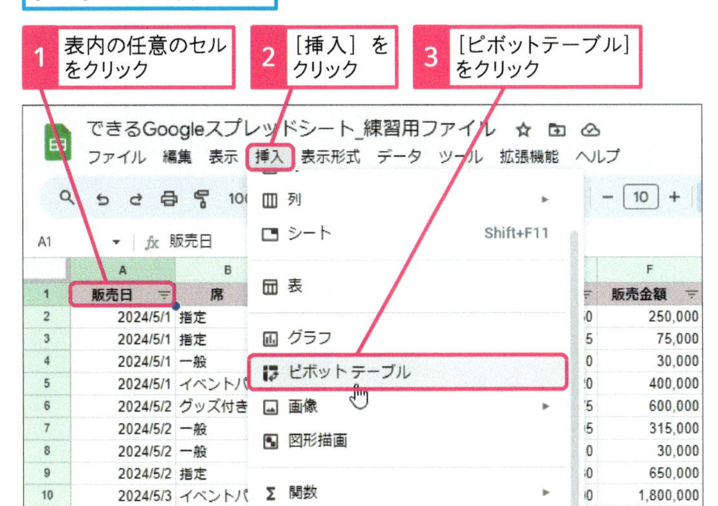

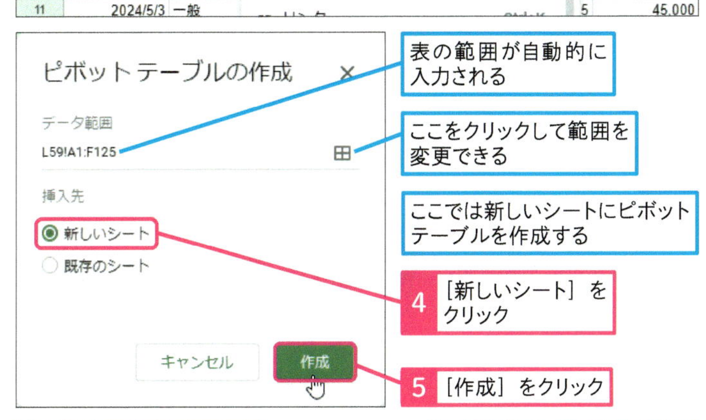

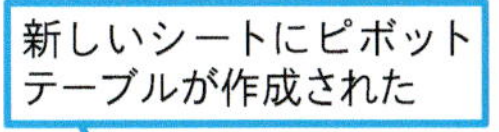

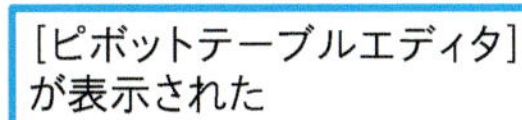

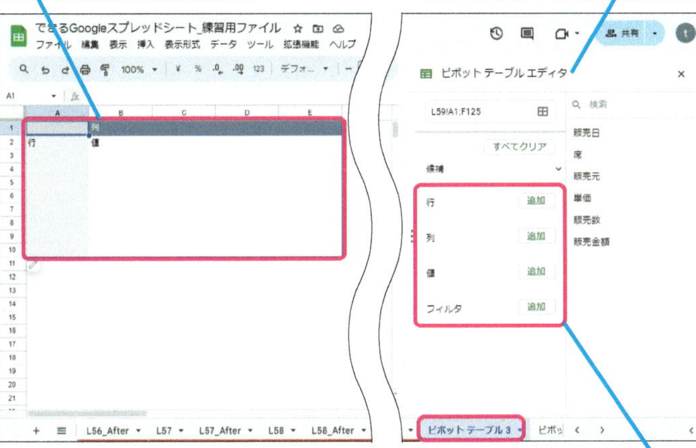

使いこなしのヒント

ピボットテーブルは新しいシートに作成しよう

手順1の操作4ではピボットテーブルを作成する場所を指定しています。ピボットテーブルは、結果を切り替えながらデータを確認することが多いため、元の表と同じシートではなく、新しいシートに作成することをおすすめします。

用語解説

フィールド

表の列のことです。ピボットテーブルの元となるデータが入力されている表の列をフィールドと呼びます。

使いこなしのヒント

空のピボットテーブルが作成される

ピボットテーブルの作成直後は、フィールドを指定していないため、データは何も表示されません。手順2以降でフィールドを追加します。

次のページに続く

2 ピボットテーブルで集計する項目を指定する

［行］［列］［値］にフィールドを指定する

1 ［席］フィールドを［行］までドラッグ

フィールドが追加されて行見出しが表示された

ここをクリックするとフィールドを削除できる

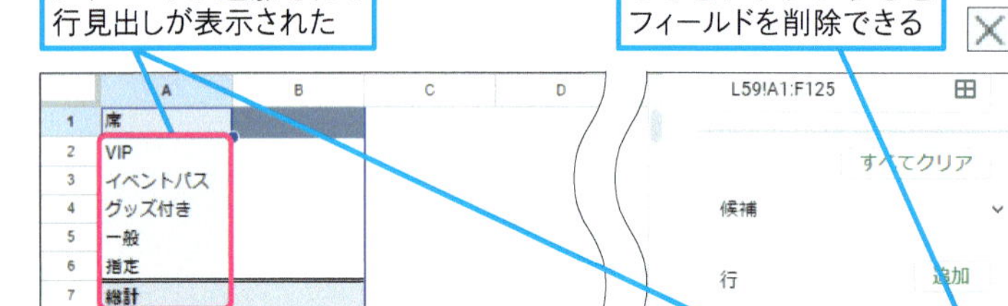

列　追加

販売元　順序　並べ替え　昇順　販売元　総計を表示

値　追加

販売数　集計　表示方法　SUM　デフォ…

2 同様に［販売元］フィールドを［列］までドラッグ

［追加］をクリックしてフィールドを選択してもいい

3 ［販売数］フィールドを［値］までドラッグ

追加したフィールドをドラッグして移動することもできる

指定した［行］［列］［値］でピボットテーブルが作成された

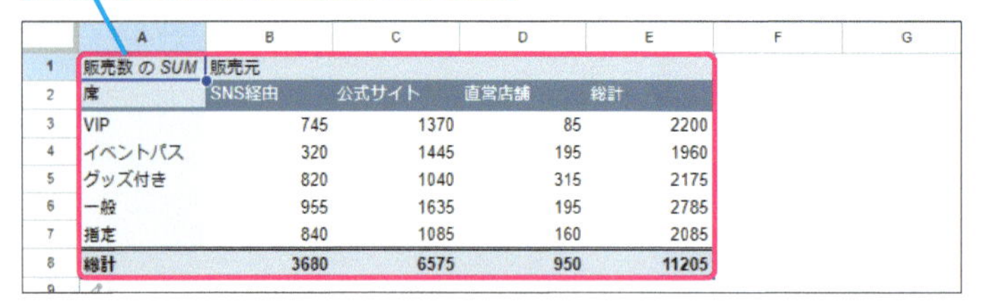

販売数 の SUM	販売元			
席	SNS経由	公式サイト	直営店舗	総計
VIP	745	1370	85	2200
イベントパス	320	1445	195	1960
グッズ付き	820	1040	315	2175
一般	955	1635	195	2785
指定	840	1085	160	2085
総計	3680	6575	950	11205

使いこなしのヒント

任意の順番で［行］［列］［値］に指定して構わない

手順2では、［行］［列］［値］の順番にフィールドを追加していますが、任意の順番で指定して構いません。行見出しにするフィールドを［行］、列見出しにするフィールドを［列］、集計対象のフィールドを［値］に指定します。

使いこなしのヒント

絞り込みたいフィールドを［フィルタ］に指定する

［値］の下にある［フィルタ］にフィールドを追加すると、ピボットテーブルにフィルタを設定できます。このサンプルでは、［販売日］や［販売元］などのフィールドを指定して絞り込むことができます。

使いこなしのヒント

［ピボットテーブルエディタ］を再表示するには

画面右側の［ピボットテーブルエディタ］を閉じてしまったときは、ピボットテーブルの左下にある鉛筆のアイコンにマウスポインターを合わせて［編集］をクリックすると再表示できます。

1 ここにマウスポインターを合わせる

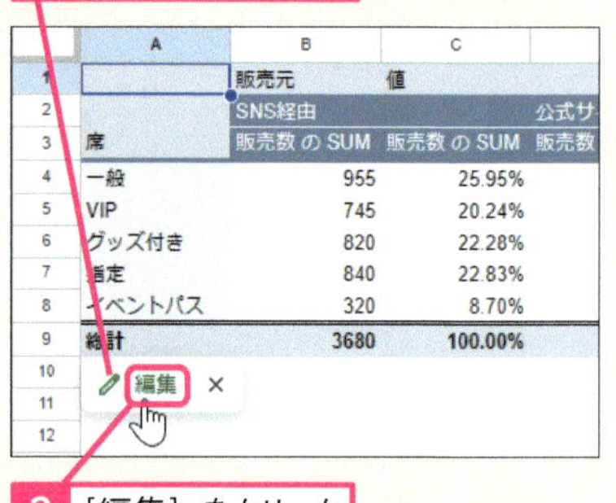

2 ［編集］をクリック

3 ピボットテーブルを並べ替える

販売数の総計が多い順にピボットテーブルを並べ替える

1 ［降順］を選択

2 ［販売数のSUM］を選択

プルダウンメニューが表示される

3 ［総計］をクリック

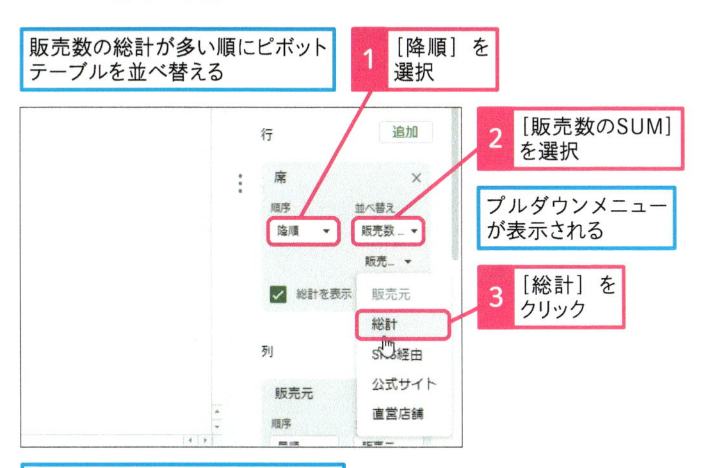

販売数の総計が多い順にピボットテーブルが並べ替えられた

	A	B	C	D	E
1	販売数 の SUM	販売元			
2	席	SNS経由	公式サイト	直営店舗	総計
3	一般	955	1635	195	2785
4	VIP	745	1370	85	2200
5	グッズ付き	820	1040	315	2175
6	指定	840	1085	160	2085
7	イベントパス	320	1445	195	1960
8	総計	3680	6575	950	11205

4 全体に占める割合を表示する

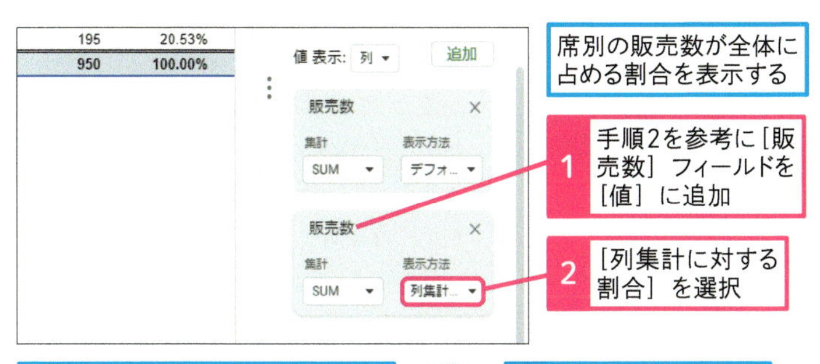

席別の販売数が全体に占める割合を表示する

1 手順2を参考に［販売数］フィールドを［値］に追加

2 ［列集計に対する割合］を選択

［ピボットテーブルエディタ］右上の［閉じる］をクリックしておく

全体に占める販売数の割合が表示された

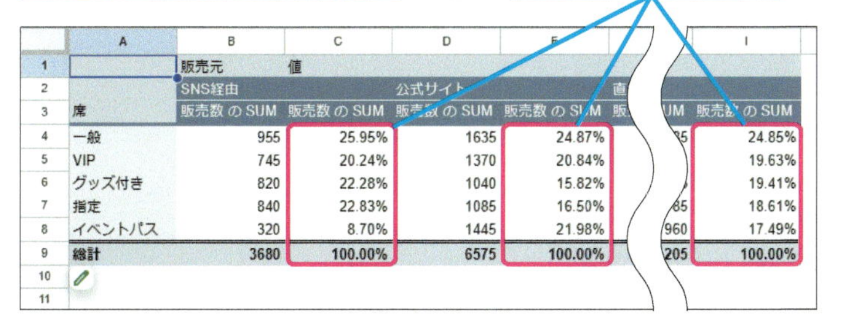

	A	B	C	D	E	…	I
1		販売元	値				
2		SNS経由		公式サイト		直	
3	席	販売数 の SUM	販売数 の SUM	販売数 の SUM	販売数 の SUM		販売数 の SUM
4	一般	955	25.95%	1635	24.87%		24.85%
5	VIP	745	20.24%	1370	20.84%		19.63%
6	グッズ付き	820	22.28%	1040	15.82%		19.41%
7	指定	840	22.83%	1085	16.50%		18.61%
8	イベントパス	320	8.70%	1445	21.98%		17.49%
9	総計	3680	100.00%	6575	100.00%		100.00%

使いこなしのヒント

ピボットテーブルを再作成するには

シートごと削除する方法が最も簡単です。シートは残してピボットテーブルを削除する場合は左上のセルを選択して、Delete キーを押します。フィールドをクリアする場合は［ピボットテーブルエディタ］にある［すべてクリア］をクリックします。

● ピボットテーブルを削除する

1 ピボットテーブルの左上のセルを選択

	A	B	C
1		販売元	値
2		SNS経由	
3	席	販売数 の SUM	販売数 の SUM
4	一般	955	25.95%

2 Delete キーを押す

ピボットテーブルが削除された

	A	B	C
1			
2			
3			
4			

● フィールドをクリアする

1 ［すべてクリア］をクリック

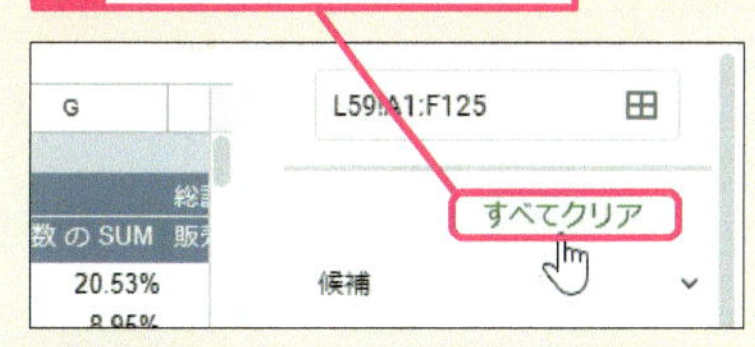

追加したフィールドが削除される

まとめ　さまざまな視点でデータを分析できる

手順4で求めた全体に占める販売数の割合は、元の表には含まれていません。ピボットテーブルで見えてくるデータの一例です。［列］に追加した［販売元］フィールドを［行］に移動すると、割合の値を残したまま、結果が切り替わることを確認できるでしょう。このように、さまざまな視点でデータを分析できることがピボットテーブルのメリットです。

グラフにフィルタを設定するには

スライサー

練習用ファイル [L60] シート

スライサーの機能を使って、グラフにフィルタを設定してみましょう。元の表にフィルタを設定してデータを絞り込んでもグラフの表示は切り替わりますが、複数条件での絞り込みは専用のスライサーを用意しておくと操作しやすくなります。

キーワード

条件	P.248
フィルタ	P.250

スライサーを利用してグラフを変化させる

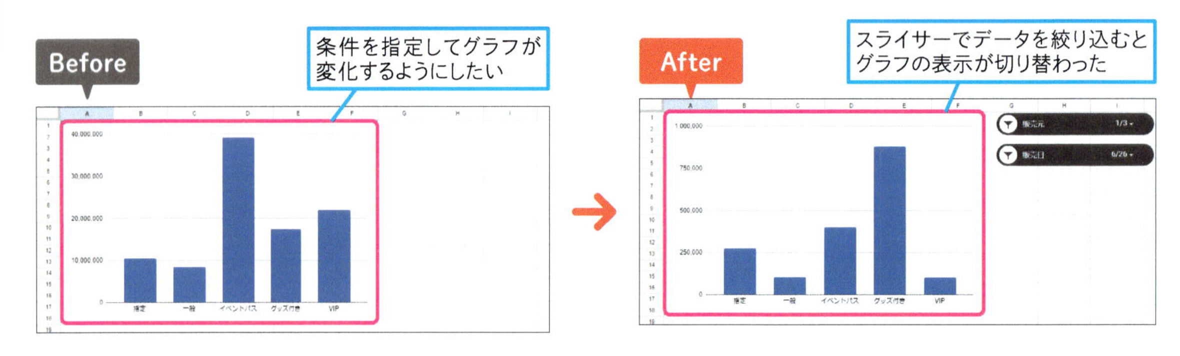

1 スライサーを追加する

[L60] シートを開いておく

スライサーで表示を切り替えるグラフが作成してある

1 表内の任意のセルをクリック

2 [データ] をクリック

3 [スライサーを追加] をクリック

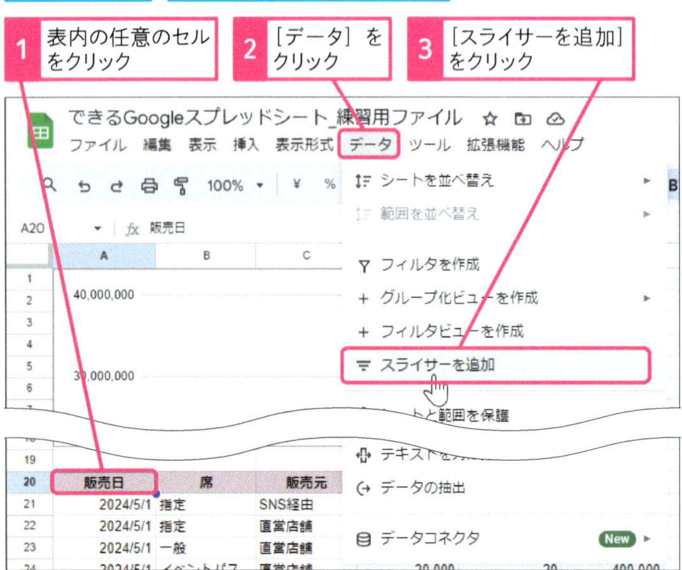

使いこなしのヒント

表の伸縮に影響しない位置にグラフを配置しておく

スライサーの操作によって、元のデータが入力されている表が伸縮します。表の横にグラフやスライサーを配置すると、表の伸縮に伴って移動してしまうことがあるため、練習用ファイルでは表の上側にグラフを作成してあります。

2 スライサーに列を割り当てる

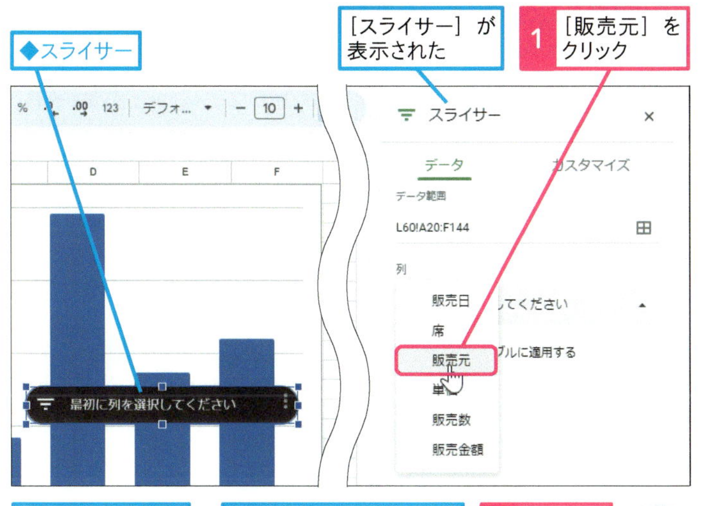

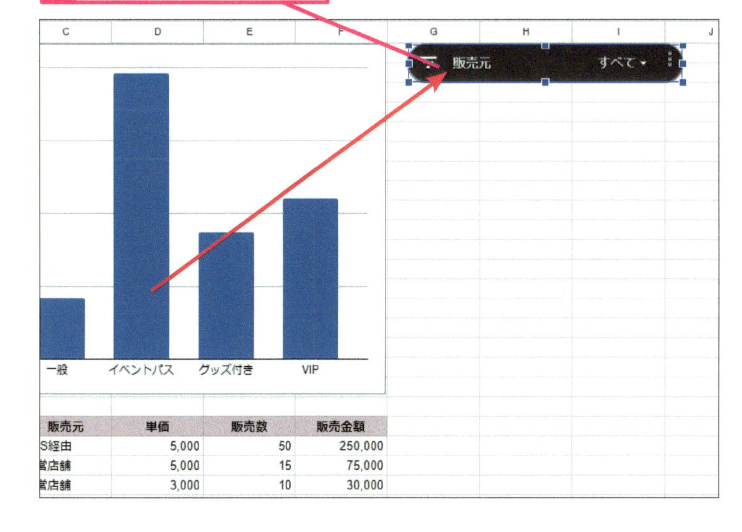

販売元	単価	販売数	販売金額
S経由	5,000	50	250,000
営店舗	5,000	15	75,000
営店舗	3,000	10	30,000

使いこなしのヒント

絞り込みたい列を設定する

手順2の操作1で選択した列がスライサーに割り当てられます。1つのスライサーに割り当てられる列は1つだけです。

使いこなしのヒント

画面右側の［スライサー］を再表示するには

手順2の操作2では［スライサー］をいったん閉じています。再表示するには、挿入したスライサーをダブルクリックしてください。

使いこなしのヒント

スライサーを削除するには

スライサーを選択して Delete キーを押すと削除できます。［⋮］をクリックして［スライサーを削除］を選択しても構いません。

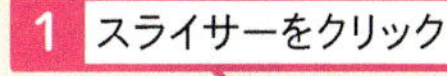

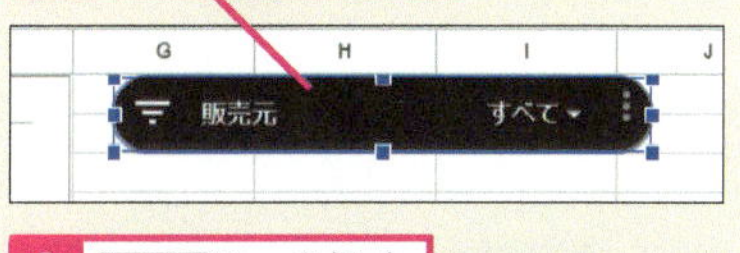

2 Delete キーを押す

60 スライサー

次のページに続く

3 スライサーを利用する

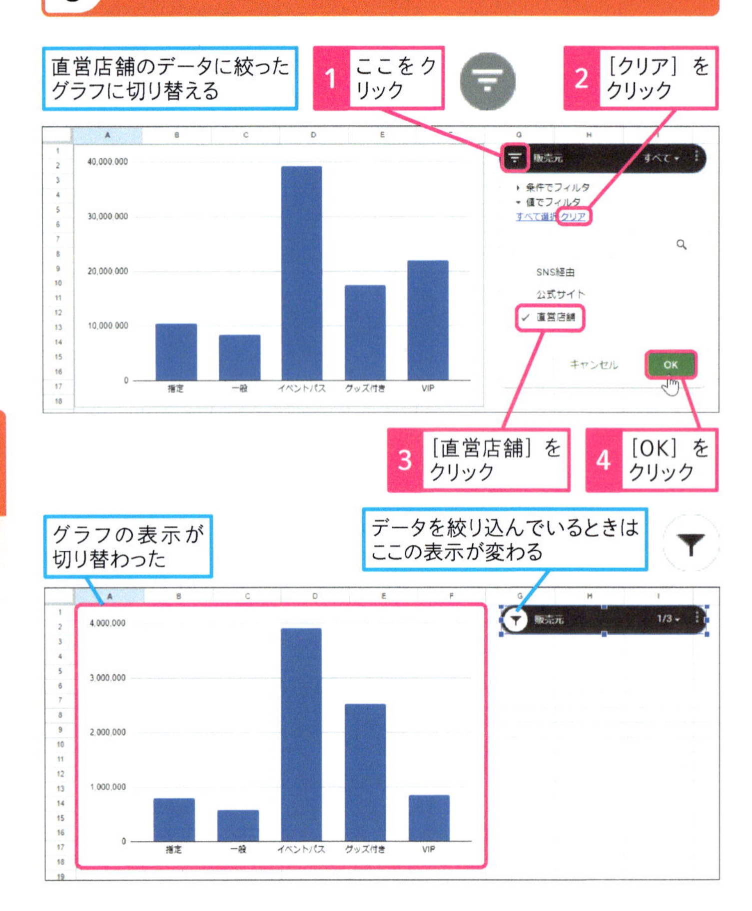

4 スライサーを複製する

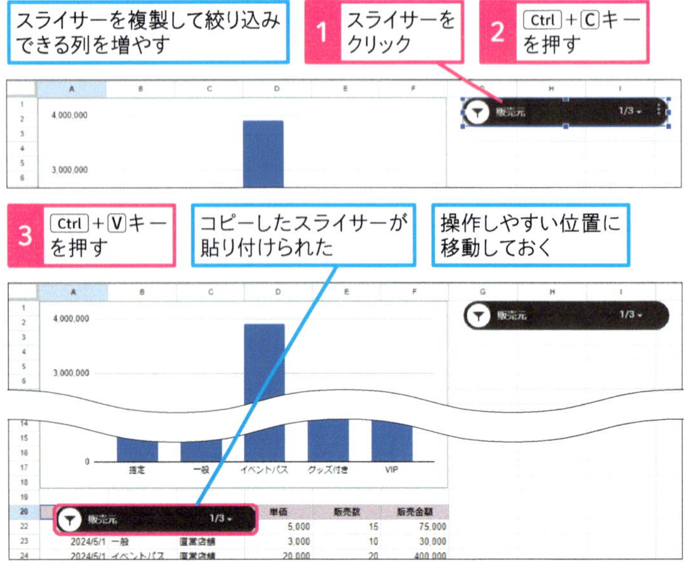

使いこなしのヒント

スライサーの絞り込みを解除するには

手順3では、直営店舗に絞り込んでいます。フィルタを使った絞り込みと同様の操作です。絞り込みを解除するには［すべて選択］をクリックして、すべての項目にチェックマークを付けます。

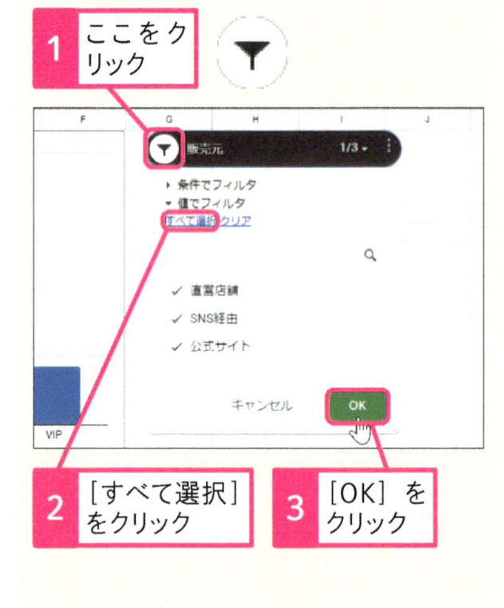

使いこなしのヒント

ショートカットキーが反応しないときは

Ctrl＋Cキーを押してもスライサーをコピーできないことがあります。その場合は［⋮］から［スライサーをコピー］を選択してスライサーをコピーしてから、Ctrl＋Vキーを押して貼り付けてください。

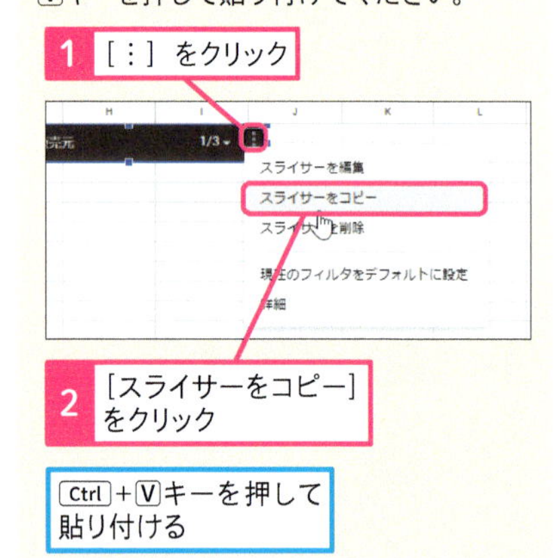

5 スライサーに割り当てた列を変更する

1 スライサーをダブルクリック

2 ［販売日］を選択

3 ここをクリック

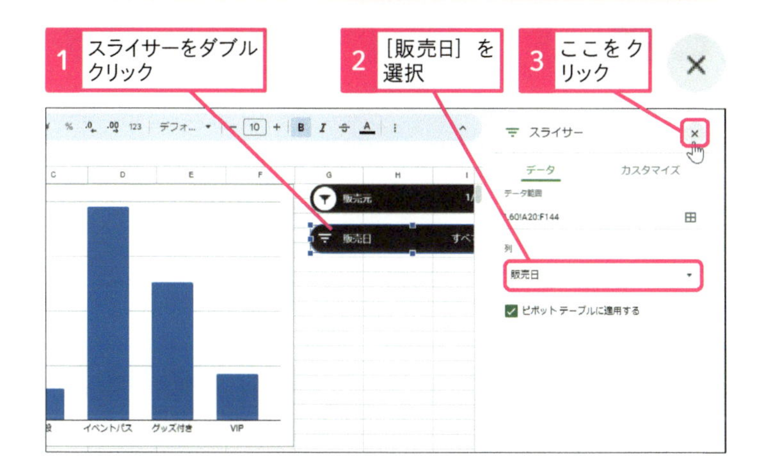

6 追加したスライサーで絞り込む

追加したスライサーでさらにデータを絞り込む

1 ここをクリック

2 ［クリア］をクリック

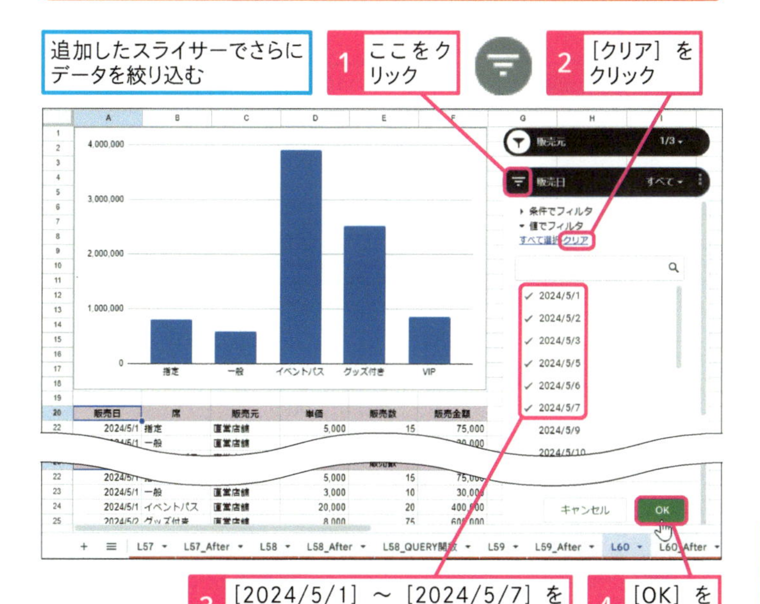

3 ［2024/5/1］～［2024/5/7］をクリックしてチェックマークを付ける

4 ［OK］をクリック

グラフの表示が切り替わった

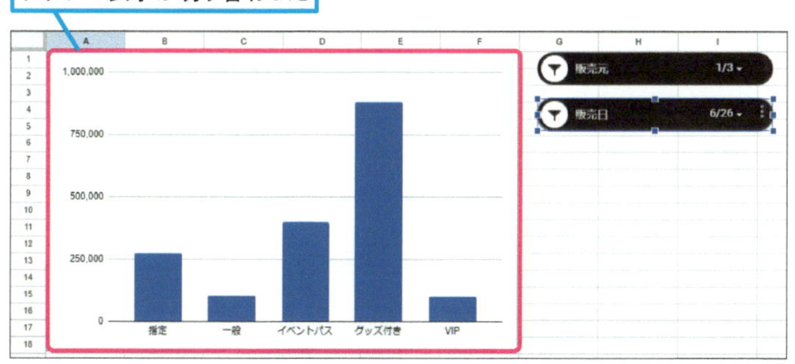

使いこなしのヒント

フィルタと同じ機能が使える

［条件でフィルタ］を使ってデータを絞り込む範囲を指定することもできます。詳しい操作手順はレッスン54を参考にしてください。

1 ここをクリック

2 ［条件でフィルタ］をクリック

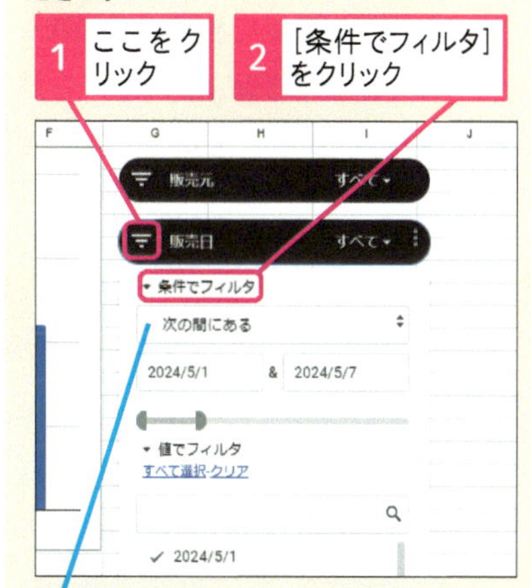

［次の間にある］などの項目を選択して条件を指定できる

まとめ スライサーを追加してグラフを絞り込む

スライサーは、表に設定するフィルタの絞り込みの機能を独立させたものです。絞り込みたい列の数だけスライサーを用意しておいてもいいでしょう。複数のスライサーで絞り込んだときは、条件を同時に満たすデータが表示されます。このレッスンの結果、販売店が「直営店舗」、かつ、販売日が「2024/5/1～2024/5/7」のデータに絞り込まれて、グラフの表示も切り替わります。

レッスン

61 データの分析に使える関数とは

統計関数

練習用ファイル [L61_1] ～ [L61_4] シート

データの分析や予測に利用する関数をまとめて紹介します。データの全体像を把握できるほか、傾向を読み解いたり、予測したりする際に役立ちます。データの何を調べる関数なのかを理解して使ってみましょう。

キーワード

関数	P.247
参照先	P.248
参照元	P.248

データの中央値を求める

データを並べたときに、ちょうど真ん中の値が中央値です。突出した値の影響を受けにくいため、平均値よりも実態に近い値になります。MEDIAN（メジアン）関数は、引数［値］に指定したデータから中央値を求めます。データが奇数個の場合は中央の値が表示され、偶数個の場合は中央に位置する2つの値の平均が表示されます。

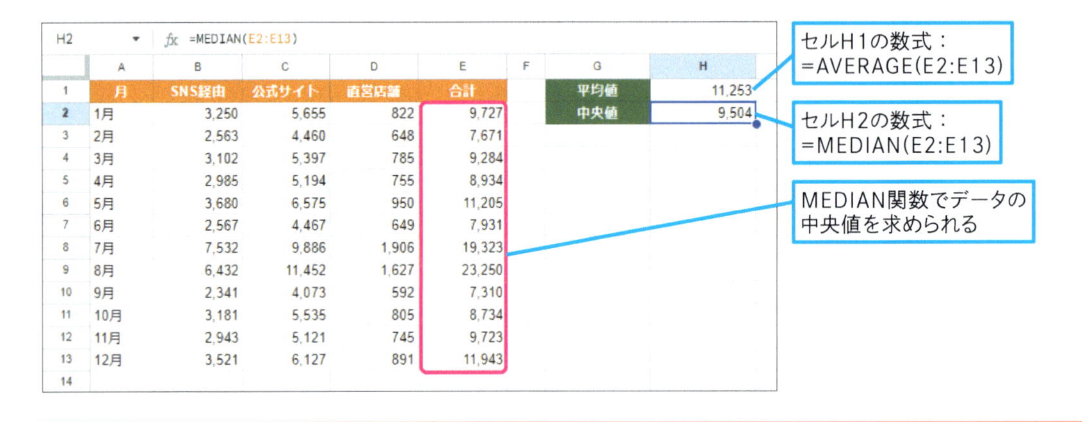

H2 =MEDIAN(E2:E13)

	A	B	C	D	E	F	G	H
1	月	SNS経由	公式サイト	直営店舗	合計		平均値	11,253
2	1月	3,250	5,655	822	9,727		中央値	9,504
3	2月	2,563	4,460	648	7,671			
4	3月	3,102	5,397	785	9,284			
5	4月	2,985	5,194	755	8,934			
6	5月	3,680	6,575	950	11,205			
7	6月	2,567	4,467	649	7,931			
8	7月	7,532	9,886	1,906	19,323			
9	8月	6,432	11,452	1,627	23,250			
10	9月	2,341	4,073	592	7,310			
11	10月	3,181	5,535	805	8,734			
12	11月	2,943	5,121	745	9,723			
13	12月	3,521	6,127	891	11,943			
14								

= MEDIAN(値1, [値2, …])

［値］に指定したデータにおける中央値を求める

使いこなしのヒント

極端な値を除いて平均するにはTRIMMEAN関数を使う

TRIMMEAN（トリムミーン）関数は、引数［データ］から極端な値を除いて平均値を求めます。［除外の割合］には、除外する割合を指定します。例えば、上下10%を除く場合は「0.2」または「20%」と指定します。

= TRIMMEAN(データ , 除外の割合)

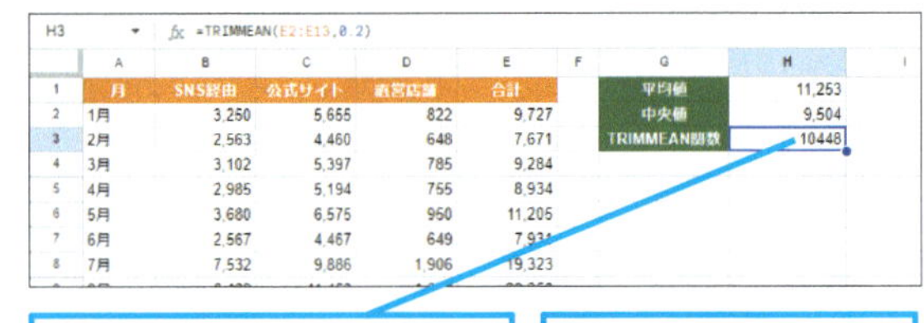

H3 =TRIMMEAN(E2:E13,0.2)

	A	B	C	D	E	F	G	H
1	月	SNS経由	公式サイト	直営店舗	合計		平均値	11,253
2	1月	3,250	5,655	822	9,727		中央値	9,504
3	2月	2,563	4,460	648	7,671		TRIMMEAN関数	10448
4	3月	3,102	5,397	785	9,284			
5	4月	2,985	5,194	755	8,934			
6	5月	3,680	6,575	950	11,205			
7	6月	2,567	4,467	649	7,93			
8	7月	7,532	9,886	1,906	19,323			

データの最頻値を求める

データの中で最も多く出現する数値が最頻値です。MODE.MULT（モードマルチ）関数で取得できます。ここでは、アンケートの回答から最頻値を探してみます。最頻値が複数ある場合は同時に取得でき、すべての値が1回しか出現しない場合は「#N/A」エラーが表示されます。

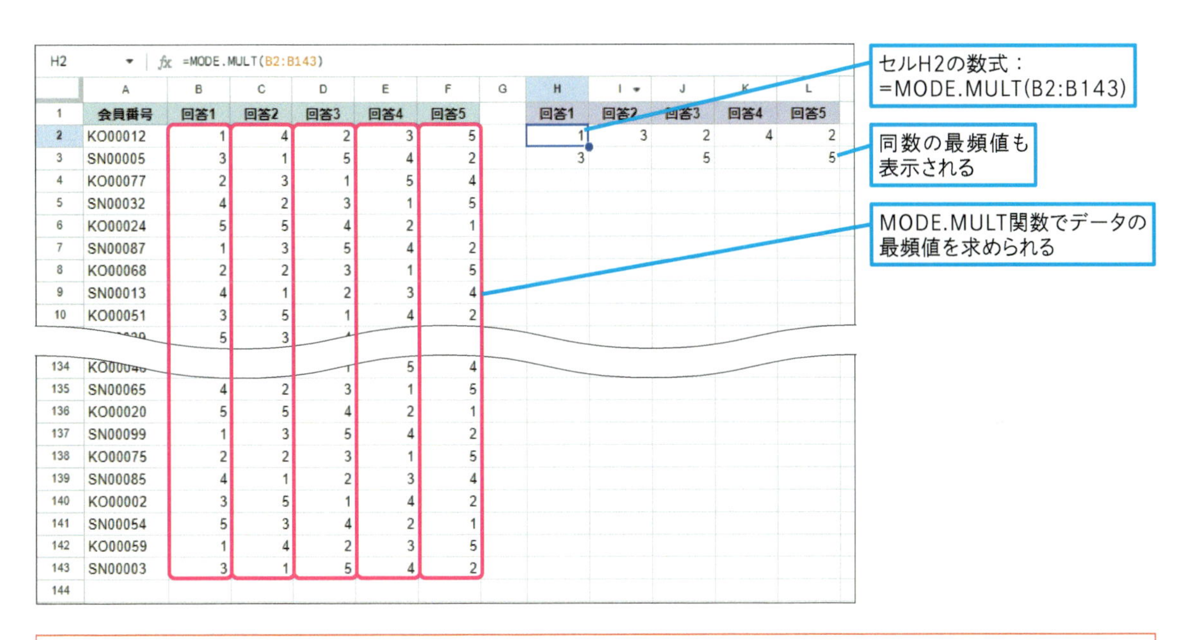

H2 fx =MODE.MULT(B2:B143)

	A	B	C	D	E	F	G	H	I	J	K	L
1	会員番号	回答1	回答2	回答3	回答4	回答5		回答1	回答2	回答3	回答4	回答5
2	KO00012	1	4	2	3	5		1	3	2	4	2
3	SN00005	3	1	5	4	2		3		5		5
4	KO00077	2	3	1	5	4						
5	SN00032	4	2	3	1	5						
6	KO00024	5	5	4	2	1						
7	SN00087	1	3	5	4	2						
8	KO00068	2	2	3	1	5						
9	SN00013	4	1	2	3	4						
10	KO00051	3	5	1	4	2						
11	[illegible]	5	3	[illegible]								
134	KO0004[illegible]			[illegible]	5	4						
135	SN00065	4	2	3	1	5						
136	KO00020	5	5	4	2	1						
137	SN00099	1	3	5	4	2						
138	KO00075	2	2	3	1	5						
139	SN00085	4	1	2	3	4						
140	KO00002	3	5	1	4	2						
141	SN00054	5	3	4	2	1						
142	KO00059	1	4	2	3	5						
143	SN00003	3	1	5	4	2						
144												

= MODE.MULT(値 1, [値 2, …])

[値] に指定したデータにおける最頻値を求める

スキルアップ

文字列のデータはSWITCH関数で置換する

最頻値を調べる対象のデータが文字列の場合は、SWITCH（スイッチ）関数を組み合わせます。引数［式］に対象のセル範囲を指定し、［ケース］には［式］と比較して置換したい値、［値］には［ケース］と［式］が一致したときに置換する値を指定します。［規定値］には、いずれの［ケース］にも一致しない場合に表示する値を指定します。省略可能です。

セルH2の数式：
=MODE.MULT(SWITCH(C2:C143,"A",1,"B",2,"C",3,"D",4,"E",5))

H2 fx =MODE.MULT(SWITCH(B2:B143,"A",1,"B",2,"C",3,"D",4,"E",5))

	A	B	C	D	E	F	G	H	I	J	K	L
1	会員番号	回答1	回答2	回答3	回答4	回答5		回答1	回答2	回答3	回答4	回答5
2	KO00012	A	D	B	C	E		1	3	2	4	2
3	SN00005	C	A	E	D	B		3		5		5
4	KO00077	B	C	A	E	D						
5	SN00032	D	B	C	A	E						
6	KO00024	E	E	D	B	A						

SWITCH関数で文字列を数値に置換すれば最頻値を求められる

= SWITCH(式 , ケース 1, 値 1, [ケース 2, 値 2, …] , [規定値])

次のページに続く

2つのデータの相関係数を調べる

相関関係は一方のデータの変化に伴って、もう一方が変化する関係です。2つのデータの相関関係を調べるには、CORREL（コリレーション）関数を使います。結果として、-1～1の相関係数が表示されます。1に近いほど正の相関が強く、-1に近いほど負の相関が強いと判定できます。0に近いほど相関は弱くなります。

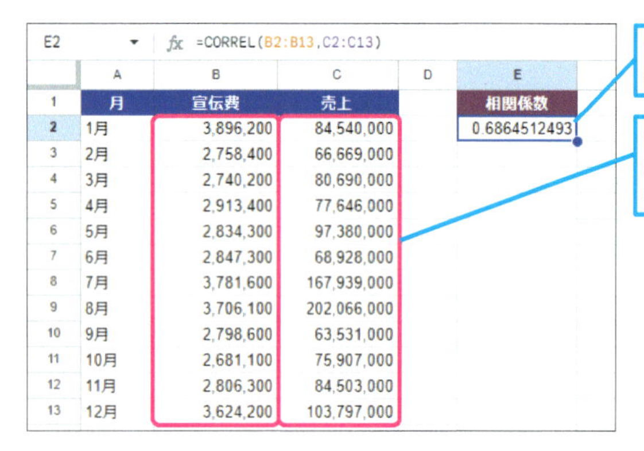

E2 =CORREL(B2:B13,C2:C13)

	A	B	C	D	E
1	月	宣伝費	売上		相関係数
2	1月	3,896,200	84,540,000		0.6864512493
3	2月	2,758,400	66,669,000		
4	3月	2,740,200	80,690,000		
5	4月	2,913,400	77,646,000		
6	5月	2,834,300	97,380,000		
7	6月	2,847,300	68,928,000		
8	7月	3,781,600	167,939,000		
9	8月	3,706,100	202,066,000		
10	9月	2,798,600	63,531,000		
11	10月	2,681,100	75,907,000		
12	11月	2,806,300	84,503,000		
13	12月	3,624,200	103,797,000		

セルE2の数式：
=CORREL(B2:B13,C2:C13)

CORREL関数で2つのデータの相関係数を求められる

● 相関係数の目安

相関係数（絶対値）	相関の判定
0～0.2	ほとんど相関なし
0.2～0.4	弱い相関あり
0.4～0.7	やや相関あり
0.7～1	強い相関あり

= CORREL(データ_y, データ_x)
［データ_y］と［データ_x］の相関係数を返す

1つのデータから将来の値を求める

FORECAST.LINEAR（フォーキャストリニア）関数では、相関関係にある2つのデータの一方を予測できます。相関関係にあるデータを散布図グラフで表示し、データに最も当てはまるように引いた直線を回帰直線といいます。引数［データ_y］と［データ_x］で定まった回帰直線から引数［x］に対応する将来の値を求めます。

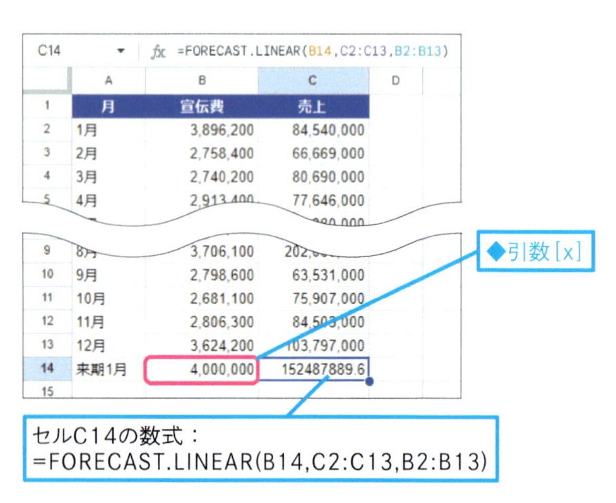

C14 =FORECAST.LINEAR(B14,C2:C13,B2:B13)

	A	B	C	D
1	月	宣伝費	売上	
2	1月	3,896,200	84,540,000	
3	2月	2,758,400	66,669,000	
4	3月	2,740,200	80,690,000	
5	4月	2,913,400	77,646,000	
9	8月	3,706,100	202,0[illegible]	
10	9月	2,798,600	63,531,000	
11	10月	2,681,100	75,907,000	
12	11月	2,806,300	84,503,000	
13	12月	3,624,200	103,797,000	
14	来期1月	4,000,000	152487889.6	
15				

◆引数［x］

セルC14の数式：
=FORECAST.LINEAR(B14,C2:C13,B2:B13)

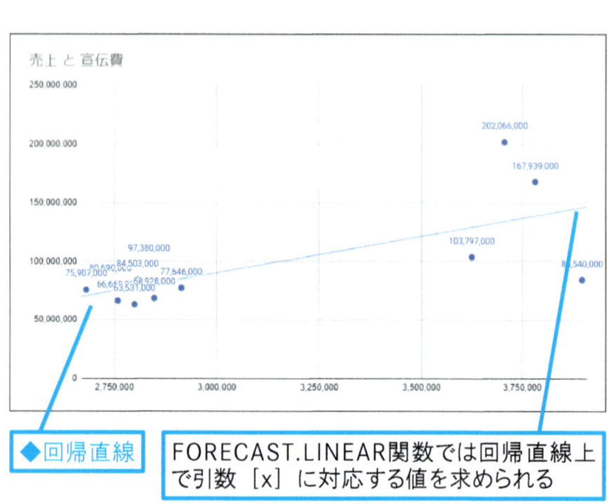

◆回帰直線

FORECAST.LINEAR関数では回帰直線上で引数［x］に対応する値を求められる

= FORECAST.LINEAR(x, データ_y, データ_x)
［データ_y］と［データ_x］の回帰直線を基に［x］から将来の値を求める

スキルアップ

データの分析に使えるそのほかの関数

データの分析に利用できるさまざまな関数が用意されています。ただし、これらの関数は何も考えずに使っても意味はありません。結果はデータの変化や関連性の確認、将来の予測のための指標になります。自分の想定の確認や、過去の予測と実績の答え合わせに利用することが多いでしょう。視点を変えてデータを評価するときにも使われます。

●よく使われる統計関数

関数	機能	構文
FREQUENCY（フリーケンシー）	データの分布を調べる	=FREQUENCY(データ, クラス)
GEOMEAN（ジオミーン）	相乗平均を求める	=GEOMEAN(値1, [値2, …])
GROWTH（グロース）	指数回帰曲線で予測する	=GROWTH(既知データ_y, [既知データ_x] , [新規データ_x] , [b])
HARMEAN（ハーミーン）	調和平均を求める	=HARMEAN(値1, [値2, …])
INTERCEPT（インターセプト）	回帰直線の切片を求める	=INTERCEPT(データ_y, データ_x)
PERCENTILE.EXC（パーセンタイル・エクスクルーシブ）	0と1を除く百分位数を求める	=PERCENTILE.EXC(データ, パーセンタイル)
PERCENTILE.INC（パーセンタイル・インクルーシブ）	百分位数を求める	=PERCENTILE.INC(データ, パーセンタイル)
PERCENTRANK.EXC（パーセントランク・エクスクルーシブ）	0%と100%を除く百分率での順位を求める	=PERCENTRANK.EXC(データ, 値, [有効桁])
PERCENTRANK.INC（パーセントランク・インクルーシブ）	百分率での順位を求める	=PERCENTRANK.INC(データ, 値, [有効桁])
RANK.AVG（ランク・アベレージ）	順位を求める（同じ値は順位の平均値を表す）	=RANK.AVG(値, データ, [昇順])
RANK.EQ（ランク・イコール）	順位を求める	=RANK.EQ(値, データ, [昇順])
SLOPE（スロープ）	回帰直線の傾きを求める	=SLOPE(データ_y, データ_x)
STANDARDIZE（スタンダーダイズ）	標準変化量を求める	=STANDARDIZE(値, 平均, 標準偏差)
STDEV.P（スタンダード・ディビエーション・ピー）	母集団に基づいて標準偏差を求める	=STDEV.P(値1, [値2, …])
STDEV.S（スタンダード・ディビエーション・エス）	サンプルに基づいて標準偏差を求める	=STDEV.S(値1, [値2, …])
TREND（トレンド）	2つの要素を元に予測する	=TREND(既知データ_y, [既知データ_x] , [新規データ_x] , [b])
VAR.P（バリアンス・ピー）	母集団に基づいて分散を求める	=VAR.P(値1, [値2, …])
VAR.S（バリアンス・エス）	サンプルに基づいて分散を求める	=VAR.S(値1, [値2, …])

この章のまとめ

機能を活用してデータを分析する

フィルタを使った絞り込みもデータ分析の1つです。自在に扱えるようにしておきましょう。行の固定やグループ化も表を扱いやすくするためによく使われる機能です。また、定期的にフィルタ操作をするならビューを保存、関数を組み込んで自動的に表を取り出すといった工夫も大切です。Googleスプレッドシートに用意されている機能を十分に活用しましょう。ピボットテーブルは最終形をイメージしてから操作すれば、最短で目的の結果にたどり着けるはずです。

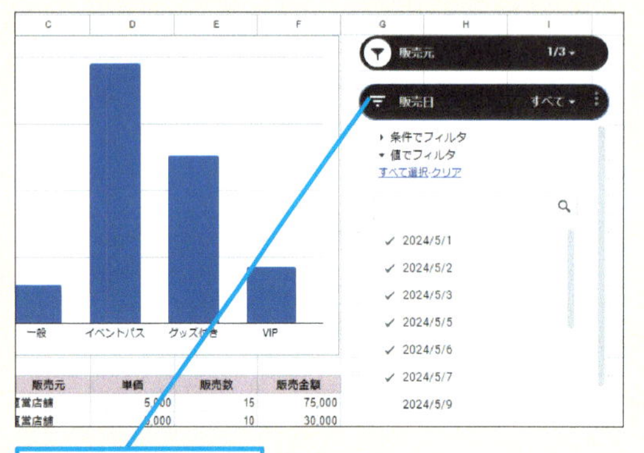

データ分析に使える機能を活用する

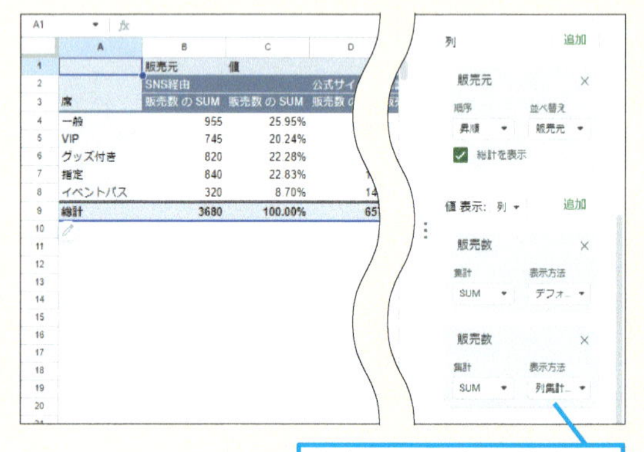

ピボットテーブルは最終形をイメージしてから操作する

一般的な機能でも、データを分析する視点から見ると、使える機能がたくさんあるよね。

しっかり使おうとすると、結構難しいものですね。UNIQUE関数なんて使っていなかったから、今まで損していました……。

僕はピボットテーブルへの苦手意識を克服したよ！

使っていれば慣れてくるからね。データ分析に使える関数も試してほしいな。中央値を求めるMEDIAN関数などは、一般的な業務でも使うこともあるはずだよ。

活用編

第9章

Googleスプレッドシートをもっと活用しよう

Googleスプレッドシートをさらに活用するテクニックをまとめて紹介します。知っておくと、いつか役立つはずです。GoogleのAI「Gemini」も試してみてください。

62	ひとつ上のテクニックを覚えよう	214
63	文章をほかの言語に翻訳するには	216
64	行を追加・削除してもずれない連番を作るには	218
65	文字列中の日付や数値を自動的に更新するには	220
66	土日祝日を塗り分けたカレンダーを作るには	222
67	正規表現を利用して文字列を取り出すには	226
68	クロス表から値を取り出すには	228
69	Webページの表を取り込むには	232
70	リストからGoogleマップにピン留めするには	234
71	AIの回答からファイルを作成するには	238
72	セルに表示されたエラーをAIで解決するには	240
73	GoogleスプレッドシートにAIを組み込むには	242

レッスン

62 Introduction この章で学ぶこと ひとつ上のテクニックを覚えよう

ほかの言語への翻訳や、条件付き書式や連番の活用はすぐに使えるテクニックです。ひと手間かかる検索処理もコツさえ覚えれば、あっという間に完了します。Googleの提供するAI「Gemini」（ジェミニ）やGoogleマップをGoogleスプレッドシートと連携して活用してみましょう。

実務で必要な処理を自動化する

この章では、実践的なテクニックをまとめて紹介するよ。日本語から複数の言語に翻訳したり、スケジュール表の土日祝日を自動的に塗り分けたりできる。絶対にずれない連番も振ってみよう。

ほかの言語への翻訳もできるのですね。楽しそう！

土日祝日を自動で塗り分けられるなら、はやく教えてくださいよ。いつも間違えないように気を付けて塗っていました……。

ごめん、ごめん。これまでに覚えた知識+αで、すぐに作業完了できるよ。ちなみに、文字列に含まれる日付や数値を自動的に更新することもできるんだ。

GOOGLETRANSLATE関数で翻訳できる

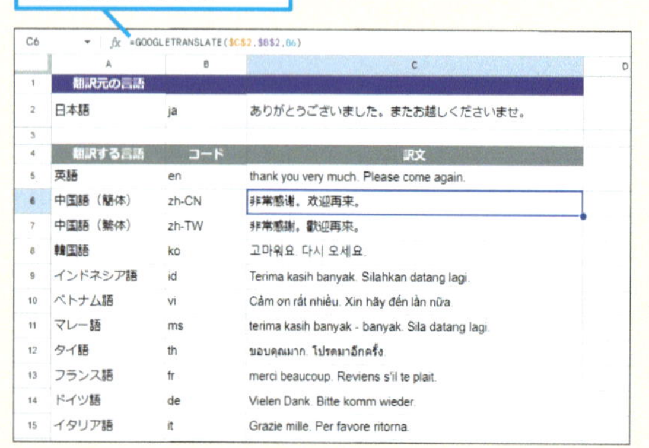

C6 fx =GOOGLETRANSLATE($C$2,$B$2,B6)

	A	B	C
1	翻訳元の言語		
2	日本語	ja	ありがとうございました。またお越しくださいませ。
3			
4	翻訳する言語	コード	訳文
5	英語	en	thank you very much. Please come again.
6	中国語（簡体）	zh-CN	非常感谢。欢迎再来。
7	中国語（繁体）	zh-TW	非常感謝。歡迎再來。
8	韓国語	ko	고마워요. 다시 오세요.
9	インドネシア語	id	Terima kasih banyak. Silahkan datang lagi.
10	ベトナム語	vi	Cảm ơn rất nhiều. Xin hãy đến lần nữa.
11	マレー語	ms	terima kasih banyak - banyak. Sila datang lagi.
12	タイ語	th	ขอบคุณมาก. โปรดมาอีกครั้ง.
13	フランス語	fr	merci beaucoup. Reviens s'il te plait.
14	ドイツ語	de	Vielen Dank. Bitte komm wieder.
15	イタリア語	it	Grazie mille. Per favore ritorna.

条件付き書式と関数を使って土日祝日を自動的に塗り分けられる

A1 fx 日付

	A	B	C	D	E	F
1	日付		予定		名称	日付
2	9月1日	日			元日	1月1日
3	9月2日	月	部署定例会議		成人の日	1月8日
4	9月3日	火	出張（札幌）		建国記念の日	2月11日
5	9月4日	水			休日	2月12日
6	9月5日	木	出張（札幌）戻り		天皇誕生日	2月23日
7	9月6日	金	A社 佐藤さん来訪		春分の日	3月20日
8	9月7日	土			昭和の日	4月29日
9	9月8日	日			憲法記念日	5月3日
10	9月9日	月	部署定例会議		みどりの日	5月4日
11	9月10日	火			こどもの日	5月5日
12	9月11日	水	B社MTG資料完成		休日	5月6日
13	9月12日	木			海の日	7月15日
14	9月13日	金	B社MTG		山の日	8月11日
15	9月14日	土			休日	8月12日
16	9月15日	日			敬老の日	9月16日
17	9月16日	月	部署定例会議		秋分の日	9月22日
18	9月17日	火			休日	9月23日

手間のかかる作業を関数で解決する

行と列の交差する位置に値が入力されたクロス表を参照して値を取り出したり、住所から都道府県名とそれ以外に分けたりするには、ひと工夫する必要があるよ。

ちょうど、同じような作業をしていて困っていました。今までの関数ではうまくいかないんです。

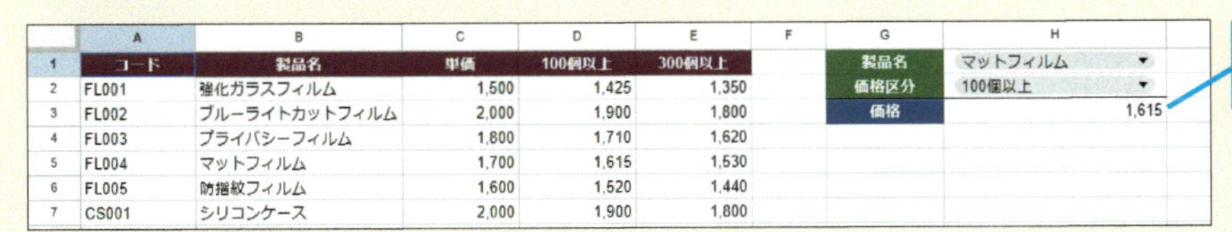

	A	B	C	D	E
1	コード	製品名	単価	100個以上	300個以上
2	FL001	強化ガラスフィルム	1,500	1,425	1,350
3	FL002	ブルーライトカットフィルム	2,000	1,900	1,800
4	FL003	プライバシーフィルム	1,800	1,710	1,620
5	FL004	マットフィルム	1,700	1,615	1,530
6	FL005	防指紋フィルム	1,600	1,520	1,440
7	CS001	シリコンケース	2,000	1,900	1,800

G	H
製品名	マットフィルム
価格区分	100個以上
価格	1,615

クロス表から2つの条件に一致する値を取り出せる

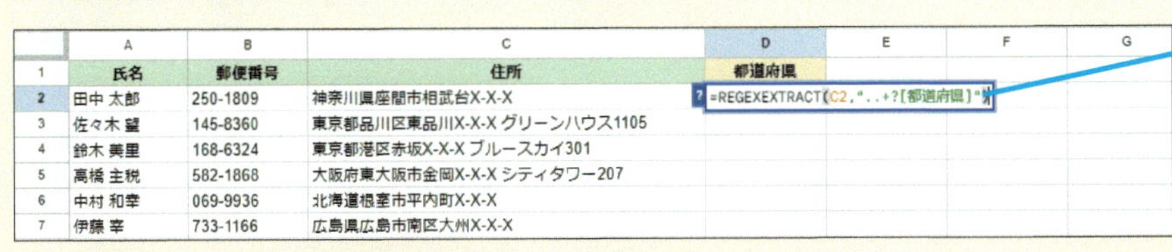

	A	B	C	D
1	氏名	郵便番号	住所	都道府県
2	田中 太郎	250-1809	神奈川県座間市相武台X-X-X	=REGEXEXTRACT(C2,"..+?[都道府県]")
3	佐々木 望	145-8360	東京都品川区東品川X-X-X グリーンハウス1105	
4	鈴木 美里	168-6324	東京都港区赤坂X-X-X ブルースカイ301	
5	高橋 主税	582-1868	大阪府東大阪市金岡X-X-X シティタワー207	
6	中村 和幸	069-9936	北海道根室市平内町X-X-X	
7	伊藤 幸	733-1166	広島県広島市南区大州X-X-X	

正規表現で検索して文字列を取り出せる

AIやGoogleマップを活用する

無料で使えるGoogleのAIは知っているかな？　回答をGoogleスプレッドシートに表示することもできる。リストからGoogleマップにピン留めするテクニックもおすすめだよ。

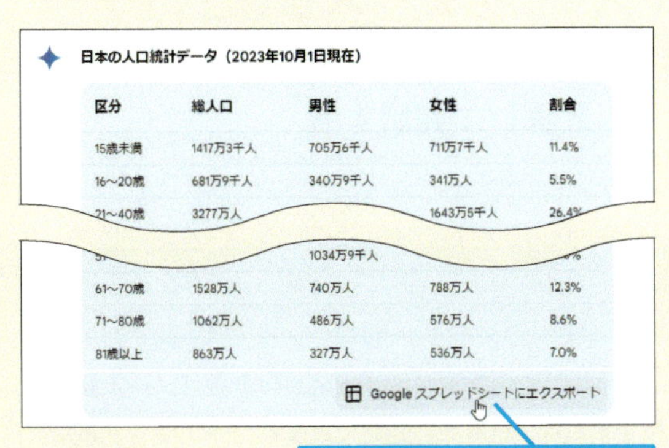

日本の人口統計データ（2023年10月1日現在）

区分	総人口	男性	女性	割合
15歳未満	1417万3千人	705万6千人	711万7千人	11.4%
16～20歳	681万9千人	340万9千人	341万人	5.5%
21～40歳	3277万人		1643万5千人	26.4%
		1034万9千人		
61～70歳	1528万人	740万人	788万人	12.3%
71～80歳	1062万人	486万人	576万人	8.6%
81歳以上	863万人	327万人	536万人	7.0%

AIの回答をシートに表示できる

シートにまとめたリストからGoogleマップにピン留めできる

僕、Googleマップをよく使います。便利そうだから試してみたい。

レッスン
63 文章をほかの言語に翻訳するには

GOOGLETRANSLATE

練習用ファイル [L63] シート

GOOGLETRANSLATE（グーグルトランスレート）関数を使って文章を翻訳してみましょう。翻訳する対象の言語と翻訳後の言語のコードを指定して利用します。1つの文章を関数から参照して、各言語にまとめて翻訳できます。

キーワード

Gemini	P.247
関数	P.247

日本語をほかの言語に翻訳する

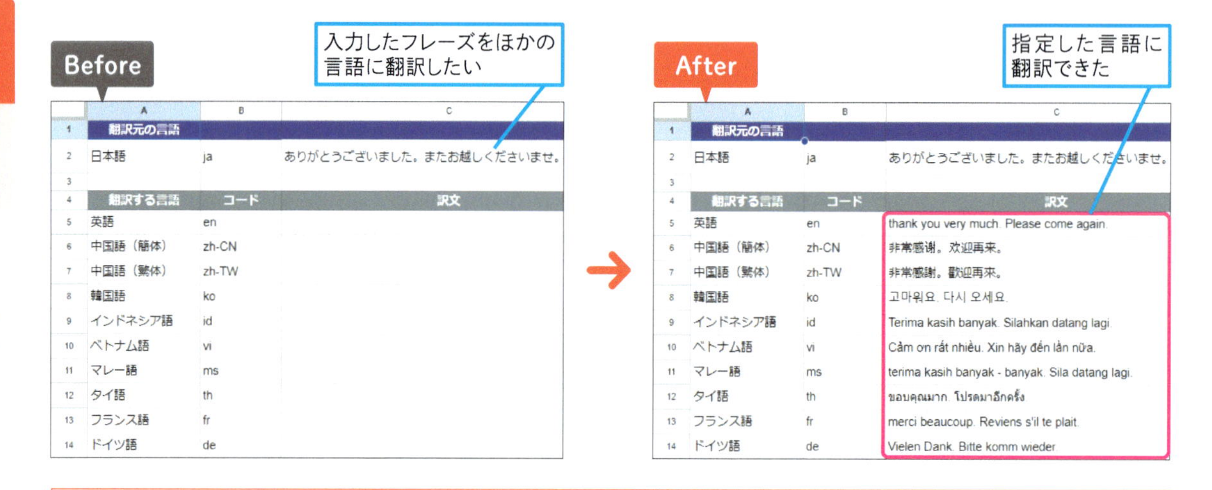

= GOOGLETRANSLATE(テキスト ,［ソース言語］,［ターゲット言語］)

［テキスト］を［ソース言語］から［ターゲット言語］に翻訳する

使いこなしのヒント

読めない言語を日本語に翻訳するには

日常生活で目にすることの少ない言語の中には、まったく読めないものもあります。言語のコードを取得できるDETECTLANGUAGE（ディテクトランゲージ）関数を利用しましょう。GOOGLETRANSLATE関数の引数［ソース言語］に指定すれば、日本語に翻訳できます。［ターゲット言語］には日本語のコード「"ja"」と指定します。

セルC5に入力された言語を日本語に翻訳する

```
=GOOGLETRANSLATE(C5, DETECTLANGUAGE(C5), "ja")
```

1 GOOGLETRANSLATE関数で翻訳する

[L63] シートを開いておく

セルB2には翻訳元の言語のコード「ja」が入力してある

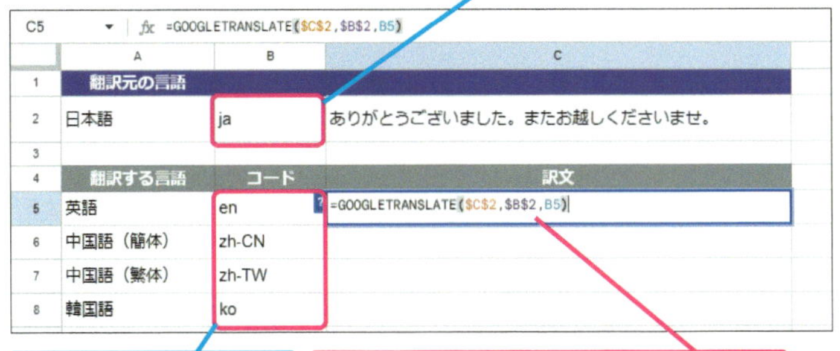

翻訳する言語のコードも入力してある

1 セルC5に「=GOOGLETRANSLATE($C$2,$B$2,B5)」と入力

2 Enter キーを押す

英語に翻訳された

3 ここをクリック

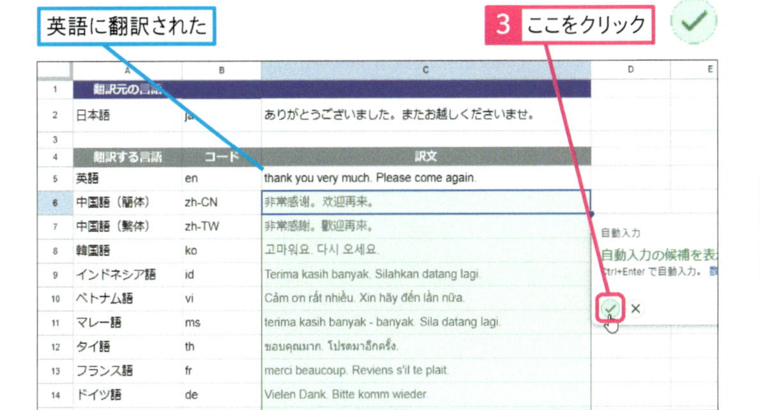

自動入力の候補が表示されない場合はフィルハンドルをドラッグしてコピーする

コードに対応する言語に翻訳された

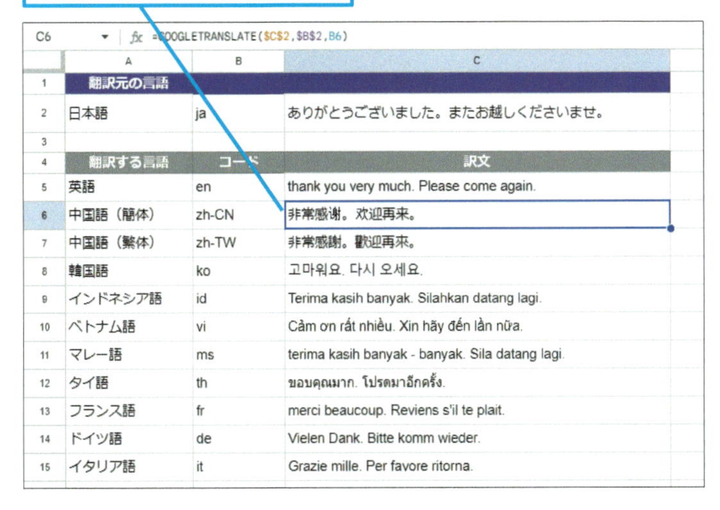

	A	B	C
1	翻訳元の言語		
2	日本語	ja	ありがとうございました。またお越しくださいませ。
3			
4	翻訳する言語	コード	訳文
5	英語	en	thank you very much. Please come again.
6	中国語（簡体）	zh-CN	非常感谢。欢迎再来。
7	中国語（繁体）	zh-TW	非常感謝。歡迎再來。
8	韓国語	ko	고마워요. 다시 오세요.
9	インドネシア語	id	Terima kasih banyak. Silahkan datang lagi.
10	ベトナム語	vi	Cảm ơn rất nhiều. Xin hãy đến lần nữa.
11	マレー語	ms	terima kasih banyak - banyak. Sila datang lagi.
12	タイ語	th	ขอบคุณมาก. โปรดมาอีกครั้ง.
13	フランス語	fr	merci beaucoup. Reviens s'il te plait.
14	ドイツ語	de	Vielen Dank. Bitte komm wieder.
15	イタリア語	it	Grazie mille. Per favore ritorna.

AIアシスタント活用

Googleの対話型AI「Gemini」も活用しよう

GOOGLETRANSLATE関数の処理に向かない長文などは、Googleの提供するAIサービス「Gemini」（レッスン71参照）を活用するといいでしょう。Googleアカウントがあれば、無料で利用できます。

会話形式で翻訳を依頼できる

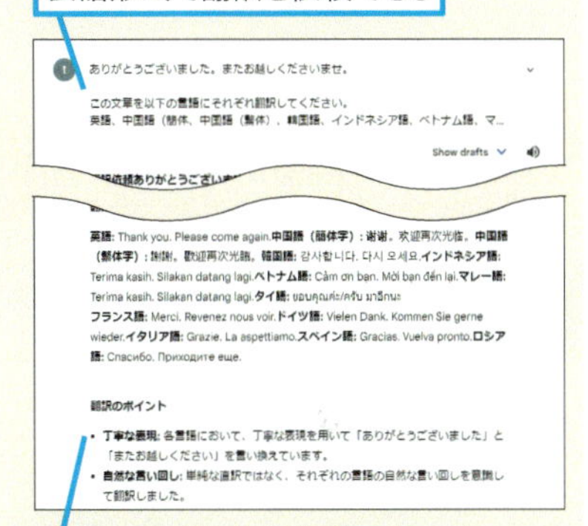

翻訳のポイントなども解説される

使いこなしのヒント

言語コードを調べるには

練習用ファイルには、よく使われる言語のコードを入力してあります。そのほかの言語のコードは、Googleの言語サポートのWebページを参考にしてください。

▼言語サポート

https://cloud.google.com/translate/docs/languages?hl=ja

まとめ 自分専用の翻訳機を作成してみよう

GOOGLETRANSLATE関数は名前の通り、翻訳（translate）するための関数です。自分の作成したファイルで動作するため、WebサービスのGoogle翻訳を使って、コピー＆ペーストをくり返すよりも手軽です。日本語をほかの言語へ、ほかの言語から日本語への翻訳が関数で完結できます。そのままファイルに残せるメリットもあります。

レッスン

64 行を追加・削除してもずれない連番を作るには

ROW

練習用ファイル [L64] シート

表によっては、絶対に連番をずらしたくないことがあります。ROW(ロウ) 関数を利用した定番のテクニックを覚えておきましょう。指定した行数分の連番を自動的に振ることができるSEQUENCE (シーケンス) 関数も便利です。

キーワード

関数	P.247
数値	P.248

ずれない連番を作成する

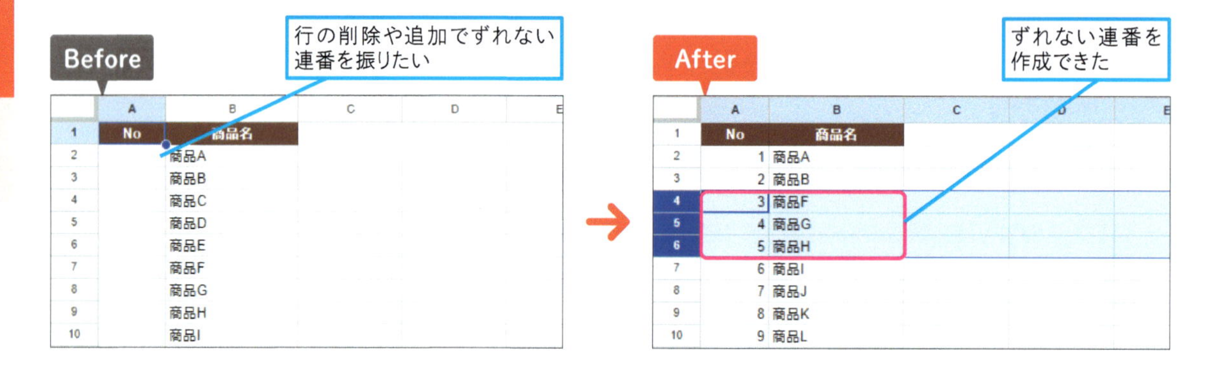

= ROW([セル参照])

[セル参照] に指定した行番号を返す。[セル参照] を省略した場合は ROW 関数の入力されている行番号を返す

1 ROW関数で行番号を表示する

[L64] シートを開いておく

1 セルA2に「=ROW()-1」と入力

2 Enter キーを押す

使いこなしのヒント

「-1」の理由

手順1で入力しているROW関数では、引数 [セル参照] を省略しています。省略した場合の結果は、ROW関数が入力されたセルの行番号となります。2行目に「1」と表示したいので、見出し行の分「-1」しています。

2 連番がずれないことを確認する

「1」と表示された

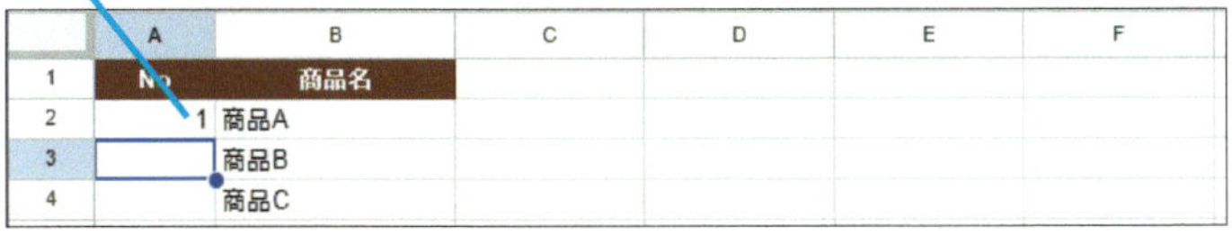

	A	B	C	D	E	F
1	No	商品名				
2	1	商品A				
3		商品B				
4		商品C				

1 セルA2をクリック

2 フィルハンドルをダブルクリック

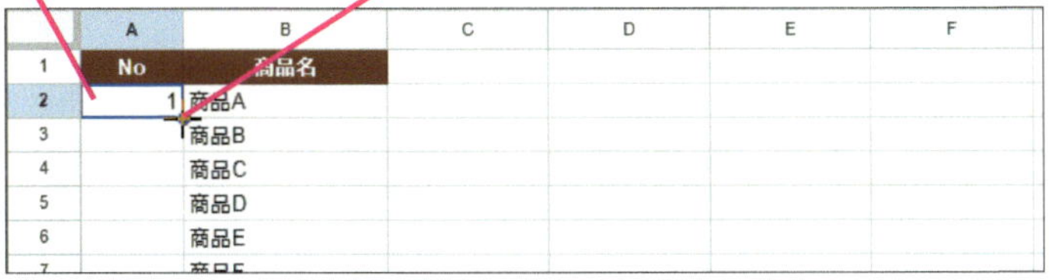

	A	B	C	D	E	F
1	No	商品名				
2	1	商品A				
3		商品B				
4		商品C				
5		商品D				
6		商品E				

連番が振られた

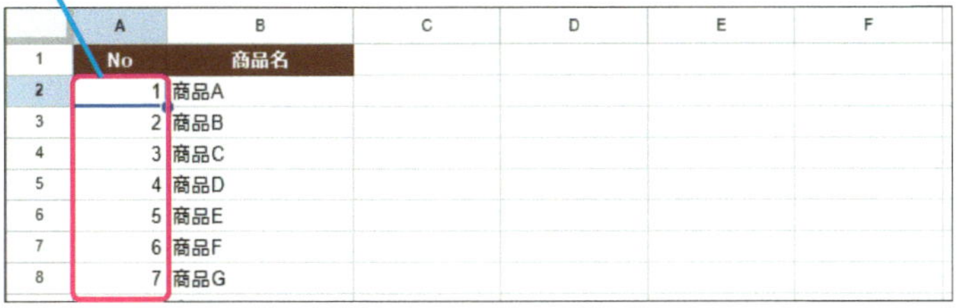

	A	B	C	D	E	F
1	No	商品名				
2	1	商品A				
3	2	商品B				
4	3	商品C				
5	4	商品D				
6	5	商品E				
7	6	商品F				
8	7	商品G				

3 4～6行をドラッグして選択

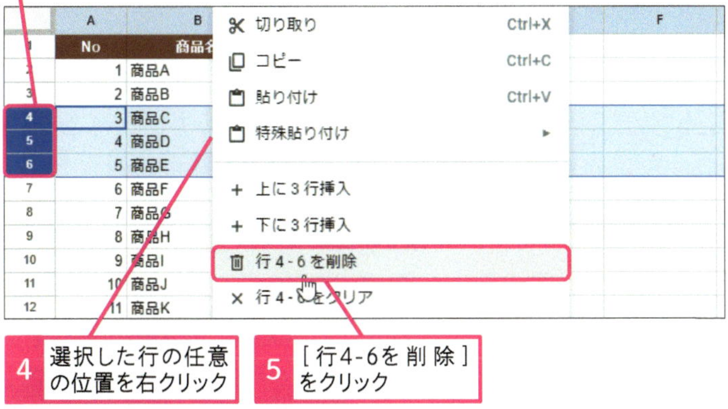

	A	B
1	No	商品名
2	1	商品A
3	2	商品B
4	3	商品C
5	4	商品D
6	5	商品E
7	6	商品F
8	7	商品G
9	8	商品H
10	9	商品I
11	10	商品J
12	11	商品K

切り取り Ctrl+X
コピー Ctrl+C
貼り付け Ctrl+V
特殊貼り付け
上に3行挿入
下に3行挿入
行4-6を削除
行4-6をクリア

4 選択した行の任意の位置を右クリック

5 ［行4-6を削除］をクリック

商品名C～Eの行が削除されたが連番はずれていない

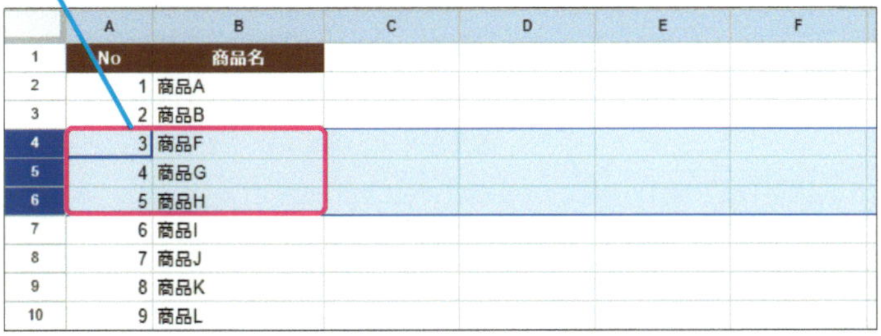

	A	B	C	D	E	F
1	No	商品名				
2	1	商品A				
3	2	商品B				
4	3	商品F				
5	4	商品G				
6	5	商品H				
7	6	商品I				
8	7	商品J				
9	8	商品K				
10	9	商品L				

使いこなしのヒント

SEQUENCE関数を利用して大量の連番を振る

例えば、数百行分の連番を振りたいときなどは、SEQUENCE関数が便利です。結果はスピルで表示され、行を追加・削除しても連番はずれません。結果を表示列数や開始する値、増分量を指定できます。「1」から始まる「1」ずつ増える連番を1列に表示するなら、引数［行数］に必要な行数を指定するだけです。

=SEQUENCE(行数,[列数],[開始値],[増分量])

SEQUENCE関数で指定した行数分の連番を作成できる

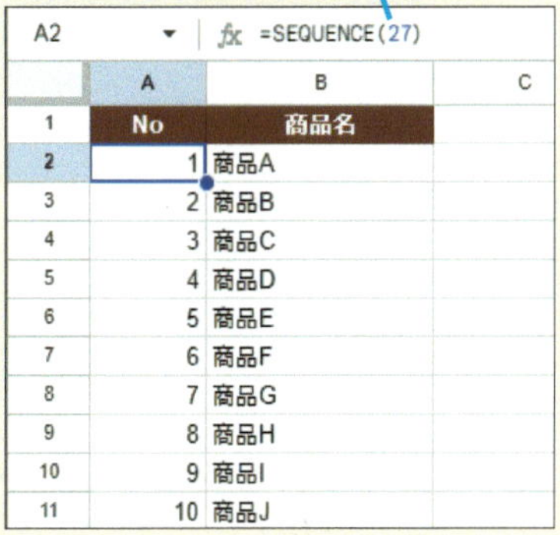

A2 fx =SEQUENCE(27)

	A	B	C
1	No	商品名	
2	1	商品A	
3	2	商品B	
4	3	商品C	
5	4	商品D	
6	5	商品E	
7	6	商品F	
8	7	商品G	
9	8	商品H	
10	9	商品I	
11	10	商品J	

まとめ もう1つの連番テクニックを覚えておこう

フィルハンドルをドラッグして振った連番は、数値が直接セルに入力されるため、行の追加・削除によって、ずれてしまいます。その都度、連番を振り直すのは面倒です。ずれない連番を振るには、ROW関数を使います。なお、表の見出し行の上にタイトル行があるときは「-2」となります。大量の連番を一気に振ることのできるSEQUENCE関数も便利です。

レッスン
65 文字列中の日付や数値を自動的に更新するには

TEXT

練習用ファイル [L65] シート

TEXT（テキスト）関数は、数値の表示形式を整えるための関数です。複数の関数を組み合わせたときや文字列と連結したときなどに利用します。「&」を利用して連結する際、TEXT関数を組み合わせておくと、セルの値に連動して更新されます。

キーワード

演算子	P.247
表示形式	P.250
文字列	P.250

TEXT関数でセルの日付や数値を自動更新する

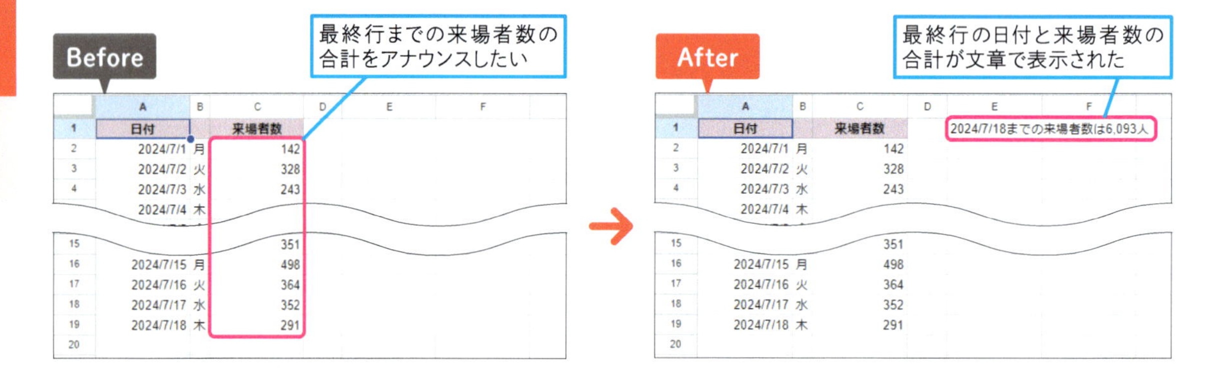

= TEXT(数値 , 表示形式)

［表示形式］に従って［数値］をテキストに変換する

1 TEXT関数を入力する

[L65] シートを開いておく

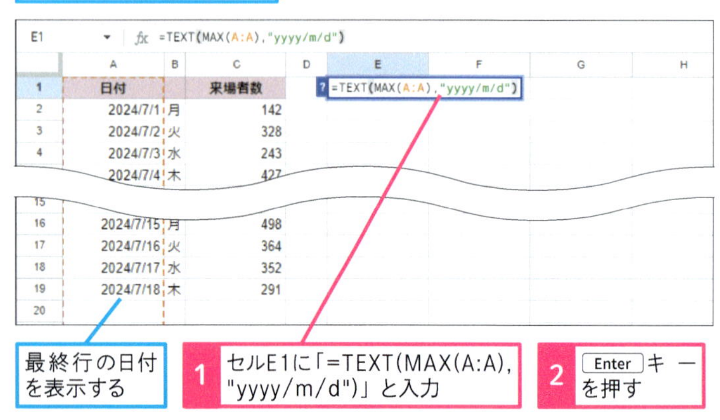

使いこなしのヒント

最終行の日付をTEXT関数で変換するのはなぜ?

手順1では、A列に入力されている最大の日付（数値）をMAX関数で求めています。そのまま利用できそうですが、「&」を利用して任意の文字列と連結した場合、「45491」のようなシリアル値に変換されてしまうため、TEXT関数を使って表示形式を整えています。

2 &演算子で文字列を連結する

最終行の日付が表示された

1 セルE1をダブルクリック

2 末尾に「&"までの来場者数は"」と入力

文字列を連結するときは「"」で囲む

3 Enter キーを押す

「2024/7/18までの来場者数は」と表示された

3 合計を求めて&演算子で連結する

1 セルE1をダブルクリック

2 末尾に「&TEXT(SUM(C:C),"#,##0")&"人"」と入力

3 Enter キーを押す

「2024/7/18までの来場者数は6,093人」と表示された

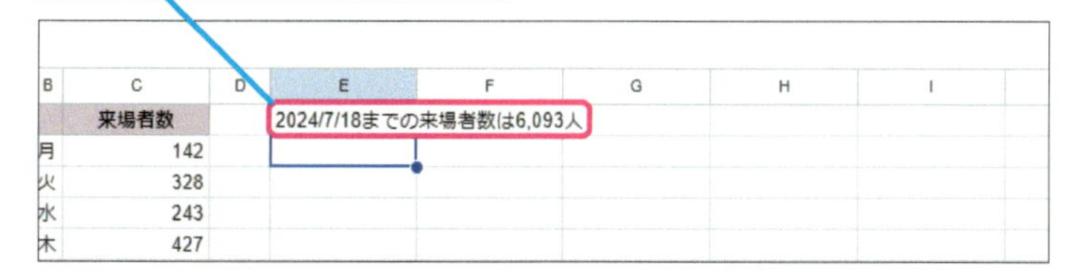

使いこなしのヒント

引数［表示形式］に指定できる主な書式記号

TEXT関数の引数［表示形式］に指定する書式記号はセルに設定する表示形式と共通です。「"」で囲んで指定します。

● 主な書式記号と結果の例

分類	書式記号	結果の例
日付	yy	24
	yyyy	2024
	m	7
	mm	07
	d	3
	dd	03
	ddd	水
	dddd	水曜日
時刻	h	9
	hh	09
	m※	5
	mm※	05
	ss	38
数値	#,###0	12,345
	#.#	12345.
	#.0	12345.0
	0.00	12345.00

※ 時や秒と合わせて表示していないときは月として扱われる

まとめ 数値や日付を自動的に更新する仕掛けを作る

セルと任意の文字列を「&」で連結して、ひと続きの文字列として表示することはよくあります。セルの値が変更されると、連結後の文字列の一部も連動して更新されます。連結するセルに入力されている関数の結果が日付や数値の場合、意図する形式に整えられるのがTXET関数のメリットです。曜日付きの日付や通貨記号付きの金額に整えることもできます。

土日祝日を塗り分けたカレンダーを作るには

条件付き書式 / WEEKDAY / COUNTIF

練習用ファイル　[L66] シート

条件付き書式を利用して、カレンダーを自動的に塗り分けてみましょう。土日の判定にはWEEKDAY関数、祝日の判定にはCOUNTIF関数（レッスン39参照）を利用します。休日のリストはあらかじめ用意しておいてください。

キーワード

関数	P.247
条件付き書式	P.248

カレンダーの土日祝日のセルの背景色を塗り分ける

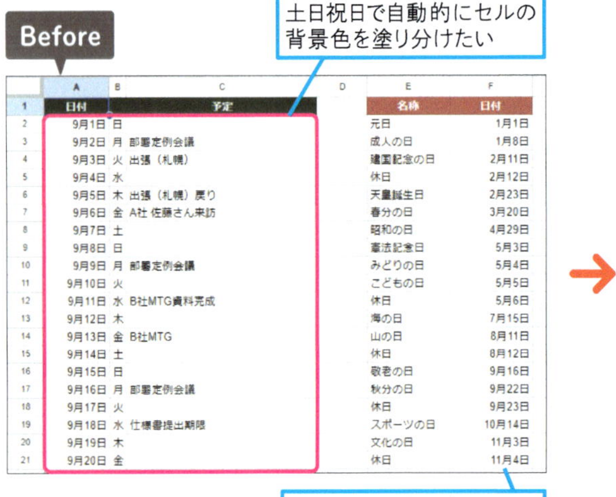

	A	B	C	D	E	F
1	日付		予定		名称	日付
2	9月1日	日			元日	1月1日
3	9月2日	月	部署定例会議		成人の日	1月8日
4	9月3日	火	出張（札幌）		建国記念の日	2月11日
5	9月4日	水			休日	2月12日
6	9月5日	木	出張（札幌）戻り		天皇誕生日	2月23日
7	9月6日	金	A社 佐藤さん来訪		春分の日	3月20日
8	9月7日	土			昭和の日	4月29日
9	9月8日	日			憲法記念日	5月3日
10	9月9日	月	部署定例会議		みどりの日	5月4日
11	9月10日	火			こどもの日	5月5日
12	9月11日	水	B社MTG資料完成		休日	5月6日
13	9月12日	木			海の日	7月15日
14	9月13日	金	B社MTG		山の日	8月11日
15	9月14日	土			休日	8月12日
16	9月15日	日			敬老の日	9月16日
17	9月16日	月	部署定例会議		秋分の日	9月22日
18	9月17日	火			休日	9月23日
19	9月18日	水	仕様書提出期限		スポーツの日	10月14日
20	9月19日	木			文化の日	11月3日
21	9月20日	金			休日	11月4日

祝日のリストを用意しておく

	A	B	C	D	E	F
1	日付		予定		名称	日付
2	9月1日	日			元日	1月1日
3	9月2日	月	部署定例会議		成人の日	1月8日
4	9月3日	火	出張（札幌）		建国記念の日	2月11日
5	9月4日	水			休日	2月12日
6	9月5日	木	出張（札幌）戻り		天皇誕生日	2月23日
7	9月6日	金	A社 佐藤さん来訪		春分の日	3月20日
8	9月7日	土			昭和の日	4月29日
9	9月8日	日			憲法記念日	5月3日
10	9月9日	月	部署定例会議		みどりの日	5月4日
11	9月10日	火			こどもの日	5月5日
12	9月11日	水	B社MTG資料完成		休日	5月6日
13	9月12日	木			海の日	7月15日
14	9月13日	金	B社MTG		山の日	8月11日
15	9月14日	土			休日	8月12日
16	9月15日	日			敬老の日	9月16日
17	9月16日	月	部署定例会議		秋分の日	9月22日
18	9月17日	火			休日	9月23日
19	9月18日	水	仕様書提出期限		スポーツの日	10月14日
20	9月19日	木			文化の日	11月3日
21	9月20日	金			休日	11月4日

1 条件付き書式を設定する範囲を指定する

[L66] シートを開いておく

1 セルA2 ～ C31を選択

祝日の日付がセルF2 ～ F22に入力されている

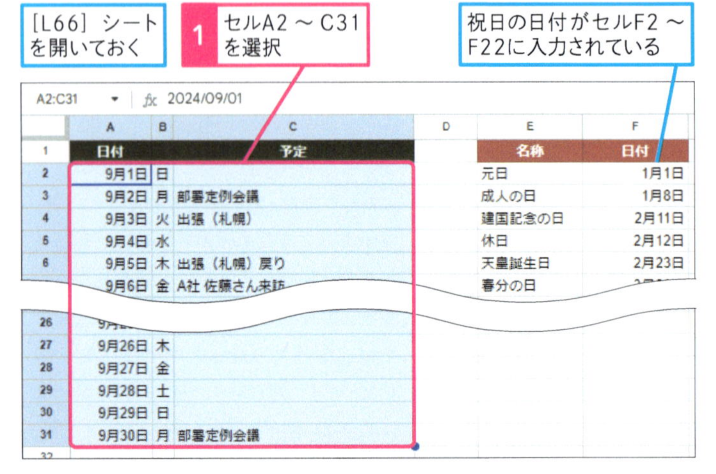

	A	B	C	D	E	F
1	日付		予定		名称	日付
2	9月1日	日			元日	1月1日
3	9月2日	月	部署定例会議		成人の日	1月8日
4	9月3日	火	出張（札幌）		建国記念の日	2月11日
5	9月4日	水			休日	2月12日
6	9月5日	木	出張（札幌）戻り		天皇誕生日	2月23日
	9月6日	金	A社 佐藤さん来訪		春分の日	
26						
27	9月26日	木				
28	9月27日	金				
29	9月28日	土				
30	9月29日	日				
31	9月30日	月	部署定例会議			

使いこなしのヒント

祝日のリストを用意しておく

祝日のリストはあらかかじめ用意しておきましょう。[L66] シートのセルF2 ～ F22には、祝日のリストとして日付が入力されています。手順5で入力するCOUNTIF関数から参照します。なお、日本の休日は内閣府のWebページにまとめられています。

▼国民の祝日について（内閣府）
https://www8.cao.go.jp/chosei/shukujitsu/gaiyou.html

使いこなしのヒント

WEEKDAY関数で曜日を判定できる

WEEKDAY関数は、引数に指定した日付の曜日に対応する数値を返します。手順2で入力している「=WEEKDAY($A2)=1」の数式では「=1」で、WEEKDAY関数の結果が「1」と等しいか、つまり、日曜日かどうかを判定しています。

= WEEKDAY(日付 , [種類])

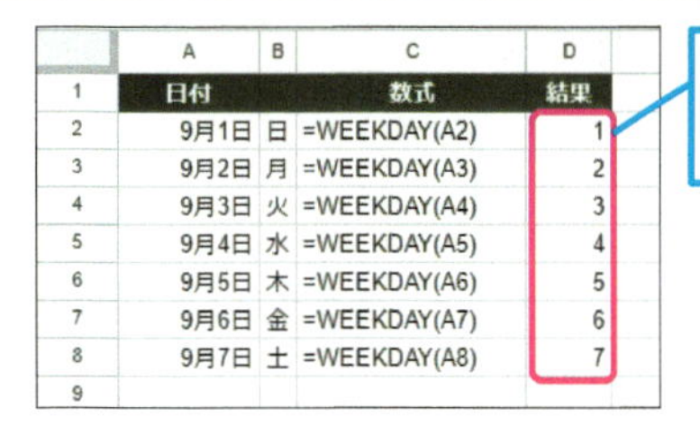

	A	B	C	D
1	日付		数式	結果
2	9月1日	日	=WEEKDAY(A2)	1
3	9月2日	月	=WEEKDAY(A3)	2
4	9月3日	火	=WEEKDAY(A4)	3
5	9月4日	水	=WEEKDAY(A5)	4
6	9月5日	木	=WEEKDAY(A6)	5
7	9月6日	金	=WEEKDAY(A7)	6
8	9月7日	土	=WEEKDAY(A8)	7
9				

日付の曜日に対応する数値が返される

2 WEEKDAY関数で日曜日を判定する

1 [表示形式]をクリック

2 [条件付き書式]をクリック

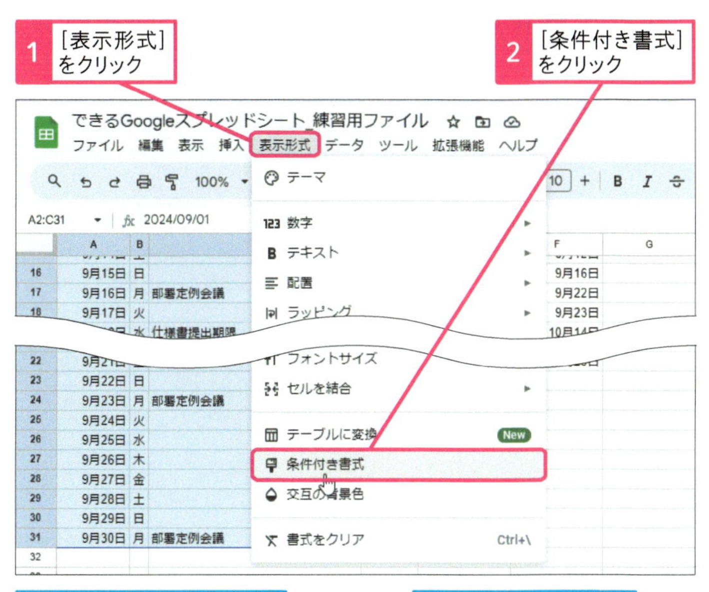

[条件付き書式設定ルール]が表示された

ここをクリックして設定範囲を指定し直せる

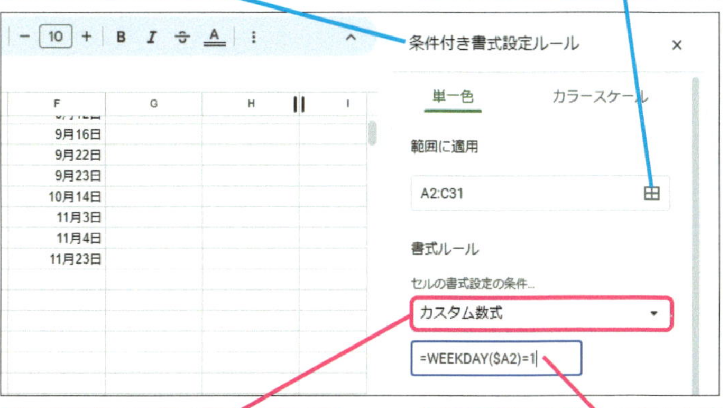

3 [セルの書式設定の条件]から[カスタム数式]を選択

4 「=WEEKDAY($A2)=1」と入力

使いこなしのヒント

表の一行に書式を適用するときは複合参照を使う

条件に数式を指定して、表の一行に書式を設定したいときは、数式中のセル参照に複合参照（レッスン41参照）を利用します。手順2の操作4では、WEEKDAY関数の引数［日付］にセルA2を指定して、参照方式を「$A2」としています。A列を固定するという意味です。行番号の2は相対参照のままにしておきます。条件式は、3行目では「$A3」、4行目では「$A4」と解釈されます。

次のページに続く

3 セルの書式を設定する

条件を満たした場合にセルを塗りつぶす色を選択する

1 [塗りつぶし]をクリック

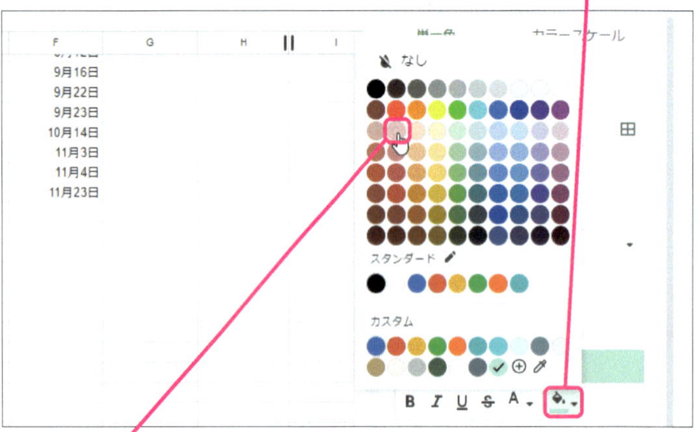

2 [明るい赤3]をクリック

日曜日のセルの背景色が設定される

4 WEEKDAY関数で土曜日を判定する

続けて土曜日を判定する条件を追加する

1 [条件を追加]をクリック

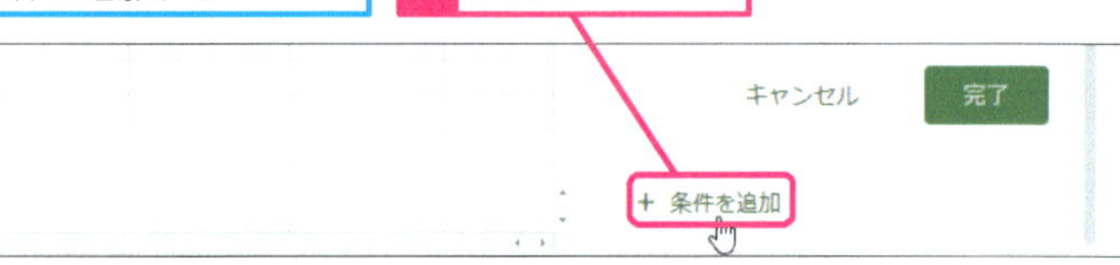

手順2 ～ 3で設定した条件がコピーされる

2 「=WEEKDAY($A2)=1」の「1」を「7」に修正

3 手順3を参考にセルを塗りつぶす色として[明るいコーンフラワーブルー 3]を選択

土曜日のセルの背景色が設定される

使いこなしのヒント

条件付き書式を削除するには

シート内のすべてのセルを選択してから[条件付き書式設定ルール]を表示します。シートに含まれる条件付き書式が表示されるので、マウスポインターを合わせて削除します。

1 ここをクリックしてすべてのセルを選択

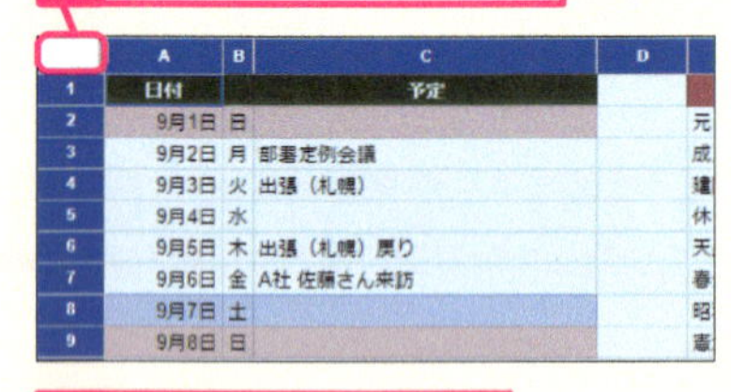

2 [表示形式]-[条件付き書式]をクリック

3 条件付き書式にマウスポインターを合わせる

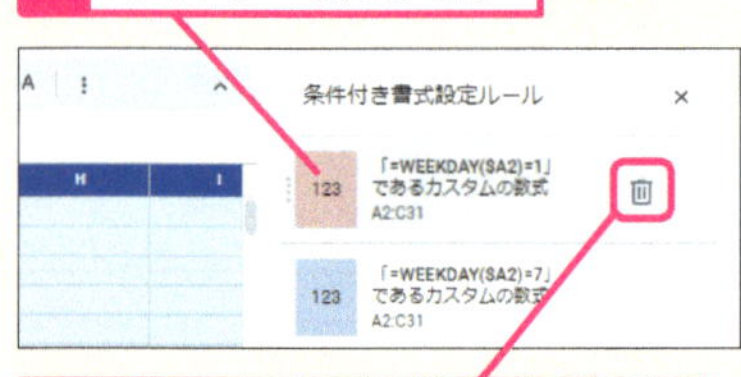

4 [ルールを削除します]をクリック

使いこなしのヒント

土曜日は「7」で判定する

WEEKDAY関数の結果が「7」であるかどうかで土曜日を判定します。手順4の操作1で[条件を追加]をクリックすると、「=WEEKDAY($A2)=1」の条件は表示されたままになるので、操作2で「1」を「7」に修正しています。

5 COUNTIF関数で祝日を判定する

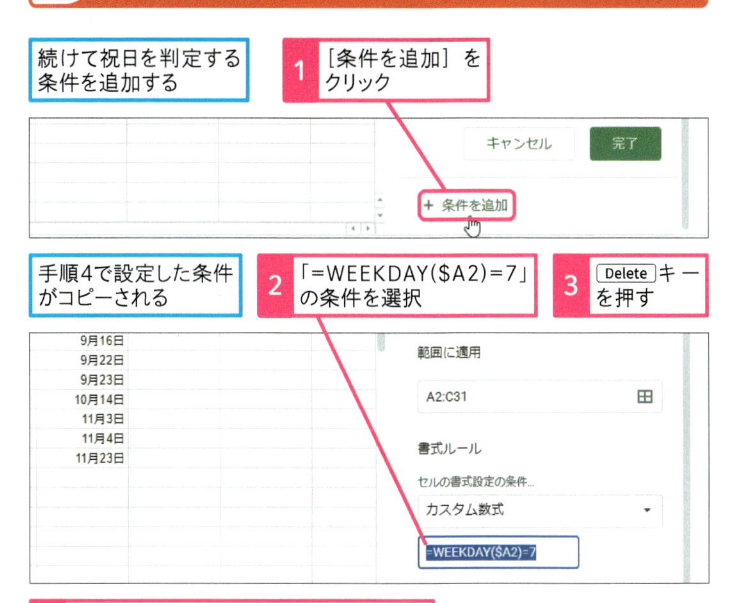

4 「=COUNTIF($F$2:$F$22,$A2)=1」と入力

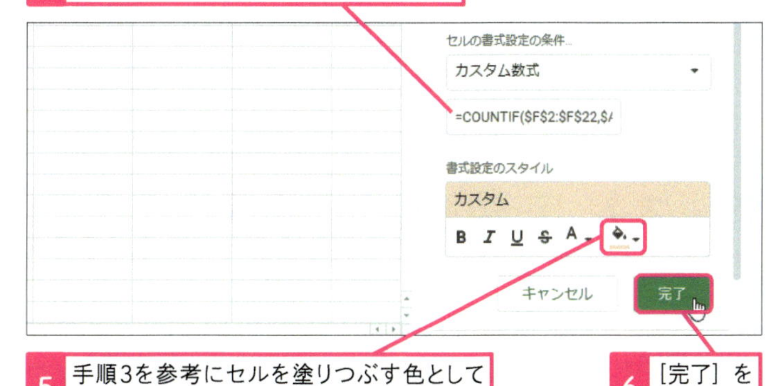

5 手順3を参考にセルを塗りつぶす色として［明るいオレンジ3］を選択

6 ［完了］をクリック

土日祝日のセルの背景色が塗りつぶされた

	A	B	C	D	E	F	G
1	日付		予定		名称	日付	
2	9月1日	日			元日	1月1日	
3	9月2日	月	部署定例会議		成人の日	1月8日	
4	9月3日	火	出張（札幌）		建国記念の日	2月11日	
5	9月4日	水			休日	2月12日	
6	9月5日	木	出張（札幌）戻り		天皇誕生日	2月23日	
7	9月6日	金	A社 佐藤さん来訪		春分の日	3月20日	
8	9月7日	土			昭和の日	4月29日	
9	9月8日	日			憲法記念日	5月3日	
10	9月9日	月	部署定例会議		みどりの日	5月4日	
11	9月10日	火			こどもの日	5月5日	
12	9月11日	水	B社MTG資料完成		休日	5月6日	
13	9月12日	木			海の日	7月15日	
14	9月13日	金	B社MTG		山の日	8月11日	
15	9月14日	土			休日	8月12日	
16	9月15日	日			敬老の日	9月16日	
17	9月16日	月	部署定例会議		秋分の日	9月22日	
18	9月17日	火			休日	9月23日	
19	9月18日	水	仕様書提出期限		スポーツの日	10月14日	
20	9月19日	木			文化の日	11月3日	
21	9月20日	金			休日	11月4日	

使いこなしのヒント

COUNTIF関数で祝日のリストに日付があるかどうかを調べる

日付が祝日かどうかは、COUNTIF関数（レッスン39参照）を使って調べます。手順5の操作4の数式では、祝日のリスト（セルF2～F22）が引数［範囲］、セルA2の日付が［条件］となります。祝日のリストに日付があれば、数えられて結果は「1」となるため、「=1」で判定できます。セル参照をずらす必要のある［条件］は「$A2」のように複合参照で指定します。祝日のリストへのセル参照は、ずらしたくないので絶対参照で指定します。

＝COUNTIF（範囲，条件）

まとめ 曜日の判定と祝日を探す2つの合わせワザ

WEEKDAY関数とCOUNTIF関数を使って、カレンダーの土日祝日を自動的に塗り分ける定番のテクニックです。条件の数式で複合参照を利用することがポイントです。縦方向の表では「$A2」のように列は固定して、行はずれるようにします。横方向の表なら「A$2」となります。祝日のリストに創立記念日などの日付を含めておくと、任意の休みも塗り分けられます。

レッスン
67 正規表現を利用して文字列を取り出すには

REGEXEXTRACT

練習用ファイル [L67] シート

正規表現は検索する文字列をパターン化して表現する方法のことです。REGEXEXTRACT（レジェックスエクストラクト）関数に正規表現を指定して、文字列の一部を取り出してみましょう。ここでは、住所から都道府県名を取り出します。

キーワード

関数	P.247
正規表現	P.249

REGEXEXTRACT関数で住所から都道府県名を取り出す

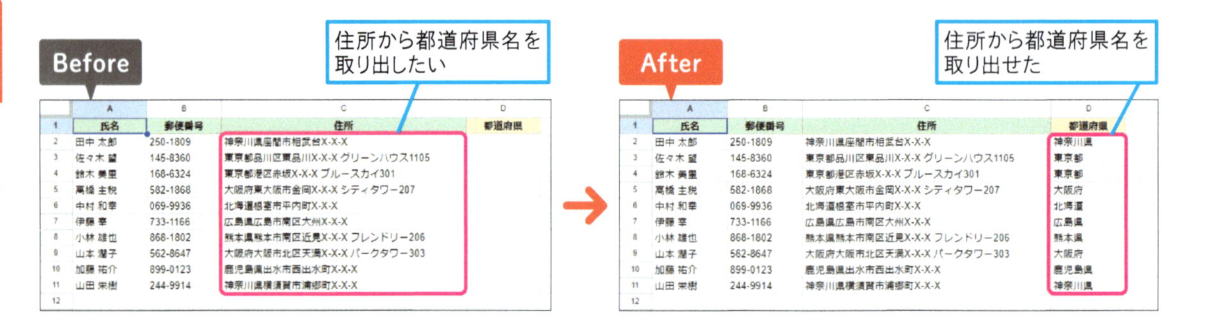

= REGEXEXTRACT(テキスト , 正規表現)

［テキスト］から［正規表現］に従って、一致する文字列を取り出す

使いこなしのヒント

正規表現が使えるそのほかの関数

文字列の一致を確認できるするREGEXMATCH（レジェックスマッチ）関数と文字列を置換できるるREGEXREPLACE（レジェックスリプレイス）関数でも正規表現を利用できます。例えば、REGEXMATCH関数に「[0-9]{3}-?[0-9]{4}」といった正規表現を指定して、「3桁の数字 - 4桁の数字」の入力規則（レッスン22参照）を設定できます。

= REGEXMATCH(テキスト , 正規表現)

= REGEXREPLACE(テキスト , 正規表現 , 置換)

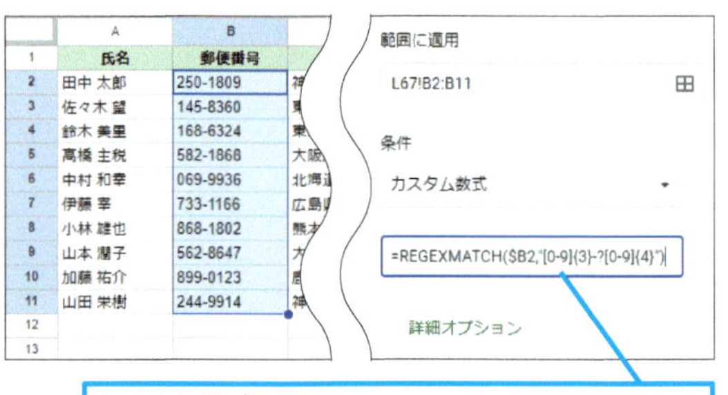

活用編 第9章 Googleスプレッドシートをもっと活用しよう

スキルアップ

よく使われる正規表現

例えば、「ピボット」「ピポット」という文字列を正規表現で検索する場合「ピ(ボ|ポ)ット」のように指定すると、1回で検索できます。「()」や「|」はメタ文字と呼ばれ、正規表現において特別な意味を持ちます。メタ文字と文字を組み合わせることで、さまざまなパターンを表現できます。

● よく使われる正規表現

正規表現	意味
^[0-9a-zA-Z]*$	半角英数字
^[!-~]*$	半角英数字と半角記号
^([a-zA-Z0-9]{4,})$	4桁以上の半角英数字
^[ぁ-んー]*$	全角ひらがな
^[ァ-ンヴー]*$	全角カタカナ

● メタ文字の意味

メタ文字	意味
^	行の先頭
$	行の末尾
.	任意の一文字
[ ]	指定した文字のどれか一文字
[^]	指定した文字以外
|	または
* + ?	直前の文字の繰り返し
{ }	直前の文字の指定した回数の繰り返し
( )	グループ化
\	メタ文字の打ち消し

1 住所から都道府県名を取り出す

[L67]シートを開いておく

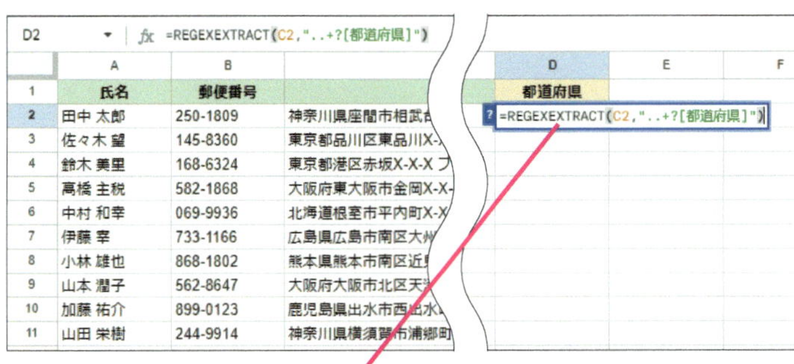

1 セルD2に「=REGEXEXTRACT(C2, "..+?[都道府県]")」と入力

2 Enter キーを押す

住所から都道府県名を取り出せた

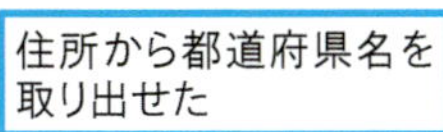

3 ここをクリック

自動入力の候補が表示されない場合はフィルハンドルをドラッグしてコピーする

セルD3以降にも都道府県名を取り出せる

使いこなしのヒント

都道府県名より後ろを取り出すには

都道府県名より後ろは、SUBSTITUTE関数（レッスン50参照）を利用して、セルC2から都道府県名の入力されているセルD2の値を空白("")で置換します。例えば、以下の数式はセルE2に入力します。

セルC2から都道府県名より後ろを取り出す

=SUBSTITUTE(C2, D2, "")

まとめ 高度なあいまい検索を活用しよう

『任意の文字列で始まり「都道府県」で終わる』のようなパターンで、あいまい検索できるのが、正規表現のメリットです。あいまいな条件を指定できる「*」や「?」といったワイルドカード（レッスン38参照）の上位版のような働きをします。まずは、正規表現で利用する主な記号を知っておきましょう。

クロス表から値を取り出すには

MATCH / INDEX / XLOOKUP

練習用ファイル [L68-1] [L68-2] シート

行と列の交差する位置に値が入力されたクロス表を参照する場合、1つの関数だけでは値を取得できません。MATCH（マッチ）関数とINDEX（インデックス）関数を組み合わせる方法と、XLOOKUP関数を利用する方法の2つを紹介します。

キーワード

関数	P.247
条件	P.248
スピル	P.248

MATCH / INDEX関数でクロス表から値を取り出す

After

MATCH関数で「100個以上」が左から何番目にあるかを調べる

プルダウンリストで製品名と価格区分を選択できるようになっている

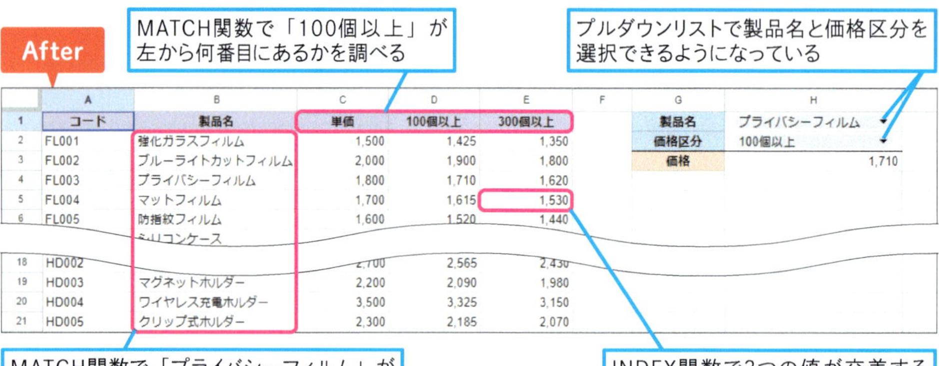

	A	B	C	D	E	F	G	H
1	コード	製品名	単価	100個以上	300個以上		製品名	プライバシーフィルム
2	FL001	強化ガラスフィルム	1,500	1,425	1,350		価格区分	100個以上
3	FL002	ブルーライトカットフィルム	2,000	1,900	1,800		価格	1,710
4	FL003	プライバシーフィルム	1,800	1,710	1,620			
5	FL004	マットフィルム	1,700	1,615	1,530			
6	FL005	防指紋フィルム	1,600	1,520	1,440			
18	HD002		2,700	2,565	2,430			
19	HD003	マグネットホルダー	2,200	2,090	1,980			
20	HD004	ワイヤレス充電ホルダー	3,500	3,325	3,150			
21	HD005	クリップ式ホルダー	2,300	2,185	2,070			

MATCH関数で「プライバシーフィルム」が上から何番目にあるかを調べる

INDEX関数で2つの値が交差する位置の値を取り出す

= INDEX(参照 , [行] , [列])

[参照] から [行] と [列] が交差する位置の値を取り出す

= MATCH(検索キー , 範囲 , [検索の種類])

[検索キー] が [範囲] の何番目かを調べる

使いこなしのヒント

引数 [検索の種類] が不要なXMATCH関数

MATCH関数の引数[検索の種類]を省略した場合、[検索キー]に一致する値以下の最大値が該当します（近似一致）。文字列の場合は省略しても結果は変わりませんが、数値を完全一致で検索するときは「0」を忘れずに指定してください。[検索キー] と [検索範囲] のみを指定して、完全一致で検索できるXMATCH（エックスマッチ）関数も便利です。

=XMATCH(検索キー , 検索範囲 , [一致モード] , [検索モード])

スキルアップ

MATCH関数を利用してVLOOKUP関数の引数［指数］を切り替える

VLOOKUP関数は、引数［検索キー］に対応する（指数）列目の値を取り出すため、［指数］が未確定では表引きできません。そこで、E列の値によって変化する［指数］を取得するために、MATCH関数と組み合わせます。MATCH関数の［範囲］に参照する表の見出し行を指定すると、その値が何列目にあるかを求めることができます。

F2 =VLOOKUP(C2,$I$2:$L$21,MATCH(E2,$I$1:$L$1,0),FALSE)

	A	B	C	D	E	F
1	販売日	コード	製品名	注文数	価格区分	販売価格
2	2024/05/01	FL003	プライバシーフィルム	350	300個以上	1,620
3	2024/05/01	FL003	プライバシーフィルム	120	100個以上	1,710
4	2024/05/01	BT004	ソーラーチャージャー	55	単価	5,000
5	2024/05/01	CS001	シリコンケース	300	300個以上	1,800
6	2024/05/01	BT003	20000mAhバッテリー	90	単価	6,000
7	2024/05/01	HD004	ワイヤレス充電ホルダー	100	100個以上	3,325
19	2024/05/04	BT001		80	単価	3,000
20	2024/05/04	CS003	手帳型ケース	90	単価	3,000
21	2024/05/04	HD003	マグネットホルダー	100	100個以上	2,090
22	2024/05/04	FL005	防指紋フィルム	300	300個以上	1,440
23	2024/05/04	BT001	5000mAhバッテリー	50	単価	3,000

H	I	J	K	L
コード	製品名	単価	100個以上	300個以上
FL001	強化ガラスフィルム	1,500	1425	1350
FL002	ブルーライトカットフィルム	2,000	1900	1800
FL003	プライバシーフィルム	1,800	1710	1620
FL004	マットフィルム	1,700	1615	1530
FL005	防指紋フィルム	1,600	1520	1440
CS001	シリコンケース	2,000	1900	1800
HD003			2090	1980
HD004	ワイヤレス充電ホルダー	3,500	3325	3150
HD005	クリップ式ホルダー	2,300	2185	2070

一覧表の製品名と価格区分をMATCH関数の［検索キー］として［範囲］を検索する

MATCH関数の結果をVLOOKUP関数の［指数］に指定する

セルF2の数式

=VLOOKUP(C2,$I$2:$L$21,MATCH(E2,$I$1:$L$1,0),FALSE)

1 2つの条件でクロス表から値を取り出す

［L68-1］シートを開いておく

1 セルH3に「=INDEX(C2:E21,MATCH(H1,B2:B21,0),MATCH(H2,C1:E1,0))」と入力

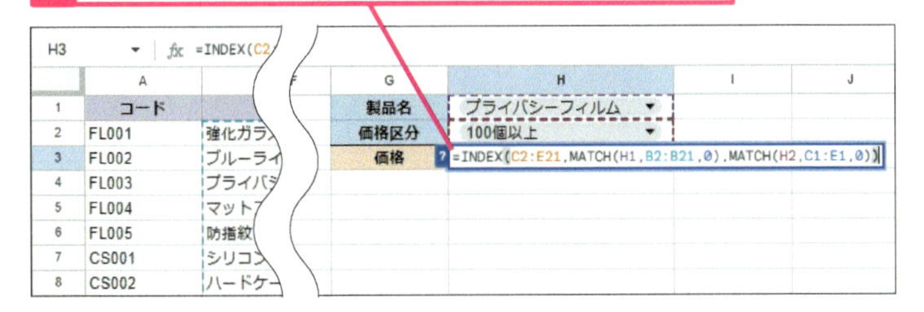

2 Enter キーを押す

「プライバシーフィルム」と「100個以上」の条件に一致する値が表示された

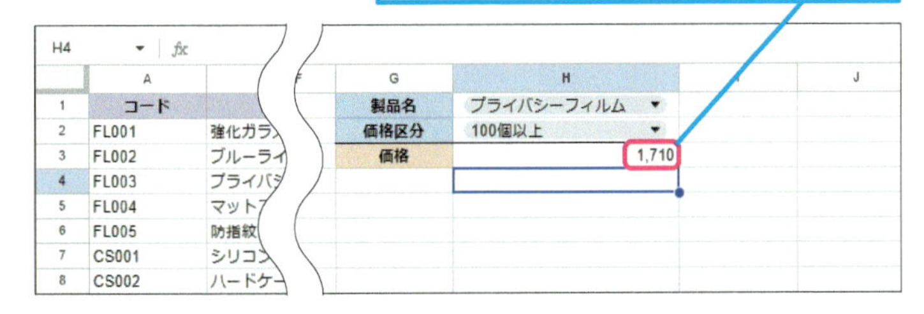

使いこなしのヒント

INDEX関数の引数は［行］［列］の順に指定する

INDEX関数に指定する引数の順番は間違えやすいポイントです。先に［行］、続けて［列］を指定します。

使いこなしのヒント

MATCH関数でインデックス番号を取得する

INDEX関数の引数として、2つのMATCH関数を指定しています。それぞれ、引数［検索キー］が［範囲］の何番目かを示す数値が結果として返されます。

次のページに続く

XLOOKUP関数でクロス表から値を取り出す

XLOOKUP関数を2つ組み合わせる方法もおすすめです。内側のXLOOKUP関数と外側のXLOOKUP関数を分けて考えてみましょう。内側では、セルH1の値をセルB2～B21から探して、対応する値をセルC2～E21から返します。その結果を外側の［結果の範囲］として、セルC1～E1からセルH2の値に一致する値を返します。

= XLOOKUP(検索キー , 検索範囲 , 結果の範囲)

After

内側のXLOOKUP関数で「マットフィルム」に一致する配列を取得する

プルダウンリストで製品名と価格区分を選択できるようになっている

	A	B	C	D	E	F	G	H	I	J
1	コード	製品名	単価	100個以上	300個以上		製品名	マットフィルム		
2	FL001	強化ガラスフィルム	1,500	1,425	1,350		価格区分	100個以上		
3	FL002	ブルーライトカットフィルム	2,000	1,900	1,800		価格	1,615		
4	FL003	プライバシーフィルム	1,800	1,710	1,620					
5	FL004	マットフィルム	1,700	1,615	1,530					
6	FL005	防指紋フィルム	1,600	1,520	1,440					
7	CS001	シリコンケース	2,000	1,900	1,800					
8	CS002	ハードケース	2,500	2,375	2,250					
9	CS003	手帳型ケース	3,000	2,850	2,700					
		クリアケース	1,800							
18	HD002			2,565	2,430					
19	HD003	マグネットホルダー	2,200	2,090	1,980					
20	HD004	ワイヤレス充電ホルダー	3,500	3,325	3,150					
21	HD005	クリップ式ホルダー	2,300	2,185	2,070					
22										

外側のXLOOKUP関数で「100個以上」に一致する値を取得する

● 内側のXLOOKUP関数の動作

引数［検索キー］は「H1」、引数［検索範囲］は「B2:B21」と指定している

引数［結果の範囲］に「C2:E21」と指定しているため、結果はスピルで取得される

H5 fx =XLOOKUP(H1,B2:B21,C2:E21)

	A	B	C	D	E	F	G	H	I	J
1	コード	製品名	単価	100個以上	300個以上		製品名	マットフィルム		
2	FL001	強化ガラスフィルム	1,500	1,425	1,350		価格区分	100個以上		
3	FL002	ブルーライトカットフィルム	2,000	1,900	1,800		価格	1,615		
4	FL003	プライバシーフィルム	1,800	1,710	1,620					
5	FL004	マットフィルム	1,700	1,615	1,530			1,700	1,615	1,530
6	FL005	防指紋フィルム	1,600	1,520	1,440					
7	CS001	シリコンケース	2,000	1,900	1,800					

● 外側のXLOOKUP関数の動作

引数［検索キー］は「H2」、引数［検索範囲］は「C1:E1」と指定している

引数［結果の範囲］は内側のXLOOKUP関数の結果（H5:J5）となり、結果は1つに絞り込まれる

H6 fx =XLOOKUP(H2,C1:E1,H5:J5)

	A	B	C	D	E	F	G	H	I	J
1	コード	製品名	単価	100個以上	300個以上		製品名	マットフィルム		
2	FL001	強化ガラスフィルム	1,500	1,425	1,350		価格区分	100個以上		
3	FL002	ブルーライトカットフィルム	2,000	1,900	1,800		価格	1,615		
4	FL003	プライバシーフィルム	1,800	1,710	1,620					
5	FL004	マットフィルム	1,700	1,615	1,530			1,700	1,615	1,530
6	FL005	防指紋フィルム	1,600	1,520	1,440			1,615		
7	CS001	シリコンケース	2,000	1,900	1,800					
8	CS002	ハードケース	2,500	2,375	2,250					
9	CS003	手帳型ケース	3,000	2,850	2,700					
10	CS004	クリアケース	1,800	1,710	1,620					

スキルアップ

一覧表にXLOOKUP関数を組み込む

2つのXLOOKUP関数を組み合わせた数式は、一覧表にも応用できます。参照するデータがクロス表にまとめられている場合、一覧表中の2つの情報から該当する値を取得できます。以下は、条件となる製品名と価格区分の2つを内側と外側のXLOOKUP関数の検索キーとしています。数式をコピーするため、クロス表へのセル参照は絶対参照で指定します。

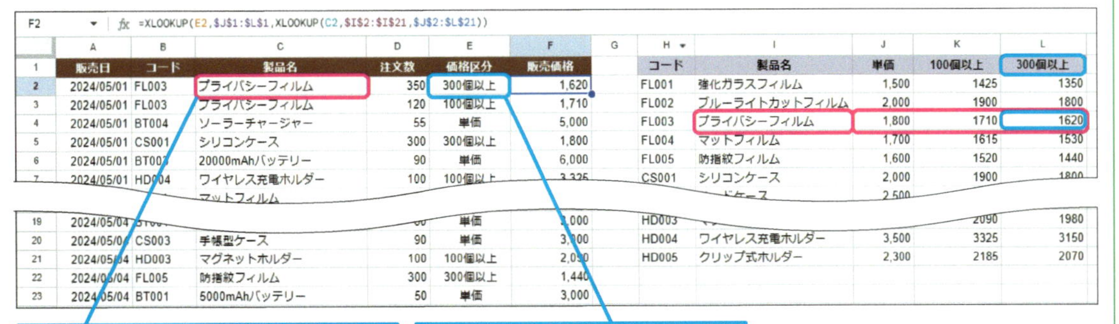

セルF2の数式

=XLOOKUP(E2,$J$1:$L$1,XLOOKUP(C2,$I$2:$I$21,$J$2:$L$21))

1 2つのXLOOKUP関数で値を取り出す

[L68-2] シートを開いておく

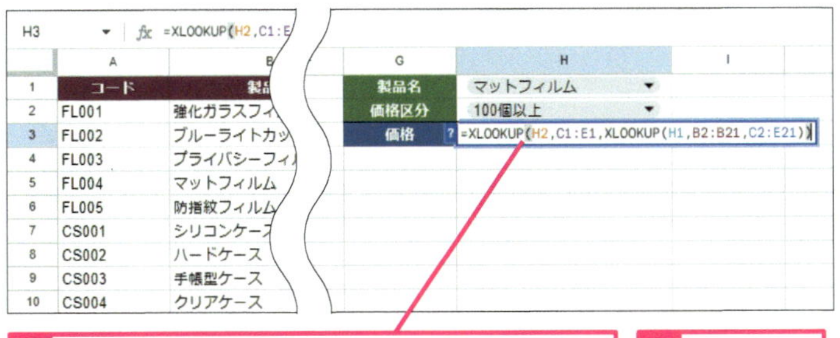

1 セルH3に「=XLOOKUP(H2,C1:E1,XLOOKUP(H1,B2:B21,C2:E21))」と入力

2 Enter キーを押す

「マットフィルム」と「100個以上」の条件に一致する値が表示された

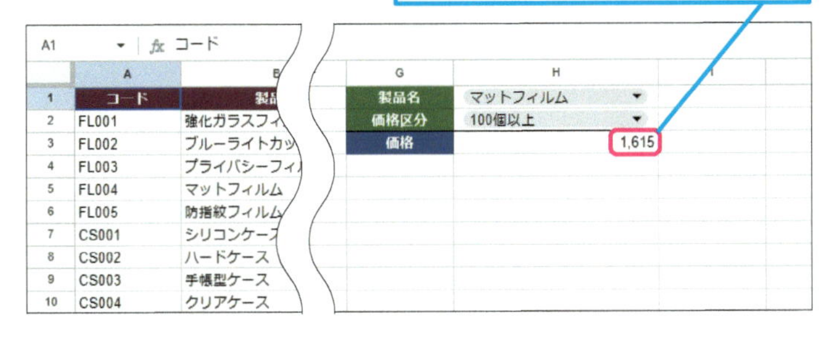

使いこなしのヒント

内側と外側のXLOOKUP関数は反対に指定しても構わない

手順1では、内側のXLOOKUP関数で製品名に該当する価格を取り出してから、外側で価格区分を絞り込んでいます。反対に、内側で価格区分に該当する価格を取り出して、外側で製品名に絞り込んでも構いません。

まとめ 関数をネストして縦横で交わるデータを取得する

行と列の交差する位置に値が入力されたクロス表を参照する場合、VLOOKUP関数だけでは値を取得できません。INDEX関数とMATCH関数の組み合わせ、または、XLOOKUP関数を2つ組み合わせましょう。数式が難しいと思うときは、内側の関数と外側の関数を分けて、別のセルに入力して結果を確認してみてください。

レッスン

69 Webページの表を取り込むには

IMPORTHTML

練習用ファイル [L69] シート

Webページに掲載されている表を参照して、シート上に表示してみましょう。IMPORTHTML（インポートエイチティーエムエル）関数を利用します。取り込んだ表を編集したいときは、[値のみ貼り付け]（レッスン15参照）で貼り付けます。

キーワード

関数	P.247
引数	P.249

IMPORTHTML関数でWebページから表を取り込む

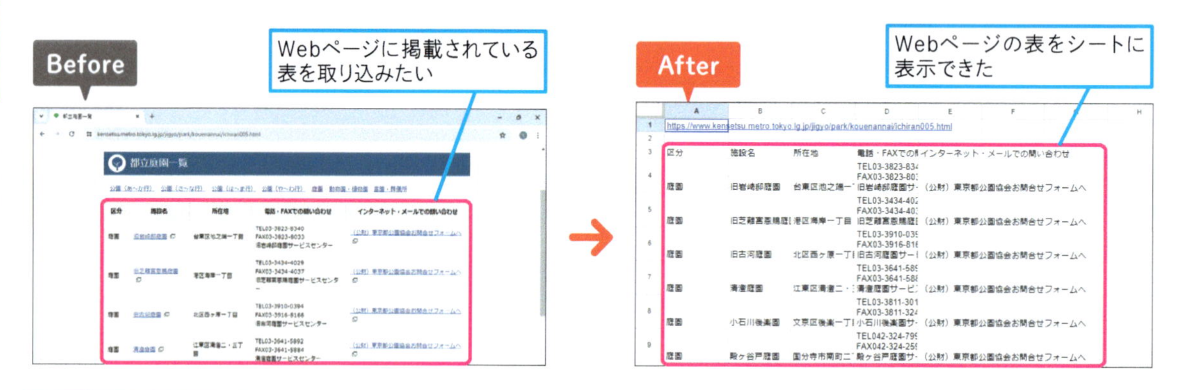

= IMPORTHTML(URL, クエリ , 指数)

[URL] に含まれる表やリストを取り込む

スキルアップ

URLからQRコードを生成できるIMAGE関数

Webページの情報を活用するテクニックの1つとして、URLをQRコードに変換できるIMAGE（イメージ）関数も覚えておくと便利です。定型句とセルに入力したURLを連結して、引数に指定します。数式をコピーすると、以下の数式の「B2」の部分は変化するため、リストにまとめたURLを一気にQRコードに変換することもできます。

セルC2の数式

=IMAGE("https://api.qrserver.com/v1/create-qr-code/?size=100x100&data=" & B2)

使いこなしのヒント

IMPORTHTML関数を初めて入力したときは警告が表示される

IMPORTHTML関数のような、外部と情報を送受信する機能を初めて利用するときは、警告が表示されます。問題のある操作をしているわけではないので、安心して［アクセスを許可］をクリックしてください。

1 Webページの表を取り込む

［L69］シートを開いておく

セルA1に表を取り込むWebページのURLが入力されている

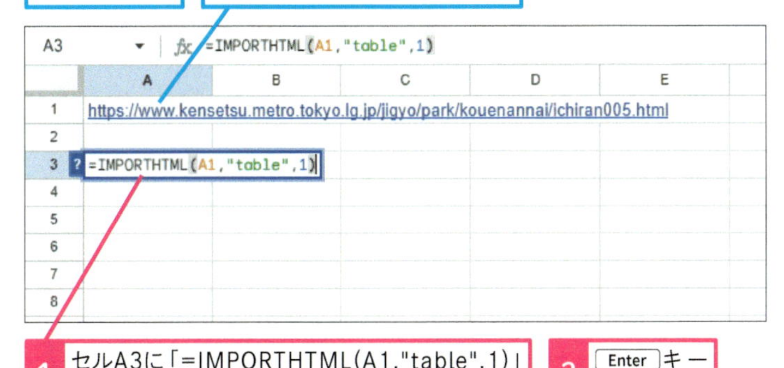

1 セルA3に「=IMPORTHTML(A1,"table",1)」と入力

2 Enter キーを押す

Webページの表が読み込まれてシートに表示された

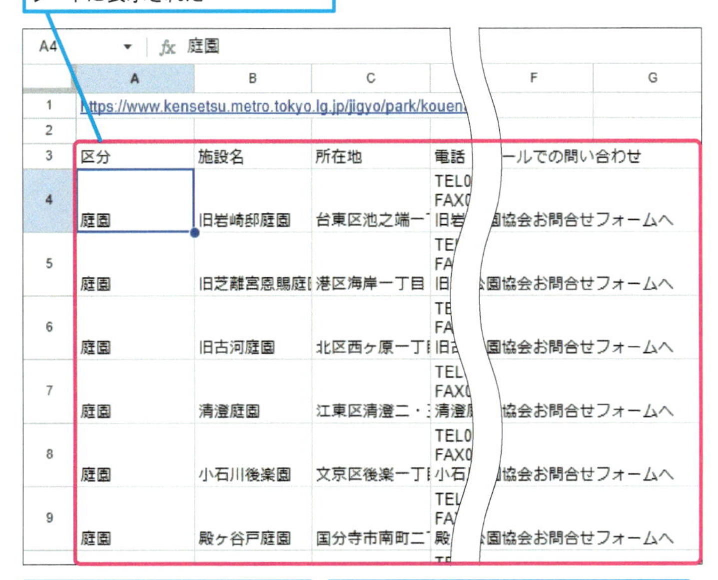

フォントやセルの背景色などの書式を設定できる

内容を変更したいときはレッスン15を参考に［値のみ貼り付け］を利用する

使いこなしのヒント

引数［クエリ］と［指数］の指定方法

IMPORTHTML関数を使うと、Webページに含まれる表やリストを取り出せます。対象のWebページに合わせて、引数［クエリ］には「"table"」または「"list"」と指定します。［指数］は、WebページのHTMLコードで定められる表やリストの番号のことです。一般的にWebページの上部からの数と考えられます。例えば、上から2番目の表を取り込むには「2」と指定します。

まとめ Webページの表をコピーする前に試そう

Webページに掲載されている表やリストが必要な場合、コピーしてシートに貼り付けると、表の体裁もコピーされることが多いでしょう。セルの色やフォントなどの書式を除いたデータが必要なときは、IMPORTHTML関数を使ってみてください。ただし、画像としてWebページに掲載されている表の内容は取り込めません。

レッスン
70 リストからGoogleマップにピン留めするには

マイマップ

練習用ファイル ［L70_都立庭園］ファイル

取引先の所在地や訪問予定地などをリストにまとめて管理している場合、そのリストを利用してGoogleマップにピンを立てられます。同じGoogleアカウントでログインしていればスマートフォンから閲覧することもできます。

キーワード

Googleドライブ P.247
Googleマップ P.247

リストにまとめた施設をGoogleマップにピン留めする

Before

リストにまとめた施設の一覧をGoogleマップにピン留めしたい

	A	B	C	D	E
1	区分	施設名	所在地	電話・FAXでの問い合わせ	インターネット・メールでの問い合わせ
2	庭園	旧岩崎邸庭園	台東区池之端一丁目	TEL03-3823-8340 FAX03-3823-8033 旧岩崎邸庭園サービスセンター	（公財）東京都公園協会お問合せフォームへ
3	庭園	旧芝離宮恩賜庭園	港区海岸1丁目	TEL03-3434-4029 FAX03-3434-4037 旧芝離宮恩賜庭園サービスセンター	（公財）東京都公園協会お問合せフォームへ
4	庭園	旧古河庭園	北区西ヶ原1丁目	TEL03-3910-0394 FAX03-3916-8166 旧古河庭園サービスセンター	（公財）東京都公園協会お問合せフォームへ
5	庭園	清澄庭園	江東区清澄2・3丁目	TEL03-3641-5892 FAX03-3641-5884 清澄庭園サービスセンター	（公財）東京都公園協会お問合せフォームへ
6	庭園	小石川後楽園	文京区後楽1丁目	TEL03-3811-3015 FAX03-3811-3244 小石川後楽園サービスセンター	（公財）東京都公園協会お問合せフォームへ
7	庭園	殿ヶ谷戸庭園	国分寺市南町2丁目	TEL042-324-7991 FAX042-324-2598 殿ヶ谷戸庭園サービスセンター	（公財）東京都公園協会お問合せフォームへ
8	庭園	浜離宮恩賜庭園	中央区浜離宮庭園	TEL03-3541-0200 FAX03-3541-0264 浜離宮恩賜庭園サービスセンター	（公財）東京都公園協会お問合せフォームへ
9	庭園	向島百花園	墨田区東向島3丁目	TEL03-3611-8705 FAX03-3619-2321 向島百花園サービスセンター	（公財）東京都公園協会お問合せフォームへ

リストには施設名や住所を入力しておく

After

リストの施設がGoogleマップにピン留めされた

使いこなしのヒント

マイマップのWebページから地図を作成しても構わない

マイマップは、Googleマップに含まれる機能の1つです。このレッスンで作成する地図は、Googleドライブに保存され、マイマップのWebページで管理できるようになります。マイマップのWebページでは、新しい地図を作成できるほか、編集や削除も可能です。

▼マイマップ
https://www.google.com/mymaps/

マイマップのWebページから地図を作成することもできる

作成した地図が表示される

1 マイマップを作成する

6～7ページを参考に練習用ファイル「L70_都立公園」をマイドライブに保存しておく

GoogleマップのWebページを開いておく

▼Googleマップ
https://www.google.co.jp/maps/

1 ［保存済み］をクリック

2 ［マイマップ］をクリック

3 ［地図を作成］をクリック

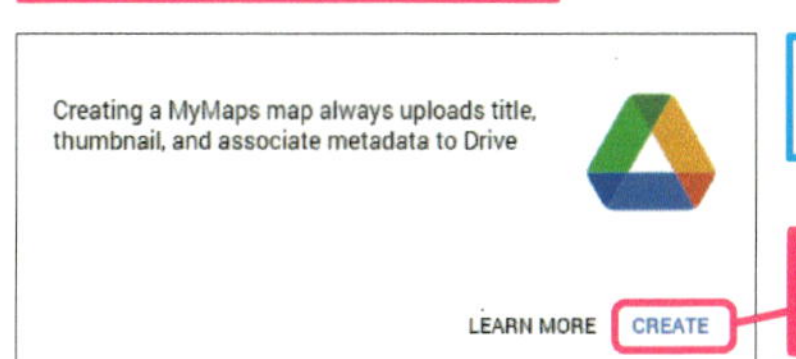

マイマップに関するメッセージが表示される

4 ［CREATE］をクリック

5 ［無題の地図］をクリック

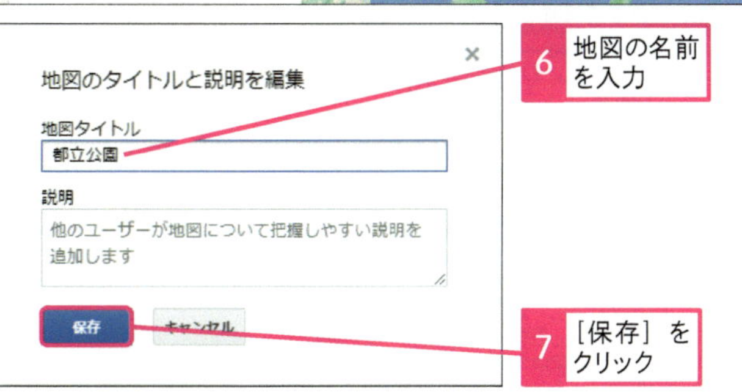

6 地図の名前を入力

7 ［保存］をクリック

使いこなしのヒント

インポートするファイルをGoogleドライブに保存しておく

手順2では、ピンを立てる基準となるリストとして、ファイルを選択します。ここでは、練習用ファイル「L70_都立公園」をインポートします。

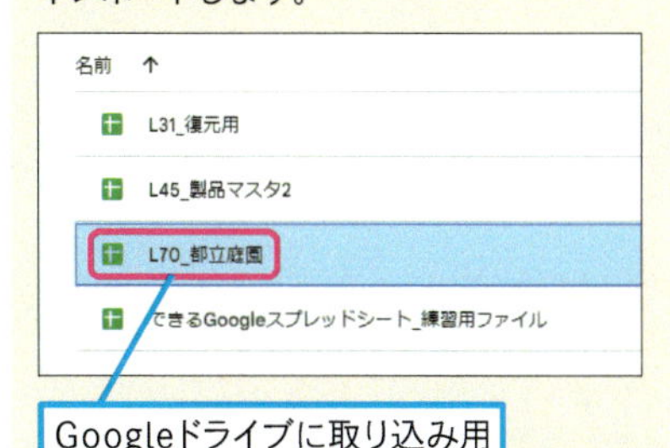

Googleドライブに取り込み用のファイルを保存しておく

使いこなしのヒント

作成した地図を削除するには

手順1の操作4で［CREATE］をクリックした時点で新しい地図が作成されます。不要な地図を作成してしまった場合は、マイマップのWebページから削除できます。

マイマップのWebページを開いておく

1 ［⋮］をクリック

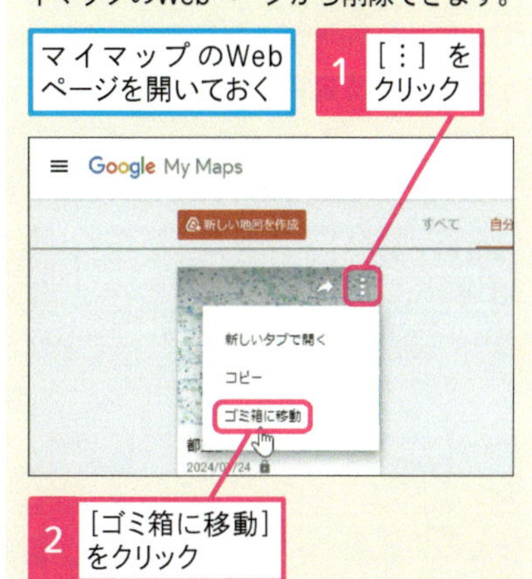

2 ［ゴミ箱に移動］をクリック

次のページに続く

2 リストをインポートする

地図の名前が変更された

1 [インポート]をクリック

インポートするファイルを選択する

2 [Googleドライブ]をクリック

3 インポートするファイルをクリック

4 [挿入]をクリック

使いこなしのヒント

Excelで作成したリストをアップロードすることもできる

インポートするファイルとして、Excelで作成したファイルを指定することもできます。[アップロード]をクリックして、ファイルをドラッグ＆ドロップしてください。

[アップロード]をクリックしてExcelファイルをドラッグする

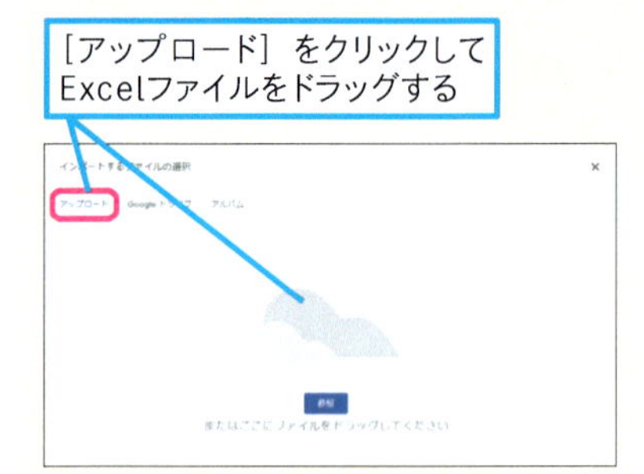

使いこなしのヒント

地図をスマートフォンで表示するには

スマートフォンの[Google Maps]アプリで地図を表示するには、[保存済み]-[マイマップ]をタップします。

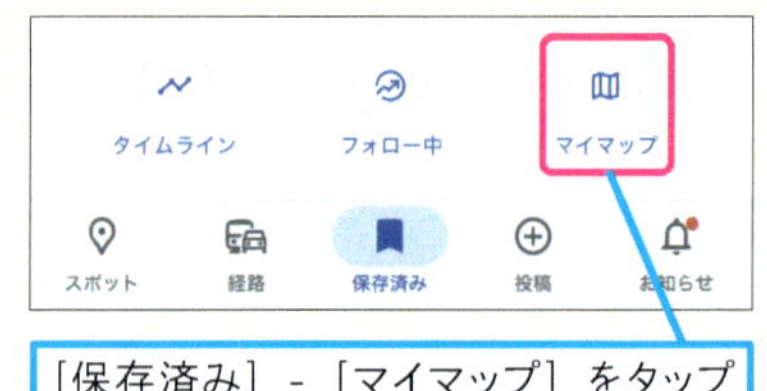

[保存済み]-[マイマップ]をタップして、表示された地図を選択する

使いこなしのヒント

ピンをカスタマイズするには

ピンの色や形を変更することもできます。追加した項目にマウスポインターを合わせたときに表示されるバケツのアイコンをクリックして色やアイコンを選択します。なお、ピンを1つずつ設定するのが面倒なら、[個別スタイル]から[均一スタイル]を選択すると、すべてのピンの設定をまとめて変更できます。

[個別スタイル]から[均一スタイル]を選択して、まとめて変更できる

1 ピンのここをクリック

アイコンの色や形を変更できる

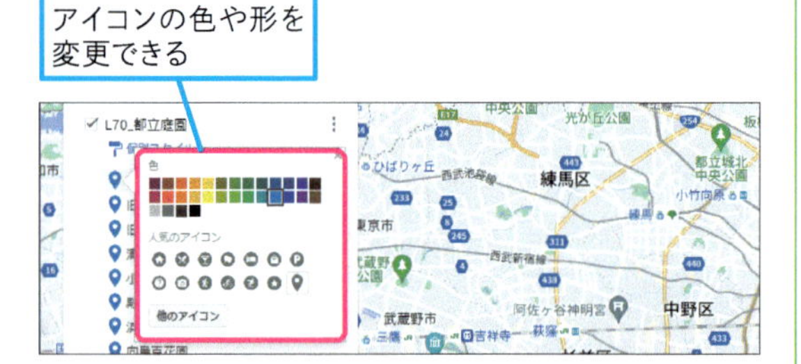

活用編 第9章 Googleスプレッドシートをもっと活用しよう

3 ピンの場所とタイトルを指定する

ピンの位置を決める列を指定する

1 ［所在地］をクリックしてチェックマークを付ける

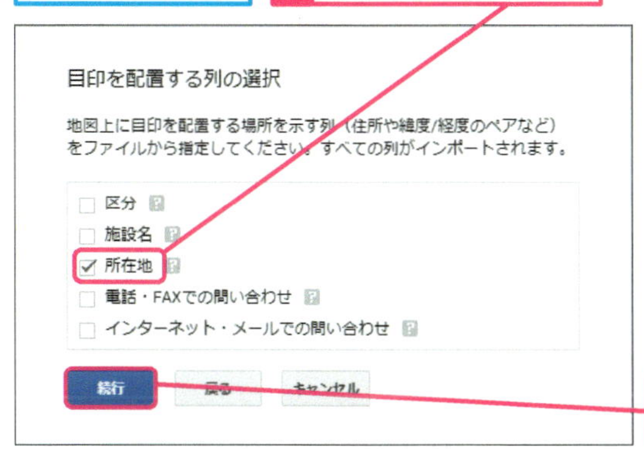

2 ［続行］をクリック

ピンの一覧に表示されるタイトルの列を指定する

3 ［施設名］をクリック

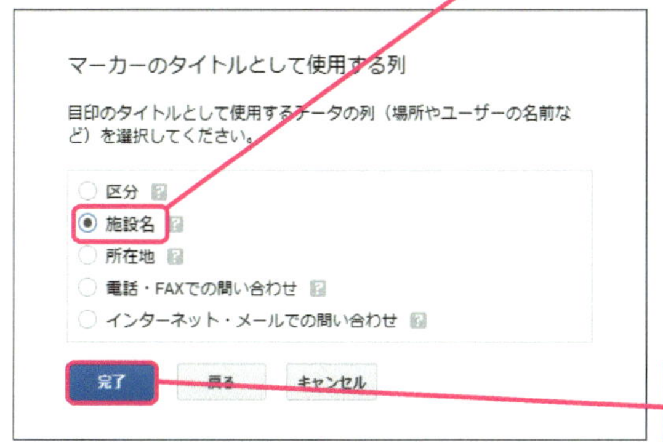

4 ［完了］をクリック

地図にピンが追加された

ピンを選択すると施設の情報が表示される

地図を共有することもできる

マイマップのタブを閉じておく

使いこなしのヒント

作成した地図をGoogleマップに表示するには

作成した地図は、Googleマップの［保存済み］の［マイマップ］から呼び出すことができます。

1 ［保存済み］をクリック

2 ［マイマップ］をクリック

3 作成した地図をクリック

Googleマップに作成した地図のピンが表示された

ここをクリックすると通常のGoolgeマップの表示に戻る

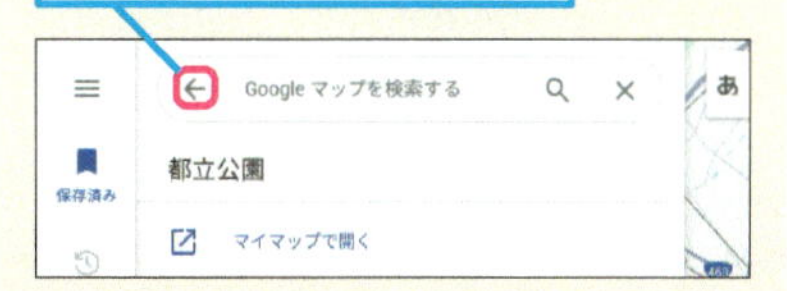

まとめ 目的別の地図を作成できる

Googleマップに複数のピンを立てたいときは、施設名と住所をまとめたリストを用意して、マイマップで自分専用の地図を作成しましょう。まとめてピンを立てられます。Goolgeマップで表示できるほか、スマートフォンからの閲覧も可能です。作成した地図はGoogleドライブに保存され、マイマップのWebページで管理できるようになります。

レッスン 71

AIの回答からファイルを作成するには

Gemini

練習用ファイル なし

会話形式でやり取りできるAIの1つとして、Googleの提供するGemini（ジェミニ）があります。Googleアカウントがあれば、無料で利用可能です。ここでは、Geminiからの回答を新しいファイルとして保存してみます。

キーワード

Gemini	P.247
プロンプト	P.250

1 GeminiのWebページを開く

1 以下のURLを入力してGeminiのWebページを開く

初めて利用するときは右の使いこなしのヒントを参考に操作を進める

▼Gemini
https://gemini.google.com/

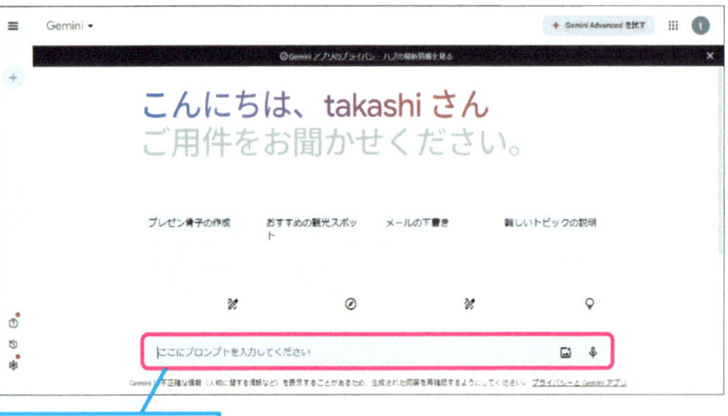

ここに質問を入力する

2 Geminiに質問する

ここでは日本の人口統計データをまとめてもらう

1 質問を入力

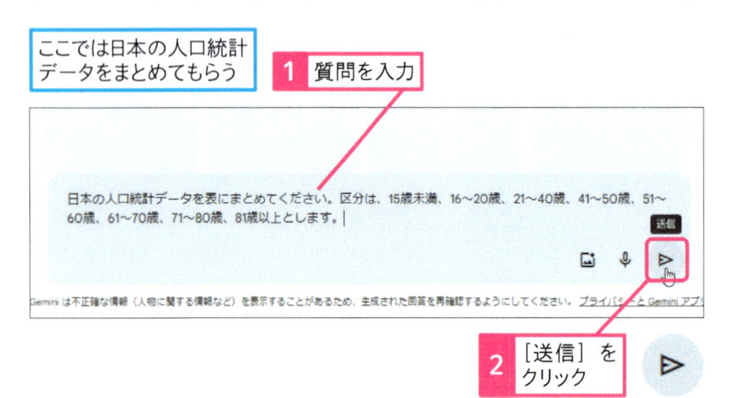

2 ［送信］をクリック

使いこなしのヒント

初めてGeminiを利用するときは

初めてGeminiを利用するときは、利用規約とプライバシーに関する注意事項に同意する必要があります。ログインを求められた場合は、自分のGoogleアカウントでログインしてください。

1 ［Geminiと話そう］をクリック

2 ［利用規約とプライバシー］を確認

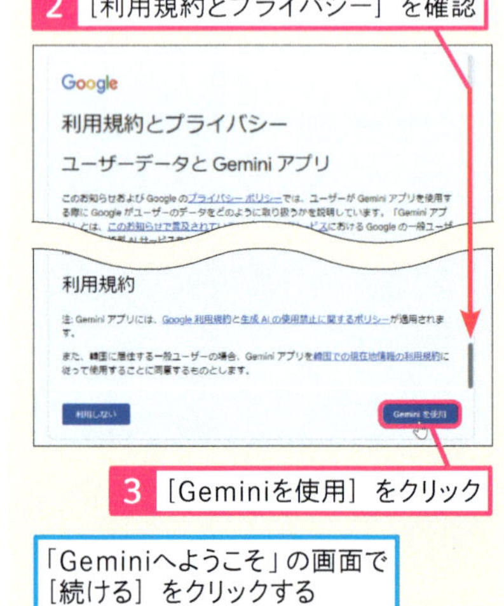

3 ［Geminiを使用］をクリック

「Geminiへようこそ」の画面で［続ける］をクリックする

3 回答をファイルに保存する

Geminiの回答が表示された

同じ質問をしても、Geminiから同じ回答が表示されるとは限らない

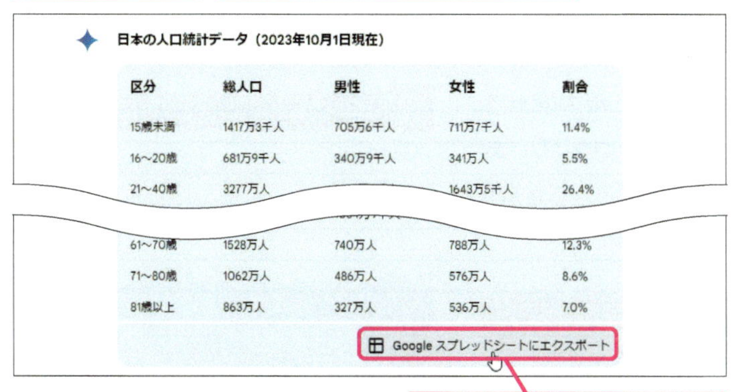

1 ［Googleスプレッドシートにエクスポート］をクリック

4 作成したスプレッドシートを確認する

作成したスプレッドシートはGoogleドライブの［マイドライブ］に保存されている

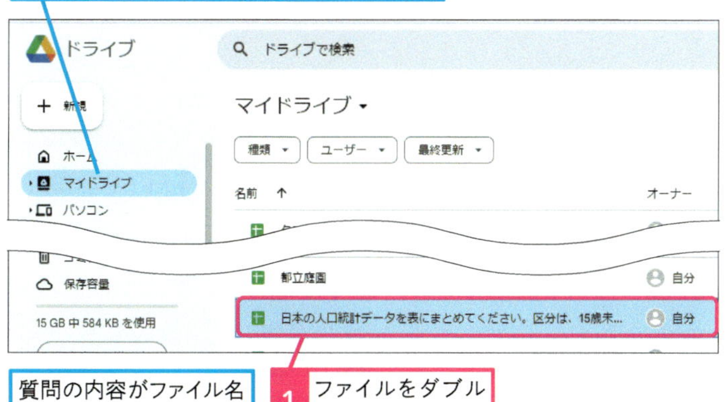

質問の内容がファイル名になっている

1 ファイルをダブルクリック

作成したスプレッドシートが表示された

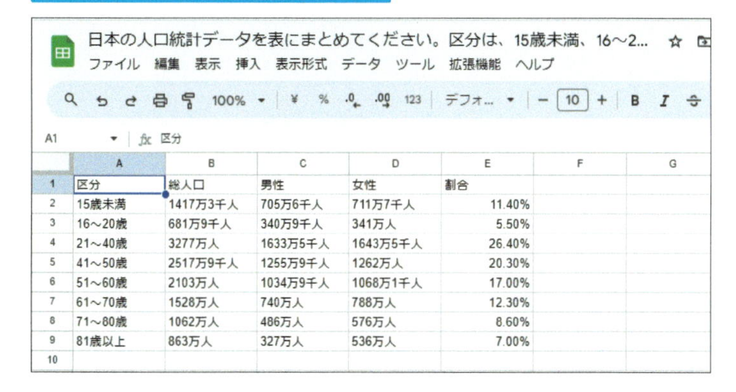

区分	総人口	男性	女性	割合
15歳未満	1417万3千人	705万6千人	711万7千人	11.40%
16～20歳	681万9千人	340万9千人	341万人	5.50%
21～40歳	3277万人	1633万5千人	1643万5千人	26.40%
41～50歳	2517万9千人	1255万9千人	1262万人	20.30%
51～60歳	2103万人	1034万9千人	1068万1千人	17.00%
61～70歳	1528万人	740万人	788万人	12.30%
71～80歳	1062万人	486万人	576万人	8.60%
81歳以上	863万人	327万人	536万人	7.00%

用語解説

プロンプト

会話形式でやり取りするAIに対する質問や指示のことをプロンプトといいます。プロンプトの内容によって、回答の精度は変化します。また、同じプロンプトを入力しても、その都度回答は変わります。

AIアシスタント活用

新しいやり取りを始めるには

Geminiは進行中のやり取りの内容をくみ取って回答します。これまでのやり取りと関係のない質問には、見当はずれな回答を表示することもあります。話題を変えたいときは［チャットを新規作成］をクリックして、新しいやりとりを始めましょう。切り替え前のやり取りは履歴に保存されています。

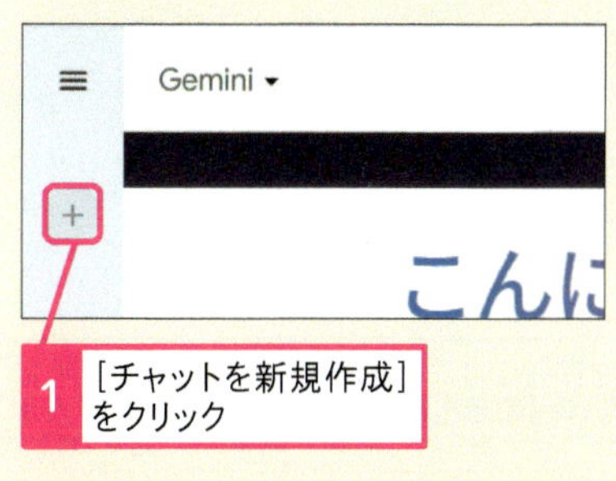

1 ［チャットを新規作成］をクリック

まとめ 参考データの取りまとめなどに活用しよう

Googleの提供する「Gemini」は、人と会話するような自然な文体でやり取りできるAIサービスです。プロンプトに「表にまとめて」「一覧にして」など、具体的な指示を書くことで、回答をある程度コントロールできます。Webページの内容の取りまとめなどに便利です。ただし、回答は必ず正しいとは限りません。鵜呑みにせずに情報の正確性の検証してください。

レッスン
72 セルに表示されたエラーをAIで解決するには

Geminiに質問　練習用ファイル　なし

Googleスプレッドシートのセルに表示されたエラー値の意味をGeminiに聞いてみましょう。エラー値について表にまとめたり、数式を作成したりすることも可能です。ただし、回答が正しいとは限りません。回答について別の方法でも確認することが大切です。

キーワード

Gemini	P.247
エラー値	P.247
数式	P.248

1 セルに表示されたエラーについて質問する

レッスン71を参考にGeminiのWebページを表示しておく

ここでは「#N/A」エラーについて質問する

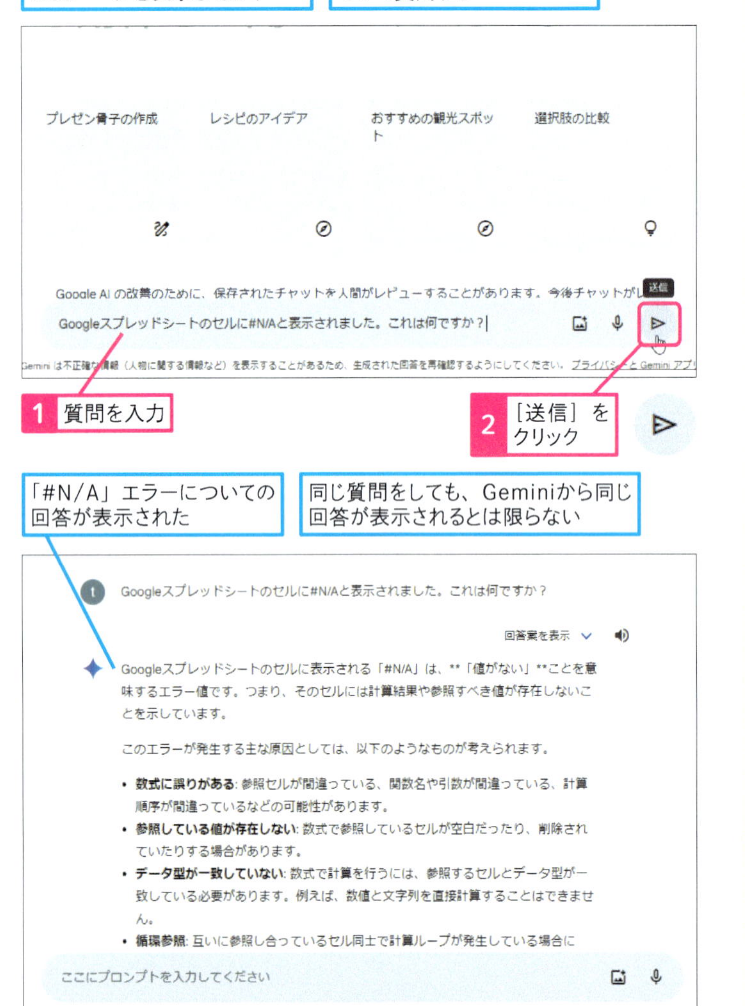

「#N/A」エラーについての回答が表示された

同じ質問をしても、Geminiから同じ回答が表示されるとは限らない

AIアシスタント活用
回答は正しいとは限らない

Geminiを使い始めるときの案内に表示されるように、Genminiの回答は不正確であったり、不適切だったりすることもあります。Googleへの報告や回答の再確認をすることもできます。

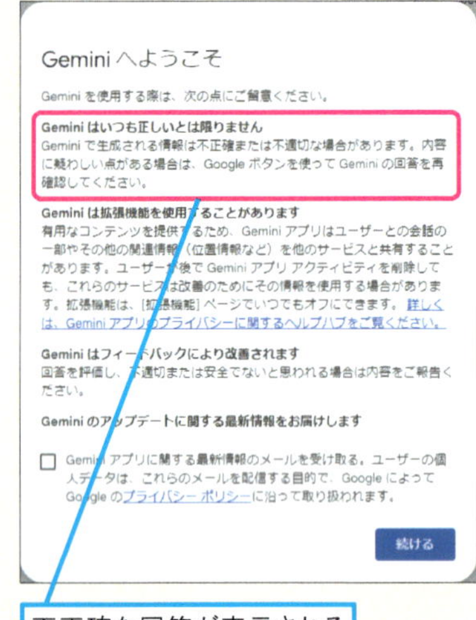

不正確な回答が表示されることがある

［回答を再確認］から妥当性をチェックできる

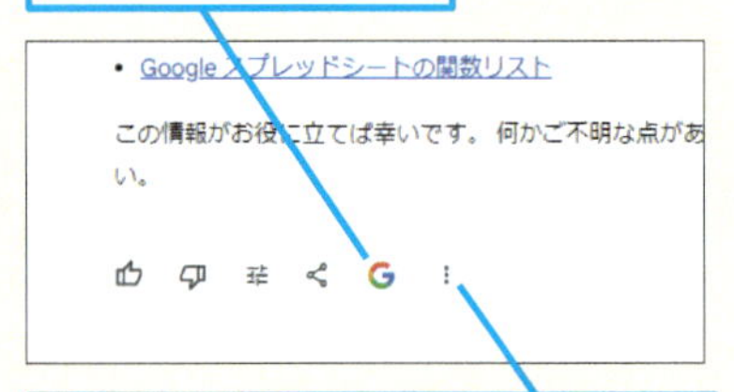

［その他］-［法的な問題を報告］から問題のある回答をGoogleに報告できる

スキルアップ

Geminiに数式を作成してもらう

Googleスプレッドシートのセルに入力する数式をGeminiに作成してもらうこともできます。ただし、ファイルを直接指定できないため、表の列名や処理の内容などを具体的に指示する必要があります。あいまいなプロンプトでは、一般的な回答が表示されてしまいます。回答された数式を改善する指示をくり返してみてもいいでしょう。

セルに入力する数式を回答してもらう

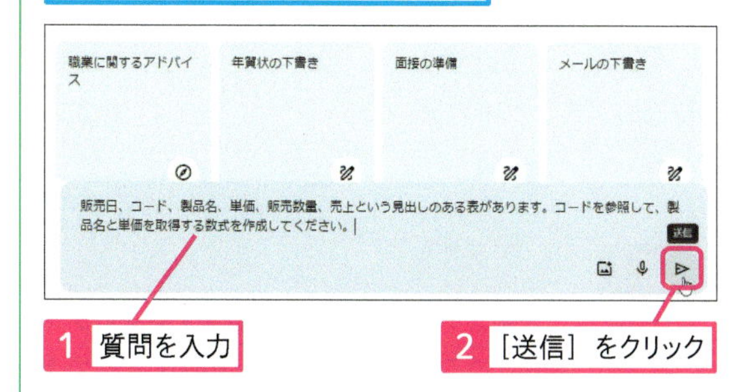

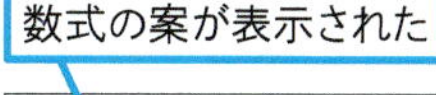

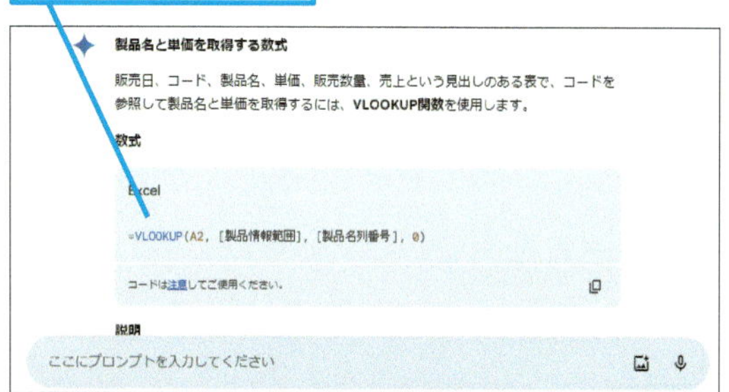

2 表形式で回答してもらう

セルに表示されるエラーについて表形式で回答してもらう

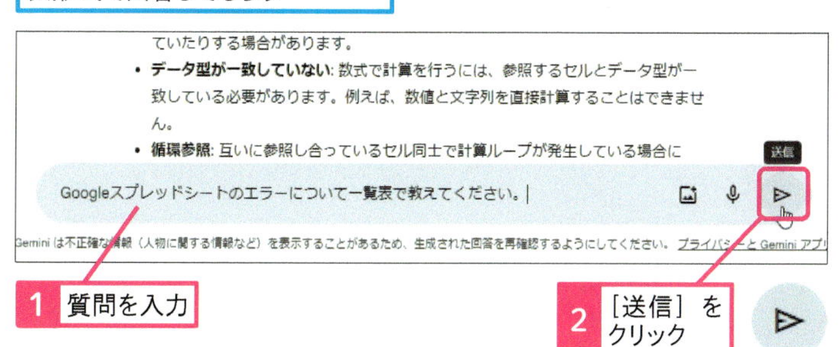

表形式で回答が表示された

同じ質問をしても、Geminiから同じ回答が表示されるとは限らない

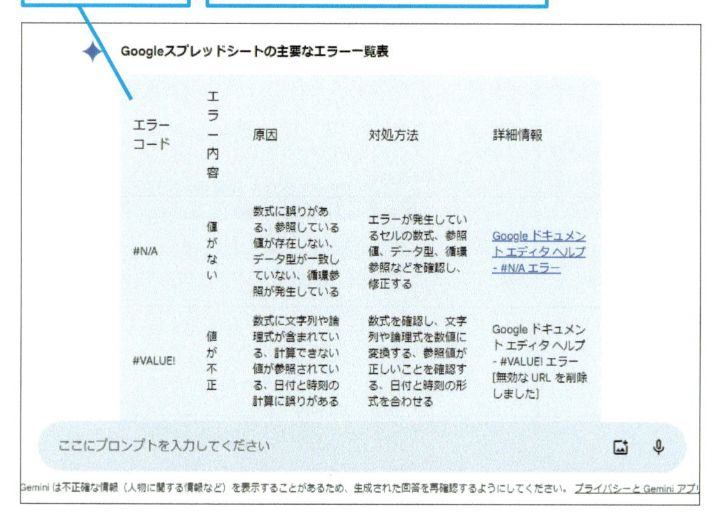

Googleスプレッドシートの主要なエラー一覧表

エラーコード	エラー内容	原因	対処方法	詳細情報
#N/A	値がない	数式に誤りがある、参照している値が存在しない、データ型が一致していない、循環参照が発生している	エラーが発生しているセルの数式、参照値、データ型、循環参照などを確認し、修正する	Google ドキュメントエディタヘルプ - #N/A エラー
#VALUE!	値が不正	数式に文字列や論理式が含まれている、計算できない値が参照されている、日付と時刻の計算に誤りがある	数式を確認し、文字列や論理式を数値に変換する、参照値が正しいことを確認する、日付と時刻の形式を合わせる	Google ドキュメントエディタヘルプ - #VALUE! エラー [無効な URL を削除しました]

AIアシスタント活用

役割や条件を指定する

Geminiの回答の精度を上げるためのコツを覚えておきましょう。例えば「あなたは講師です」といった役割や、「条件は○○」「箇条書きで」「3つ教えて」などの制限を指定すると、意図に近い回答が得られます。

まとめ インターネット検索よりGeminiに質問する

Geminiの回答は、インターネット上の情報もふまえて表示されます。回答の内容が正しいとは限りませんが、自分でインターネットを検索して、たどり着いた情報もそれは同じです。ルールが定められている関数の構文やエラーの意味、解決法などを調べるなら、Geminiのほうが得意かもしれません。プロンプトの内容を工夫すると、意図に近い回答が得られます。

レッスン

73 GoogleスプレッドシートにAIを組み込むには

Gemini AI for Sheets

練習用ファイル　[L73] シート

GoogleスプレッドシートにAI機能を追加してみましょう。Geminiを利用したアドオン「Gemini AI for Sheets」を選択します。追加後にアドオンを有効にすると、独自の関数を利用できるようになり、セルにGeminiの回答を表示できるようになります。

1 アドオンを追加する

[L73] シートを開いておく

1 [拡張機能]をクリック

2 [アドオン] にマウスポインターを合わせる

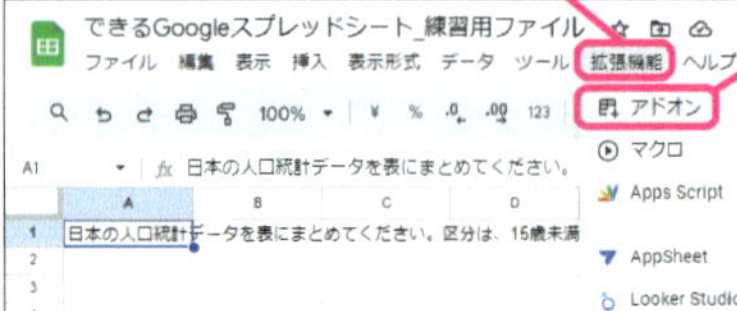

3 [アドオンを取得] をクリック

[Google Workspace Marketplace] が表示された

4 「Gemini」と入力

5 Enter キーを押す

6 [Gemini AI for Sheets]をクリック

7 [インストール]をクリック

画面の指示に従って、Googleアカウントへのアクセスを許可する

キーワード

Gemini　P.247
アドオン　P.247

用語解説

アドオン

アプリに新しい機能を追加するプログラムのことをアドオン（Add-on）といいます。拡張機能といわれることもあります。Googleスプレッドシートにアドオンを追加することで、新しい機能を利用できるようになります。

AIアシスタント活用

AIを活用するアドオンはほかにもある

AIを活用するアドオンはいろいろあります。利用するための特別な準備が不要なこと、ひと月あたり100回まで無料で利用できることから、ここでは「Gemini AI for Sheets」を追加しています。

2 アドオンを有効化する

アドオンを利用するには有効化する必要がある

1 ［拡張機能］をクリック

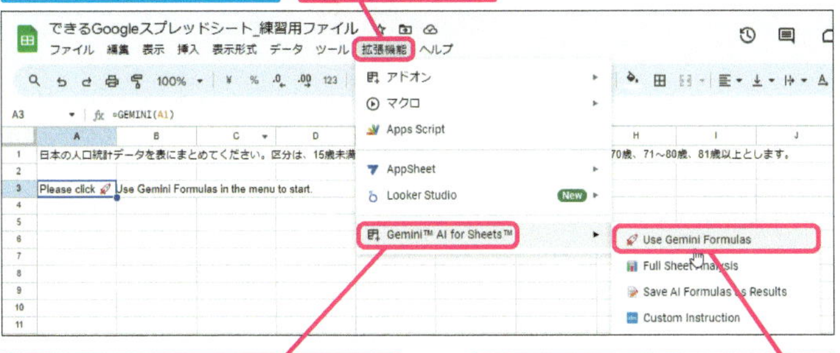

2 ［Gemini AI for Sheets］にマウスポインターを合わせる

3 ［Use Gemini Formulas］をクリック

［User Consent］と表示されたら［Agree］をクリックしておく

3 GEMINI関数を入力する

セルA1にプロンプトが入力されている

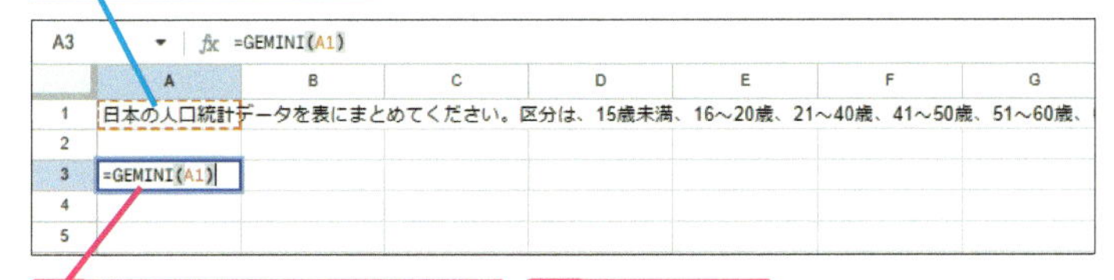

1 セルA3に「=GEMINI(A1)」と入力

2 Enter キーを押す

結果が表示された

GEMINI関数を入力し直すと結果が変わる

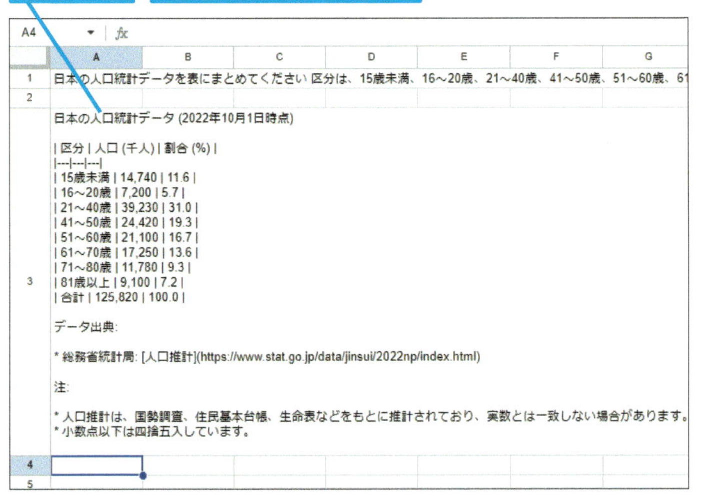

使いこなしのヒント

いろいろな関数が用意されている

名前付き関数（カスタム関数）と呼ばれる独自の関数が使えるアドオンがあります。「Gemini AI for Sheets」では「GEMINI」という名前の関数が利用できます。ほかにも翻訳できる「TRASLATE」や分析できる「ANALYZE」などの独自の関数が利用できます。［Use Gemini Formulas］をクリックした後に表示される［Gemini Formulas］で確認してみましょう。

=GEMINI(プロンプト)

［Gemini Formulas］で利用できる関数を確認できる

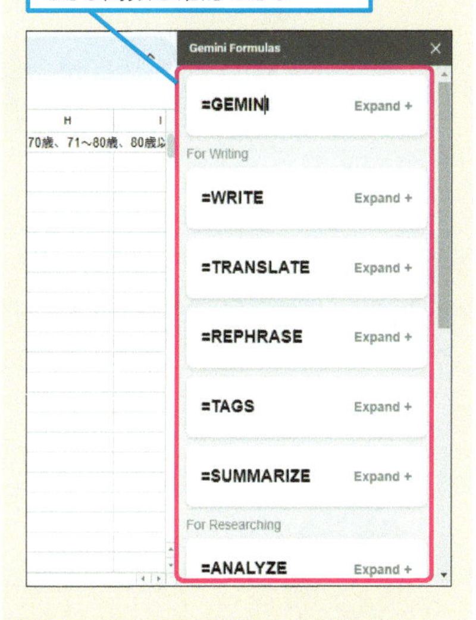

まとめ シートにGeminiの回答を表示してみよう

ここで追加したアドオン「Gemini AI for Sheets」は、特別な準備が不要で、ひと月あたり100回まで無料で利用できます。数式の結果として、シートにGeminiの回答が表示される様子を確認してみましょう。アドオンはGoogleスプレッドシートに追加されるため、［Use Gemini Formulas］をクリックして起動すれば、ほかのファイルでも利用できます。

この章のまとめ

積極的にAIサービスも活用する

この章は応用テクニック盛りだくさんで紹介しました。必須ではありませんが、知っておくと効率良く作業できるようになるものばかりです。ぜひ活用してください。昨今、AIブームも落ち着き、今後はAIをどのように実務に落とし込んでいくのかが課題となっています。Googleスプレッドシートの機能も、AIありきの方向に進化するかもしれません。AIにまだ慣れていない人は無料で使えるGeminiに触れてみて、どう使えて何が不便なのかを実感してみましょう。

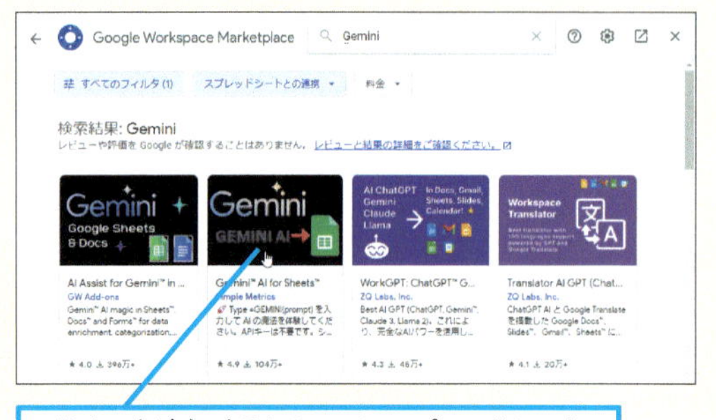

アドオンを追加するとGoogleスプレッドシートでAI機能が使えるようになる

```
A4  fx
1  日本の人口統計データを表にまとめてください 区分は、15歳未満、16～20歳、21～40歳、41～50歳、51
2
3  日本の人口統計データ (2022年10月1日時点)

   | 区分 | 人口 (千人) | 割合 (%) |
   |---|---|---|
   | 15歳未満 | 14,740 | 11.6 |
   | 16～20歳 | 7,200 | 5.7 |
   | 21～40歳 | 39,230 | 31.0 |
   | 41～50歳 | 24,420 | 19.3 |
   | 51～60歳 | 21,100 | 16.7 |
   | 61～70歳 | 17,250 | 13.6 |
   | 71～80歳 | 11,780 | 9.3 |
   | 81歳以上 | 9,100 | 7.2 |
   | 合計 | 125,820 | 100.0 |

   データ出典:
```

ア・ラ・カルトでいろいろ試したね。本書もこれで最後だよ。2人とも、Googleスプレッドシートは使えるようになったかな?

いやー、すっかりGoogleスプレッドシート使いですよ、僕。

私も。今までExcel中心だったけど、無料でここまでできるなら、Googleスプレッドシートだけでもいいような気がしています。

自宅での作業もGoogleスプレッドシートで完結できるのがありがたいです。

どんどん使ってもらえたら嬉しいよ。ただ、本書で紹介できなかった便利な機能もたくさんあるんだ。無理に覚えなくても大丈夫だけど、どんな機能があるか自分で探してみてほしいな。

付録

ショートカットキー一覧

Googleスプレッドシートでよく使うショートカットキーをまとめました。キーボードでの操作に慣れると、マウス操作よりすばやく操作できるようになります。

●主なショートカットキー（Windows）

よく使う操作	
シートを開く	Ctrl+O
［印刷設定］画面の表示	Ctrl+P
コピー	Ctrl+C
切り取り	Ctrl+X
貼り付け	Ctrl+V
値のみ貼り付け	Ctrl+Shift+V
元に戻す	Ctrl+Z
やり直す	Ctrl+Y/Ctrl+Shift+Z
検索	Ctrl+F
検索と置換	Ctrl+H
セル内で改行	Alt+Enter/Ctrl+Enter

セルの移動、選択	
行の先頭に移動	Home
行の末尾に移動	End
シートの先頭に移動	Ctrl+Home
シートの末尾に移動	Ctrl+End
連続するデータの端まで移動	Ctrl+←/↑/→/↓
連続するデータの端まで選択	Ctrl+Shift+←/↑/→/↓
連続するセルを選択	Shift+←/↑/→/↓
列全体を選択	Ctrl+Space
行全体を選択	Shift+Space
すべてのセルを選択	Ctrl+A/Ctrl+Shift+Space

書式の設定	
太字	Ctrl+B
斜体	Ctrl+I
下線	Ctrl+U
取り消し線	Alt+Shift+5
中央揃え	Ctrl+Shift+E
左揃え	Ctrl+Shift+L
右揃え	Ctrl+Shift+R
書式のクリア	Ctrl+¥

行や列の操作	
行や列の挿入メニューを表示	Ctrl+Alt++
行や列の削除メニューを表示	Ctrl+Alt+−
行や列のグループ化	Alt+Shift+→
行や列のグループ化を解除	Alt+Shift+←
グループ化した行や列を閉じる	Alt+Shift+↑
グループ化した行や列を開く	Alt+Shift+↓

シートの操作	
新しいシートの挿入	Shift+F11
次のシートへ移動	Alt+↓/Ctrl+Shift+Page Down
前のシートへ移動	Alt+↑/Ctrl+Shift+Page Up

コメントやメモの操作	
メモの挿入、編集	Shift+F2
コメントの挿入、編集	Ctrl+Alt+M

●主なショートカットキー（Mac）

よく使う操作	
シートを開く	⌘+O
［印刷設定］画面の表示	⌘+P
コピー	⌘+C
切り取り	⌘+X
貼り付け	⌘+V
値のみ貼り付け	⌘+shift+V
元に戻す	⌘+Z
やり直す	⌘+Y/⌘+shift+Z
検索	⌘+F
検索と置換	⌘+shift+H
セル内で改行	option+return/⌘+return

セルの移動、選択	
行の先頭に移動	fn+←
行の末尾に移動	fn+→
シートの先頭に移動	⌘+fn+←
シートの末尾に移動	⌘+fn+→
連続するデータの端まで移動	⌘+←/↑/→/↓
連続するデータの端まで選択	⌘+shift+←/↑/→/↓
連続するセルを選択	shift+←/↑/→/↓
行全体を選択	shift+space
すべてのセルを選択	⌘+A

書式の設定	
太字	⌘+B
斜体	⌘+I
下線	⌘+U
取り消し線	⌘+shift+X
中央揃え	⌘+shift+E
左揃え	⌘+shift+L
右揃え	⌘+shift+R
書式のクリア	⌘+¥

行や列の操作	
行や列の挿入メニューを表示	⌘+option++
行や列の削除メニューを表示	⌘+option+−
行や列のグループ化	option+shift+→
行や列のグループ化を解除	option+shift+←
グループ化した行や列を閉じる	option+shift+↑
グループ化した列や行を開く	option+shift+↓

シートの操作	
新しいシートの挿入	shift+F11
次のシートへ移動	option+↓/⌘+shift+Page Down
前のシートへ移動	option+↑/⌘+shift+Page Up
シートの一覧の表示	option+shift+K

コメントやメモの操作	
メモの挿入、編集	shift+F2
コメントの挿入、編集	⌘+option+M

使いこなしのヒント

Ctrl+/キーで
ショートカットキーを確認できる

ここで紹介した以外にもショートカットキーはあります。Ctrl+/キーを押してショートカットキーを検索できる画面を表示して確認してみましょう。

用語集

Gemini（ジェミニ）
Googleが開発した大規模言語モデルのこと。高度な言語理解能力とさまざまなタスクへの対応力が特徴。人間と会話するような自然なやり取りができる。AIサービスの名称も「Gemini」。

Googleアカウント（グーグルアカウント）
Googleのサービスを使う際に個人を識別するためのIDのこと。パスワードを入力してログインする。単にアカウントと呼ぶこともある。

Googleドライブ（グーグルドライブ）
Googleの提供するクラウドストレージサービス。Googleアカウントでログインして利用する。無料で15GBまで利用可能。容量は保存するファイルのほか、GmailやGoogleフォトと共有される。
→Googleアカウント

Googleマップ（グーグルマップ）
Googleの提供する地図サービスのこと。パソコンやスマートフォンから利用できる。お気に入りの場所をピン留めしておくこともできる。

PDF（ピーディーエフ）
データを印刷したときの状態をそのまま保存できるファイル形式のこと。環境の異なるパソコンやスマートフォンで開いても、表示が崩れずに同じように見えることが特徴。

アクティブセル
シート内で現在選択しているセルのこと。値の入力や書式の設定などの操作の対象となる。
→シート、書式

値のみ貼り付け
計算式や関数式が入力されたセルをコピー＆ペーストする場合、結果の値のみを貼り付ける操作のこと。セル参照をずらしたくないときなどに利用する。
→関数、数式、セル参照

アドオン
アプリに新しい機能を追加するプログラムのこと。拡張機能といわれることもある。Googleスプレッドシートにアドオンを追加すると新しい機能を利用できるようになる。
→シート

エラー値
数式の計算ができない場合などに表示される値のこと。参照先が見つからない「#REF!」エラーや「0」で割り算している「#DIV/0!」など、内容によって表示が異なる。
→参照先、数式

演算子
数式に利用する記号。計算に利用する「+」「-」「*」「/」は算術演算子と呼ばれる。数値の比較や条件式に利用する「=」「>」「<=」「<>」などは比較演算子と呼ばれる。
→数式、数値、比較演算子

オートフィル
アクティブセルや選択中のセル範囲の右下に表示されるフィルハンドルをドラッグして、セルの値をコピーする操作のこと。
→アクティブセル、セル範囲、フィルハンドル

関数
与えられた値を処理して結果を出力する機能。例えば、SUM関数は与えられた値（引数）を合計した結果を表示する。
→引数

クエリ
問い合わせの意味を持つ「query」の日本語読み。データベースに対してデータの抽出や更新などの処理を要求する文字列のこと。
→文字列

グループ化
表の行や列をまとめて開閉できるようにする機能。週単位やエリア単位などでグループ化しておくと、大きな表でも扱いやすくなる。

用語集

系列
グラフに表示されるセル範囲に入力されたデータのまとまりのこと。棒グラフなら、1本の棒が1つの系列となる。
→セル範囲

権限
ファイルを共有する際、共有相手の操作を許容する範囲のこと。ファイルの更新を許可する［編集者］、閲覧のみ許可する［閲覧者］などがある。

コメント
主に共有ファイルを複数人で編集する際に、共有相手とやり取りするときに利用される機能。コメントしたことを相手に通知するメンションも可能。
→メンション

参照先
セルに入力した数式によって、処理される値から見た数式のこと。例えば、セルA1に「=B1+C1」と入力されていれば、セルB1、C1から見て、セルA1が参照先となる。
→数式

参照元
数式からセル参照によって指し示すセルのこと。例えば、セルA1に「=B1+C1」と入力されていれば、セルA1から見て、セルB1、C1が参照元となる。
→数式、セル参照

シート
Googleスプレッドシートの作業領域のこと。1つのファイルに複数のシートを作成できる。

条件
あることが成り立つために必要な前提のこと。「もしAならばB」といった判定では「A」が条件、「B」が結果となる。条件には真偽を判定できる論理式を指定する。論理式が真（TRUE）の場合、条件を満たしていると判断して処理を行う。
→論理式

条件付き書式
セルに条件と書式を設定し、セルの内容が条件を満たすときに背景色やフォントの色などの書式を適用する機能。
→書式、背景色

書式
フォントの種類やサイズ、文字色、セルの背景色などの装飾のこと。通貨記号の「¥」や桁区切りの「,」は表示形式で設定する。
→背景色、表示形式

シリアル値
1900年1月1日を「1」として、何日経過したかを示す数値のこと。時刻もシリアル値で管理されており、「1」（1日のシリアル値）を24（時間）で割った小数となる。
→数値

数式
「=」から始まる式。演算子を使った計算式や関数を利用した関数式を数式と呼ぶ。「=」を省略した場合は文字列と見なされる。
→演算子、関数、文字列

数値
セルに入力した数字や数式の結果の数字のこと。四則演算や集計が可能。
→関数、数式

図形描画
Googleスプレッドシートで、図形を挿入するための機能。テキストボックスも図形描画で挿入する。

スピル
1つの数式から複数の結果が得られる場合、セル範囲に結果がこぼれるように表示する機能。スピルの結果が表示されるセル範囲にデータが入力されていると、その数式の結果はエラーとなる。
→数式、セル範囲

正規表現
文字列の集合をパターン化して表現する方法のこと。「^」や「$」など、メタ文字と呼ばれる特殊な記号を使って文字列のパターンを表す。
→文字列

絶対参照
数式をコピーしても、セルの参照先が変化しない参照方式。「$B$1」のように列番号と行番号の前に「$」を付けて記述する。
→参照先、数式

セル参照
数式や関数から、ほかのセルの値を処理するときに、列番号と行番号を組み合わせてセルの位置を指定すること。
→関数、数式

セル範囲
複数のセルのまとまり。数式で処理する複数のセルのことを指す。例えば、セルA1～E10は「:」を挟んで「A1:E10」のように表現する。
→数式

相対参照
「A1」や「B4」など、列番号と行番号を組み合わせて指定する参照方式。数式のセル参照が相対参照の場合、数式をコピーすると、コピー先のセルに合わせて参照先が変化する。
→参照先、数式、セル参照

テーブル
表をデータベースとして扱えるようにするための機能。テーブル内のセルを参照するときは、テーブル名と列名を組み合わせた構造化参照が利用できる。

入力規則
セルに入力できるデータの種類や範囲を制限する機能。[プルダウン]や[チェックボックス]も入力規則の1つ。
→プルダウン

ネスト
関数の引数として、ほかの関数を指定して利用すること。「IFERROR関数にVLOOKUP関数をネストして、エラー値の処理をする」のように使う。
→エラー値、関数、引数

背景色
セルを塗りつぶす色のこと。セルの色と表現されることもある。ツールバーには[塗りつぶしの色]ボタンが用意されている。

版
自動的に記録されたGoogleスプレッドシートの変更履歴の1つのこと。版に名前を付けて、ファイルのバージョンを管理することもできる。

凡例
「はんれい」と読む。グラフの系列に設定した内容を示すもの。[凡例]のメニューから表示する位置を変更できる。
→系列

比較演算子
データを比較するときに利用する演算子のこと。「=」「>」「<」「>=」「<=」「<>」などがある。論理式の結果を判定するときなどに使われる。
→演算子、論理値

引数
「ひきすう」と読む。関数が処理するためのデータのこと。値やセル範囲を指定する。引数の過不足やデータ型を間違えると関数の結果はエラーとなる。
→関数、セル範囲

ピボットテーブル
大量のデータを分析・集計するための機能。1つの表から、さまざまな視点でデータを分析できるメリットがある。

表示形式

セルに入力したデータを変更せずに、表示上の形式を整える機能。日付の形式や数値の桁区切り記号、パーセント表示などを制御できる。

→数値

フィールド

表の列のこと。例えば、ピボットテーブルを扱うときに、元となるデータが入力されている列をフィールドと呼ぶ。

→ピボットテーブル

フィルタ

データの中から条件を満たすものだけを抽出する機能。並べ替えもできる。日付や数値の範囲指定や数式を使った条件指定もできる。

→数式、数値

フィルハンドル

アクティブセルや選択中のセル範囲の右下に表示されるハンドルのこと。ドラッグして、オートフィルでセルの値をコピーできる。

→アクティブセル、オートフィル、セル範囲

複合参照

列と行のいずれかを相対参照と絶対参照にした参照方式のこと。例えば「$B3」は列が絶対参照、行が相対参照となる。「C$2」は列が相対参照、行が絶対参照となる。

→絶対参照、相対参照

プルダウン

あらかじめ用意したリストから項目を選択して、データを入力できる機能。Googleスプレッドシートでは入力規則として設定される。

→入力規則

プロンプト

会話形式でやり取りするAIに対する質問や指示のこと。プロンプトの内容によって、回答の精度が変化する。

編集モード

セルの内容を編集できる状態。セルをダブルクリックするか、F2キーやEnterキーを押して、編集モードに切り替えられる。

保護

特定のセル範囲の編集を制限する機能。標準では警告表示のみ。設定を変更して、完全に編集を禁止することもできる。

→セル範囲

保護ビュー

インターネット経由などで入手したファイルを安全に閲覧するためのExcelの機能。ダウンロードしたファイルは、標準で安全ではないと見なされる。

メンション

相手を指定してメッセージを送る機能や操作のこと。コメントでは「@」に続けてメールアドレスを入力してメンションする。

→コメント

文字列

セルに文字を入力すると文字列として認識される。数字に見えても、数値ではない文字列のデータは計算できない。

→数値

論理式

「A1>3」のように、2つの値を比較演算子でつないだ数式のこと。論理式の結果は「TRUE」か「FALSE」の論理値のいずれかになる。

→数式、比較演算子、論理値

論理値

正しいことを示す「TRUE」、または、正しくないことを示す「FALSE」が入っている値のこと。論理式の結果を示す。

→論理式

索引

記号・数字

$ 134
& 58, 221

アルファベット

AI 238, 240, 242
AND 83, 158
APRAYFORMULA 155
AVERAGE 126
AVERAGEIF 135
AVERAGEIFS 135
CHAR 179
CONCATENATE 59, 178
CORREL 210
COUNT 127
COUNTA 126
COUNTBLANK 127
COUNTIF 137, 187, 225
COUNTIFS 136
DATE 162, 165
DAY 162
EDATE 163, 165
EOMONTH 164
Excel 25, 28, 116, 236
FILTER 196
FIND 175
FORECAST.LINEAR 210
Gemini 238, 240, 242, 247
Gemini AI for Sheets 242
GOOGLETRANSLATE 216
Googleアカウント 24, 247
Googleドライブ 24, 247
Googleマップ 234, 247
HOUR 165
IF 158
IFERROR 151, 159
IFS 161
IMAGE 232
IMPORTHTML 232
IMPORTRANGE 154
INDEX 171, 228
INT 131
LARGE 129
LEFT 174
LEN 175
MATCH 228
MAX 128
MAXIFS 128
MEDIAN 208
MID 174
MIN 128
MINIFS 128
MINUTE 165
MODE.MULT 209
MONTH 162
NETWORKDAYS 168
NOW 165
OR 158, 187
PDF 118, 247
QUERY 199
RANK.EQ 129
REGEXEXTRACT 226
REGEXREPLACE 226
RIGHT 174
ROUND 130
ROUNDDOWN 130
ROUNDUP 130
ROW 218
SECOND 165
SEQUENCE 219
SMALL 129
SORT 195, 198
SPLIT 170
SQL 199
SUBSTITUTE 172, 227
SUBTOTAL 138
SUM 60
SUMIF 132
SUMIFS 132
SWITCH 209

TEXT	220
TEXTJOIN	178
TIME	165
TODAY	83, 165
TRANSPOSE	199
TRIMMEAN	208
UNIQUE	194
VLOOKUP	148, 154, 229
Webページ	232
WEEKDAY	169, 223
WORKDAY	166
WORKDAY.INTL	167
XLOOKUP	152, 230
XMATCH	228
YEAR	162

ア

アクティブセル	30, 247
値のみ貼り付け	62, 247
アドオン	242, 247
営業日	166
エラー値	56, 151, 159, 240, 247
円グラフ	68
演算子	247
比較演算子	83, 133, 137, 158
連結演算子	58, 221
オートフィル	34, 42, 247
折れ線グラフ	67

カ

改行	31
カスタム数値形式	46, 130
カスタム日付	44
関数	60, 247
行	
グループ化	192
固定	193
順番の入れ替え	34
挿入	35
共同編集	106
行番号	27
共有	26, 102
切り上げ	130
切り捨て	130
クエリ	247
グラフ	64, 92, 204
グループ化	192, 247
クロス表	228
系列	66, 69, 93, 248
桁数	131
権限	103, 248
固定	193
コピー	33, 37
コメント	110, 248
最小値	128
最大値	128
最頻値	209
参照先	140, 248
参照方式	141
参照元	248
シート	27, 36, 154, 248
シートタブ	27
シートを追加	27
四捨五入	130
四則演算	56
順位	129
小計	138

サ

条件	158, 248
条件付き書式	80, 222, 248
条件分岐	158
小数点以下	131
書式	32, 221, 248
シリアル値	163, 248
新規作成	
シート	36
スプレッドシート	25
数式	56, 248
数式バー	27
数値	248
スクロールバー	27
図形描画	96, 248
スピル	248
スプレッドシートホーム	29
すべてのシート	27
スライサー	204

正規表現 226, 249
絶対参照 142, 249
セル 27
　色 31
　入力 30
　背景色 74
　文字の配置 31
　枠線 32
セル参照 249
相関係数 210
相対参照 140, 249

タ

ダウンロード 116
足し算 60
単位 47
チェックボックス 78
中央値 208
重複 194
ツールバー 26, 64, 110
テーブル 88, 249

ナ

入力
　数式 56
　セル 30
　連続データ 42
入力規則 84, 249
ネスト 249

ハ

背景色 74, 249
版 114, 249
凡例 66, 94, 249
比較演算子 83, 133, 137, 158, 249
引数 61, 249
日付 162, 166, 222
ピボットテーブル 200, 249
表示形式 44, 250
ファイル
　共有 102
　参照 154
　名前を付ける 28
　フォルダを移動する 29
フィールド 201, 250
フィルタ 48, 184, 250
フィルタビュー 188
フィルハンドル 42, 250
複合グラフ 92
複合参照 143, 250
プルダウン 76, 250
プロンプト 239, 250
平均値 126, 135
変更履歴 114
編集モード 30, 250
棒グラフ 64
保護 108, 250
保護ビュー 117, 250
翻訳 216

マ

マイマップ 234
メニュー 26
メンション 112, 250
文字列 250
　自動更新 220
　絞り込み 184
　正規表現 226
　置換 172, 209
　取り出す 174
　分割 170
　変換 46
　連結 58, 178

ラ・ワ

列
　順番の入れ替え 34
　挿入 35
　幅の調整 33
列番号 27
連結演算子 58, 221
連番 218
論理式 158, 250
論理値 78, 250
ワイルドカード 133

本書を読み終えた方へ

できるシリーズのご案内

※1:当社調べ ※2:大手書店チェーン調べ

パソコン関連書籍

できるExcel マクロ&VBA Copilot対応

国本温子&
できるシリーズ編集部
定価:2,178円
(本体1,980円+税10%)

業務効率化の切り札、Excel VBAの基本から活用までを1冊に凝縮。基本編と活用編の組み合わせで、仕事に使えるVBAのコツが身に付く。

できるExcel ピボットテーブル

Office 2021/2019/2016&Microsoft 365対応

門脇香奈子&
できるシリーズ編集部
定価:2,530円
(本体2,300円+税10%)

ピボットテーブルの作り方から「パワーピボット」「パワークエリ」など仕事に役立つ必須スキルまで網羅。

できるExcel 2024 Copilot対応

Office 2024&Microsoft 365版

羽毛田睦士&
できるシリーズ編集部
定価:1,298円
(本体1,180円+税10%)

Excelの基本から、関数を使った作業効率アップ、データの集計方法まで仕事に役立つ使い方が満載。生成AIのCopilotの使いこなしもわかる。

読者アンケートにご協力ください!

https://book.impress.co.jp/books/1124101042

「できるシリーズ」では皆さまのご意見、ご感想を今後の企画に生かしていきたいと考えています。
お手数ですが以下の方法で読者アンケートにご協力ください。
ご協力いただいた方には抽選で毎月プレゼントをお送りします!

※プレゼントの内容については「CLUB Impress」のWebサイト(https://book.impress.co.jp/)をご確認ください。

1 URLを入力して Enter キーを押す

2 [アンケートに答える]をクリック

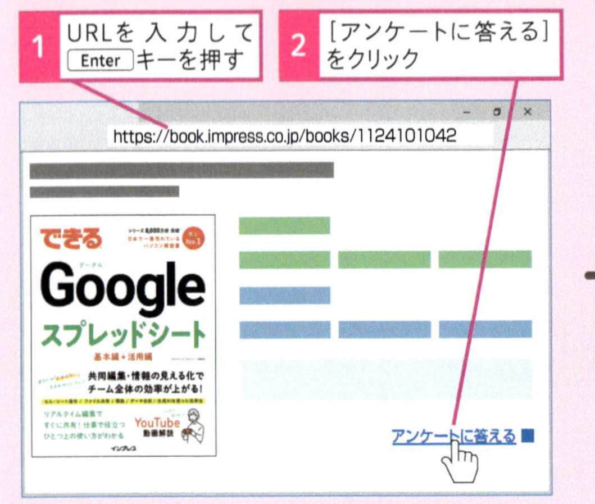

※Webサイトのデザインやレイアウトは変更になる場合があります。

◆会員登録がお済みの方
会員IDと会員パスワードを入力して、[ログインする]をクリックする

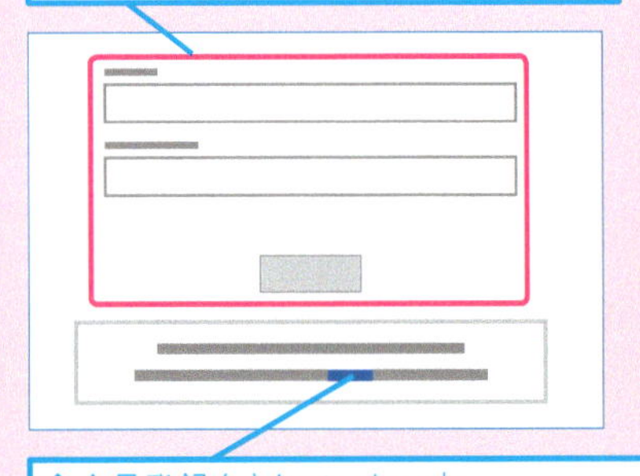

◆会員登録をされていない方
[こちら]をクリックして会員規約に同意してからメールアドレスや希望のパスワードを入力し、登録確認メールのURLをクリックする

■著者

今井タカシ（いまい　たかし）

PC関連の解説書制作に長年携わり、ライターとして独立。Officeアプリのほか、Webサービス、スマートフォン、AIに関する記事を「窓の杜」（Impress Watch）や「できるネット」（インプレス）などのWebメディアに寄稿している。近著に『世界一やさしいGoogleサービスの効率アップ便利技Q&A』や『世界一やさしいChatGPT & 画像生成AI』（いずれもインプレス）などがある。

STAFF

シリーズロゴデザイン	山岡デザイン事務所<yamaoka@mail.yama.co.jp>
カバー・本文デザイン	伊藤忠インタラクティブ株式会社
カバーイラスト	こつじゆい
本文イラスト	ケン・サイトー
DTP制作	田中麻衣子
校正	株式会社トップスタジオ
デザイン制作室	今津幸弘<imazu@impress.co.jp>
	鈴木　薫<suzu-kao@impress.co.jp>
制作担当デスク	柏倉真理子<kasiwa-m@impress.co.jp>
編集・制作	高木大地
編集	浦上諒子<urakami@impress.co.jp>
編集長	藤原泰之<fujiwara@impress.co.jp>
オリジナルコンセプト	山下憲治

■商品に関する問い合わせ先

このたびは弊社商品をご購入いただきありがとうございます。本書の内容などに関するお問い合わせは、下記のURLまたは二次元バーコードにある問い合わせフォームからお送りください。

https://book.impress.co.jp/info/

上記フォームがご利用いただけない場合のメールでの問い合わせ先

info@impress.co.jp

※お問い合わせの際は、書名、ISBN、お名前、お電話番号、メールアドレス に加えて、「該当するページ」と「具体的なご質問内容」「お使いの動作環境」を必ずご明記ください。なお、本書の範囲を超えるご質問にはお答えできないのでご了承ください。

- ●電話やFAXでのご質問には対応しておりません。また、封書でのお問い合わせは回答までに日数をいただく場合があります。あらかじめご了承ください。
- ●インプレスブックスの本書情報ページ https://book.impress.co.jp/books/1124101042 では、本書のサポート情報や正誤表・訂正情報などを提供しています。あわせてご確認ください。
- ●本書の奥付に記載されている初版発行日から1年が経過した場合、もしくは本書で紹介している製品やサービスについて提供会社によるサポートが終了した場合はご質問にお答えできない場合があります。

■落丁・乱丁本などの問い合わせ先

FAX 03-6837-5023

service@impress.co.jp

※古書店で購入された商品はお取り替えできません。

できるGoogle(グーグル)スプレッドシート

2024年9月21日 初版発行

2025年4月21日 第1版第3刷発行

著 者 今井(いまい)タカシ&(アンド)できるシリーズ編集部(へんしゅうぶ)

発行人 高橋隆志

編集人 藤井貴志

発行所 株式会社インプレス

〒101-0051 東京都千代田区神田神保町一丁目105番地

ホームページ https://book.impress.co.jp/

印刷所 株式会社ウイル・コーポレーション

ISBN978-4-295-02015-8 C3055

Printed in Japan